普通高等教育“十二五”规划教材

数据库技术

主　编　张晨霞
副主编　陈　嘉

中国水利水电出版社
www.waterpub.com.cn

内 容 提 要

本书根据高技能应用型人才培养、教育的特点，结合高等职业院校示范性建设项目计算机应用技术专业建设和课程教学改革与应用实践编写而成。

本书以“学籍管理数据库系统”教学案例为主线，模拟软件开发的实际工作环境，形象地讲述数据库原理及SQL Server应用技术，并通过丰富的实例与实验内容帮助读者快速掌握数据库技术的实际操作技能。内容包括：系统分析、概念模型的设计、逻辑模型设计、数据库的物理结构设计、数据的输入与维护、数据查询、数据库保护、编程优化数据库、数据库访问技术。

本书既可作为计算机及相关专业的“数据库应用技术”或“数据库原理及应用”课程的教材，又可作为从事数据库程序设计人员的参考资料，以及学习数据库技术的培训教材，也可作为计算机爱好者的自学参考书。

图书在版编目（CIP）数据

数据库技术 / 张晨霞主编. -- 北京 : 中国水利水电出版社, 2013.3
普通高等教育“十二五”规划教材
ISBN 978-7-5170-0677-0

Ⅰ. ①数… Ⅱ. ①张… Ⅲ. ①数据库系统－高等学校－教材 Ⅳ. ①TP311.13

中国版本图书馆CIP数据核字(2013)第038605号

书 名	普通高等教育“十二五”规划教材 **数据库技术**
作 者	主编 张晨霞 副主编 陈嘉
出版发行	中国水利水电出版社 （北京市海淀区玉渊潭南路1号D座 100038） 网址：www.waterpub.com.cn E-mail：sales@waterpub.com.cn 电话：（010）68367658（发行部）
经 售	北京科水图书销售中心（零售） 电话：（010）88383994、63202643、68545874 全国各地新华书店和相关出版物销售网点
排 版	中国水利水电出版社微机排版中心
印 刷	三河市鑫金马印装有限公司
规 格	184mm×260mm 16开本 22.25印张 528千字
版 次	2013年3月第1版 2013年3月第1次印刷
印 数	0001—3000册
定 价	**39.00**元

前言

数据库技术一直是计算机科学技术中发展最快的领域和应用最广的技术之一，但是长期以来，数据库作为计算机及相关专业的一门课程，其教学一直处于以理论为主的状态，致使教师感觉抽象难教，学生认为枯燥难学，学了也不知该如何应用。究其原因，主要是由于单纯地讲解理论，不能把数据库的理论知识依托于一个具体的工程项目应用环境来就事论理。本书将数据库理论、数据库操作技术与数据库应用开发整合为一体，模拟了一个真实的工程项目“学籍管理系统”，结合多年课程建设、工学结合的实践，以及教学改革的探索，逐步形成了数据库技术课程“以能力培养为中心、项目导向、行动引导、案例驱动、教学练做一体”的教学模式，打破以知识传授为主要特征的传统教学模式，实现教学内容与职业相结合、教学情境与工作岗位相结合。从“工作任务与职业能力”分析出发，设定职业能力培养目标，变书本知识的传授为动手能力的培养，开发“基于工作过程”的项目，以工作任务为中心组织教学内容，让学生在完成具体项目的过程中来构建相关理论知识框架，并发展职业能力。为了实现这一教学目的，编者结合多年教学及项目开发的实际经验，编写了此教材。

教材内容的组织。根据上述教材编写的指导思想，本书遵循基于工作过程的课程开发理念，以“项目导向、任务驱动”组织教学内容；以 SQL Server2008 为背景，以“学籍管理系统”开发为案例引导学生进入角色。

教材内容突出对学生职业能力的训练，理论知识的选取紧紧围绕工作任务完成的需要，同时又充分考虑了职业教育对理论知识学习的需要，并融合相关职业资格证书对知识、技能和态度的要求。通过深入企业调查，聘请企业人员进行职业岗位工作分析，结合职业资格标准，并参照系统分析员与数据库管理员考试的内容，按照“学籍管理系统”软件开发真实工作流程设计了 9 个递进式项目，又分解出 34 个递进式工作任务，从而设计了从简单到复杂、从实例到原理、从原理到应用的教学过程。教材结构如下：项目 1 系统分析、项目 2 概念模型的设计、项目 3 逻辑模型设计、项目 4 数据库的物理结构设计、项目 5 数据的输入与维护、项目 6 数据查询、项目 7 数据库保护、项目 8 编程优化数据库、项目 9 数据库访问技术。

教材的特点。按照以工作过程为导向，结合岗位工作内容及相关的职业能力需求，遵循学生职业能力培养的基本规律，重构学习领域，以适度、够用、知识总量不变为原则，以真实工作任务及其工作过程为依据，来整合、序化、重构教学内容。

本书在内容选择上，突出课程内容的职业指向性，淡化课程内容的宽泛性；突出课程内容的实践性，淡化课程内容的理论性；突出课程内容的实用性，淡化课程内容的形式性；突出课程内容的时代性，淡化课程内容的陈旧性。

本书由张晨霞主编，陈嘉任副主编并负责编写相应各章节；参与编写的还有高欣、李治、莫丽娟等；全书由张晨霞统稿。在本书编写过程中，编者得到了所在学院黄河水利职业技术学院信息工程系的领导、同事和朋友的帮助和支持，在此向他们表示衷心的感谢！本书还参考了相关的图书和资料，在此也对这些资料的相关作者致以最真诚的谢意。

由于编者水平有限，书中难免存在疏漏和不足之处，恳请广大读者批评指正。

编者

2013 年 1 月

目录

前言

项目1 系 统 分 析

系统分析阶段的基本任务是系统分析员与用户一起，充分了解用户的要求，并将双方的理解用系统说明书表达出来。系统说明书审核通过之后，将是系统设计和将来验收的依据，它是系统分析阶段的最终成果。

系统分析是研制信息系统最重要的阶段，也是最为困难的阶段，系统分析要回答新系统要“做什么”这个关键性问题，只有明确了问题；才有可能解决问题。

系统分析的主要手段是调查和分析。调查是了解情况、弄清现状。分析一方面是将调查的结果结构化、系统化、条理化，进一步深化对系统现状的了解；另一方面是对调查结果进行思考和判断，发现原有系统存在的问题。

要完成系统分析阶段的任务，通常要进行系统初步调查、可行性研究、系统详细调查、新系统逻辑方案提出等工作。系统分析阶段最终的成果是生成系统的逻辑模型，编写系统分析报告。

本项目是数据库管理员进行数据库设计活动的基础，它所涉及的工作任务直接影响整个数据库系统。

本项目实施的知识目标：

(1) 了解系统分析的完整过程。

(2) 掌握详细调查的方法。

(3) 重点掌握业务流程描述工具——业务流程图、数据流程图的表示方法。

技能目标：

(1) 能根据实际问题进行可行性分析和系统分析。

(2) 能根据实际问题绘制组织结构图。

(3) 功能分析中常用图表的绘制与使用。

(4) 能根据实际问题建立数据字典和描述流程处理的逻辑过程。

(5) 能编写系统分析报告。

1.1 项 目 描 述

随着办公自动化水平的不断提高，现在学校学籍管理系统的日常管理也逐步从手工管理转向计算机自动化信息处理阶段，利用计算机来处理学籍管理中的一些流程无疑会极大地提高教学管理的效率和水平。

本项目以模拟学籍管理系统的开发为主线展开，依据软件产品的生产过程，打破以知识传授为主要特征的传统学科课程模式，采用以项目任务为中心的项目课程模式进行，强调从学生的学习和认知水平出发，倡导体验、实践、参与、合作与交流的学习方式，提高学生数据库管理系统开发的综合应用能力。

1.2 项 目 分 析

图 1.1 描述了系统分析的工作流程。根据软件产品的生产过程，首先需要进行系统需求分析，在搞清楚用户系统需求的基础上，确定系统的功能及数据特征，因此将学籍管理系统分析的开发任务分解为：

（1）学籍管理系统的功能分析。

（2）学籍管理系统的数据及数据流程分析。

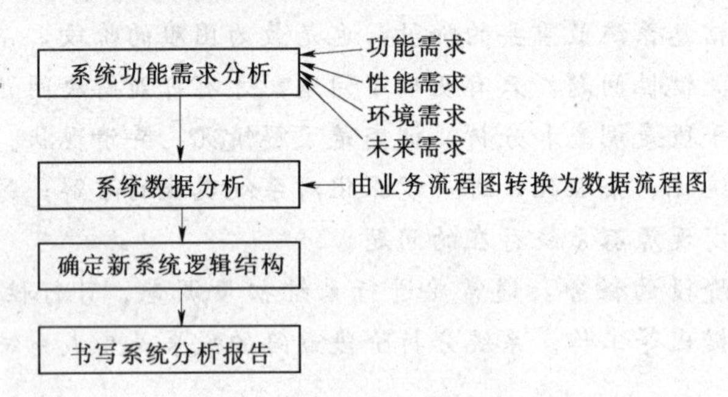

图 1.1 系统分析流程图

1.3 项 目 准 备

1.3.1 数据库基础知识

数据库是数据管理的实用技术，是计算机技术的重要分支，它的出现大大地加快了计算机应用技术向各行各业的渗透。随着信息管理水平的不断提高，应用范围的不断扩大，信息已成为企业的主要财富和资源，同时，有没有自动化的信息管理系统（其核心是数据库系统），已经成为衡量一个企业管理水平和信息化程度的重要标志。作为管理信息的数据库技术也得到了很大的发展，其应用领域也越来越广泛。人们在不知不觉中扩展着对数据库的使用，如信用卡购物、火车/飞机的订票系统、图书管理系统、高考信息查询系统等，无一不使用了数据库技术。

在进行数据库软件产品的开发之前，首先通过图 1.2 揭开数据库系统的神秘面纱，弄清信息、数据、数据库、数据库管理系统和数据库应用系统等基本概念。

1.3.1.1 数据

数据（Data）是信息的载体，是描述事物的符号记录，信息是数据的内容。描述事物的符号可以是数字、文字、图形、声音、语言等。数据有多种表现形式，人们通过数据来认识世界、了解世界。数据可以经过编码后存入计算机加以处理。

在数据处理领域中，数据是指存储在某一媒体上能够被识别的物理符号。数据的概念包括两个方面：一是描述事物特性的数据内容；二是存储在某一媒体上的数据组织形式。例如，利用自然语言描述一个学生：李建立是一个 2010 年入学的信息系男大学生，1992 年出生，山西人。在计算机中，为了处理现实世界中的事物，可以抽象出人们感兴趣的事

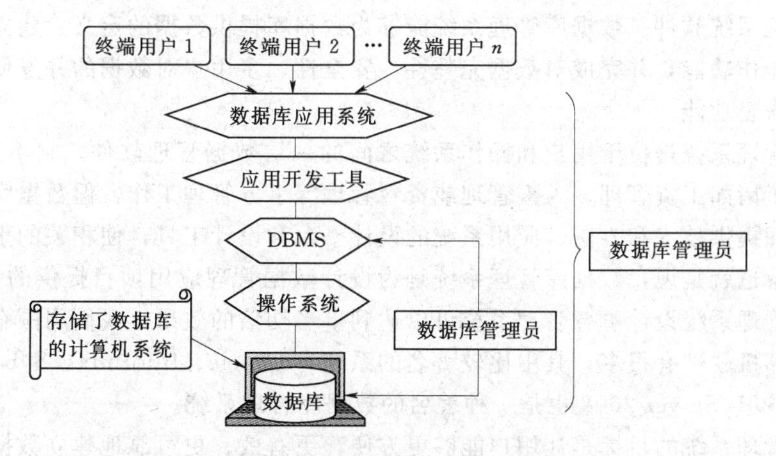

图 1.2 数据库系统的组成结构

物特征，组成一个记录来描述该事物。例如，最感兴趣的是学生的姓名、性别、出生日期、籍贯、入学时间、所在系，那么刚才的话就可以用如下一条表示数据的记录来描述：

(李建立，男，1992，山西，2010，信息系)

一般来说，从信息转换为数据需要进行特征抽取，而从数据还原为信息需要经过数据语义解释。

1.3.1.2 数据库

数据库（Database）简称为 DB，顾名思义是存放数据的仓库。这么简单的解释，所要明确的只有一点，数据库是用来存放数据的，而数据库中的数据存放在什么地方？又是怎样进行存放的呢？数据库技术研究的是存放在计算机中的数据。把计算机的存储器作为存放数据的基地。通常这种存放不是随机存放，而是按一定的结构和组织方式来组织、存储和管理数据。

所谓数据库就是按一定的组织结构存储在某种存储介质上的，其中的数据能为多个用户所共享且具有最小的冗余度，并与应用程序彼此独立而且自身又相互关联的数据的集合。

数据库中的数据具有如下特征：

(1) 数据的共享性。数据库中的数据能为多个用户服务。数据库的数据共享性表现在两个方面：

1) 不同的用户可以按各自的用法使用数据库中的数据。数据库能为用户提供不同的数据视图，以满足个别用户对数据结构、数据命名或约束条件的特殊要求。

2) 多个用户可以同时共享数据库中的数据资源，即不同的用户可以同时存取数据库中的同一个数据。

(2) 数据的独立性。用户的应用程序与数据的逻辑组织和物理存储方式均无关。

(3) 数据的完整性。数据库中的数据在操作和维护过程中可以保持正确无误。

(4) 数据库中的数据冗余（重复）少。

1.3.1.3 数据库管理系统

数据库管理系统简称 DBMS（Database Management System），它是专门用于管理数据库的计算机系统软件。数据库管理系统能够为数据库提供数据的定义、建立、维护、查询和统计等操作功能，并完成对数据完整性、安全性、多用户对数据的并发使用及发生故障后的系统恢复功能。

数据库管理系统是位于用户和操作系统之间的一层数据管理软件。它不是应用软件，不能直接用于诸如工资管理、人事管理或资料管理等事务管理工作，但数据库管理系统能够为事务管理提供技术和方法、应用系统的设计平台和设计工具，使相关的事务管理软件很容易设计。也就是说，数据库管理系统是为设计数据管理应用项目提供的计算机软件，利用数据库管理系统设计事务管理系统可以达到事半功倍的效果。我们周围有关数据库管理系统的计算机软件有很多，其中比较著名的系统有 Oracle、Informix、Sybase 等，本书后面介绍的 SQL Server 2008 也是一种著名的数据库管理系统。

数据库管理系统的目标是让用户能够更方便、更有效、更可靠地建立数据库和使用数据库中的信息资源。

1.3.1.4 数据库系统

数据库系统（Database Systems）可以理解为带有数据库的计算机系统，除具备一般的硬件、软件外，必须有用以存储大量数据的直接存取存储设备、管理并控制数据库的软件——数据库管理系统（DBMS）和管理数据库的人员——数据库管理员（DataBase Administrator，简称 DBA）。由数据、硬件、软件和管理人员的总体构成数据库系统。

一个数据库系统应由计算机硬件、数据库、数据库管理系统、数据库应用系统和数据库管理员五部分构成。数据库管理系统是数据库系统的基础和核心。

数据库、数据库管理系统、数据库应用系统和数据库系统是几个不同的概念，数据库强调的是数据；数据库管理系统是系统软件；数据库应用系统面向的是具体的应用；数据库系统强调的是系统，它包含了前三者。

1.3.1.5 数据库技术及发展

从计算机出现以来，硬件、软件及应用都在向前发展，伴随这三方面的发展，加上人们对使用计算机进行数据处理要求的不断提高，数据管理技术经历了手工管理、文件系统管理和数据库系统管理三个发展阶段。三个发展阶段的不同主要反映在谁管理数据、数据面向谁与程序的独立性上。

1. 手工管理数据阶段

20 世纪 50 年代以前，计算机刚刚出现，主要用于科学计算。从硬件看，外存只有纸带、卡片、磁带，没有直接存取的存储设备；从软件看，还没有操作系统与高级语言，软件采用机器语言编写，没有管理数据的软件；数据处理方式是批处理。

数据管理在手工管理阶段具有以下特点：

1）数据不保存。在手工管理阶段，由于数据管理的应用刚刚起步，一切都是从头开始，其管理数据的系统只有仿照科学计算的模式进行设计。由于数据管理规模小，加上当时的计算机软硬件条件比较差，数据管理中涉及的数据基本不需要，也不允许长期保存。当时的处理方法是在需要时将数据输入，用完就撤走。

2）用户完全负责数据管理工作，包括数据的组织、存储结构、存取方式、输入输出等。

3）数据完全面向特定的应用程序。每个用户使用自己的数据，数据不保存，用完就撤走，不能实现多个程序共享数据。

4）数据和程序没有独立性。不同程序之间不能直接交换数据，程序中存取数据的子程序随着存取结构的改变而改变。

2. 文件系统管理阶段

从20世纪50年代后期到60年代中期，计算机应用领域拓宽，不仅用于科学计算，还大量用于数据管理。这一阶段的数据管理水平进入到文件系统阶段。在文件管理系统阶段中，计算机外存储器有了磁盘、磁鼓等直接存取的存储设备；计算机软件的操作系统中已经有了专门的管理数据软件，即所谓的文件系统。文件管理系统的处理方式不仅有文件批处理，而且还能够联机实时处理。在这种背景下，数据管理的系统规模、管理技术和水平都有了较大幅度的发展。尽管文件系统管理阶段比手工管理阶段在数据管理手段和管理方法上有很大的改进，但文件系统管理方法仍然存在着许多缺点。

（1）文件系统管理阶段的数据管理有以下4个特点：

1）管理的数据以文件的形式长久地被保存在计算机的外存中。在文件系统管理阶段，由于计算机大量用于数据处理，仅采用临时性或一次性地输入数据根本无法满足使用要求，数据必须长期保留在外存上。在文件系统管理中，通过数据文件使管理的数据能够长久地保存，并通过对数据文件的存取实现对文件进行查询、修改、插入和删除等常见的数据操作。

2）文件系统管理有专门的数据管理软件提供有关数据存取、查询及维护功能。在文件系统管理中，有专门的计算机软件提供数据存取、查询、修改和管理功能，它能够为程序和数据之间提供存取方法，为数据文件的逻辑结构与存储结构提供转换的方法。这样，程序员在设计程序时可以把精力集中到算法上，而不必过多地考虑物理细节，同时数据在存储上的改变不一定反映在程序上，使程序的设计和维护工作量大大地减小。

3）文件管理系统中的数据文件已经具有多样化。由于在文件系统管理阶段已有了直接存取存储设备，使得许多先进的数据结构能够在文件系统中实现。文件系统管理中的数据文件不仅有索引文件、链接文件、直接存储文件等多种形式，而且可以使用倒排文件进行多码检索。

4）文件系统管理的数据存取是以记录为单位的。文件系统管理是以文件、记录和数据项的结构组织数据的。文件系统管理的基本数据存取单位是记录，即文件系统管理按记录进行读写操作。在文件系统管理中，只有通过对整条记录的读取操作，才能获得其中数据项的信息，而不能直接对记录中的数据项进行数据存取操作。

（2）文件系统管理在数据管理上的缺点主要表现在以下2方面：

1）文件系统管理的数据冗余度大。由于文件系统管理采用面向应用的设计思想，系统中的数据文件都是与应用程序相对应的。这样，当不同的应用程序所需要的数据有部分相同时，也必须建立各自的文件，而不能共享相同的数据，因此就造成了数据冗余度（Redundancy）大、浪费存储空间的问题。由于文件系统管理中相同数据需要重复存储和各自管理，就给数据的修改和维护带来了麻烦和困难，还特别容易造成数据不一致的恶果。

2）文件系统管理中缺乏数据与程序独立性。在文件管理系统中，由于数据文件之间是孤立的，不能反映现实世界中事物之间的相互联系，使数据间的对外联系无法表达。同时，由于数据文件与应用程序之间缺乏独立性，使得应用系统不容易扩充。

(3) 文件系统管理的这种缺点反映在以下3个方面：

1) 文件系统管理中的数据文件是为某一特定应用服务的，数据文件的可重复利用率非常低。因而，要对现有的数据文件增加新的应用，是一件非常困难的事情。系统要增加应用就必须增加相应的数据。

2) 当数据的逻辑结构改变时，必须修改它的应用程序，同时也要修改文件结构的定义。

3) 应用程序的改变，如应用程序所使用的高级语言的变化等，也将影响到文件数据结构的改变。

3. 数据库系统管理阶段

数据库系统管理阶段是从20世纪60年代开始的。这一阶段的背景是：计算机用于管理的规模更为庞大，应用越来越广泛，数据量也急剧增加，数据共享的要求也越来越强；出现了内存大、运行速度快的主机和大容量的硬盘；计算机软件价格在上升，硬件价格在下降，为编制和维护计算机软件所需的成本相对增加。对研制数据库系统来说，这种背景既反映了迫切的市场需求，又提供了有利的开发环境。

数据库技术是在文件系统的基础上发展起来的新技术，它克服了文件系统的弱点，为用户提供了一种使用方便、功能强大的数据管理手段。数据库技术不仅可以实现对数据集中统一的管理，而且可以使数据的存储和维护不受任何用户的影响。数据库技术的发明与发展，使其成为计算机科学领域内的一个独立的学科分支。

数据库系统管理和文件系统管理相比具有以下主要特点：

(1) 采用复杂的数据模型，不仅描述数据本身的特点，还要描述数据之间的联系。数据库设计的基础是数据模型。在进行数据库设计时，要站在全局需要的角度抽象和组织数据；要完整地、准确地描述数据自身和数据之间联系的情况；要建立适合整体需要的数据模型。数据库系统是以数据库为基础的，各种应用程序应建立在数据库之上。

(2) 数据冗余度小、数据共享度高。数据冗余度小是指重复的数据少。由于数据库系统是从整体角度上看待和描述数据的，数据不再是面向某个应用，而是面向整个系统，所以数据库中同样的数据不会多次重复出现。这就使得数据库中的数据冗余度小，从而避免了由于数据冗余大带来的数据冲突问题，也避免了由此产生的数据维护麻烦和数据统计错误问题。

数据库系统通过数据模型和数据控制机制提高数据的共享性。数据共享度高会提高数据的利用率，它使得数据更有价值和更容易、方便地被使用。

(3) 数据和程序之间具有较高的独立性。由于数据库中的数据定义功能（即描述数据结构和存储方式的功能）和数据管理功能（即实现数据查询、统计和增删改的功能）是由DBMS提供的，所以数据对应用程序的依赖程度大大降低，数据和程序之间具有较高的独立性。数据和程序相互之间的依赖性低、独立性高的特性称为数据独立性高。数据独立性高使得程序中不需要有关数据结构和存储方式的描述，从而减轻了程序设计的负担。当数据及结构变化时，如果数据独立性高，程序的维护也会比较容易。

数据库中的数据独立性可以分为两级：

1）数据的物理独立性。数据的物理独立性（Physical Data Independence）是指应用程序对数据存储结构（也称物理结构）的依赖程度。数据的物理独立性高是指当数据的物理结构发生变化时（例如当数据文件的组织方式被改变或数据存储位置发生变化时），应用程序不需要修改也可以正常工作。

2）数据的逻辑独立性。数据的逻辑独立性（Logical Data Independence）是指应用程序对数据全局逻辑结构的依赖程度。数据的逻辑独立性高是指当数据库系统的数据全局逻辑结构改变时，它们对应的应用程序不需要改变仍可以正常运行。例如当新增加一些数据和联系时，不影响某些局部逻辑结构的性质。

（4）数据库系统提供了统一的数据控制功能。由 DBMS 提供对数据的安全性控制、完整性控制、并发性控制和数据恢复功能。

（5）数据库中数据的最小存取单位是数据项。在文件系统中，由于数据的最小存取单位是记录，结果给使用及数据操作带来许多不便。数据库系统改善了其不足之处，它的最小数据存取单位是数据项，即使用时可以按数据项或数据项组存取数据，也可以按记录或记录组存取数据。由于数据库中数据的最小存取单位是数据项，使系统在进行查询、统计、修改及数据再组合等操作时，能以数据项为单位进行条件表达和数据存取处理，给系统带来了高效性、灵活性和方便性。

表 1.1 显示了数据管理三个阶段的比较。

表 1.1　　数据管理三个阶段的比较

项目	阶段	手工管理	文件系统管理	数据库系统管理
背景	应用背景	科学计算	科学计算、管理	大规模管理
	硬件背景	无直接存取存储设备	磁盘、磁鼓	大容量磁盘
	软件背景	没有操作系统	有文件系统	有数据库管理系统
	处理方式	批处理	联机实时处理，批处理	联机实时处理，分布处理，批处理
特点	数据的管理者	人	文件系统	数据库管理系统
	数据面向的对象	某一应用程序	某一应用程序	整个应用系统
	数据的共享程度	无共享，冗余度极大	共享性差，冗余度大	共享性高，冗余度小
	数据的独立性	不独立，完全依赖于程序	独立性差	具有高度的物理独立性和逻辑独立性
	数据的结构化	无结构	记录内有结构，整体无结构	整体结构化，用数据模型描述
	数据控制能力	应用程序自己控制	应用程序自己控制	由数据库管理系统提供数据安全性、完整性、并发控制和恢复能力

1.3.1.6 数据库系统的结构

数据库系统是指带有数据库并利用数据库技术进行数据管理的计算机系统。一个数据库系统应包括计算机硬件、数据库、数据库管理系统、应用程序系统及数据库管理员。从数据库管理系统的角度看，数据库系统通常采用三级模式结构；从数据库最终用户的角度看，数据库系统的体系结构分为单用户结构、主从式结构、分布式结构和客户/服务器结构。本节主要介绍数据库系统中数据模型的结构。

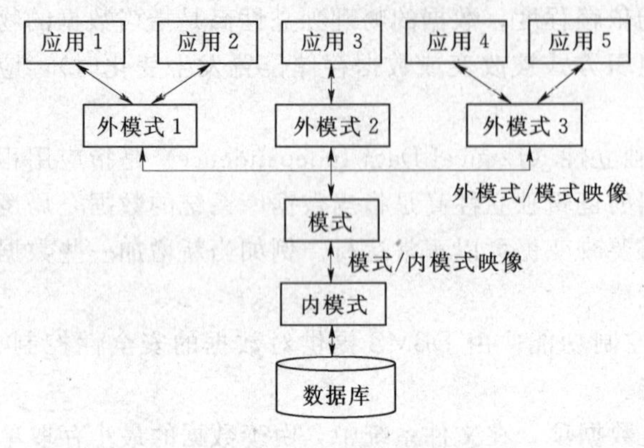

图 1.3 数据库系统的三级模式结构

数据模型是现实世界数据特征的抽象，是对现实世界的模拟。数据模型用数据描述语言给出的精确描述称为数据模式。数据模式是数据库的框架。数据库的数据模式由外模式、模式和内模式三级模式构成，其结构如图 1.3 所示。

1. 数据库的三级模式结构

数据库的三级模式是指逻辑模式、外模式、内模式。

(1) 逻辑模式。逻辑模式（Logical Schema）也常称模式（Schema），是数据库中全体数据的逻辑结构和特征的描述，也是所有用户的公共数据视图。模式是数据库的数据在逻辑上的视图。一个数据库中有一个模式，它既不涉及存储细节，也不涉及应用程序和程序设计语言。定义模式时不仅要定义数据的逻辑结构，也要定义数据之间的联系，定义与数据有关的安全性、完整性要求。

(2) 外模式。外模式（External Schema）也称子模式（Subschema）或用户模式，是模式的子集，是数据的局部逻辑结构，也是数据库用户看到的数据视图。一个数据库可以有多个外模式，每一个外模式都是为了不同的应用而建立的数据视图。外模式是保证数据库安全的一个有力措施，每个用户只能看到和访问所对应的外模式中的数据，数据库中的其余数据是不可见的。

(3) 内模式。内模式（Internal Schema）也叫存储模式（Access Schema）或物理模式（Physical Schema），是数据在数据库中的内部表示，即数据的物理结构和存储方式描述。一个数据库只有一个内模式。

2. 数据库系统的二级映像技术及作用

数据库系统的二级映像技术是指外模式与模式之间的映像、模式与内模式之间的映像技术，二级映像技术不仅在三级数据模式之间建立了联系，同时也保证了数据的独立性。

(1) 外模式/模式的映像及作用。外模式/模式的映像指存在于外模式与模式之间的某种对应关系。这些映像的定义通常包含在外模式的描述中。

当数据库的模式发生改变时，例如，增加了一个新表或对表进行了修改，数据库管理员对各个外模式/模式的映像做相应的修改，使外模式保持不变，这样应用程序就不用修改了，因为应用程序是在外模式上编写的，所以保证了数据与程序的逻辑独立性，简称数据的逻辑独立性。

(2) 模式/内模式的映像及作用。模式/内模式的映像指数据库全局逻辑结构与存储结构之间的对应关系。

当数据库的内模式发生改变时，例如，存储数据库的硬件设备或存储方式发生了改变，DBA 可以通过修改模式/内模式之间的映像，使得数据的逻辑结构保持不变，即模式不变，

因此使应用程序也不变，保证了数据与程序的物理独立性，简称数据的物理独立性。

1.3.1.7 数据库系统设计的基本步骤

一个信息系统的各部分能否紧密地结合在一起以及如何结合，关键在于数据库。因此，对数据库进行合理的逻辑设计和有效的物理设计才能开发出完善而高效的信息系统。数据库设计是信息系统开发和信息系统建设的重要组成部分。

数据库设计既是一项涉及多学科的综合性技术，又是一项庞大的工程项目。数据库设计主要包括结构特性设计和行为特性设计两个方面的内容。结构特性设计是指确定数据库的数据模型。数据模型反映了现实世界的数据及数据之间的联系，在满足要求的前提下，尽可能地减少冗余，实现数据的共享。行为特性设计是指确定数据库应用的行为和动作，应用的行为体现在应用程序中，行为特性的设计主要是应用程序的设计。因为在数据库工作中，数据库模型是一个相对稳定并为所有用户共享的数据基础，所以数据库设计的重点是结构性设计，但必须与行为特性设计相结合。

图 1.4 中列出了数据库设计的步骤和各个阶段应完成的基本任务，下面就具体内容进行介绍。

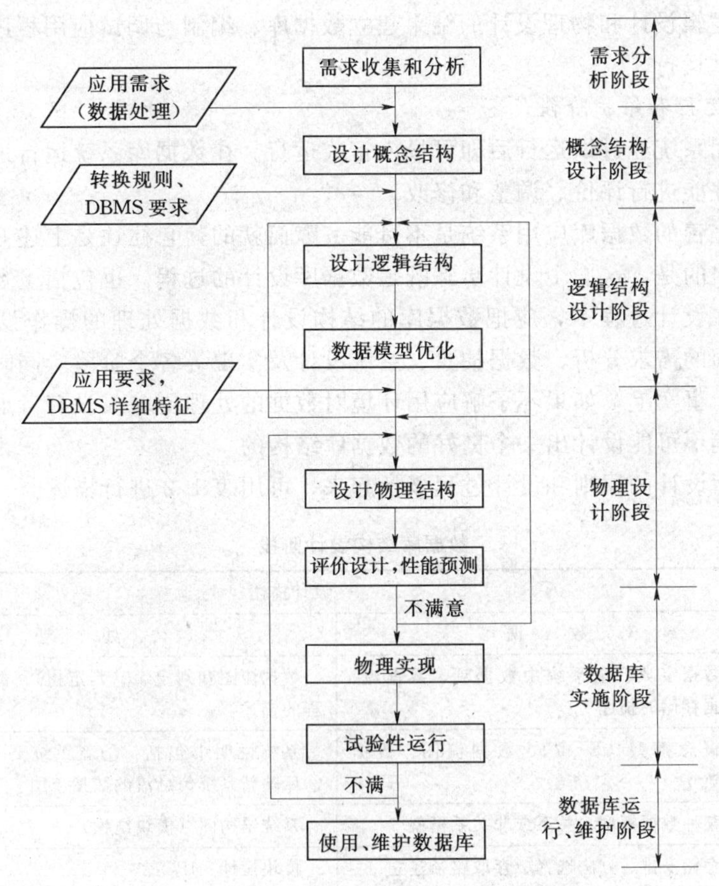

图 1.4 数据库设计步骤

1. 需求分析阶段

需求分析是数据库设计的第一步，也是最困难、最耗时间的一步。需求分析的任务是准确了解并分析用户对系统的需要和要求，弄清系统要达到的目标和实现的功能。需求分析是否做得充分与准确，决定着在其上构建数据库大厦的速度与质量。如果需求分析做得不好，会影响整个系统的性能，甚至会导致整个数据库设计返工重做。

2. 概念结构设计阶段

概念结构设计是整个数据库设计的关键。在概念结构的设计过程中，设计者要对用户需求进行综合、归纳和抽象，形成一个独立于具体计算机和DBMS的概念模型。

3. 逻辑结构设计阶段

数据逻辑结构设计的主要任务是将概念结构转换为某个DBMS所支持的数据模型，并将其性能进行优化。

4. 数据库物理设计阶段

数据库物理设计的主要任务是为逻辑数据模型选取一个最适合应用环境的物理结构，包括数据存储位置、数据存储结构和存取方法。

5. 数据库实施阶段

在数据库实施阶段中，系统设计人员要运用DBMS提供的数据操作语言和宿主语言，根据数据库的逻辑设计和物理设计的结果建立数据库、编制与调试应用程序、组织数据入库并进行系统试运行。

6. 数据库运行和维护阶段

数据库应用系统经过试运行后即可投入正式运行。在数据库系统运行过程中，必须不断地对其结构性能进行评价、调整和修改。

设计一个完善的数据库应用系统是不可能一蹴而就的，它往往是上述6个阶段的不断反复。需要指出的是，这6个设计步骤既是数据库设计的过程，也包括了数据库应用系统的设计过程。在设计过程中，应把数据库的结构设计和数据处理的操作设计紧密结合起来，这两个方面的需求分析、数据抽象、系统设计及实现等各个阶段应同时进行，相互参照和相互补充。事实上，如果不了解应用环境对数据的处理要求或没有考虑如何去实现这些处理要求，是不可能设计出一个良好的数据库结构的。

上述数据库设计的原则和设计过程概括起来，可用表1.2进行描述。

表1.2　数据库结构设计阶段

设计阶段	设计描述	
	数　据	处　理
需求分析	数据字典、全系统中数据项、数据流、数据存储的描述	数据流图和判定表（判定树）、数据字典中处理过程的描述
概念结构设计	概念模型（E—R）、数据流图、数据字典	系统说明书包括：①新系统要求、方案和概图；②反映新系统信息流的数据流图
逻辑结构设计	某种数据模型：关系或非关系模型	系统结构图（模块结构）
物理设计	存储安排、方法选择、存取路径建立	模块设计、IPO表
实施阶段	编写模式、装入数据、数据库试运行	程序编码、编译连接、测试
运行维护	性能监测、转储/恢复、数据库重组和重构	新旧系统转换、运行、维护（修正性、适应性、改善性维护）

表1.2中有关处理特性的设计描述、设计原理、设计方法、工具等具体内容，在软件工程和信息系统设计等其他相关课程中有详细介绍。这里主要讨论有关数据特性的问题，包括数据特性的描述、如何参照处理特性、完善数据模型设计等问题。

在图1.5中，描述了数据库结构设计不同阶段要完成的不同级别的数据模式。

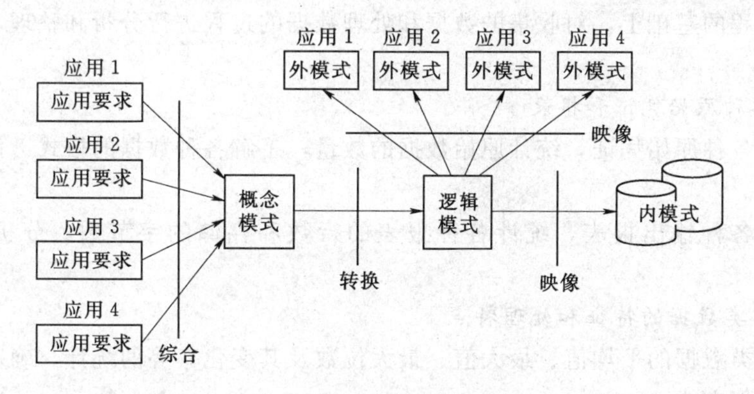

图1.5 数据库的各级模式

数据库设计过程中：需求分析阶段，设计者的中心工作是弄清并综合各个用户的应用需求；概念结构设计阶段，设计者要将应用需求转换为与计算机硬件无关的、与各个数据库管理系统产品无关的概念模型（即E—R图）；逻辑结构设计阶段，要完成数据库的逻辑模式和外模式的设计工作，即系统设计者要先将E—R图转换成具体的数据库产品支持的数据模型，形成数据库逻辑模式，然后根据用户处理的要求、安全性的考虑建立必要的数据视图，形成数据的外模式；在物理设计阶段，要根据具体使用的数据库管理系统的特点和处理的需要进行物理存储安排，并确定系统要建立的索引，得出数据库的内模式。

1.3.2 功能分析

详细调查就是对现行系统进行全面、深入、细致的调查，明确其执行的具体过程，发现问题，收集数据，为新系统的形成提供基本资料。

与系统规划阶段的初步调查和可行性分析相比，详细调查要求目标更加明确，范围更加集中，在了解情况和数据收集方面进行的工作更为广泛深入，对许多问题都要进行透彻的了解和研究。

1.3.2.1 详细调查的项目和内容

1. 现行系统的系统界限和运行状态

调查现行系统的业务范围、与外界的联系、经营效果等，以便确定系统界限、外部环境和接口，衡量现有的管理水平等。

2. 组织结构的调查

在系统规划阶段所获得的组织机构图的基础上，进一步调查现行系统的组织机构、各部门的职能、人员分工和配备情况等。

3. 功能体系的调查

以部门为调查对象，深入调查部门的职责、工作内容、分工，然后提炼细化、汇总管理功能，绘制功能体系图。

4. 业务流程的调查

以功能体系图为线索，详细调查每一基本功能的业务实现过程，全面细致地了解整个系统各方面的业务流程，发现业务流程中的不合理的环节。

5. 数据与数据流的调查

在业务流程的基础上，对收集的数据和处理数据的过程进行分析和整理，绘制原系统的数据流图。

6. 收集各种原始凭证和报表

通过收集各种原始凭证，统计原始数据的数量，了解各种数据的格式、作用和向系统输入的方式等。

通过收集各种输出报表，统计各种报表的行数和存储的字节数，分析其格式的合理性。

7. 统计各类数据的特征和处理特点

通过对各类数据的平均值、最大值、最大位数及其变化率等的统计，确定数据类型和合理有效的处理方式。

8. 收集与新系统对比所需的资料

收集现行系统手工作业的各类业务流量、作业周期、差错发生数等，在新旧系统对比时使用。

9. 了解约束条件

调查、了解现行系统的人员、资金、设备、处理时间、处理方式等方面的限制条件和规定。

10. 了解现行系统的薄弱环节和用户要求

系统的薄弱环节正是新系统要解决和最为关心的主要问题，通过调查以发现薄弱环节。用户要求是指系统必须满足功能、性能、时间、可靠性、安全保密、开发费用等方面的要求。

1.3.2.2 系统调查的方法

系统调查的常用方法有：重点询问方式、全面业务需求分析的问卷调查法、深入实际的调查方式和参加业务实践。

1. 重点询问方式

采用关键成功因素（CSF）法，列举若干可能的问题，自顶向下尽可能全面地对用户进行提问，然后分门别类地对询问的结果进行归纳，找出其中真正关系到项目开发工作成败的关键因素。

2. 全面业务需求分析的问卷调查法

采用调查表对现行系统的各级管理人员进行全面的需求分析调查，然后分析整理，以了解确定管理业务的处理过程。另外，收集现有的各种报表，了解与该报表有关的信息种类和内容、数据的来源和去向、报表的计算方法等资料。

3. 深入实际的调查方式

系统分析员在业务管理部门的有关人员的配合和支持下，深入各职能部门，与各级管理人员面对面地交谈或阅读历史资料，了解情况，通过不断的反复，由双方确认各项调查

的内容，并由系统分析员向用户提交供评审的系统分析的结果。

4. 参加业务实践

为了熟悉和观察业务或组织的业务流程和工作内容，直接参与业务实践，通过自己的亲身体验获取资料。

1.3.2.3 组织结构与功能分析

组织结构与功能分析是整个系统分析工作中最简单的一环。组织结构与功能分析主要有三部分内容：组织结构分析、业务过程与组织结构之间的联系分析、业务功能一览表，如图 1.6 所示。其中组织结构分析通常是通过组织结构图来实现的，如图 1.7 所示，是将调查中所了解的组织结构具体地描绘在图上，作为后续分析和设计的参考。业务过程与组织结构联系分析通常是通过业务与组织关系图来实现的，如图 1.8 所示，是利用系统调查中所掌握的资料着重反映管理业务过程与组织结构之间的关系，它是后续分析和设计新系统的基础。业务功能一览表是把组织内部各项管理业务功能都用一张图表的方式罗列出

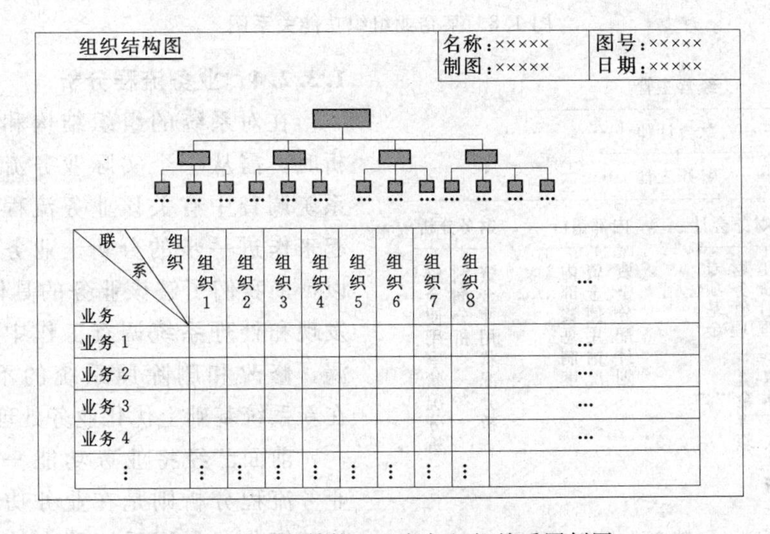

图 1.6 组织结构、业务与组织关系图例图

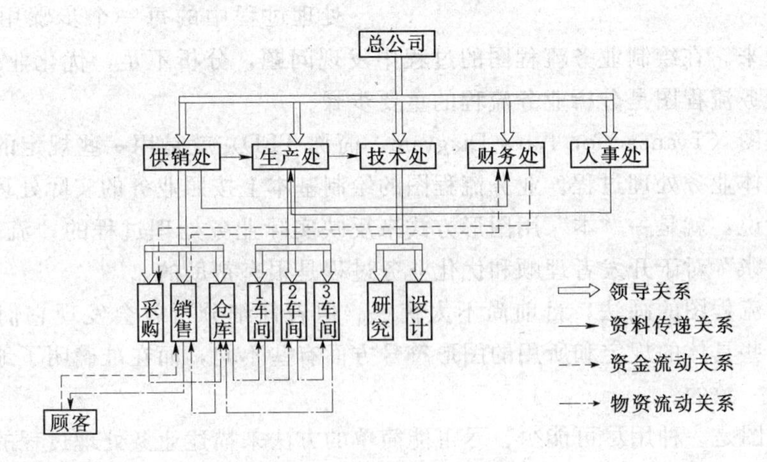

图 1.7 某企业组织结构图

来，如图 1.9 所示，它是今后进行功能/数据分析、确定新系统拟实现的管理功能和分析建立管理数据指标体系的基础。

功能＼组织	计划科	统计科	生产科	质量安全科	预算合同科	财务科	销售科	供应科	设备科	劳资科	人事科	行政科	保卫科	……
计划	●	√	○				○	○						
销售		√		√		○	●							
供应	√		○					●						
人事										○	●	√	√	
生产	√	√	●	○	○		√	○	○					
设备更新			√	√				○	●					
……														

●表示该项功能是对应组织的主要功能(主持工作单位，主要负责与决策者)；
√表示该单位是参加该项功能的相关单位(主要涉及者)；
○表示该单位是参与协调该项功能的单位(一般关系者)。

图 1.8 某企业组织功能关系图

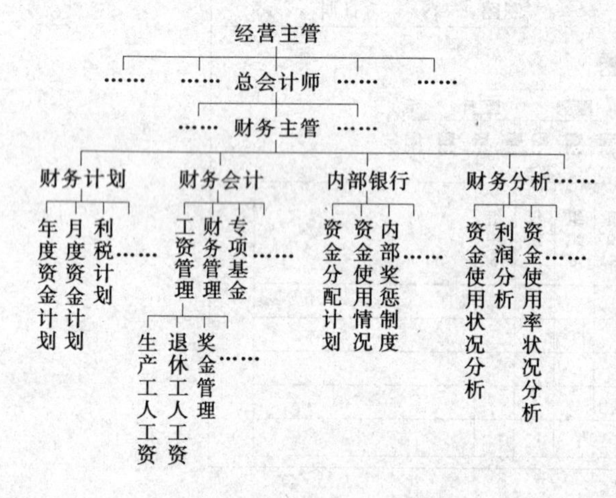

图 1.9 某企业业务功能图

1.3.2.4 业务流程分析

在对系统的组织结构和功能进行分析时，需从一个实际业务流程的角度将系统调查中有关该业务流程的资料都串起来作进一步的分析。业务流程分析可以帮助我们了解该业务的具体处理过程，发现和处理系统调查工作中的错误和疏漏，修改和删除原系统的不合理部分，在新系统基础上优化业务处理流程。

前面已经将业务功能一一理出，而业务流程分析则是在业务功能的基础上将其细化，利用系统调查的资料将业务处理过程中的每一个步骤用一个完整的图形将其串起来。在绘制业务流程图的过程中发现问题，分析不足，优化业务处理过程。所以说绘制业务流程图是分析业务流程的重要步骤。

业务流程图（Transaction Flow Diagram，简称 TFD）就是用一些规定的符号及连线来表示某个具体业务处理过程。业务流程图的绘制基本上按照业务的实际处理步骤和过程绘制。换句话说，就是一"本"用图形方式来反映实际业务处理过程的"流水账"。绘制出这本"流水账"对于开发者理顺和优化业务过程是很有帮助的。

有关业务流程图的画法，目前尚不太统一。但若仔细分析就会发现它们都是大同小异，只是在一些具体的规定和所用的图形符号方面有些不同，而在准确明了地反映业务流程方面是非常一致的。

业务流程图是一种用尽可能少、尽可能简单的方法来描述业务处理过程的方法。由于它的符号简单明了，所以非常易于阅读和理解业务流程。但它的不足是对于一些专业性较

强的业务处理细节缺乏足够的表现手段，它比较适用于反映事务处理类型的业务过程。

1. 基本符号

业务流程图的基本图形符号非常简单，只有 6 个（图 1.10）。这 6 个符号所代表的内容与信息系统最基本的处理功能一一对应。圆圈表示业务处理单位；方框表示业务处理内容；报表符号表示输出信息（报表、报告、文件、图形等）；不封口的方框表示存储文件；卡片符号表示收集资料；矢量连线表示业务过程联系。

2. 绘制业务流程图举例

业务流程图的绘制是根据系统调查表中所得到的资料和问卷调查的结果，按业务实际处理过程将它们绘制在同一张图上。例如，某企业生产管理业务的流程见图 1.11。

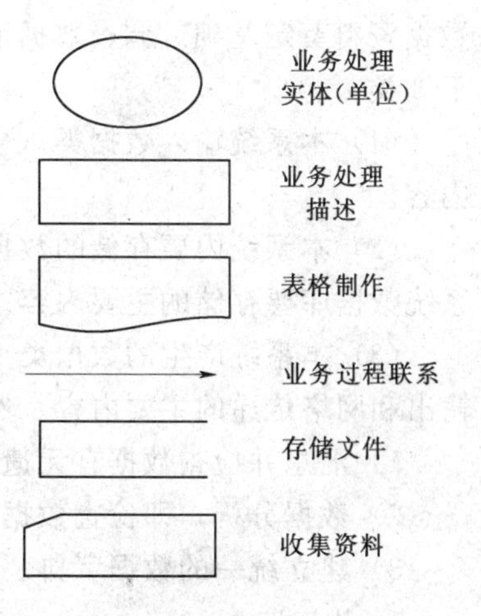

图 1.10　业务流程图基本图形符号

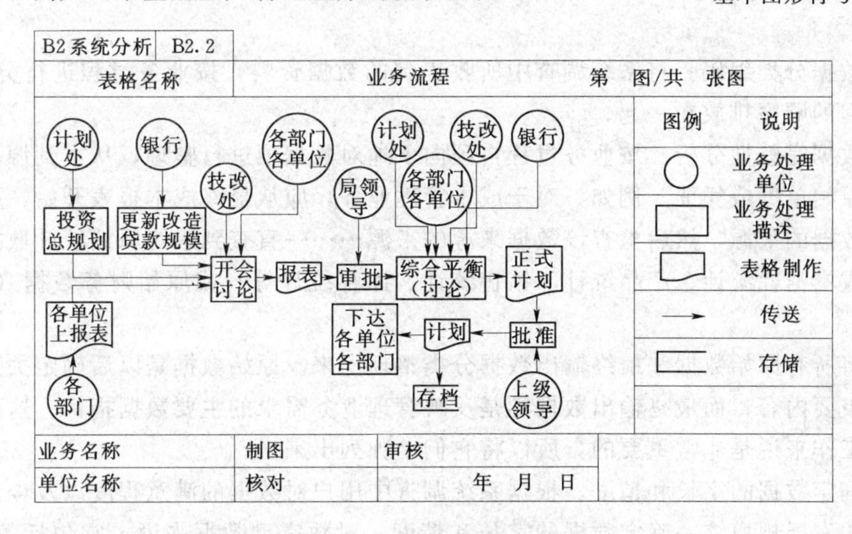

图 1.11　某企业业务流程图

1.3.3　数据与数据流程分析

数据是信息的载体，是今后系统要处理的主要对象。因此必须对系统调查中所收集的数据以及统计和处理数据的过程进行分析和整理。如果有没弄清楚的问题，应立刻返回去弄清楚它。如果发现有数据不全，采集过程不合理，处理过程不畅，数据分析不深入等问题，应在本分析过程中研究解决。数据与数据流程分析是今后建立数据库系统和设计功能模块处理过程的基础。

1.3.3.1　调查数据的汇总分析

在系统调查中我们曾收集了大量的数据载体（如报表、统计表文件格式等）和数据调查表，这些原始资料基本上是由每个调查人员按组织结构或业务过程收集的，它们往往只是局部地反映了某项管理业务对数据的需求和现有的数据管理状况。对于这些数据资料必须加以汇总、整理和分析，使之协调一致，为以后在数据库内各子系统充分地调用和共享数据资料奠定基础。调查数据汇总分析的主要任务首先是将系统调查所得到的数据分为如下3类：

（1）本系统输入数据类（主要指报来的报表），即今后下级子系统或网络要传递的内容。

（2）本系统内要存储的数据类（主要指各种台账、账单和记录文件），它们是今后本系统数据库要存储的主要内容。

（3）本系统产生的数据类（主要指系统运行所产生的各类报表），它们是今后本系统输出和网络传递的主要内容。然后再对每一类数据进行如下三项分析：

1）汇总并检查数据有无遗漏。

2）数据分析，即检查数据的匹配情况。

3）建立统一的数据字典。

1. 数据汇总

数据汇总是一项较为繁杂的工作，为使数据汇总能顺利进行，通常将它分为如下几步：

（1）数据分类编码。将系统调查中所收集到的数据资料，按业务过程进行分类编码，按处理过程的顺序排放在一起。

（2）数据完整性分析。按业务过程自顶向下地对数据项进行整理，从本到源，直到记录数据的原始单据或凭证。例如，对于成本管理业务，应从最终成本报表开始，检查报表中每一栏数据的来源，然后检查该数据来源的来源……一直查到最终原始统计数据（如生产统计、成本消耗统计、产品统计、销售统计、库存统计等）或原始财务数据（如单据、凭证等）。

（3）将所有原始数据和最终输出数据分类整理出来。原始数据是以后确定关系数据库基本表的主要内容，而最终输出数据则是反映管理业务需求的主要数据指标。这两类数据对于后续工作来说是非常重要的，所以将它们单独列出来。

（4）确定数据的字长和精度。根据系统调查中用户对数据的满意程度以及今后预计该业务可能的发展规模统一确定数据的字长和精度。对数字型数据来说，它包括数据的正、负号，小数点前后的位数，取值范围等等；对字符型数据来说，只需确定它的最大字长和是否需要中文。

2. 数据分析

数据的汇总只是从某项业务的角度对数据进行了分类整理，还不能确定收集数据的具体形式以及整体数据的完备程度、一致程度和无冗余的程度。因此还需对这些数据作进一步的分析。分析的方法可借用BSP方法中所提倡的U/C矩阵来进行。U/C矩阵本质是一种聚类方法，它可以用于过程/数据、功能/组织、功能/数据等各种分析中。这里不做详细的讲述，只是简单地进行数据特征分析。

数据项特征分析包括：

（1）数据的类型以及精度和字长。这是建库和分析处理所必须要求确定的。

（2）合理取值范围。这是输入、校对和审核所必需的。

（3）数据量，即单位时间内（如天、月、年）的业务量、使用频率、存储和保留的时

间周期等。这是在网上分布数据资源和确定设备存储容量的基础。

（4）所涉及业务。

1.3.3.2 数据流分析

有关数据分析的最后一步就是对数据流的分析。即把数据在组织（或原系统）内部的流动情况抽象地独立出来，舍去了具体组织机构、信息载体、处理工作、物资、材料等，单从数据流动过程来考查实际业务的数据处理模式。数据流分析主要包括对信息的流动、传递、处理、存储等的分析。

现有的数据流分析多是通过分层的数据流图（Data Flow Diagram，简称 DFD）来实现的。其具体的做法是：按业务流程图理出的业务流程顺序，将相应调查过程中所掌握的数据处理过程，绘制成一套完整的数据流图，一边整理绘图，一边核对相应的数据和报表、模型等。如果有问题，则定会在这个绘图和整理过程中暴露无遗。

数据流图只反映数据流向、数据加工和逻辑意义上的数据存储，不反映任何数据处理的技术过程、处理方式和时间顺序，不反映判断与控制条件等技术问题，只从逻辑功能上讨论问题，因此，数据流图的绘制过程，就是系统的逻辑模型的形成过程。

1. 数据流图的特点

（1）抽象性：数据流图只是抽象地反映信息处理流程。

（2）概括性：数据流图把系统对各种业务的处理过程联系起来，便于把握系统的总体功能。

（3）分层性：数据流图由自顶向下的各层组成，便于认识问题和解决问题。

2. 数据流图的基本成分

（1）外部项：指不受系统控制，系统以外的人或事物，表达了系统数据的外部来源和去处。外部项也可以是另外一个信息系统。

（2）数据处理：指对数据的逻辑处理（数据交换），表达了对数据处理的逻辑功能。

（3）数据流：是数据载体的一种表现形式，用于说明数据的流动方向及其名称。

（4）数据存储：用于表明数据保存的地方，是数据存储的描述。

3. 数据流图的基本图素

数据流图中各要素的表示形式，有 3 种方式，如图 1.12 所示。

4. 数据流图的绘制方法

数据流图依据“自顶向下、从左到右、由粗到细、逐步求精”的基本原则进行绘制。

数据流图绘制示意图见图 1.13。

（1）顶层图的绘制。

顶层图只有 1 张，说明系统的边界。

顶层图只包括外部的源和宿（□）、系统处理（○），外界的源流向

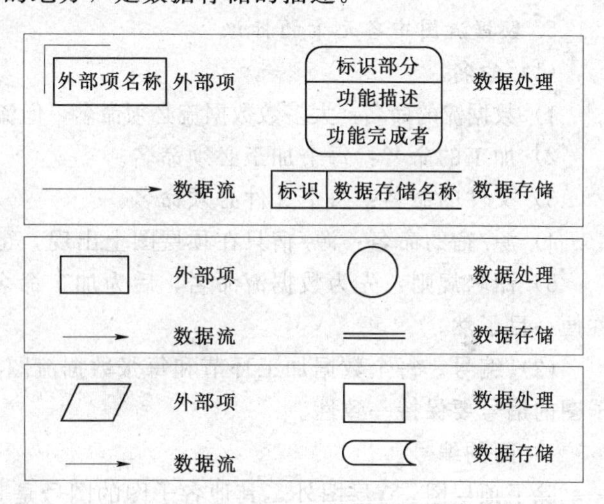

图 1.12 数据流图的基本图素

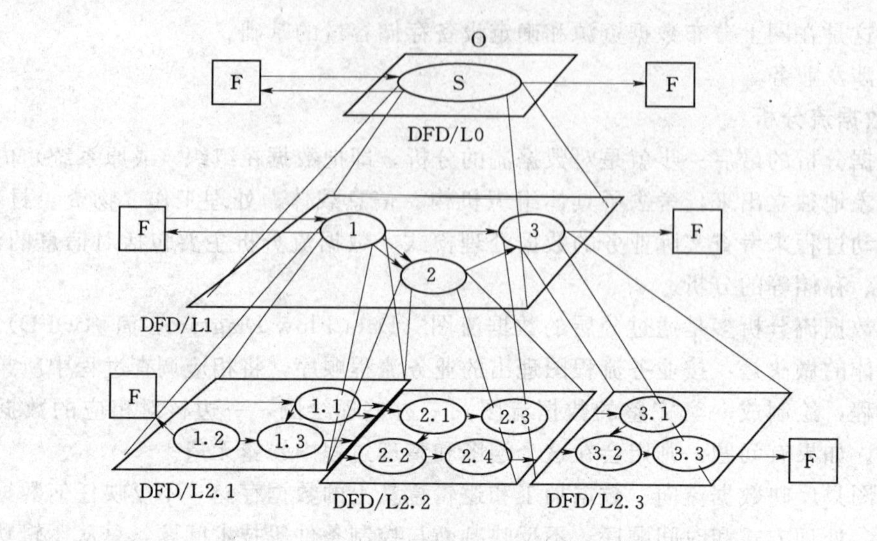

图1.13　数据流图绘制示意图

系统的数据流和系统流向外界的宿的数据流。

不包含文件，文件属于软件系统内部对象。

(2) 0层图的绘制。

0层图只有1张，把顶层图的加工分解成几个部分。

0层图中包括软件系统的所有第1层加工、图中包括各个加工与外界的源或宿之间的数据流、各个加工之间的数据流、1个以上加工需要读或写的文件。

不包含外界的源或宿，只有1个加工使用的文件。

(3) 第2层（1层图）及以下各层中各个加工的子图的绘制。

一个子图对应上层的一个加工，该子图内部细分为多个子加工。

子图中包括父图中对应加工的输入输出数据流、子图内部各个子加工之间的数据流以及读写文件的数据流。

5. 数据流图中各元素的标识

(1) 命名。

1）数据流的命名：大多数数据流必须命名，但流向文件或从文件流出的数据流不必命名。

2）加工的命名：每个加工必须命名。

3）文件的命名：每个文件必须命名。

4）源/宿的命名：源/宿只在顶层图上出现，也必须命名。

5）命名规则：先为数据流命名，后为加工命名，数据流的名称一经确定，加工的名称便一目了然。

(2) 编号。每个数据加工环节和每张数据流图都要编号，按逐层分解的原则，父图与子图的编号要保持一致性。

1）图的编号。

除了顶层图、0层图外，其他各子图的图号是其父图中对应的加工的编号。

2）加工的编号。

a. 顶层图只有一张，图中的加工只有一个，不必编号。

b. 0 层图只有一张，图中的加工号分别为 1、2、3、…

c. 子图中的加工号的组成为图号、圆点、序号，即“图号．序号”的形式。

d. 子图中加工编号表示的含义。最后一个数字表示本子图中加工的序号，每一个图号中的圆点数表示该加工分层 DFD 所处的层次，右边第一个圆点之左的部分表示本子图的图号，也对应上层父图中的加工编号。

6. 数据流图中加工

(1)“加工”可以称为子系统或处理过程，是对数据流的一种处理。

(2) 一个数据流图中至少有一个“加工”，任何一个“加工”至少有一个输入数据流和一个输出数据流。

(3) 允许一个加工有多条数据流流向另一个加工，即 1—并联—1 形式；任意两个加工之间，可以有 0 条或多条名字互不相同的数据流。

允许 1 个加工有 2 个相同的输出数据流流向 2 个不同的加工，即 1—并联—2 形式。

(4) 确定加工的方法。根据系统的功能确定加工，数据流的组成或值发生变化的地方应画一个加工。

7. 数据流图中的文件

数据流图中的文件是相关数据的集合，是系统中存储数据的工具。

8. 绘制数据流图的注意事项

(1) 注意父图与子图的平衡。

父图与子图：父图是抽象的描述，子图是详细的描述。

上层的一个加工对应下层的一张子图，上层加工对应的图称为父图。

保持父图与子图的平衡：上层数据流程图中的数据流必须在其下层数据流图中体现出来。

1) 父图中某加工的输入输出数据流必须与该加工对应子图的输入输出数据流在数量、名字上相同。

2) 例外情况，将“数据”分解成了数据项：父图的一个输入或输出数据流对应于子图中几个输入或输出数据流，而子图中组成这些数据流的数据项全体正好等于父图中的这一个数据流，它们仍算平衡。

(2) 注意数据流图中只画出数据流不画出控制流。

DFD 中只画数据流不画控制流：数据流中有数据，一般也看不出执行的顺序；而程序流程图中的箭头表示控制流，它表示程序的执行顺序或流向，控制流中没有数据。

(3) 注意保持数据守恒。每个加工必须既有输入数据流，又有输出数据流。

(4) 有关文件的注意事项。

1) 对于只与一个加工有关而且是首次出现，即该加工的“内部文件”不必画出。

2) 但对于只与一个加工有关，而在上层图中曾出现过的文件，不是“内部文件”，必须画出。

3) 整套 DFD 图中，每个文件必须既有读文件的数据流，又有写文件的数据流，但在某一张子图中可能只有读没有写，或只有写没有读。

9. 数据流图绘制实例

【实例 1.1】 某公司对于其库房日常的管理业务，设置了以下库房管理系统。此系统的数据来源是生产部、车间和物资采购员，数据去处项是主管领导，由此推出此系统的最高层数据流程图，如图 1.14 所示。

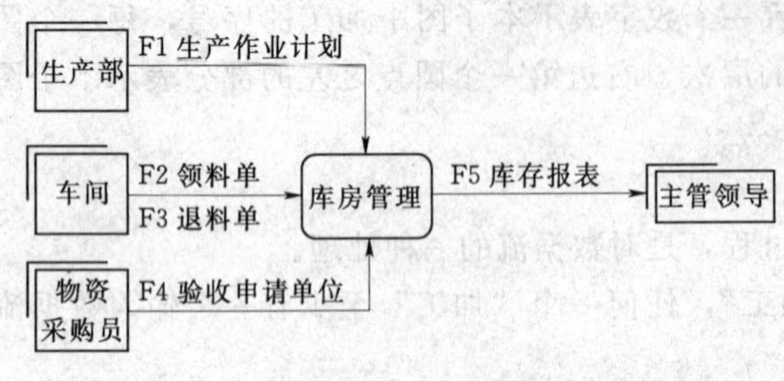

图 1.14 某企业库房管理系统 0 层数据流图

系统具备 4 个最基本功能：入库管理、出库管理、限额管理和统计，绘制系统顶层数据流程图，如图 1.15 所示。

顶层数据流图中，入库管理还可以进一步分解成为 3 个部分：正常入库、接收退料单和退料处理，而出库管理可分解为接收限额领料单、限额核对、接收物资领料单和出库处理 4 个部分，试绘制入库管理的数据流程图，如图 1.16 所示。

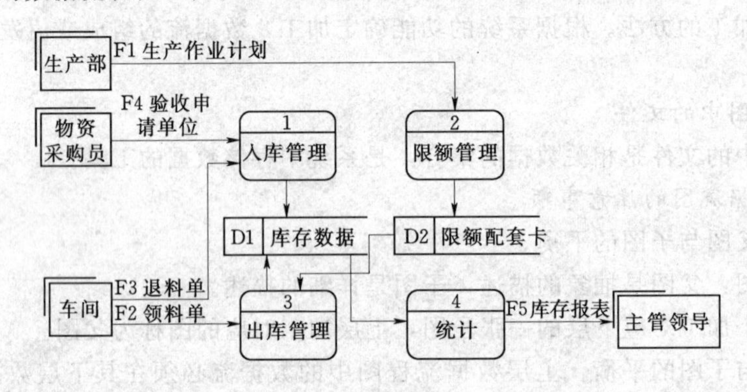

图 1.15 某企业库房管理系统 1 层数据流图

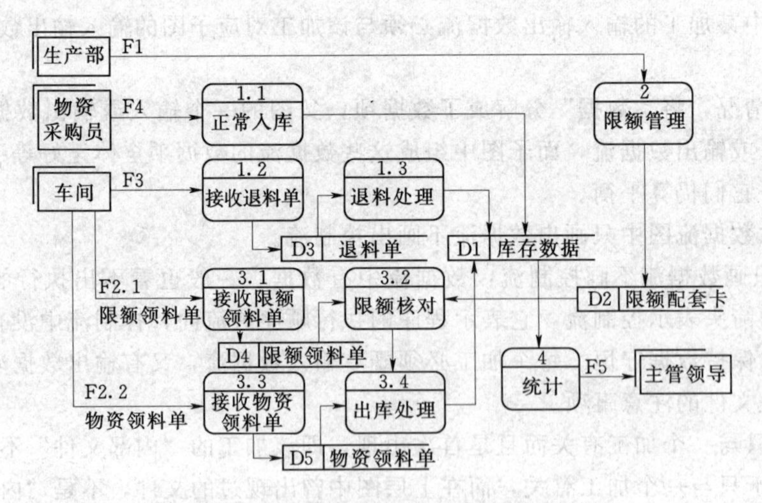

图 1.16 某企业库房管理系统 2 层数据流图

1.3.3.3 数据字典

数据字典（Data Dictionary，DD）指数据流图中所有成分定义和解释的文字集合。

数据字典的功能是对数据流图中的每个构成要素（包括数据流名、文件名、加工名以及组成数据流或文件的数据项）作出具体的定义和说明，是系统分析阶段的重要文档。

数据字典是对数据流程图中出现的所有被命名的图形元素作为一个条目加以定义，使每一个图形元素都有一个确切的解释。它存储有关数据的来源、描述和其他数据的关系、用途、责任、格式等信息，是对数据流程图的补充说明，主要用来描述数据流图中的数据流、数据存储、处理过程和外部实体。

数据字典将数据的最小组成单位看成是数据元素（基本数据项），若干个数据元素可以组成一个数据结构（组合数据项）。数据结构是一个递归项，即数据结构的成分可以是数据结构。数据字典通过数据元素和数据结构来描写数据流、数据存储的属性。

数据字典在数据库设计中占有很重要的地位。数据字典通常包括以下 5 个部分。

1. 数据项（Data item）

数据项是不可再分的数据单位。它的描述为：

数据项＝｛数据项名，数据项含义说明，别名，类型，长度，取值范围，与其他数据项的逻辑关系｝

其中："取值范围"和"与其他数据项的逻辑关系"两项定义了数据的完整性约束条件，它们是设计数据完整性检验功能的依据。

2. 数据结构（Data Structure）

数据结构的描述为：

数据结构＝｛数据结构名，含义说明，组成，｛数据项或数据结构｝｝

数据结构反映了数据之间的组合关系。一个数据结构可以由若干个数据项组成，也可以由若干个数据结构组成，或由若干数据项和数据结构混合组成。

3. 数据流（Data Flow）

数据流是数据结构在系统内传输的路径。数据流的描述通常为：

数据流＝｛数据流名，说明，流出过程，流入过程，组成：｛数据结构｝，平均流量，高峰期流量｝

其中："流出过程"说明该数据流来自哪个过程；"流入过程"说明该数据流将到哪个过程去；"平均流量"是指在单位时间（每天、每周、每月等）里传输的次数；"高峰期流量"是指在高峰时期的数据流量。

4. 数据存储（Data Storage）

数据存储是数据及其结构停留或保存的地方，也是数据流的来源和去向之一。数据存储可以是手工文档、手工凭单或计算机文档。数据存储的描述通常为：

数据存储＝｛数据存储名，说明，编号，输入的数据流，输出的数据流，组成：｛数据结构｝，数据量，存取频度，存取方式｝

其中："数据量"说明每次存取多少数据；"存取频度"指每小时或每天或每周存取几次、每次存取多少数据等信息；"存取方式"包括是批处理还是联机处理，是检索还是更新，是顺序检索还是随机检索等；"输入的数据流"要指出其数据的来源处；"输出的数据流"要指出其数据去向处。

5. 处理过程（Process）

处理过程的具体处理逻辑一般用判定表或判定树来描述。数据字典中只需要描述处理过程的说明性信息，通常包括以下内容：

处理过程＝{处理过程名，说明，输入：{数据流}，输出：{数据流}，处理：{简要说明}}

其中："简要说明"中主要说明该处理过程用来做什么（而不是怎么做）及处理频度要求，如单位时间里处理多少事务、多少数据量、响应时间要求等。

数据字典是关于数据库中数据的描述，即对元数据的描述。数据字典是在需求分析阶段建立，在数据库设计过程中不断修改、充实、完善的。

需求和分析阶段收集到的基础数据用数据字典和一组数据流程图（Data Flow Diagram，简称 DFD）表达，它们是下一步进行概念设计的基础。数据字典能够对系统数据的各个层次和各个方面精确和详尽地描述，并且把数据和处理有机地结合起来，可以使概念结构的设计变得相对容易。

6. 数据字典实例

【实例 1.2】 根据［实例 1.1］某公司库房日常的管理业务数据流图，建立数据字典。

（1）数据项。

数据项编号：A03－04

数据项名称：库存量

别　　名：数量

简　　述：某种配件的库存数量

长　　度：6 个字节

取 值 范 围：000000～999999

（2）数据结构。

数据结构编号：D02－01

数据结构名称：领料单

简　　　述：用户所填写用户情况及领料要求等信息

数据结构组成：领料单标识＋用户情况＋领料情况

（3）数据流。

编　　　号：F2

数据流名称：领料单

简　　　述：生产车间为用户开出的领料单

数据流来源：生产车间

数据流去向："出库管理"处理功能

数据流组成：领料单数据结构

流　通　量：150 份/天

高峰流通量：70 份/每天上午 9:00－11:00

（4）数据处理。

处 理 编 号：P03－03

处 理 名 称：接收物资领料单
简　　　述：确定用户的领料单是否填写正确
输入的数据流：物资领料单，来源：外部实体“车间”
处理：检验领料单数据，查明是否符合领料范围
输出的数据流：合格的领料单，去向：出库处理
确 定 领 货 量：不合格的领料单，去向：外部项“车间”
处 理 频 率：150 次/天
(5) 数据存储。
数据存储编号：D5
数据存储名称：物资领料单
简　　　述：存放物资的历年领料情况
数据存储组成：领料单编号＋配件名称＋需求量＋备注
关　键　字：领料单编号
相关联的处理：P03-03（“接收物资领料单”），P03-04（“出库处理”）

1.4 项 目 实 施

1.4.1 学籍管理系统的功能分析

系统分析员和数据库管理员根据用户的基本需求，通过设计用户调查表、调查问卷，进行专家座谈与访问，并参与学籍管理系统的主要业务等方式进行系统的详细调查，收集并汇总调查结果，确定学籍管理系统的功能。

1. 组织结构图

通过详细调查，首先绘制未来职业技术学院的组织结构图。

组织结构图是自顶向下分层表示企业或组织机构设置，反映组织内部之间隶属关系的树状结构图，如图 1.17 所示。

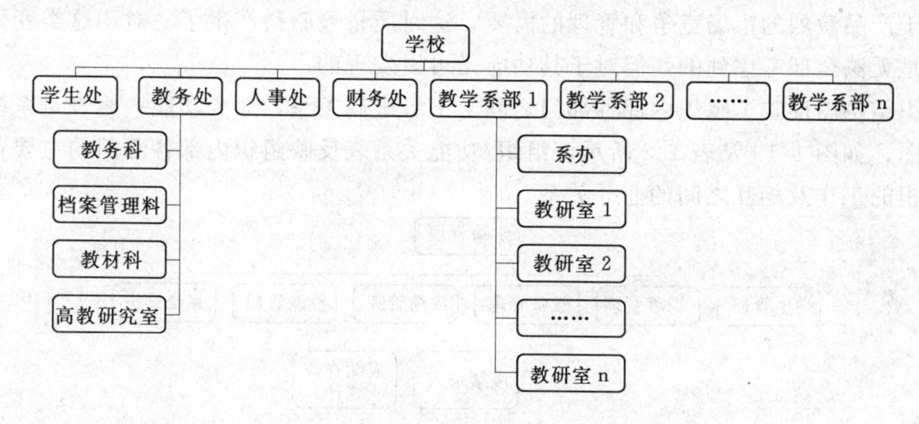

图 1.17　未来职业技术学院组织结构图

2. 组织/业务关系分析

组织结构图反映了组织内部和上下级关系。但是对于组织内部各部分之间的联系程

度，组织各部分的主要业务职能和它们在业务过程中所承担的工作等却不能反映出来。这将会给后续的业务、数据流程分析和过程/数据分析等带来困难。为了弥补这方面的不足，通常增设组织/业务关系图来反映组织各部分在承担业务时的关系，如图1.18所示。以组织/业务关系图中的横向表示各组织名称，纵向表示业务过程名，中间栏填写组织在执行业务过程中的作用。

组织 业务	教务处	人事处	信息系	水利系	土木系	水资源系	……
学生管理	*		√	√	√	√	
教师管理	√	*	×	×	×	×	
课程管理	*		*	*	*	*	
成绩管理	*		×			×	
授课管理	*		×	×	×	×	
……							

"*"表示该项业务是对应组织的主要业务(即主持工作的单位)；
"×"表示该单位是参加协调该项业务的辅助单位；
"√"表示该单位是该项业务的相关单位(或称有关单位)；
空格：表示该单位与对应业务无关。

图1.18 未来职业技术学院组织/业务关系图

3. 业务功能一览表

在组织中常常有这种情况，组织的各个部分并不能完整地反映该部分所包含的所有业务。因为在实际工作中，组织的划分或组织名称的取定往往是根据最初同类业务人员的集合而定的。随着生产的发展、生产规模的扩大和管理水平的提高，组织的某些部分业务范围越来越大，功能也越分越细，由原来单一的业务派生出许多业务。这些业务在同一组织中由不同的业务人员分管，其工作性质已经逐步有了变化。当这种变化发展到一定的程度时，就要引起组织本身的变化，裂变出一个新的、专业化的组织，由它来完成某一类特定的业务功能。如最早的质量检验工作就是由生产科、成品库和生产车间各自交叉分管的，后来由于产品激烈的市场竞争和管理的需要，这时质量检验科产生了。对于这类变化，我们事先是无法全部考虑到的，但对于其功能是可以发现的。

组织结构图反映了组织内部各部门之间上下级隶属关系，业务功能一览表是系统的功能层次图，如图1.19及表1.3所示，组织/功能关系表反映组织内部各部门的主要业务职能、承担的工作及相互之间的业务关系。

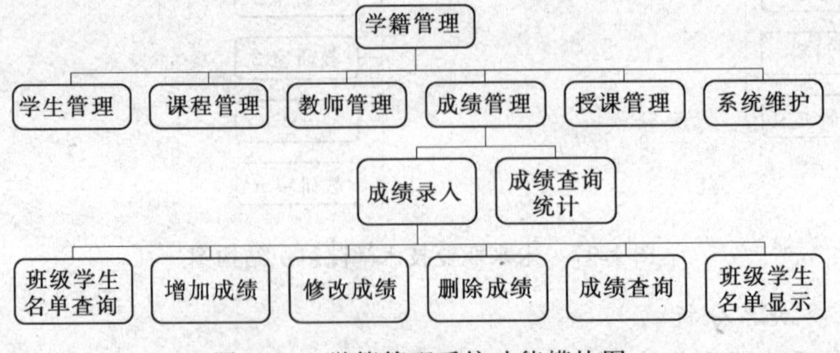

图1.19 学籍管理系统功能模块图

表 1.3 学籍管理系统主要功能表

功能序号	功能名称	功 能 说 明
1	学生管理	登记、修改学生的基本信息，并提供查询功能
2	课程管理	登记、修改课程的基本信息，提供查询
3	教师管理	登记、修改教师的基本情况，提供查询
4	成绩管理	登记学生各门课程的成绩，提供查询、统计功能
5	授课管理	登记教师授课课程、授课地点、授课学期，提供查询
6	系统维护	系统中使用编码的维护、数据的备份与恢复

通常组织结构图、业务与组织关系图绘制在一张图纸中，业务功能一览表绘制在另一张图纸中。

1.4.2 学籍管理系统的数据与数据流分析

系统分析员与数据库管理员将详细调查阶段得到的数据，进行汇总与分析，绘制学籍管理系统的数据流图，并建立数据字典，为以后在数据库内各子系统充分的调用和共享数据资料奠定基础。

1.4.2.1 绘制数据流图

1. 根据系统的初步需求，分析设计顶层数据流图

(1) 确定系统的源点和汇点。根据系统的初步需求，管理员、教师、辅导员、学生等都需要产生数据，通过使用本系统得到所需要的查询统计结果，因此，管理员、教师、辅导员、学生等是数据输入的源点和数据输出的汇点。

(2) 确定系统所需的存储文件。系统中需要存储学生信息、课程信息、教师信息、考试成绩等，因此需要学生基本信息、教师信息、课程信息、教学计划、考试成绩等数据存储文件。

(3) 确定顶层加工。顶层加工为学籍管理，从源点接受输入，加工处理后，产生各种输出到汇点。

(4) 确定数据流。管理员提供教学计划信息、课程基本信息、学生基本信息、教师基本信息、编码对应关系等，学籍管理系统为管理员提供学生情况汇总、考试情况汇总等。

教师提供学生考试成绩，学籍管理系统为教师提供学号和成绩表，并汇总各分数段人数及平均成绩等。

辅导员提供查询条件，获得查询结果。

学生输入成绩查询条件，获得成绩查询结果。

根据上述分析，绘制学籍管理系统的顶层数据流图如图 1.20 所示。

2. 根据顶层数据流图，细化出 1 层数据流图

(1) 细化加工"学籍管理"。根据表 1.3 中列出的学籍管理系统的主要功能，将"学籍管理"加工细化分解为"学生管理"、"课程管理"、"教师管理"、"成绩管理"、"授课管理"和"系统维护"等子加工。

(2) 绘制细化的 1 层数据流图。在图 1.20 所示的顶层数据流图的基础上，得到如图 1.21 所示的学籍管理系统的 1 层数据流图。

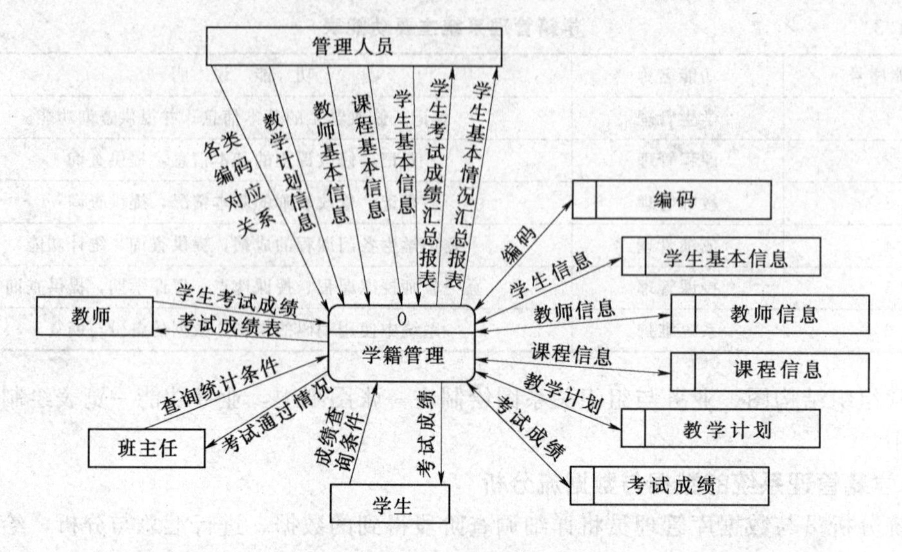

图 1.20 学籍管理系统的顶层数据流图

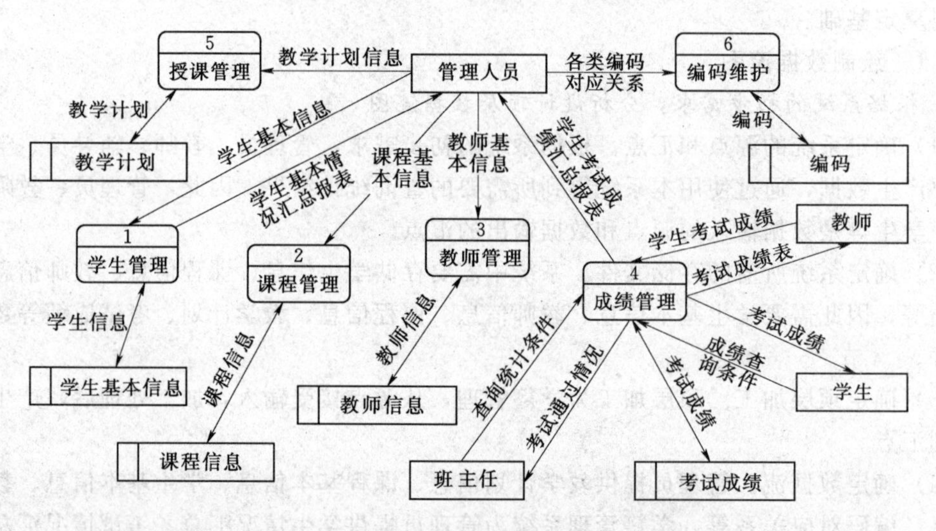

图 1.21 学籍管理系统第 1 层数据流图

3. 继续细化数据流图

(1) 选择需要细化的加工。根据实际业务分析各处理流程，显然“学生管理”、“课程管理”、“教师管理”、“成绩管理”等子加工都需要继续细化，限于篇幅，这里仅对“成绩管理”子加工进行细化，其他加工的细化过程留给读者自行完成。

(2) 细化加工“成绩管理”。成绩管理包括成绩录入、成绩查询与统计、成绩输出等子加工，将成绩管理细化为图 1.22 所示的成绩管理的 2 层数据流图。

(3) 继续细化“成绩录入”。图 1.21 所示的数据流图还可以继续分解，选择“成绩录入”进行继续细化，成绩查询与统计、成绩输出也需要按照同样的方法进行细化。

“成绩录入”加工可以继续细化为增加成绩、删除成绩、修改成绩等子加工，为了方便成绩录入，还需要班级学生名单查询等子过程。这样“成绩录入”加工可以继续细化分

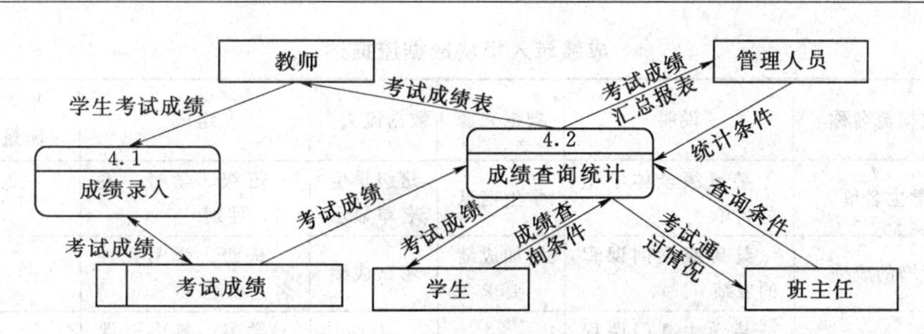

图 1.22　学籍管理系统成绩管理第 2 层数据流图

解为图 1.23 所示的成绩录入 3 层数据流图。

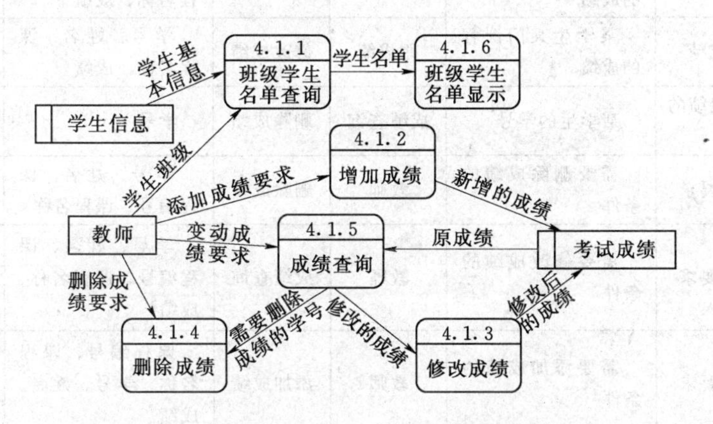

图 1.23　学籍管理系统成绩录入第 3 层数据流图

至此，成绩查询、修改成绩、删除成绩等加工都可以直接使用一些 SQL 语句或存储过程来完成，不需要再继续分解。

(4) 按照所述方法，继续细化其他加工。

1.4.2.2　建立数据字典

根据数据流图，建立数据字典。

1. 分析数据流图，确定数据流的描述

在图 1.23 所示的成绩录入数据流图中，包含学生名单、变动成绩要求、删除成绩要求、添加成绩要求、新增的成绩、原成绩、删除的成绩、修改后的成绩等数据流。

参考下面描述的“学生名单”数据流，描述其他的数据流，见表 1.4。

数据流名称：学生名单

说明：某班级全体学生的名单

数据来源：学生信息

数据流去向：班级学生名单显示

组成：班级、学号、姓名、性别

平均流量：

高峰期流量：

2. 分析数据流，确定数据存储描述

在图 1.23 所示的成绩录入数据流图中，包含学生信息和考试成绩等数据存储。

表 1.4　　成绩录入模块数据流描述

数据流编号	数据流名称	说明	数据来源	数据流去向	组成	平均流量	高峰期流量
	学生名单	某班级全体学生的名单	学生信息	班级学生名单显示	班级、学号、姓名、性别		
	新增的成绩	某班级某门课程的成绩	增加成绩要求	考试成绩	班级、学号、姓名、成绩		
	原成绩	某学生某门课程的成绩	考试成绩	成绩查询	学号、姓名、课程名称、成绩		
	修改后的成绩	某学生某门课程的成绩	修改的成绩	考试成绩	学号、姓名、课程名称、成绩		
	修改的成绩	某学生某门课程的成绩	原成绩	修改成绩	学号、姓名、课程名称、成绩		
	需要删除成绩的学号	某学生的学号	成绩查询	删除成绩	学号		
	删除成绩要求	需要删除成绩的条件	教师	删除成绩	学号、姓名、课程编号、课程名称		
	变动成绩要求	需要修改成绩的条件	教师	成绩查询	学号、姓名、课程编号、课程名称、成绩		
	添加成绩要求	需要添加成绩的条件	教师	添加成绩	课程编号、课程名称、学号、姓名、成绩		

参考下述描述的“考试成绩”数据存储，描述其他数据存储，见表1.5。

表 1.5　　成绩录入模块数据存储描述

数据存储编号	数据存储名称	说明	流入数据流	流出数据流	组成	数据量	存取方式
D05	考试成绩	保存学生各科考试成绩	新增的成绩、修改后的成绩	原成绩	学号、姓名、性别、成绩	每学期15000（学生）×10（课程）	随机存取
D01	学生信息	保存学生的基本信息	学生信息	学生信息	学号、姓名、性别、出生日期、电话、电子邮箱、班级编号、家庭地址、邮编	每学年5000～6000	随机存取
D02	课程信息	保存课程的基本信息	课程信息	课程信息	课程编号、课程名称、学时、课程类型、授课学期、授课教师	每学年100	随机存取
D03	教师信息	保存教师的基本信息	教师基本信息	教师信息	课程编号、课程名、学分、开课学期、总学时等	每学年100	随机存取
D04	教学计划	保存各专业教学计划的基本信息	教学计划的信息	教学计划			随机存取

数据存储：考试成绩

说明：保存学生各科考试成绩

流入数据流：新增的成绩、修改后的成绩

流出数据流：原成绩

组成：学号、姓名、性别、成绩

数据量：15000（学生）×10（课程）

存取方式：随机存取

3. 分析数据流，确定数据项的描述

在图1.22所示的成绩录入数据流图中，包含学号、姓名、性别、成绩等数据项。这些数据项都是不可再分割的基本数据单位。

参考下面描述的“学号”数据项，描述其他数据项，见表1.6。

数据项名称：学号

含义说明：唯一标识一个学生

别名：学生编号

类型：字符型

长度：6

取值范围：000000～999999

取值含义：前4位表示该学生入学的年份，后两位为顺序号。如20081表示2008年入学的第1位同学

表1.6　　成绩录入模块数据项描述

数据项名称	含义说明	别名	类型	长度	取值范围	取值含义
学号	唯一标识一个学生	学生编号	字符型	6	000000～999999	前4位表示该学生入学的年份，后两位为顺序号。如200801表示2008年入学的第1位同学
姓名		名字	字符型	8		
性别			字符型	2	男、女	
出生日期			日期型			
电话		联系方式	字符型	13		
电子邮件		邮箱	字符型	15		
家庭地址		家庭住址	字符型	30		
邮编		邮政编码	字符型	6		
班级编号	唯一标识一个班级	班级代号	字符型	6		前4位表示该学生入学的年份，后两位为顺序号。如200801表示2008年入学的第01班
系编号	唯一标识一个系部	系代号	字符型	2		

4. 分析数据流图，确定处理过程的描述

在图1.22所示的成绩录入数据流图中，包含增加成绩、删除成绩、修改成绩等处理

过程。

参考下面列出的“增加成绩”的描述，描述其他的处理过程，见表1.7。

处理过程：增加成绩

说明：录入某学生某门课程的成绩

输入：学号、课程、成绩

输出：考试成绩

处理：在“考试成绩”数据存储中增加一个学生的考试成绩

表1.7　　数据处理描述

处理过程编号	处理过程名称	说明	输入	输出	处理
4.1.1	班级学生名单查询	查询某个班级的学生名单	班级编号、班级名称	学生名单	从“学生信息”数据存储中查询
4.1.2	增加成绩	录入某学生某门课程的成绩	学号、课程、成绩	考试成绩	在“考试成绩”数据存储中增加一个学生的考试成绩
4.1.3	修改成绩	修改某学生某门课程的成绩	学号、课程、成绩	考试成绩	在“考试成绩”数据存储中修改某学生的考试成绩
4.1.4	删除成绩	删除某个同学、某门课程的成绩	学号、姓名、课程编号、课程名称	考试成绩	从“考试成绩”数据存储中删除一个学生的考试成绩
4.1.5	成绩查询	查询某门课程、某个班级或某位同学的成绩	课程编号、班级编号、学号、班级名称、姓名、课程名称	课程成绩单、班级成绩单、某个学生的成绩单	从“考试成绩”数据存储中查询
4.1.6	班级学生名单显示	显示或打印某个班级学生的名单	班级编号、班级名称	班级学生名单	从“学生信息”数据存储中查询

1.4.3　新系统逻辑方案的建立

通过系统调查，对现行系统的业务流程、数据流程、处理逻辑等进行深入分析后，即可开始建立新系统的逻辑模型。借助系统逻辑模型可以确定系统设计所需的参数，确定各种约束条件，预测各个系统方案的性能、费用和效益。

新系统方案主要包括：新系统目标、新系统的处理流程、数据处理流程、新系统的总体功能结构、子系统的划分和功能结构。

（1）确定新系统的目标。在系统详细调查的基础上，结合系统可行性分析报告中提出的系统目标及系统建设的环境和条件重新核查系统目标。新系统的目标从功能、技术、经济三个方面进行核查。

1）系统功能目标：指系统解决什么问题，以什么水平实现。

2）系统技术目标：指系统应具有的技术性能和应达到的技术水平。主要技术指标有

系统运行效率、响应速度、存储能力、可靠性、灵活性、操作方便性、通用性等。

3）系统经济目标：指系统开发的预期投资费用和系统投入运行后所取得的经济效益。

（2）确定合理的业务处理流程。对业务处理流程进行优化，删去多余的处理过程，合并重复的处理过程，修改不恰当的处理过程。

（3）确定合理的数据处理流程。画出新系统的数据流图，将数据分析结果、数据流图、数据字典交用户最终确认。

（4）确定新系统的总体功能结构和划分子系统。

（5）确定新系统数据资源分布。确定哪些数据存储在系统内部设备上，哪些数据存储在网络服务器或主机上。

（6）确定系统中的管理模型。确定在某一具体管理业务中采用的管理模型和处理方法。

1.4.4 编制系统分析阶段的文档

通过调查现有系统的物理模型（组织结构图、功能体系图、业务流程图），抽取现有系统的逻辑模型（数据流图、数据词典、加工说明），形成新系统的逻辑模型。

1. 需求分析说明书

需求分析说明书的主要内容包括：

（1）引言。需求分析的目的、背景、术语定义、参考资料。

（2）任务概述。

1）目标。

2）用户的特点。

3）假定与约束。

（3）需求规定。

1）对功能的规定。

2）对性能的规定：精度、时间特性要求、灵活性等。

3）输入输出要求。

4）数据管理能力要求。

5）故障要求。

6）其他专门要求。

（4）运行环境设定。

1）设备。

2）支持软件。

3）接口。

4）控制。

2. 系统分析报告

系统分析报告又称系统说明书，反映了系统分析阶段调查分析的全部内容，是系统分析阶段最重要的文档，也是下一阶段系统设计与系统实现的纲领性文件。用户根据系统分析报告评审所开发的管理系统项目的开发策略和开发方案，系统设计人员用它指导系统设计工作和作为系统实施的标准，作为测试阶段验收的依据。

系统分析报告的主要内容包括以下几个方面：

(1) 概述。管理信息系统的名称、目标、功能、背景、术语。

(2) 现行系统概况。

1) 现行系统的物理模型：组织结构图、功能体系图、业务流程图、存在的问题和薄弱环节。

2) 现行系统的逻辑模型：数据流图、数据字典、加工说明。

(3) 系统需求说明。

在掌握了现行系统的真实情况的基础上，针对系统存在的问题，全面了解企业或组织中各层次的用户对新系统的各种需求。

(4) 新开发的管理信息系统的逻辑方案。

1) 新系统的目标。

2) 新系统的功能结构和子系统划分。

3) 数据流图。

4) 数据字典。

5) 加工说明。

6) 数据组织形式：采用文件组织形式还是数据库组织形式。

7) 输入和输出的要求。

(5) 系统开发资源、开发费用与进度估计。

实训1 系 统 分 析

1. 工作任务

课外：各项目组根据各自选定的题目，在项目经理的组织下，分工协作地开展活动，在各自系统可行性研究的基础上，进行系统分析，给出系统的简要需求分析、主要数据流图、数据字典，编写系统分析报告。

课内：要求以项目组为单位，提交排版好的系统需求说明书、系统分析报告的电子文档，制作 PPT 课件并派代表上台演讲答疑。

2. 实训目标

(1) 掌握系统分析的方法与步骤。

(2) 掌握业务流程图、数据流图的绘制方法、数据字典的建立方法。

(3) 掌握需求分析说明书、系统分析报告的编写。

3. 实训考核要求

(1) 总的原则。主要考核学生对整个项目开发思路的理解，同时考查学生语言表达、与人沟通的能力，项目经理组织管理的能力，项目组团队协作能力，项目组进行系统分析设计及编写相应文档的能力。

(2) 具体考核要求。

1) 对演讲者的考核要点：口齿清楚、声音洪亮，不看稿，态度自然大方、讲解有条理、临场应变能力强，在规定时间内完成项目系统分析的整体讲述（时间 10 分钟）。

2）对项目组的考核要点：项目经理管理组织到位，成员分工明确，有较好的团队协作精神，文档齐全，规格规范，排版美观，结构清晰，围绕主题，上交准时。

习 题 1

1. 问答题

（1）什么是数据？数据有什么特征？数据和信息有什么关系？

（2）什么是数据库？数据库中的数据有什么特点？

（3）什么是数据库管理系统？它的主要功能是什么？

（4）什么是数据的整体性？什么是数据的共享性？为什么要使数据有整体性和共享性？

（5）试述数据库系统的三级模式结构及每级模式的作用。

（6）什么是数据的独立性？数据库系统中为什么能具有数据独立性？

（7）试述数据库系统中的二级映像技术及作用。

（8）数据库设计过程包括几个主要阶段？

（9）试述可行性分析的内容。

（10）试述可行性分析的步骤。

（11）试述可行性分析报告撰写的内容。

（12）试述数据库设计过程各个阶段上的设计描述。

（13）需求分析阶段的设计目标是什么？调查的内容是什么？

（14）数据字典的内容和作用是什么？

2. 选择题

（1）在下面所列出的条目中，哪些是数据库管理系统的基本功能？（　　）

A. 数据库定义　　B. 数据库的建立和维护

C. 数据库存取　　D. 数据库和网络中其他软件系统的通信

（2）在数据库的三级模式结构中，内模式有（　　）。

A. 1个　　B. 2个　　C. 3个　　D. 任意多个

（3）下面列出的条目中，哪些是数据库技术的主要特点？（　　）

A. 数据的结构化　　B. 数据的冗余度小

C. 较高的数据独立性　　D. 程序的标准化

（4）在数据库管理系统中，下面哪个模块不是数据库存取的功能模块？（　　）

A. 事务管理程序模块　　B. 数据更新程序模块

C. 交互式程序查询模块　　D. 查询处理程序模块

（5）（　　）是按照一定的数据模型组织的，长期储存在计算机内，可为多个用户共享的数据的聚集。

A. 数据库系统　　B. 数据库

C. 关系数据库　　D. 数据库管理系统

（6）数据库（DB）、数据库系统（DBS）、数据库管理系统（DBMS）三者之间的关系，正确的表述是（ ）。

A. DB和DBS都是DBMS的一部分 B. DBMS和DB都是DBS的一部分

C. DB是DBMS的一部分 D. DBMS包括数据库系统和DB

(7) 用于对数据库中数据的物理结构描述的是（ ）。

A. 逻辑模式 B. 用户模式 C. 存储模式 D. 概念模式

(8) 用于对数据库中全体数据的逻辑结构和特征描述的是（ ）。

A. 公共数据视图 B. 外部数据视图

C. 内模式 D. 存储模式

(9) 用于对数据库中数据库用户能够看得见和使用的局部数据的逻辑结构和特征描述的是（ ）。

A. 逻辑模式 B. 外模式 C. 内模式 D. 概念模式

(10) 数据库三级模式体系结构的划分，有利于保持数据库的（ ）。

A. 数据对立性 B. 数据安全性

C. 结构规范化 D. 操作可行性

(11) 数据库系统的特点不包括（ ）。

A. 数据加工 B. 数据共享 C. 关系模型 D. 减少数据冗余

(12)（ ）是位于用户和操作系统之间的一层数据管理软件。

A. DBMS B. DB C. DBS D. DBA

(13) 数据库系统的三级模式结构中，用来描述数据的全局逻辑结构的是（ ）。

A. 子模式 B. 用户模式 C. 模式 D. 存储模式

(14) 数据库系统不仅包括数据库本身，还要包括相应的硬件、软件和（ ）。

A. 数据库管理系统 B. 数据库应用系统

C. 相关的计算机系统 D. 各类相关人员

(15) 在关系数据库中，视图是三级模式结构中的（ ）。

A. 内模式 B. 模式 C. 存储模式 D. 外模式

(16) 数据库系统的独立性体现在（ ）。

A. 不会因为数据的变化而影响应用程序

B. 不会因为系统数据存储结构与数据逻辑结构的变化而影响应用程序

C. 不会因为存储策略的变化而影响存储结构

D. 不会因为某些存储结构的变化而影响其他存储结构

(17) 在人工管理阶段，数据是（ ）。

A. 有结构的 B. 无结构的

C. 整体无结构，记录内有结构 D. 整体结构化的

(18) 在数据库系统阶段，数据是（ ）。

A. 有结构的 B. 无结构的

C. 整体无结构，记录内有结构 D. 整体结构化的

(19) 在文件系统阶段，数据（ ）。

A. 无独立性 B. 独立性差

C. 具有物理独立性　　　　　　　　　　D. 具有逻辑独立性

(20) 在数据库系统阶段，数据（　　）。

A. 具有物理独立性，没有逻辑独立性

B. 具有物理独立性和逻辑独立性

C. 独立性差

D. 具有高度的物理独立性和一定程度的逻辑独立性

(21) 非关系模型中数据结构的基本单位是（　　）。

A. 两个记录型间的联系　　　　　　　　B. 记录

C. 基本层次联系　　　　　　　　　　　D. 实体间多对多的联系

(22) 客户/服务器结构与其他数据库体系结构的根本区别在于（　　）。

A. 数据共享　　B. 数据分布　　C. 网络开销小　　D. DBMS和应用分开

(23) 由于进程数目少，内存开销和进程开销小，因此（　　）是较优的一种。

A. N方案　　B. 2N方案　　C. M+N方案　　D. N+1方案

(24) 数据库系统软件包括（　　）和（　　）。

(1) 数据库　(2) DBMS　(3) OS、DBMS和高级语言

(4) DBMS和OS　(5) 数据库应用系统和开发工具

A. (1) 和 (2)　　B. (2) 和 (5)　　C. (3)　　D. (4)

(25) 数据管理技术经历了人工管理、（　　）和（　　）。

(1) DBMS　(2) 文件系统　(3) 网状系统

(4) 数据库系统　(5) 关系系统

A. (3) 和 (5)　　B. (2) 和 (3)　　C. (1) 和 (4)　　D. (2) 和 (4)

(26) 数据库系统包括（　　）、（　　）和（　　）。

(1) 数据库　(2) DBMS　(3) 硬件

(4) 数据库、相应的硬件、软件　(5) 各类相关人员

A. (1)、(2) 和 (3)　　　　　　　　B. (1)、(2) 和 (5)

C. (2)、(3) 和 (4)　　　　　　　　D. (2)、(3) 和 (5)

(27) 数据库系统的数据独立性是指（　　）。

A. 不会因为数据的变化而影响应用程序

B. 不会因为系统数据存储结构与数据逻辑结构的变化而影响应用程序

C. 不会因为存储策略的变化而影响存储结构

D. 不会因为某些存储结构的变化而影响其他的存储结构

(28) 当数据库的（　　）改变了，由数据库管理员对（　　）映像作相应改变，可以使（　　）保持不变，从而保证了数据的物理独立性。

(1) 模式　(2) 存储结构　(3) 外模式/模式　(4) 用户模式　(5) 模式/内模式

A. (3)、(1)、(4)　　　　　　　　B. (1)、(5)、(3)

C. (2)、(5)、(1)　　　　　　　　D. (1)、(2)、(4)

3. 填空题

(1) 数据管理技术经历了（　　）阶段、（　　）阶段和（　　）阶段。

(2) 数据库系统结构是由三级模式和二级映像组成，三级模式是指（　　）、（　　）和（　　），二级映像是指（　　）和（　　）。

(3) 有了外模式/模式映像，可以保证数据和应用程序之间的（　　）。

(4) 有了模式/内模式映像，可以保证数据和应用程序之间的（　　）。

(5) 数据独立性是指（　　）与（　　）相互独立。

(6) 由（　　）负责全面管理和控制数据库系统。

(7) 数据库系统与文件系统的本质区别在于（　　）。

(8) 数据是信息的符号表示或载体；信息是数据的内涵，是数据的语义解释。例如“世界人口已达到70亿”，这是（　　）。

(9) 数据库设计的几个步骤是（　　）。

(10) 在数据库设计中，把数据需求写成文档，它是各类数据描述的集合，包括数据项、数据结构、数据流、数据存储和数据加工过程等的描述，通常称为（　　）。

4. 判断题

(1) 数据是信息的符号表示形式，两者相互联系，没有任何区别。（　　）

(2) 数据独立性是指数据的存储与应用程序无关，数据存储结构的改变不影响应用程序中的正常运行。（　　）

(3) 数据库管理系统的核心是数据库。（　　）

(4) 面向对象数据库系统是将面向对象的模型、方法和机制，与先进的数据库技术有机地结合而成的新型数据库系统。（　　）

(5) 数据就是能够进行运算的数字。（　　）

(6) 数据库管理系统不仅可以对数据库进行管理，还可以绘图。（　　）

(7) “学生成绩管理”系统就是一个小型的数据库系统。（　　）

项目2 概念模型的设计

概念结构设计是将系统需求分析得到的用户需求抽象为信息结构的过程。概念结构设计的结果是数据库的概念模型。数据库设计中应十分重视概念结构设计，它是整个数据库设计的关键。在概念结构的设计过程中，设计者要对用户需求进行综合、归纳和抽象，形成一个独立于具体计算机和DBMS的概念模型。

本项目实施的知识目标：

(1) 了解概念模型的基本概念。

(2) 理解信息三个世界的描述与联系。

(3) 理解实体、属性及实体间联系的基本概念。

(4) 掌握概念模型的表示方法。

(5) 掌握概念模型的设计方法与步骤。

(6) 熟练掌握E—R图的绘制方法。

技能目标：

(1) 能根据实际问题进行系统概念模型的设计。

(2) 会根据具体问题进行概念模型（E—R）的绘制。

(3) 会编写系统分析报告。

(4) 引导学生自学的能力，扩充学生的知识面。

2.1 项 目 描 述

系统分析员和数据库管理员，在对学籍管理工作过程进行了详细的调查后，对整个学籍管理工作所涉及的数据进行了详细的分析与汇总，已经熟悉了用户的应用环境并明确了用户的整体需求，在此基础上，将系统需求分析得到的用户需求抽象为信息结构的过程，即实现由现实世界向信息世界的转换，也就是学籍管理系统的概念模型设计。

2.2 项 目 分 析

依据上一个项目中，学籍管理系统的数据流图和数据字典中对数据的抽象描述，建立学籍管理系统的概念模型，可以考虑把任务分解为：

1）概念模型的基本知识。

2）E—R模型设计。

3）学籍管理系统概念模型的设计。

2.3 项 目 准 备

2.3.1 概念模型的基础知识

2.3.1.1 数据模型

1. 数据模型的概念

现实生活中，人们经常使用各类模型，如建筑模型、汽车模型、飞机模型等。借助这些模型，有利于人们对现实世界中某一事物的结构、组织形态、整体与局部的关系，及它的运动与变化等多元信息的把握和了解。而数据模型是对现实世界中各类数据特征的抽象和模拟。

数据库中的数据是结构化的，因此建立数据库首先要考虑如何去组织数据，如何表示数据及数据之间的联系，并将其合理地存储在计算机中，以便于对其进行有效的处理。

数据模型就是描述数据及数据之间联系的结构形式，它研究的内容就是如何组织数据库中的数据。数据库技术中用数据模型这个工具把现实世界的具体事物及其状态转换成计算机能够处理的数据。数据模型是数据库技术的核心内容。

任何数据库系统的建立，都要依赖某种数据模型来描述和表示信息系统。因此数据模型一般要满足三个要求：

（1）真实地模拟现实世界。

（2）便于人们理解和交流。

（3）便于在计算机上实现。

由于数据库的方案设计和数据库的实现各有特点，因此，不同阶段使用不同的数据模型。在数据库的概念模型设计阶段，使用概念数据模型，它是按用户的观点对数据和信息建模。在数据库的结构设计和实施阶段，使用组织层数据模型，它是按计算机系统的观点对数据建模，主要用于 DBMS 的实现。

2. 数据模型的组成要素

一般地说，任何一种数据模型都是一组严格定义的概念集合。这些概念必须能够精确地描述系统的静态特征、动态特征和数据完整性约束条件。因此数据模型是由数据结构、数据操作和数据的约束条件 3 个要素组成的。

（1）数据结构。数据结构用于描述系统的静态特征。它是表现一个数据模型性质最重要的方面。在数据库系统中，人们通常按照数据结构的类型来命名数据模型，例如层次结构、网状结构和关系结构的数据模型分别被命名为层次模型、网状模型和关系模型。

（2）数据操作。数据操作是对系统动态特性的描述，是指对数据库中各种数据对象允许执行的操作集合。数据操作包括操作对象和有关的操作规则两部分。数据库中的数据操作主要有数据检索和数据更新（即插入、删除或修改数据的操作）两大类操作。

数据模型必须对数据库中的全部数据操作进行定义，指明每项数据操作的确切含义、操作对象、操作符号、操作规则以及对操作的语言约束等。

（3）数据约束条件。数据约束条件是一组数据完整性规则的集合。数据完整性规则是

指数据模型中的数据及其联系所具有的制约和依存规则。数据约束条件用以限定符合数据模型的数据库状态以及状态的变化，以保证数据库中数据的正确、有效和相容。

每种数据模型都规定有基本的完整性约束条件，这些完整性约束条件要求所属的数据模型都应满足。同理，每个数据模型还规定了特殊的完整性约束条件，以满足具体应用的要求。例如，在关系模型中，基本的完整性约束条件是实体完整性和参照完整性，特殊的完整性条件是用户定义的完整性。

2.3.1.2 信息的3种世界及其描述

信息的3种世界是指现实世界、信息世界和计算机世界（也称数据世界）。数据库是模拟现实世界中某些事务活动的信息集合，数据库中所存储的数据，来源于现实世界的信息流。信息流用来描述现实世界中一些事物的某些方面的特征及事物间的相互联系。在处理信息流前，必须先对其进行分析并用一定的方法加以描述，然后将描述转换成计算机所能接受的数据形式。

1. 现实世界

现实世界就是客观事物及其事物本身的性质决定的事物之间的联系。要解决实际问题，就要从中找出反映实际问题的对象，研究它们的性质及其内在的规律，从而寻求解决的方法。通过对现实世界的了解和认识，使得我们对要管理的对象、管理的过程和方法有所了解，并形成概念模型。现实世界是数据库系统设计者接触到的最原始的数据。

认识信息的现实世界并用概念模型加以描述的过程称为系统分析。现实世界的主要概念包括：

(1) 实体（Entity）。现实世界中存在并可相互区分的事物或概念称为实体。例如，一个班级、一个院系、一台机器、一个专业等。

(2) 实体的特征（Entity Characteristic）。每个实体都有自己的特征，利用实体的特征可以区别不同的实体。例如，学生的学号、姓名、性别、身份证号、所在系、入学时间等均为学生的特征。

(3) 实体集（Entity Set）及实体集之间的联系。同类型实体的集合称为实体集。例如学生、系部、专业、课程、班级、教师、汽车等都是实体集。实体集不是孤立存在的，实体集之间有着各种各样的联系，例如学生和课程之间有“选课”联系，教师和系部之间有“工作”联系。

2. 信息世界

现实世界中的事物及其相互间的联系通过人们的感知、分析、归纳、抽象形成相应的信息。对这些信息的记录、整理、分类和格式化，就构成了信息世界。因此，信息世界也称为概念世界，是现实世界在人们头脑中的反映，是用数据对客观事物及其联系的一种抽象描述。信息世界的主要概念包括：

(1) 实体（Entity）。实体指客观存在并且可以相互区别的事物。实体可以是具体的人、事、物，也可以是抽象的概念或联系。例如，一个部门、一名学生、一名教师、一场比赛等都是实体。

(2) 属性（Attribute）。实体所具有的某一特性称为实体的属性。一个实体可由若干个属性来描述。例如，职工实体可以用职工编号、姓名、性别、职称、学历、工作时间等属性来描述。如（1001，张莹，女，副教授，硕士，1968），这些属性组合起来描述了一名职工。

（3）关键字（Key）。唯一标识实体的属性集称为关键字。例如，职工编号是职工实体的关键字。

（4）域（Domain）。属性的取值范围称为该属性的域。例如，职工实体的性别属性的域为（男，女）。

（5）实体型（Entity type）。具有相同属性的实体称为同型实体。用来抽象和刻画同类实体的实体名及其属性名的集合称为实体型。例如，职工（职工编号，姓名，性别，职称，学历，工作时间）就是一个实体型。

（6）实体集（Entity set）。同型实体的集合称为实体集。例如，全体职工就是一个实体集，全体学生也是一个实体集。

（7）联系（Relationship）。在现实世界中，事物内部及事物之间普遍存在联系，这些联系在信息世界中表现为实体型内部各属性之间的联系以及实体型之间的联系。

3. 机器世界

信息世界中的信息，经过数字化处理形成计算机能够处理的数据，就进入了计算机世界。计算机世界也叫机器世界或数据世界。机器世界中主要概念如下：

（1）数据项（Item）。数据项是对象属性的数据表示，也称为字段。它是可以命名的最小信息单位。数据项的取值范围称为域。域以外的任何值对该数据项都是无意义的。例如，表示日期的数据项的域是1～31，则32就是无意义的值；表示日期的数据项的域是1～12，则13就是无意义的值。数据项的值可以是数值、字母、汉字等形式。

（2）记录（Record）。记录由若干相关联的数据项的集合构成，是实例的数据表示。记录是应用程序输入/输出的逻辑单位。对于大多数数据库系统来讲，记录是处理和存储信息的基本单位。通常用一条记录描述一个实体，构成该记录的数据项表示实体的若干属性值。如“学生”实体的一组数据（200801，张红，女，19，信息系）就是一条记录。其数据项包括学号、姓名、性别、年龄和所在系。

（3）文件（File）。文件是对象的数据表示，是同类记录的集合。即同一个文件中的记录类型应是一样的。例如所有学生的记录构成一个学生文件，文件中的每条记录都要按“姓名，性别，性别，年龄，所在系”的结构组织数据项值。文件用文件名称标识。

（4）数据模型（Data Model）。现实世界中的事物反映到计算机世界中就形成了文件的记录结构和记录，事物之间的相互联系就形成了不同文件间的记录的联系。记录结构及其记录联系的数据化的结果就是数据模型。

4. 现实世界、信息世界和计算机世界的关系

现实世界、信息世界和计算机世界这3个领域是由客观到认识、由认识到使用管理的3个不同层次，后一领域是前一领域的抽象描述。关于3个领域之间的术语对应关系，可用表2.1表示。

表 2.1　　信息的 3 种世界术语的对应关系表

现实世界	信息世界	计算机世界
实体	实例	记录
特征	属性	数据项
实体集	对象	数据或文件
实体间的联系	对象间的联系	数据间的联系
	概念模型	数据模型

现实世界、信息世界和计算机世界的转换关系可以用图 2.1 表示。

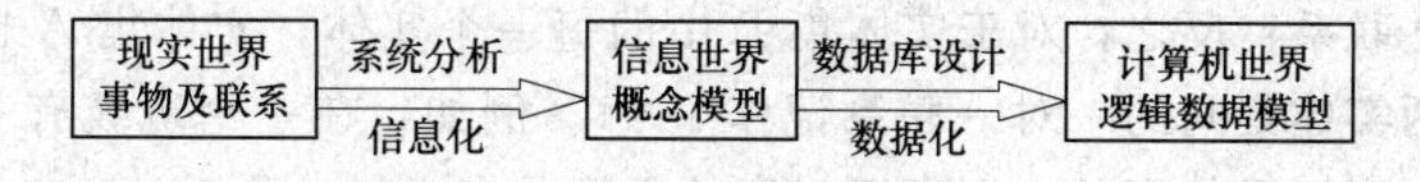

图 2.1　信息的 3 个世界的联系和转换过程

从图 2.1 中可以看出，现实世界的事物及联系，通过系统分析成为信息世界的概念模型，而概念模型经过数据化处理转换为逻辑数据模型。

2.3.1.3　概念模型的基本概念

数据库的概念模型也称为信息模型，是一种独立于计算机系统，完全不涉及信息在计算机中的表示，仅用于描述某个特定组织所关心的信息结构的数据模型。它是按用户的观点来对数据和信息进行建模的，是数据库设计人员的重要工具，也是数据库设计人员与用户之间交流的语言。

1. 概念模型涉及的基本概念

(1) 对象（Object）和实例（Instance）。现实世界中，具有相同性质、服从相同规则的一类事物（或概念，即实体）的抽象称为对象，对象是实体集信息化（数据化）的结果。对象中的每一个具体的实体的抽象为该对象的实例。

(2) 属性（Attribute）。属性为实体的某一特征的抽象表示。一个实体可以由若干个属性来描述。如学生，可以通过学生的“学号”、“姓名”、“性别”、“年龄”及“所在系”等特征来描述，此时，“学号”、“姓名”、“性别”、“年龄”及“所在系”等就是学生的属性。

(3) 键（Key）、主键（Primary Key）和次键（Secondary Key）。键也称为码、关键字，它能够唯一标识一个实体。键可以是属性或属性组，如果键是属性组，则其中不能含有多余的属性。例如在学生的属性集中，由于学号可以唯一地标识一个学生，所以学号为键。在有些实体集中，可以有多个键。如学生实体集，假设学生姓名没有重名，那么属性“姓名”也可以作为键。当一个实体集中包括有多个键时，通常要选定其中的一个键为主键，其他的键就是候选键。

实体集中不能唯一标识实体属性的叫次键，又称为非主属性。例如“年龄”、“所在系”，这些属性都是次键。一个主键值（或候选键值）对应一个实例，而一个次键值会对应多个实例。

(4) 域（Domain）。属性的取值范围称为属性的域。例如，学生性别的域为（男，

女），学生成绩的域为0～100范围内的正整数。

2. 实体联系的类型

在现实世界中，事物内部及事物之间是有联系的，这些联系在抽象到信息世界之后，反映为实体内部的联系和实体之间的联系。例如，“学生”和“课程”之间有“选课”的联系，“读者”和“图书”之间有“借阅”的联系。实体内部的联系通常是指组成实体的各属性之间的联系。实体与实体之间的联系通常比较复杂，一般分为3种类型。

（1）两个实体集之间的联系。两个实体集之间的联系可概括为3种。

1）一对一联系（1∶1）。设有两个实体集A和B，如果实体集A与实体集B之间具有一对一联系，则：对于实体集A中的每一个实体，在实体集B中至多有一个（也可以没有）实体与之联系；反之，对于实体集B中的每一个实体，实体集A也至多有一个实体与之联系。两实体集间的一对一联系记作1∶1。例如，在一个班级有一个班长，一个学生只能在一个班级里任班长，则班级与班长之间具有一对一联系。

2）一对多联系（1∶n）。设有两个实体集A和B，如果实体集A与实体集B之间具有一对多联系，则：对于实体集A的每一个实体，实体集B中有一个或多个实体与之联系；而对于实体集B的每一个实体，实体集A中至多有一个实体与之联系。实体集A与实体集B之间的一对多联系记作1∶n。例如，一个系可以有多个教研室，而一个教研室只属于一个系，则系与教研室之间具有一对多联系；一个教研室内有许多老师，而一个老师只能属于一个教研室，教研室和老师之间是一对多的联系。

3）多对多联系（m∶n）。设有两个实体集A和B，如果实体集A与实体集B之间具有多对多联系，则：对于实体集A的每一个实体，实体集B中有一个或多个实体与之联系；反之，对于实体集B中的每一个实体，实体集A中也有一个或多个实体与之联系。实体集A与实体集B之间的多对多联系记作m∶n。例如，一个学生可以选修多门课程，一门课程可以被多个学生选修，则学生与课程之间具有多对多联系。

实际上，一对一联系是一对多联系的特例，而一对多联系又是多对多联系的特例。图2.2是用E—R图表示两个实体集之间的1∶1、1∶n或m∶n联系的实际例子。

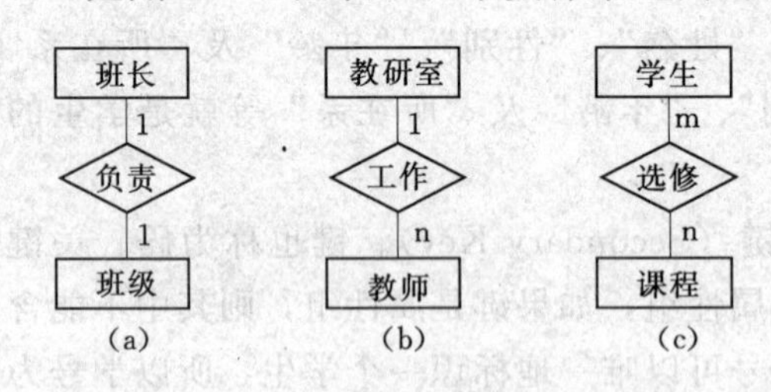

图2.2 两个实体集联系的例子

（2）多实体集之间的联系。两个以上的实体集之间也会存在有联系，其联系类型为一对一、一对多、多对多3种。

1）多实体集之间的一对多联系。设实体集E1，E2，…，En，如果Ej（j＝1，2，…，n）与其他实体集E1，E2，…，Ej－1，Ej＋1，…，En之间存在有一对多的联系，则：对于Ej中的一个给定实体，可以与其他实体集Ei（i-j）中的一个或多个实体联系，而实体集Ei（i-j）中的一个实体最多只能与Ej中的一个实体联系，则称Ej与E1，E2，…，Ej－1，Ej＋1，…，En之间的联系是一对多的。

例如，在图2.3（a）中，一门课程可以有若干教师讲授，一个教师只讲授一门课程；一门课程使用若干本参考书，每一本参考书只供一门课程使用。所以课程与教师、参考书之间的联系是一对多的。

2）多实体集之间的多对多联系。在两个以上的多个实体集之间，当一个实体集与其他实体集之间均存在多对多联系，而其他实体集之间没有联系时，这种联系称为多实体集间的多对多联系。

例如，有3个实体集：供应商、项目、零件，一个供应商可以供给多个项目多种零件；每个项目可以使用多个供应商供应的零件；每种零件可由不同供应商供给。因此，供应商、项目、零件3个实体型之间是多对多的联系，如图2.3（b）所示。

（3）实体集内部的联系。实际上，在一个实体集的实体之间也可以存在一对多或多对多的联系。例如，学生是一个实体集，学生中有班长，而班长自身也是学生。学生实体集内部具有管理与被管理的联系，即某一个学生管理若干名学生，而一个学生仅被一个班长所管，这种联系是一对多的联系，如图2.4所示。

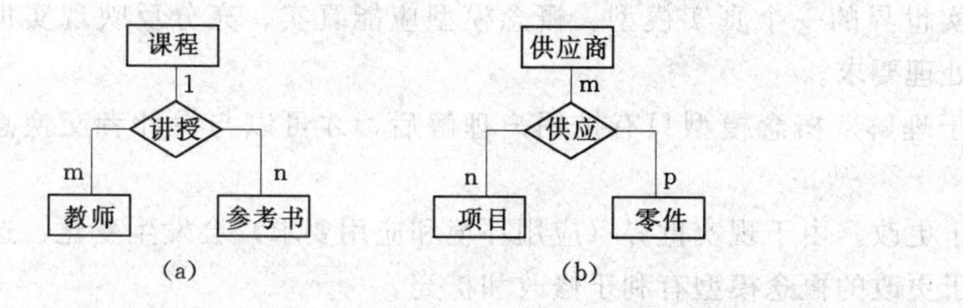

图2.3　3个实体集联系的实例　　图2.4　同一实体集内的一对多联系实例

2.3.1.4　概念模型的表示方法

概念模型是信息世界比较真实的模拟，容易为人所理解。概念模型应该方便、全面、准确地表示出信息世界中常用的概念。概念模型的表示方法很多，其中最为著名和使用最为广泛的是P.P.Chen于1976年提出的实体—联系方法（Entity—Relationship Approach)，简称E—R图法。该方法用E—R图来描述现实世界的概念模型，提供了表示实体集、属性和联系的方法。E—R图也称为E—R模型。在E—R图中：

（1）用长方形表示实体集，长方形内写实体集名。

（2）用椭圆形表示实体集的属性，椭圆内写属性名，并用线段将其与相应的实体集连接起来。例如，学生具有学号、姓名、性别、出生日期和班级，共5个属性，用E—R图表示如图2.5所示。

由于实体集的属性比较多，有些实体可具有多达上百个属性，所以在E—R图中，实体集的属性可不直接画出，而通过数据字典的方式表示（即文字说明方式）。无论使用哪种方法表示实体集的属性，都不能出现遗漏属性的情况。

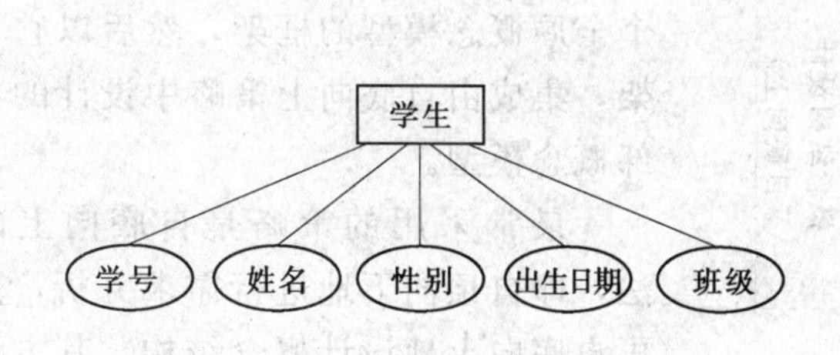

图2.5　学生及属性的E—R图

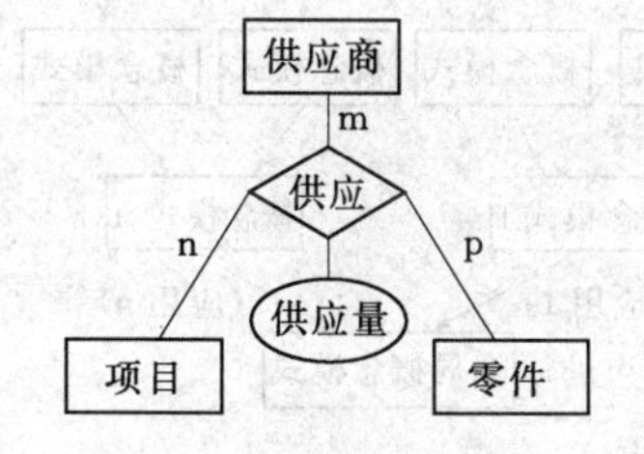

图2.6　实体间联系的属性及其表示

（3）用菱形表示实体集间的联系，菱形内写上联系名，并用线段分别与有关实体集连接起来，同时在线段旁标出联系的类型。如果联系具有属性，则该属性仍用椭圆框表示，用线段将属性与其联系连接起来。例如，供应商、项目和零件之间存在有供应联系，该联系有供应量属性，如图 2.6 所示。

2.3.2　E—R 模型的设计

2.3.2.1　概念模型的特点及设计方法

只有将系统应用需求抽象为信息世界的结构，也就是概念模型后，才能转化为机器世界中的数据模型，并用 DBMS 实现这些需求。概念模型用 E—R 图进行描述。

1. 概念模型的特点

概念模型独立于数据库逻辑结构和支持数据库的 DBMS，其主要特点是：

（1）概念模型是对现实世界的一个真实模型。概念模型应能真实、充分反映现实世界，能满足用户对数据的处理要求。

（2）概念模型应当易于理解。概念模型只有被用户理解后，才可以与设计者交换意见，参与数据库的设计。

（3）概念模型应当易于更改。由于现实世界（应用环境和应用要求）会发生变化，这就需要改变概念模型，易于更改的概念模型有利于修改和扩充。

（4）概念模型应易于向数据模型转换。概念模型最终要转换为数据模型。设计概念模型时应当注意，使其有利于向特定的数据模型转换。

2. 概念模型设计的方法

概念模型是数据模型的前身，它比数据模型更独立于机器、更抽象，也更加稳定。概念模型设计的方法有 4 种。

（1）自顶向下的设计方法。该方法首先定义全局概念模型的框架，然后逐步细化为完整的全局概念模型。

（2）自底向上的设计方法。首先定义各局部应用的概念模型，然后将它们集成起来，得到全局概念模型的设计方法。

（3）逐步扩张的设计方法。该方法首先定义最重要的核心概念模型，然后向外扩充，生成其他概念模型，直至完成总体概念模型。

（4）混合策略设计的方法。采用自顶向下与自底向上相结合的方法。混合策略设计的方法用自顶向下策略设计一个全局概念模型的框架，然后以它为骨架，集成由自底向上策略中设计的各局部概念模型。

最常采用的策略是自底向上的方法，即自顶向下地进行需求分析，然后再自底向上地设计概念结构，其方法如图 2.7 所示。

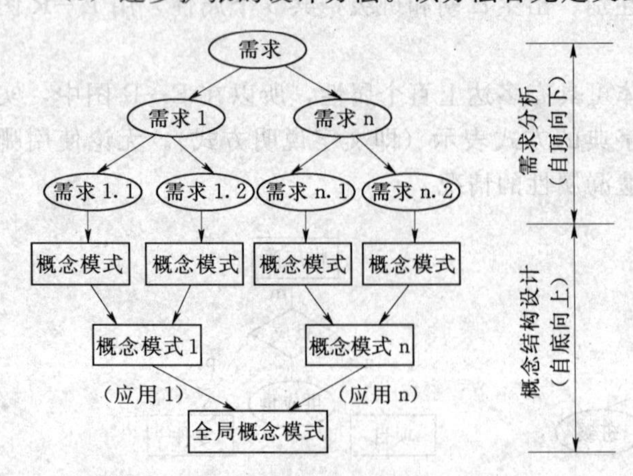

图 2.7　自顶向下分析需求与自底向上设计概念结构

2.3.2.2 概念模型的设计步骤

按照图 2.7 所示的自顶向下分析需求与自底向上设计概念结构的方法，概念结构的设计可分为两步：第一步是抽象数据并设计局部视图；第二步是集成局部视图，得到全局的概念结构。其设计步骤如图 2.8 所示。

1. 局部视图设计

需求分析阶段会产生不同层次的数据流图，这些数据流图是进行概念结构设计的基础。高层的数据流图反映系统的概貌，但包含的信息不足以描述系统的详细情况，中层的数据流图能较好地反映系统中各局部应用的子系统的详细情况，因此中层的数据流图通常作为设计分 E—R 图的依据。设计分 E—R 图的具体做法是：

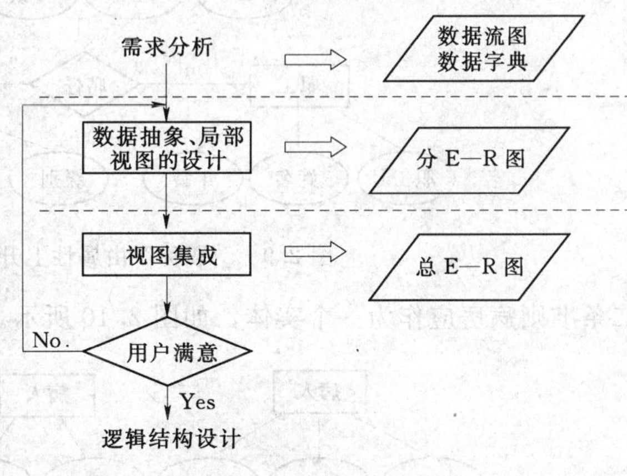

图 2.8 概念结构设计步骤

(1) 选择局部应用。选择局部应用是根据系统的具体情况，在多层的数据流图中选择一个适当层次的数据流图，作为设计分 E—R 图的出发点，并让数据流图中的每一部分都对应一个局部应用。选择好局部应用之后，就可以对每个局部应用逐一设计分 E—R 图了。

(2) 设计分 E—R 图。在设计分 E—R 图前，局部应用的数据流图应该已经设计好，局部应用所涉及的数据应当也已经收集在相应的数据字典中了。在设计分 E—R 图时，要根据局部应用的数据流图中标定的实体集、属性和键，并结合数据字典中的相关描述内容，确定 E—R 图中的实体、实体之间的联系。

实际上，实体和属性之间并不存在形式上可以截然划分的界限。但是，在现实世界中具体的应用环境常常对实体和属性作了大体的自然的划分。例如在数据字典中，“数据结构”、“数据流”、“数据存储”都是若干属性的聚合，它体现了自然划分意义。设计 E—R 图时，可以先从自然划分的内容出发定义雏形的 E—R 图，再进行必要的调整。

为了简化 E—R 图，在调整中应当遵循的一条原则：现实世界的事物能作为属性对待的尽量作为属性对待。在解决这个问题时应当遵循两条基本准则：

1）“属性”不能再具有需要描述的性质。“属性”必须是不可分割的数据项，不能包含其他属性。

2）“属性”不能与其他实体具有联系。在 E—R 中所有的联系必须是实体间的联系，而不能有属性与实体之间的联系。

图 2.9 所示的是一个由属性上升为用实体集表示的实例。图中说明：职工是一个实体，职工号、姓名、年龄和职称是职工的属性。如果职称没有与工资、福利挂钩，就没有进一步描述的特性，则职称可以作为职工实体集的一个属性对待。如果不同的职称有着不同的工资、住房标准和不同的附加福利，则职称作为一个实体来考虑就比较合适。

再如，在医院中，一个病人只能住在一个病房，病房号可以作为病人实体的一个属性。但如果病房还要与医生实体发生联系，即一个医生负责几个病房的病人的工作，根据

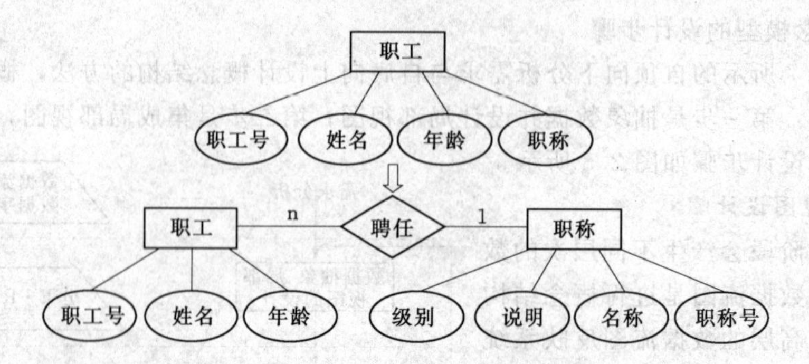

图 2.9 “职称”由属性上升为实体的示意图

第二条准则病房应作为一个实体，如图 2.10 所示。

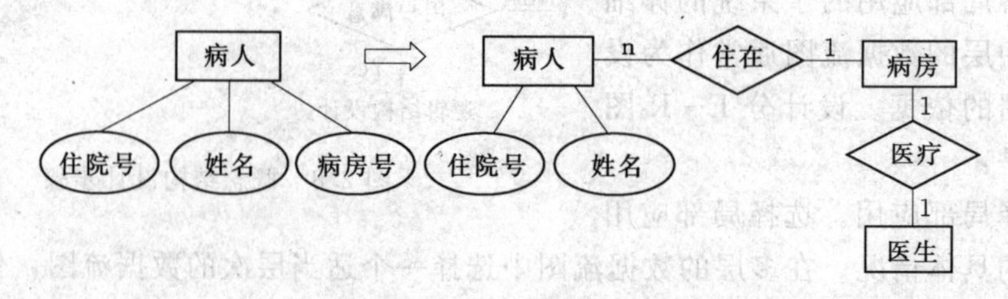

图 2.10 病房作为一个属性或实体的例子

2. 视图的集成

视图集成就是把设计好的各子系统的分 E—R 图综合成一个系统的总 E—R 图。视图的集成可以有两种方法：一种方法是多个分 E—R 图一次集成，如图 2.11（a）所示；另一种方法是逐步集成，用累加的方法一次集成两个分 E—R 图，如图 2.11（b）所示。

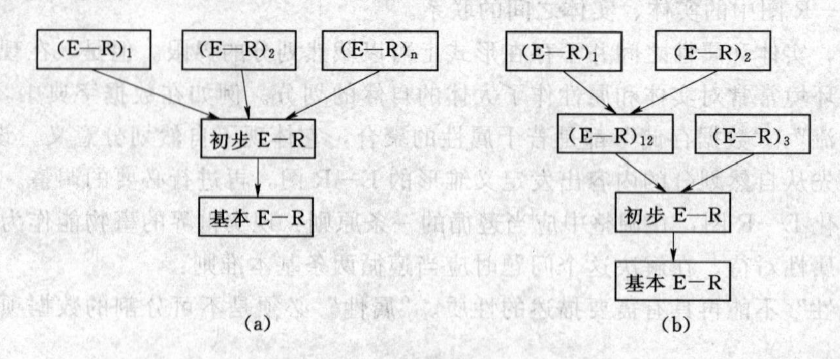

图 2.11 视图集成的两种方法

多个分 E—R 图一次集成的方法比较复杂，做起来难度较大；逐步集成方法由于每次只集成两个分 E—R 图，因而可以有效地降低复杂度。无论采用哪种方法，在每次集成局部 E—R 时，都要分两步进行。

第 1 步：合并 E—R 图。进行 E—R 图合并时，要解决各分 E—R 图之间的冲突问题，并将各分 E—R 图合并起来生成初步 E—R 图。

第 2 步：修改和重构初步 E—R 图。通过修改和重构初步 E—R 图，可以消除初步 E—R 图中不必要的实体集冗余和联系冗余，得到基本 E—R 图。

1）合并分E—R图，生成初步E—R图。由于各个局部应用所面向的问题是不同的，而且通常是由不同的设计人员进行不同局部的视图设计，这样就会导致各个分E—R图之间必定会存在许多不一致的地方，即产生冲突问题。由于各个分E—R图存在冲突，所以不能简单地将它们画到一起，必须先消除各个分E—R图之间的不一致，形成一个能被全系统所有用户共同理解和接受的统一的概念模型，再进行合并。合理消除各个分E—R图的冲突是进行合并的主要工作和关键所在。

分E—R图之间的冲突主要有3类：属性冲突、命名冲突和结构冲突。

a. 属性冲突。属性冲突主要有以下两种情况。

（a）属性域冲突。属性域冲突即属性值的类型、取值范围或取值集合不同。例如对于零件号属性，不同的部门可能会采用不同的编码形式，而且定义的类型又各不相同，有的定义为整型，有的则定义为字符型，这都需要各个部门之间协商解决。

（b）属性取值单位冲突。例如零件的重量，不同的部门可能分别用公斤、斤或千克来表示，结果会给数据统计造成错误。

b. 命名冲突。命名冲突主要有以下两种。

（a）同名异义冲突。同名异义冲突即不同意义的对象在不同的局部应用中具有相同的名字。

（b）异名同义冲突。异名同义冲突即意义相同的对象在不同的局部应用中有不同的名字。

c. 结构冲突。结构冲突有以下3种情况。

（a）同一对象在不同的应用中具有不同的抽象。例如，职工在某一局部应用中被当做实体对待，而在另一局部应用中被当做属性对待，这就会产生抽象冲突问题。

（b）同一实体在不同分E—R图中的属性组成不一致。此类冲突即所包含的属性个数和属性排列次序不完全相同。这类冲突是由于不同的局部应用所关心的实体的不同侧面而造成的。解决这类冲突的方法是使该实体的属性取各个分E—R图中属性的并集，再适当调整属性的次序，使之兼顾到各种应用。

（c）实体之间的联系在不同的分E—R图中呈现不同的类型。此类冲突的解决方法是根据应用的语义对实体联系的类型进行综合或调整。

设有实体集E1、E2和E3。在一个分E—R图中E1和E2是多对多联系，而在另一个分E—R图中E1、E2又是一对多联系，这是联系类型不同的情况；在某一E—R图中E1与E2发生联系，而在另一个E—R图中E1、E2和E3三者之间发生联系，这是联系涉及的对象不同的情况。

图2.12所示的是一个综合E—R图的实例。图中：在一个分E—R图中零件与产品之间的联系构成是多对多的；另一个分E—R图中产品、零件与供应商三者之间存在着多对多的联系“供应”；在合并的综合E—R图中把它们综合起来表示。

2）消除不必要的冗余，设计基本E—R图。在初步E—R图中可能存在冗余的数据和实体间冗余的联系。冗余数据是指可由基本数据导出的数据，冗余的联系是可由其他联系导出的联系。冗余的存在容易破坏数据库的完整性，给数据库维护增加困难，应当加以消除。消除了冗余的初步E—R图就称为基本E—R图。

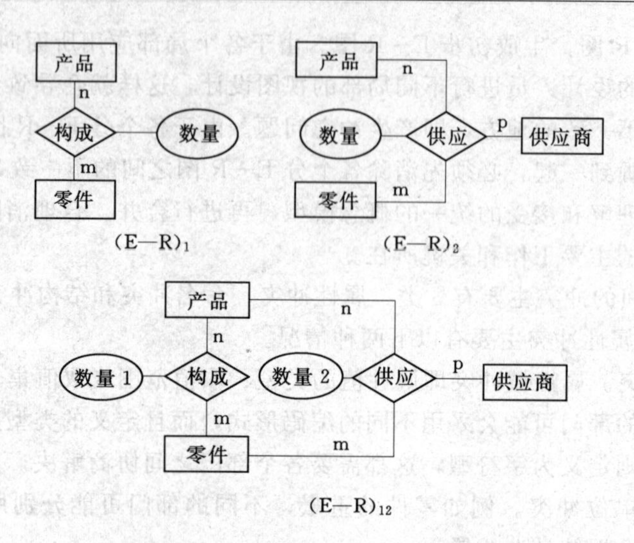

图 2.12 合并两个分 E—R 图时的综合

a. 用分析方法消除冗余。分析方法是消除冗余的主要方法。分析方法消除冗余是以数据字典和数据流图为依据，根据数据字典中关于数据项之间逻辑关系的说明来消除冗余的。

在实际应用中，并不是要将所有的冗余数据与冗余联系都消除。有时为了提高数据查询效率、减少数据存取次数，在数据库中就设计了一些数据冗余或联系冗余。因而，在设计数据库结构时，冗余数据的消除或存在要根据用户的整体需要来确定。如果希望存在某些冗余，则应在数据字典的数据关联中进行说明，并把保持冗余数据的一致作为完整性约束条件。

例如，在图 2.13 中，如果 Q3＝Q1Q2 并且 Q4＝∑Q5，则 Q3 和 Q4 是冗余数据，Q3 和 Q4 就可以被消去。而消去了 Q3，产品与材料间 m∶n 的冗余联系也应当被消去。但是，若物资部门经常要查询各种材料的库存总量，就应当保留 Q4，并把“Q4＝∑Q5”定义为 Q4 的完整性约束条件。每当 Q5 被更新，就会触发完整性检查的例程，以便对 Q4 作相应的修改。

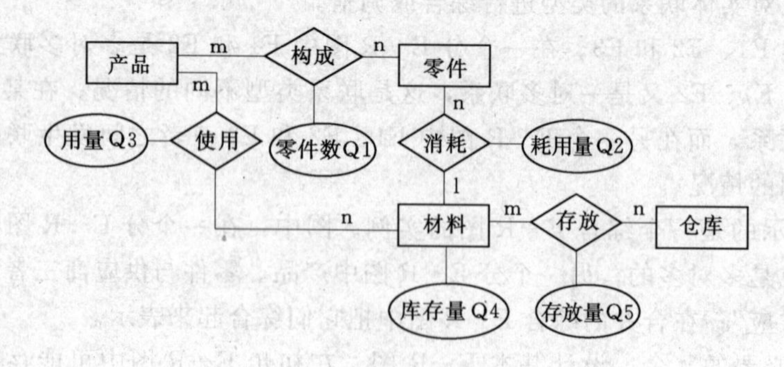

图 2.13 消除冗余的实例

b. 用规范化理论消除冗余。在关系数据库的规范化理论中，函数依赖的概念提供了消除冗余的形式化工具，有关内容将在规范化理论中介绍。

2.4 项目实施——学籍管理系统概念结构设计

1. 选择学籍管理系统的局部应用

选择学生管理、课程管理、授课管理、教师管理等局部应用作为设计学籍管理系统分E—R图的出发点。

由于高层数据流图只能反映系统的概貌，低层数据流图所含的信息又太片面，而中层数据流图能较好地反映系统中的局部应用，因此在多层的数据流图中，经常选择一个适当的中层数据流图作为设计分E—R图的依据。

2. 数据抽象、确定实体及其属性与键

在抽象实体及属性时要注意，实体和属性虽然没有本质区别，但是要求：

(1)“属性”必须是不可分割的数据项，不能包含其他属性。

(2)“属性”不能与其他实体具有联系。

例如班级可以是学生的属性，但是一方面，班级包含班级编号的属性，另一方面，班级与辅导员实体存在一定的联系（一个辅导员可以管理多个班级，而一个班级只能有一个辅导员），因此需要将班级抽象为一个独立实体，如图2.14所示。

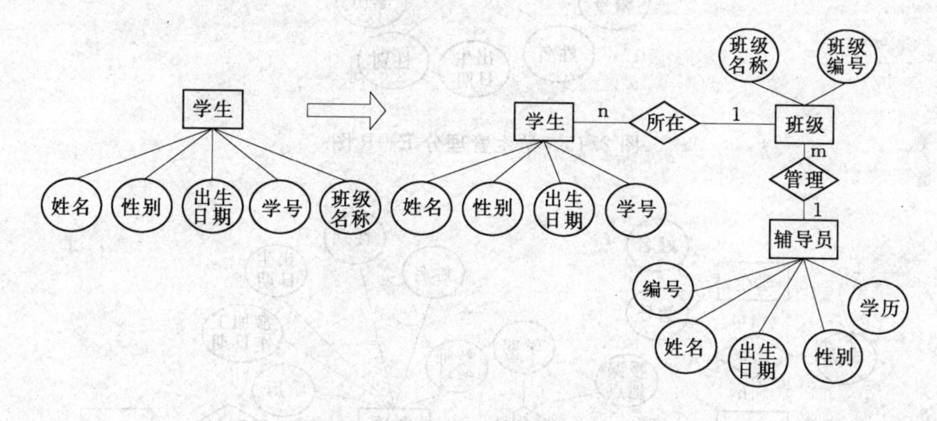

图2.14 班级作为属性或一个实体

同样的道理，系虽然可以作为班级的属性，但是该属性仍然含有系编号与系名称等属性，因此系也需要抽象为一个实体。

按照上面的方法，可以抽象出学籍管理系统中其他实体：课程、授课教师、职称、系、课程类型等实体。

3. 确定实体间关系，设计分E—R图

为了便于说明，使用如下约束：

(1) 一个教师只讲一门课程，一门课程可以由多个教师讲授。

(2) 一个辅导员可以管理多个班级，而一个班级只能有一个辅导员。

(3) 一门课程只有一门先修课程。

根据学籍管理中的学生管理局部应用，确定出如图2.15所示的学生管理分E—R图。

根据课程管理和成绩管理局部应用设计出如图 2.16 所示的课程管理分 E—R 图。

4. 合并分 E—R 图，消除冗余，设计基本 E—R 图

由于分 E—R 图是分开设计的，因此分 E—R 图之间可能存在冗余和冲突（如属性冲突、命名冲突、结构冲突）。在形成初步 E—R 图时，一定要解决冗余和冲突。如图 2.15 所示的 E—R 图中的辅导员和图 2.16 所示的 E—R 图中的教师是冗余实体，需要消除。图 2.15 所示的 E—R 图中的学生实体属性和图 2.16 所示的 E—R 图中的学生实体属性不一致，属于属性冲突，需要合并属性。

按照上述方法，解决冲突，消除冗余之后形成图 2.17 所示的基本 E—R 图。

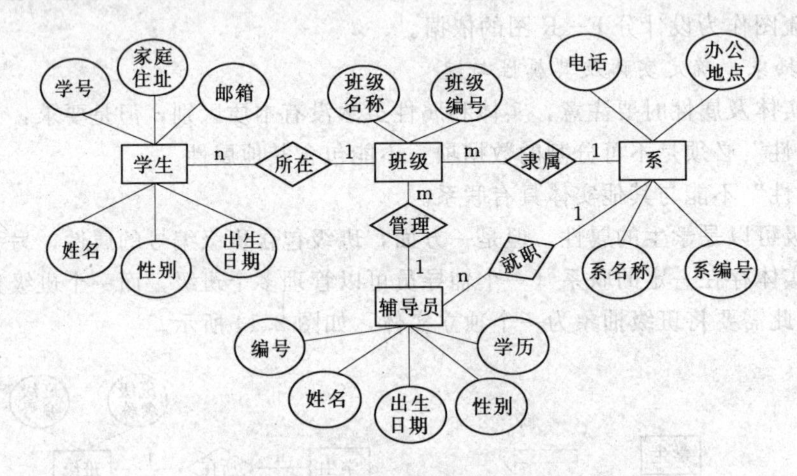

图 2.15 学生管理分 E—R 图

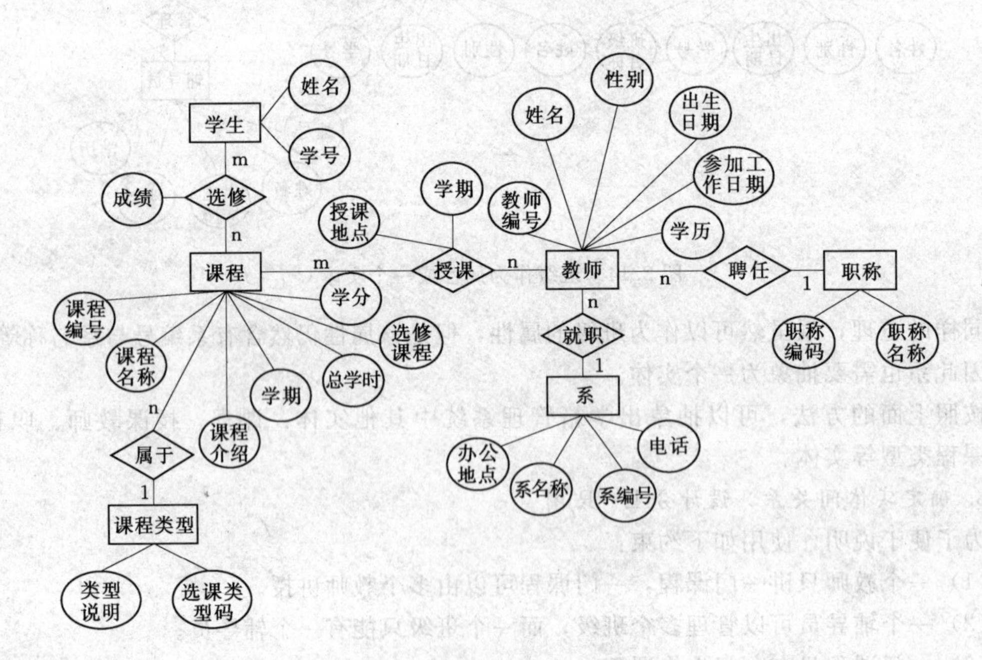

图 2.16 课程管理的分 E—R 图

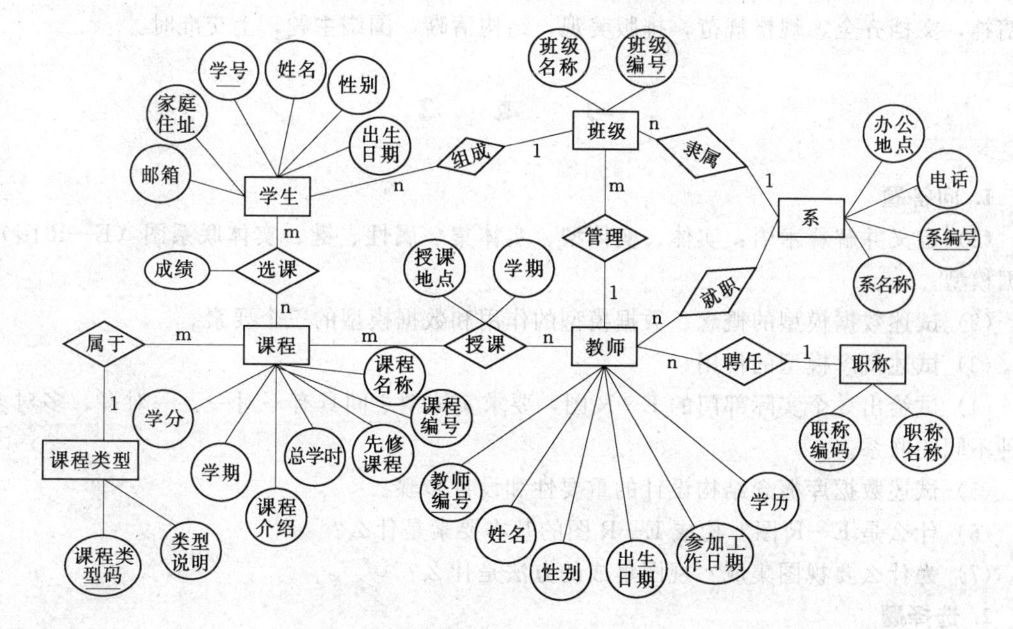

图 2.17 学籍管理系统的基本 E—R 图

实训2 概 念 模 型 设 计

1. 工作任务

课外：各项目组根据实训 1 各自选定的题目，在项目经理的组织下，分工协作地开展活动，在各自系统分析的基础上，进行系统概念模型设计，给出系统的分 E—R 图和基本 E—R 图，编写系统概念模型设计的文档说明。

课内：要求以项目组为单位，提交排版好的系统分 E—R 图和基本 E—R 图，并附以相应的文字说明的电子文档，制作 PPT 课件并派代表上台演讲答疑。

2. 实训目标

（1）掌握概念模型设计的方法与步骤。

（2）掌握数据抽象的方法，确定实体、属性、键及实体间的联系。

（3）熟练掌握 E—R 图的绘制方法。

（4）掌握概念结构设计相关文档的编写。

3. 实训考核要求

（1）总的原则。主要考核学生对整个项目开发思路的理解，同时考查学生语言表达、与人沟通的能力；同时考核项目经理组织管理的能力、项目组团队协作能力；项目组进行系统概念模型设计及编写相应文档的能力。

（2）具体考核要求。

1）对演讲者的考核要点：口齿清楚、声音洪亮，不看稿，态度自然大方、讲解有条理、临场应变能力强，在规定时间内完成项目概念模型设计的整体讲述（时间 10 分钟）。

2）对项目组的考核要点：项目经理管理组织到位，成员分工明确，有较好的团队协作精神，文档齐全，规格规范，排版美观，结构清晰，围绕主题，上交准时。

习 题 2

1. 问答题

（1）定义并解释术语：实体、实体型、实体集、属性、键、实体联系图（E—R 图）、数据模型。

（2）试述数据模型的概念、数据模型的作用和数据模型的三个要素。

（3）试述概念模型的作用。

（4）试给出 3 个实际部门的 E—R 图，要求实体型之间具有一对一、一对多、多对多各种不同的联系。

（5）试述数据库概念结构设计的重要性和设计步骤。

（6）什么是 E—R 图？构成 E—R 图的基本要素是什么？

（7）为什么要视图集成？视图集成的方法是什么？

2. 选择题

（1）下述不属于概念模型应具备的性质的是（　　）。

A. 有丰富的语义表达能力　　B. 易于交流和理解

C. 易于变动　　D. 在计算机中实现的效率高

（2）用二维表结构表示实体以及实体间联系的数据模型称为（　　）。

A. 网状模型　　B. 层次模型

C. 关系模型　　D. 面向对象模型

（3）一台机器可以加工多种零件，每一种零件可以在多台机器上加工，机器和零件之间为（　　）的联系。

A. 一对一　　B. 一对多　　C. 多对多　　D. 多对一

（4）在数据库设计中，用 E—R 图来描述信息结构但不涉及信息在计算机中的表示，它是数据库设计的（　　）阶段。

A. 需求分析　　B. 概念设计　　C. 逻辑设计　　D. 物理设计

（5）E—R 图是数据库设计的工具之一，它适用于建立数据库的（　　）。

A. 逻辑模型　　B. 概念模型　　C. 结构模型　　D. 物理模型

（6）数据库概念设计的 E—R 方法中，用属性描述实体的特征，属性在 E—R 图中用（　　）表示。

A. 矩形　　B. 四边形　　C. 菱形　　D. 椭圆形

（7）在数据库的概念设计中，最常用的数据模型是（　　）。

A. 形象模型　　B. 物理模型

C. 逻辑模型　　D. 实体联系模型

（8）在数据库设计中，在概念设计阶段可用 E—R 方法，其设计出的图称为（　　）。

A. 实物示意图　　B. 实用概念图　　C. 实体表示图　　D. 实体联系图

（9）当局部 E—R 图合并成全局 E—R 图时可能出现冲突，不属于合并冲突的是（　　）。

A. 属性冲突　　B. 语法冲突　　C. 结构冲突　　D. 命名冲突

(10) E—R 图中的主要元素是实体型、(　　) 和属性。

A. 记录型　　B. 结点　　C. 实体型　　D. 联系

(11) E—R 图中的联系可以与 (　　) 实体有关。

A. 0 个　　B. 1 个　　C. 1 个或多个　　D. 多个

(12) 概念模型独立于 (　　)。

A. E—R 模型　　B. 硬件设备和 DBMS

C. 操作系统和 DBMS　　D. DBMS

(13) 需求分析阶段得到的结果是 (　　)。

A. E—R 图表示的概念模型　　B. 数据字典描述的数据需求

C. 某个 DBMS 所支持的数据模型　　D. 包括存储结构和存取方法的物理结构

(14) 概念结构设计阶段得到的结果是 (　　)。

A. 数据字典描述的数据需求　　B. E—R 图表示的概念模型

C. 某个 DBMS 所支持的数据模型　　D. 包括存储结构和存取方法的物理结构

(15) 关系数据库中使用的数据模型是 (　　) 模型。

A. 关系数据模型　　B. 层次数据模型

C. 网状数据模型　　D. 面向对象数据模型

(16) 对于现实世界中实体的特征，在实体—联系模型中使用 (　　)。

A. 属性描述　　B. 关键字描述

C. 二维表格描述　　D. 实体描述

(17) 数据的正确、有效和相容称为数据的 (　　)。

A. 安全性　　B. 一致性　　C. 独立性　　D. 完整性

(18) 在数据模型的三要素中，数据的约束条件规定数据及其联系的 (　　)。

A. 动态特性　　B. 制约和依存规则

C. 静态特性　　D. 数据结构

(19) (　　) 属于信息世界的模型，实际上是现实世界到机器世界的一个中间层次。

A. 数据模型　　B. 概念模型　　C. E—R 图　　D. 关系模型

(20) 数据库的完整性是指数据的 (　　) 和 (　　)。

①正确性　②合法性　③不被非法存取　④相容性　⑤不被恶意破坏

A. ①和③　　B. ②和⑤　　C. ①和④　　D. ②和④

3. 填空题

(1) E—R 数据模型一般在数据库设计的 (　　　　) 阶段使用。

(2) 数据模型是用来描述数据库的结构和语义的，数据模型有概念数据模型和结构数据模型两类，E—R 模型是 (　　　　) 模型。

(3) 在设计分 E—R 图时，由于各个子系统分别有不同的应用，而且往往是由不同的设计人员设计的，所以各个分 E—R 图之间难免有不一致的地方，这些冲突主要有 (　　)、

（　　）和（　　）3类。

(4) 按照数据结构的类型来命名，数据模型分为（　　）、（　　）和（　　）。

(5) 从数据处理的角度看，现实世界中的客观事物称为（　　），它是现实世界中任何可以区分、可以识别的事物。

(6)（　　）是现实世界在人们头脑中的反映，是对客观事物及其联系的一种抽象描述。

(7) 联系既可以存在不同的实体之间，还可以在（　　）存在。

(8) 根据数据模型的应用目的不同，数据模型分为（　　）和（　　）。

(9) 数据模型是由（　　）、（　　）和（　　）3部分组成的。

4. 设计题

(1) 学校中有若干系，每个系有若干班级和教研室，每个教研室有若干教师，其中一些教授和副教授每人各带若干研究生。每个班有若干学生，每个学生选修若干课程，每门课可由若干学生选修。用E—R图画出此学校的概念模型。

(2) 现有一个局部应用，包括两个实体："出版社"和"作者"，这两个实体是多对多的联系，请设计适当的属性，画出E—R图。

(3) 请设计一个图书馆数据库，此数据库中对每个借阅者保存记录，包括：读者号、姓名、地址、性别、年龄、单位。对每本书保存有：书号、书名、作者、出版社。对每本被借出的书保存有读者号、借出日期和应还日期。要求：给出该图书馆数据库的E—R图。

(4) 设有一家百货商店，已知信息有：

1) 每个职工的数据是职工号、姓名、地址和他所在的商品部。

2) 每一商品部的数据有：职工、经理和经销的商品。

3) 每种经销的商品数有：商品名、生产厂家、价格、型号（厂家定的）和内部商品代号（商店规定的）。

4) 关于每个生产厂家的数据有：厂名、地址、向商店提供的商品价格。

请设计该百货商店的概念模型。注意某些信息可用属性表示，其他信息可用联系表示。

(5) 设某商业集团的数据库中有4个实体集：一是"商店"实体集，属性有商店编号、商店名、地址等；二是"商品"实体集，属性有商品号、商品名、规格、单价等；三是"职工"实体集，属性有职工编号、姓名、性别、业绩；四是"供应商"实体集，属性有供应商号、名称、地址、电话。

商店与商品间存在"销售"关系，每个商店可销售多种商品，每种商品可放在多个商店销售，每个商店销售一种商品，有月销售量；商店与职工之间存在着"聘用"联系，每个商店可以聘用多个职工，每个职工只能在一个商店工作，商店聘用职工有聘期和月薪；供应商、商店与商品之间存在"供应"关系，一个供应商可以供应多个商店的多种商品，一个商店可以使用多个供应商提供的多种商品，供应商供应一种商品，有供应量。

根据语义设计E—R模型，并注明主键和外键。

(6) 设某商业集团数据库中有3个实体集。一是"仓库"实体集，属性有仓库号、仓

库名和地址等；二是“商店”实体集，属性有商店号、商店名、地址等；三是“商品”实体集，属性有商品号、商品名、单价。

设仓库与商品之间存在“库存”联系，每个仓库可存储若干种商品，每种商品存储在若干仓库中，每个仓库每存储一种商品有日期及存储量；商店与商品之间存在着“销售”联系，每个商店可销售若干种商品，每种商品可在若干商店里销售，每个商店销售一种商品有月份和月销售量两个属性；仓库、商店、商品之间存在着“供应”联系，有月份和月供应量两个属性。

试画出E—R图，并在图上注明属性、联系类型、实体标识符。

（7）某工厂中生产若干产品，每种产品由不同的零件组成，有的零件可用在不同的产品上，这些零件由不同的原材料制成，不同零件所用的材料可以相同。这些零件按所属的不同产品分别放在仓库中，原材料按照类别放在若干仓库中，用E—R图画出此工厂产品、零件、材料、仓库的概念模型。

（8）某工厂物资管理数据库中，有5个实体集。一是“仓库”实体集，属性有仓库号、面积和电话号码等；二是“零件”实体集，属性有零件号、名称、规格、单价、描述等；三是“供应商”实体集，属性有供应商号、姓名、地址、电话、账号等；四是“项目”实体集，属性有项目号、预算、开工日期；五是“职工”实体集，属性有职工号、姓名、年龄、职称等。

实体间的联系：

1）一个仓库可以存放多种零件，一种零件可存放在多个仓库中；

2）一个仓库有多个职工当仓库保管员，一个职工只能在一个仓库工作；

3）职工中有领导：仓库主任；

4）供应关系中都是多对多的关系。

试画出E—R图，并在图上注明属性、联系类型、实体标识符。

项目3 逻辑模型设计

E—R图表示的概念模型是用户数据要求的形式化。正如前面所述，E—R图独立于任何一种数据模型，它也不为任何一个DBMS所支持。逻辑结构设计的任务就是把概念模型结构转换成某个具体的DBMS所支持的数据模型，并将其性能进行优化。

本项目实施的知识目标。

(1) 了解关系模型的基本概念。

(2) 理解关系数据库的概念。

(3) 掌握函数依赖、范式的定义。

(4) 理解关系模式规范化的意义。

(5) 熟练掌握模式分解的方法。

(6) 熟练掌握E—R图向关系数据模型转换的规则和方法。

技能目标：

(1) 能根据实际问题进行系统的逻辑模型设计。

(2) 会根据具体问题进行关系模式的规范化。

(3) 能编写系统分析报告。

3.1 项 目 描 述

系统分析员与数据库管理员，根据软件产品的开发步骤，在完成了学籍管理系统概念模型设计的基础上，实现系统逻辑模型的设计。

3.2 项 目 分 析

逻辑结构的设计是把概念结构设计阶段得到的概念模型（E—R图）转换成具有DBMS所支持的数据模型。由于转换后得到的结果不是唯一的，为了进一步提高数据库应用系统的性能，通常以规范化理论为指导，进行数据模型的优化。另外还应该根据局部应用的需求，结合具体的DBMS的特点，设计用户的外模式。可以考虑把项目分解为：

(1) 逻辑模型的基础知识。

(2) 关系数据库理论。

(3) 概念模型向关系模型的转换。

(4) 学籍管理系统逻辑模型的设计。

3.3 项 目 准 备

3.3.1 逻辑模型基础知识

在进行逻辑模型设计之前，首先要搞清信息的计算机世界（数据世界）的基本概念，明确逻辑模型的表示方法。

3.3.1.1 关系模型概述

关系模型是3种模型中最重要的一种。关系数据库系统采用关系模型作为数据的组织方式，现在流行的数据库系统大都是关系数据库系统。关系模型是由美国IBM公司San Jose研究室的研究员E.F.Codd于1970年首次提出的。自20世纪80年代以来，计算机厂商新推出的数据库管理系统几乎都是支持关系模型的，非关系模型的产品也大都加上了关系接口。

1. 关系模型的数据结构

关系数据模型建立在严格的数学概念的基础上。在关系模型中，数据的逻辑结构是一张二维表，它由行和列组成。

(1) 关系模型中的主要术语。

1) 关系（Relation）。一个关系对应通常所说的一张二维表。

2) 元组（Tuple）。表中的一行称为一个元组，许多系统中把元组称为记录。

3) 属性（Attribute）。表中的一列称为一个属性。一个表中往往会有多个属性，为了区分属性，要给每一个列起一个属性名。同一个表中的属性应具有不同的属性名。

4) 键（Key）。表中的某个属性或属性组，它们的值可以唯一地确定一个元组，且属性组中不含多余的属性，这样的属性或属性组称为关系的键。

例如表3.1中，学号可以唯一地确定一个学生，因而学号是学生学籍表的键。

表3.1　　学生学籍表

学号	姓名	性别	年龄	所在系
2009001	李玉峰	男	18	计算机
2009002	王楠	女	20	计算机
2009010	孙晓宇	男	19	数学
⋮	⋮	⋮	⋮	⋮

5) 域（Domain）。属性的取值范围称为域。例如，大学生年龄属性的域是（16～35），性别的域是（男，女）。

6) 分量（Element）。元组中的一个属性值称为分量。

7) 关系模式（Relation Mode）。关系的型称为关系模式，关系模式是对关系的描述。关系模式的一般表示为：

关系名（属性1，属性2，……，属性n）。

例如，学生学籍表关系可描述为：

学生学籍（学号，姓名，性别，年龄，所在系）。

(2) 关系模型中的数据全部用关系表示。

在关系模型中，实体集以及实体间的联系都是用关系来表示。

例如，关系模型中，学生、课程、学生与课程之间的联系表示为：

学生（学号，姓名，性别，出生日期，班级代号）；

课程（课程号，课程名，学分，先行课）；

选修（学号，课程号，成绩）。

关系模型要求关系必须是规范化的。所谓关系规范化是指关系模式要满足一定的规范条件。关系的规范条件很多，但首要条件是关系的每一个分量必须是不可分的数据项。

2. 关系操作和关系的完整性约束条件

关系操作主要包括数据查询和插入、删除、修改数据。关系中的数据操作是集合操作，无论操作的原始数据、中间数据还是结果数据都是若干元组的集合，而不是单记录的操作方式。此外，关系操作语言都是高度非过程的语言，用户在操作时，只要指出“干什么”或“找什么”，而不必详细说明“怎么干”或“怎么找”。由于关系模型把存取路径向用户隐蔽起来，使得数据的独立性大大地提高了；由于关系语言的高度非过程化，使得用户对关系的操作变得容易，提高了系统的效率。

关系的完整性约束条件包括3类：实体完整性、参照完整性和用户定义的完整性。

3. 关系模型的存储结构

在关系数据库的物理组织中，关系以文件形式存储。一些小型的关系数据库管理系统（RDBMS）采用直接利用操作系统文件的方式实现关系存储，一个关系对应一个数据文件。为了提高系统性能，许多RDBMS采用自己设计的文件结构、文件格式和数据存取机制进行关系存储，以保证数据的物理独立性和逻辑独立性，更有效地保证数据的安全性和完整性。

3.3.1.2 关系数据库的基本概念

关系数据库是目前应用最广泛的数据库，由于它以数学方法为基础管理数据库，所以关系数据库与其他数据库相比有突出的优点。

目前，关系数据库系统的研究取得了辉煌的成就，涌现出许多良好的商品化关系数据库管理系统，如著名的DB2、Oracle、Ingres、Sybase、Informix、SQL Server等。关系数据库被广泛地应用于各个领域，成为主流数据库。

1. 关系数据结构

在关系模型中，无论是实体集还是实体集之间的联系均由单一的关系表示。由于关系模型是建立在集合代数基础上的，因而一般从集合论角度对关系数据结构进行定义。

(1) 关系的数学定义。

1) 域（Domain）的定义。

域（Domain）是一组具有相同数据类型的值的集合。

例如，整数、正数、负数、{0，1}、{男，女}、{计算机专业，物理专业，外语专业}、计算机系所有学生的姓名等，都可以作为域。

2) 笛卡儿积（Cartesian Product）的定义。给定一组域D_1，D_2，…，D_n，这些域中可以有相同的部分，则D_1，D_2，…，D_n的笛卡儿积（Cartesian Product）为：

$$D_1 \times D_2 \times \cdots \times D_n = \{(d_1, d_2, \cdots, d_n) \mid d_i \in D_i, i=1,2,\cdots,n\}$$

其中每一个元素（d_1，d_2，…，d_n）称为一个 n 元组（n－Tuple），简称元组（Tuple）。元素中的每一个值 d_i 称做一个分量（Component）。

若 D_i(i=1，2，…，n）为有限集，其基数（Cardinal number）为 m_i(i=1，2，…，n)，则 $D_1 \times D_2 \times \cdots \times D_n$ 的基数为：

$$M = \prod_{i=1}^{n} m_i.$$

笛卡儿积可以表示成一个二维表。表中的每行对应一个元组，表中的每列对应一个域。例如给出 3 个域：

D_1＝姓名＝｛李玉峰，王楠，孙晓宇｝；

D_2＝性别＝｛男，女｝；

D_3＝年龄＝｛19，20｝。

则 D_1，D_2，D_3 的笛卡儿积为：

$D_1 \times D_2 \times D_3$＝｛（李玉峰，男，19)，(李玉峰，男，20)，(李玉峰，女，19)，(李玉峰，女，20)，(王楠，男，19)，(王楠，男，20)，(王楠，女，19)，(王楠，女，20)，(孙晓宇，男，19)，(孙晓宇，男，20)，(孙晓宇，女，19)，(孙晓宇，女，20)｝

其中（李玉峰，男，19)、(李玉峰，男，20）等是元组。“李玉峰”、“男”、“19”等是分量。该笛卡儿积的基数为 3×2×2＝12，即 $D_1 \times D_2 \times D_3$ 一共有 3×2×2 个元组，这 12 个元组可列成一张二维表，见表 3.2。

表 3.2　D_1，D_2，D_3 的笛卡儿积

姓名	性别	年龄	姓名	性别	年龄
李玉峰	男	19	王楠	女	19
李玉峰	男	20	王楠	女	20
李玉峰	女	19	孙晓宇	男	19
李玉峰	女	20	孙晓宇	男	20
王楠	男	19	孙晓宇	女	19
王楠	男	20	孙晓宇	女	20

3）关系（Relation）的定义。

$D_1 \times D_2 \times \cdots \times D_n$ 的子集称作在域 D_1，D_2，…，D_n 上的关系，表示为：

R（D_1，D_2，…，D_n）。

这里：R 表示关系的名字，n 是关系的目或度（Degree）。

当 n=1 时，称该关系为单元关系（Unary relation)；当 n=2 时，称该关系为二元关系（Binary relation)。关系是笛卡儿积的有限子集，所以关系也是一个二维表。

可以在表 3.2 的笛卡儿积中取出一个子集构造一个学生关系。由于一个学生只有一个性别和年龄，所以笛卡儿积中的许多元组是无实际意义的。从 $D_1 \times D_2 \times D_3$ 中取出我们认为有用的元组，所构造的学生关系见表 3.3。

表 3.3 学生关系

姓名	性别	年龄	姓名	性别	年龄
李玉峰	男	20	孙晓宇	男	19
王楠	女	20			

(2) 关系中的基本名词。

1) 元组 (Tuple)。关系表中的每一横行称作一个元组，组成元组的元素为分量。数据库中的一个实体或实体间的一个联系均使用一个元组表示。例如表 3.3 中有 3 个元组，它们分别对应 3 个学生。“李玉峰，男，20” 是一个元组，它由 3 个分量构成。

2) 属性 (Attribute)。关系中的每一列称为一个属性。属性具有型和值两层含义：属性的型指属性名和属性取值域；属性值指属性具体的取值。由于关系中的属性名具有标识列的作用，因而同一关系中的属性名（即列名）不能相同。关系中往往有多个属性，属性用于表示实体的特征。例如表 3.3 中有 3 个属性，它们分别为“姓名”、“性别”和“年龄”。

3) 候选键 (Candidate Key) 和主键 (Primary Key)。若关系中的某一属性组（或单个属性）的值能唯一地标识一个元组，则称该属性组（或属性）为候选键。为数据管理方便，当一个关系有多个候选键时，应选定其中的一个候选键为主键。当然，如果关系中只有一个候选键，这个唯一的候选键就是主键。

例如，假设表 3-3 中没有重名的学生，则学生的“姓名”就是该学生关系的主键；若在学生关系中增加“学号”属性，则关系的候选键为“学号”和“姓名”两个，应当选择“学号”属性为主键。

4) 全键 (All-Key)。若关系的候选键中只包含一个属性，则称它为单属性键；若候选键是由多个属性构成的，则称为它为多属性键。若关系中只有一个候选键，且这个候选键中包括全部属性，则这种候选键为全键。全键是候选键的特例，它说明该关系中不存在属性之间相互决定情况。也就是说，每个关系必定有键（指主键），当关系中没有属性之间相互决定情况时，它的键就是全键。

例如，设有以下关系：

学生（学号，姓名，性别，出生日期）；

借书（学号，书号，借阅日期）；

学生选课（学号，课程号）。

其中，学生关系的键为“学号”，它为单属性键；借书关系中“学号”和“书号”合在一起是键，它是多属性键；学生选课表中的学号和课程号相互独立，属性间不存在依赖关系，它的键为全键。

5) 主属性 (Prime Attribute) 和非主属性 (Non-Key Attribute)。关系中，候选键中的属性称为主属性，不包含在任何候选键中的属性称为非主属性。

(3) 数据库中关系的类型。关系数据库中的关系可以分为基本表、视图表和查询表 3 种类型。这 3 种类型的关系以不同的身份保存在数据库中，其作用和处理方法也各不相同。

1）基本表。基本表是关系数据库中实际存在的表，是实际存储数据的逻辑表示。

2）视图表。视图表是由基本表或其他视图表导出的表。视图表是为数据查询方便、数据处理简便及数据安全要求而设计的数据虚表，它不对应实际存储的数据。由于视图表依附于基本表，可以利用视图表进行数据查询，或利用视图表对基本表进行数据维护，但视图本身不需要进行数据维护。

3）查询表。查询表是指查询结果表或查询中生成的临时表。由于关系运算是集合运算，在关系操作过程中会产生一些临时表，称为查询表。尽管这些查询表是实际存在的表，但其数据可以从基本表中再抽取，且一般不再重复使用，所以查询表具有冗余性和一次性，可以认为它们是关系数据库的派生表。

（4）数据库中基本关系的性质。关系数据库中的基本表具有以下 6 个性质。

1）同一属性的数据具有同质性。同一属性的数据具有同质性是指同一属性的数据应当是同质的数据，即同一列中的分量是同一类型的数据，它们来自同一个域。

例如，学生选课表的结构为：选课（学号，课号，成绩），其成绩的属性值不能有百分制、5 分制或“及格”、“不及格”等多种取值法，同一关系中的成绩必须统一语义（比如都用百分制），否则会出现存储和数据操作错误。

2）同一关系的属性名具有不能重复性。同一关系的属性名具有不能重复性是指同一关系中不同属性的数据可出自同一个域，但不同的属性要给予不同的属性名。这是由于关系中的属性名是标识列的，如果在关系中有属性名重复的情况，则会产生列标识混乱问题。在关系数据库中由于关系名也具有标识作用，所以允许不同关系中有相同属性名的情况。

例如，要设计一个能存储两科成绩的学生成绩表，其表结构不能为：学生成绩（学号，成绩，成绩），表结构可以设计为：学生成绩（学号，成绩 1，成绩 2）。

3）关系中的列位置具有顺序无关性。关系中的列位置具有顺序无关性说明关系中的列的次序可以任意交换、重新组织，属性顺序不影响使用。对于两个关系，如果属性个数和性质一样，只有属性排列顺序不同，则这两个关系的结构应该是等效的，关系的内容应该是相同的。由于关系的列顺序对于使用来说是无关紧要的，所以在许多实际的关系数据库产品提供的增加新属性中，只提供了插至最后一列的功能。

4）关系具有元组无冗余性。关系具有元组无冗余性是指关系中的任意两个元组不能完全相同。由于关系中的一个元组表示现实世界中的一个实体或一个具体联系，元组重复则说明一个实体重复存储。实体重复不仅会增加数据量，还会造成数据查询和统计的错误，产生数据不一致问题，所以数据库中应当绝对避免元组重复现象，确保实体的唯一性和完整性。

5）关系中的元组位置具有顺序无关性。关系中的元组位置具有顺序无关性是指关系元组的顺序可以任意交换。在使用中可以按各种排序要求对元组的次序重新排列，例如，对学生表的数据可以按学号升序、按年龄降序、按所在系或按姓名笔画多少重新调整，由一个关系可以派生出多种排序表形式。由于关系数据库技术可以使这些排序表在关系操作时完全等效，而且数据排序操作比较容易实现，所以我们不必担心关系中元组排列的顺序会影响数据操作或影响数据输出形式。基本表的元组顺序无关性保证了数据库中的关系无冗余性，减少了不必要的重复关系。

6）关系中每一个分量都必须是不可分的数据项。关系模型要求关系必须是规范化的，即要求关系模式必须满足一定的规范条件。关系规范条件中最基本的一条就是关系的每一个分量必须是不可分的数据项，即分量是原子量。

例如，表3.4中的成绩分为C＃语言和Pascal语言两门课的成绩，这种组合数据项不符合关系规范化的要求，这样的关系在数据库中是不允许存在的。该表正确的设计格式如表3.5所示。

表3.4　非规范化的关系结构

姓名	所在系	成绩	
		C＃	Pascal
李明	计算机	63	80
刘兵	信息管理	72	65

表3.5　修改后的关系结构

姓名	所在系	C＃成绩	Pascal成绩
李明	计算机	63	80
刘兵	信息管理	72	65

(5) 关系模式（Relation Schema）的定义。关系的描述称为关系模式。关系模式可以形式化地表示为：

$$R(U, D, Dom, F)$$

其中：R为关系名，它是关系的形式化表示；U为组成该关系的属性集合；D为属性组U中属性所来自的域；Dom为属性向域的映像的集合；F为属性间数据的依赖关系集合。

有关属性间的数据依赖问题将在下一节中专门讨论，本节中的关系模式仅涉及关系名、各属性名、域名和属性向域映像4部分。

关系模式通常可以简单记为：

$$R(U)或R(A_1, A_2, \cdots, A_n)$$

其中：R为关系名，A_1，A_2，…，A_n为属性名，域名及属性向域的映像常常直接说明为属性的类型、长度。

关系模式是关系的框架或结构。关系是按关系模式组织的表格，关系既包括结构，也包括其数据（关系的数据是元组，也称为关系的内容）。一般地讲，关系模式是静态的，关系数据库一旦定义后其结构就不能随意改动；而关系的数据是动态的，关系内容的更新属于正常的数据操作，随时间的变化，关系数据库中的数据需要不断增加、修改或删除。

(6) 关系数据库（Relation database）。在关系数据库中，实体集以及实体间的联系都是用关系来表示的。在某一应用领域中，所有实体集及实体之间的联系所形成关系的集合就构成了一个关系数据库。关系数据库也有型和值的区别。关系数据库的型称为关系数据库模式，它是对关系数据库的描述，包括若干域的定义以及在这些域上定义的若干关系模式。关系数据库的值是这些关系模式在某一时刻对应关系的集合，也就是所说的关系数据库的数据。

2. 关系操作概述

关系模型与其他数据模型相比，最具有特色的是关系数据操作语言。关系操作语言灵

活方便，表达能力和功能都非常强大。

（1）关系操作的基本内容。关系操作包括数据查询、数据维护和数据控制三大功能。数据查询指数据检索、统计、排序、分组以及用户对信息的需求等功能；数据维护指数据增加、删除、修改等数据自身更新的功能；数据控制是为了保证数据的安全性和完整性而采用的数据存取控制及并发控制等功能。关系操作的数据查询和数据维护功能使用关系代数中的选择（Select）、投影（Project）、连接（Join）、除（Divide）、并（Union）、交（Intersection）、差（Difference）和广义笛卡儿积（Extended Cartesian Product）8种操作表示，其中前4种为专门的关系运算，而后4种为传统的集合运算。

（2）关系操作的特点。关系操作具有以下3个明显的特点。

1）关系操作语言操作一体化。关系语言具有数据定义、查询、更新和控制一体化的特点。关系操作语言既可以作为宿主语言嵌入到主语言中，又可以作为独立语言交互使用。关系操作的这一特点使得关系数据库语言容易学习，使用方便。

2）关系操作的方式是一次一集合方式。其他系统的操作是一次一记录（record-at-a-time）方式，而关系操作的方式则是一次一集合（set-at-a-time）方式，即关系操作的初始数据、中间数据和结果数据都是集合。关系操作数据结构单一的特点，虽然能够使其利用集合运算和关系规范化等数学理论进行优化和处理关系操作，但同时又使得关系操作与其他系统配合时产生了方式不一致的问题，即需要解决关系操作的一次一集合与主语言一次一记录处理方式的矛盾。

3）关系操作语言是高度非过程化的语言。关系操作语言具有强大的表达能力。例如，关系查询语言集检索、统计、排序等多项功能为一条语句，它等效于其他语言的一大段程序。用户使用关系语言时，只需要指出做什么，而不需要指出怎么做，数据存取路径的选择、数据操作方法的选择和优化都由DBMS自动完成。关系语言的这种高度非过程化的特点使得关系数据库的使用非常简单，关系系统的设计也比较容易，这种优势是关系数据库能够被用户广泛接受和使用的主要原因。

关系操作能够具有高度非过程化特点的原因有两条：

①关系模型采用了最简单的、规范的数据结构；②它运用了先进的数学工具—集合运算和谓词运算，同时又创造了几种特殊关系运算—投影、选择和连接运算。

关系运算可以对二维表（关系）进行任意的分割和组装，并且可以随机地构造出各式各样用户所需要的表格。当然，用户并不需要知道系统在里面是怎样分割和组装的，他只需要指出他所用到的数据及限制条件。然而，对于一个系统设计者和系统分析员来说，只知道表面上的东西还不够，还必须了解系统内部的情况。

（3）关系操作语言的种类。关系操作语言可以分为以下3类。

1）关系代数语言。关系代数语言是用对关系的运算来表达查询要求的语言。ISBL（Information System Base Language）为关系代数语言的代表。

2）关系演算语言。关系演算语言是用查询得到的元组应满足的谓词条件来表达查询要求的语言。关系演算语言又可以分为元组演算语言和域演算语言两种：元组演算语言的谓词变元的基本对象是元组变量，例如APLHA语言；域演算语言的谓词变元的基本对象是域变量，QBE（Query by Example）是典型的域演算语言。

3）基于映像的语言。基于映像的语言是具有关系代数和关系演算双重特点的语言。SQL（Structure Query Language）是基于映像的语言。SQL 包括数据定义、数据操作和数据控制 3 种功能，具有语言简洁，易学易用的特点，它是关系数据库的标准语言和主流语言。

3. 关系的完整性

关系模型的完整性规则是对关系的某种约束条件。关系模型中有 3 类完整性约束：实体完整性、参照完整性和用户定义的完整性。其中实体完整性和参照完整性是关系模型必须满足的完整性约束条件，应该由关系系统自动支持。

（1）关系模型的实体完整性（Entity Integrity）。关系的实体完整性规则为：若属性 A 是基本关系 R 的主属性，则属性 A 的值不能为空值。

实体完整性规则规定基本关系的所有主属性都不能取空值，而不仅是主键不能取空值。对于实体完整性规则，说明如下：

1）实体完整性能够保证实体的唯一性。实体完整性规则是针对基本表而言的，由于一个基本表通常对应现实世界的一个实体集（或联系集），而现实世界中的一个实体（或一个联系）是可区分的，它在关系中以键作为实体（或联系）的标识，主属性不能取空值就能够保证实体（或联系）的唯一性。

2）实体完整性能够保证实体的可区分性。空值不是空格值，它是跳过或不输的属性值，用 Null 表示，空值说明“不知道”或“无意义”。如果主属性取空值，就说明存在某个不可标识的实体，即存在不可区分的实体，这不符合现实世界的情况。

例如在学生表中，由于“学号”属性是键，则“学号”值不能为空值；学生的其他属性可以是空值，如“年龄”值或“性别”值如果为空，则表明不清楚该学生的这些特征值。

（2）关系模型的参照完整性（Reference Integrity）。

1）外键（Foreign Key）和参照关系（Referencing Relation）。

设 F 是基本关系 R 的一个或一组属性，但不是关系 R 的主键（或候选键）。如果 F 与基本关系 S 的主键 Ks 相对应，则称 F 是基本关系 R 的外键（Foreign Key），并称基本关系 R 为参照关系（Referencing Relation），基本关系 S 为被参照关系（Referenced Relation）或目标关系（Target Relation）。

需要指出的是，外键并不一定要与相应的主键同名。不过，在实际应用中，为了便于识别，当外键与相应的主键属于不同关系时，往往给它们取相同的名字。

例如，“基层单位数据库”中有“职工”和“部门”两个关系，其关系模式如下：

职工（职工号，姓名，工资，性别，部门号）；

部门（部门号，名称，领导人号）。

其中：主键用下划线标出，外键用曲线标出。

在职工表中，部门号不是主键，但部门表中部门号为主键，则职工表中的部门号为外键。对于职工表来说部门表为参照表。同理，在部门表中领导人号（实际为领导人的职工号）不是主键，它是非主属性，而在职工表中职工号为主键，则部门表中的领导人号为外键，职工表为部门表的参照表。

再例，在学生课程库中，有学生，课程和选修 3 个关系，其关系模式表示为：

学生（学号，姓名，性别，班级，出生日期）；

课程（课程号，课程名，学分）；

选修（学号，课程号，成绩）。

其中：主键用下划线标出。

在选修关系中，学号和课程号合在一起为主键。单独的学号或课程号仅为关系的主属性，而不是关系的主键。由于在学生表中学号是主键，在课程表中课程号也是主键，因此，学号和课程号为选修关系中的外键，而学生表和课程表为选修表的参照表，它们之间要满足参照完整性规则。

2）参照完整性规则。关系的参照完整性规则是：若属性（或属性组）F 是基本关系 R 的外键，它与基本关系 S 的主键 Ks 相对应（基本关系 R 和 S 不一定是不同的关系），则对于 R 中每个元组在 F 上的值必须取空值（F 的每个属性值均为空值）或者等于 S 中某个元组的主键值。

例如，对于上述职工表中“部门号”属性只能取下面两类值：空值，表示尚未给该职工分配部门；非空值，该值必须是部门关系中某个元组的“部门号”值。一个职工不可能分配到一个不存在的部门中，即被参照关系“部门”中一定存在一个元组，它的主键值等于该参照关系“职工”中的外键值。

3）用户定义的完整性（User - Defined Integrity）。任何关系数据库系统都应当具备实体完整性和参照完整性。另外，由于不同的关系数据库系统有着不同的应用环境，所以它们要有不同的约束条件。用户定义的完整性就是针对某一具体关系数据库的约束条件，它反映某一具体应用所涉及的数据必须满足的语义要求。关系数据库管理系统应提供定义和检验这类完整性的机制，以便能用统一的方法处理它们，而不是由应用程序承担这一功能。

例如，学生考试的成绩必须在 0～100 之间，在职职工的年龄不能大于 60 岁等，都是针对具体关系提出的完整性条件。

3.3.2 关系数据库理论

数据库逻辑模型的建立需要理论指导，关系数据库规范化理论就是数据库设计的一个理论指南。规范化理论讨论如何判断一个关系模式是否是一个好的关系模式，以及如何将不好的关系模式转换成好的关系模式，并保证得到的关系模式仍能表达原来的语义。

关系数据库是以数学理论为基础的。基于这种理论上的优势，关系模型可以设计得更加科学，关系操作可以更好地进行优化，关系数据库中出现的种种技术问题也可以更好地解决。本任务介绍的关系数据理论包括两方面的内容：一是关系数据库设计的理论—关系规范化理论和关系模式分解方法；二是关系数据库操作的理论—关系数据的查询和优化的理论。这两方面的内容，构成了数据库设计和应用的最主要的理论基础。

通过本任务的实施，使读者了解关系模式设计中存在的问题；理解关系模式规范化的意义；掌握函数依赖、范式的定义；熟练掌握关系模式分解的原则和方法；掌握如何判断关系模式达到几范式，如何判断分解后的关系模式既无损连接又保持函数依赖。

3.3.2.1 关系模式设计中的问题

在进行关系模式设计时，人们都想设计出好的关系模式。为了使关系模式设计的方法趋于完备，数据库专家研究了关系规范化理论。从1971年起，E.F.Codd相继提出了第一范式、第二范式、第三范式，Codd与Boyce合作提出了Boyce-Codd范式。在1976—1978年间，Fagin、Delobe以及Zaniolo又定义了第四范式。到目前为止，已经提出了第五范式。

关系数据库的设计主要是关系模式的设计。关系模式设计的好坏将直接影响到数据库设计的成败。将关系模式规范化，使之达到较高的范式是设计好关系模式的唯一途径。否则，所设计的关系数据库会产生一系列的问题。

如果一个关系没有经过规范化，可能会导致上述谈到的数据冗余大、数据更新造成不一致、数据插入异常和删除异常问题。下面的例子说明了上述问题。

例如，要求设计一个教学管理数据库，希望从该数据库中得到学生学号、学生姓名、年龄、性别、系别、系主任姓名、学生学习的课程和该课程的成绩信息。若将此信息要求设计为一个关系，则关系模式为：

教学（学号，姓名，年龄，性别，系名称，系主任，课程名，成绩）

可以推出此关系模式的键为（学号，课程名）。仅从关系模式上看，该关系已经包括了需要的信息，如果按此关系模式建立关系，并对它进行深入分析，就会发现其中的问题所在，如表3.6所示。

表3.6　　不规范关系的实例——教学关系

学号	姓名	年龄	性别	系名称	系主任	课程名	成绩
98001	李玉峰	20	男	计算机	吴玉辉	程序设计	88
98001	李玉峰	20	男	计算机	吴玉辉	数据结构	74
98001	李玉峰	20	男	计算机	吴玉辉	数据库	82
98001	李玉峰	20	男	计算机	吴玉辉	电路	65
98002	王楠	21	女	计算机	吴玉辉	程序设计	92
98002	王楠	21	女	计算机	吴玉辉	数据结构	82
98002	王楠	21	女	计算机	吴玉辉	数据库	78
98002	王楠	21	女	计算机	吴玉辉	电路	83
98003	刘宇辉	20	男	数学	宋辉峰	高等数学	72
98003	刘宇辉	20	男	数学	宋辉峰	数据结构	94
98003	刘宇辉	20	男	数学	宋辉峰	数据库	83
98003	刘宇辉	20	男	数学	宋辉峰	离散数学	87

从表3.6中的数据情况可以看出，该关系存在着如下问题：

（1）数据冗余大。每一个系名称和系主任的名字存储的次数等于该系的学生人数乘以每个学生选修的课程门数，系名称和系主任数据重复量太大。

（2）插入异常。一个新系没有招生时，系名称和系主任名无法插入到数据库中，因为在这个关系模式中，主键是（学号，课程名），而这时因没有学生而使得学号无值，所以

没有主属性值，关系数据库无法操作，因此引起插入异常。

（3）删除异常。当一个系的学生都毕业了而又没招新生时，删除了全部学生记录，随之也删除了系名称和系主任名。这个系依然存在，而在数据库中却无法找到该系的信息，即出现了删除异常。

（4）更新异常。若某系换系主任，数据库中该系的学生记录应全部修改。如有不慎，某些记录漏改了，则造成数据的不一致出错，即出现了更新异常。

由上述4条可见，教学关系尽管看起来很简单，但存在的问题比较多，它不是一个合理的关系模式。

对于有问题的关系模式，可以通过模式分解的方法使之规范化。

例如上述的关系模式“教学”，可以按“一事一地”的原则分解成“学生”、“系”和“选课”3个关系，其关系模式为：

学生（学号，姓名，年龄，性别，系名称）；

系（系名称，系主任）；

选课（学号，课程名，成绩）。

表3.6中的数据按分解后的关系模式组织，得到表3.7。对照表3.6和表3.7会发现，分解后的关系模式克服了“教学”关系中的4个不足之处，更加合理和实用。

表3.7　　教学关系分解后形成的3个关系

学生

学号	姓名	年龄	性别	系名称
98001	李玉峰	20	男	计算机系
98002	王楠	21	女	计算机系
98003	刘宇辉	20	男	数学系

系

系名称	系主任
计算机系	吴玉辉
数学系	宋辉峰

选课

学号	课程名	成绩
98001	程序设计	88
98001	数据结构	74
98001	数据库	82
98001	电路	65
98002	程序设计	92
98002	数据结构	82
98002	数据库	78
98003	高等数学	72
98003	数据结构	94
98003	数据库	83
98003	离散数学	87

3.3.2.2　函数依赖

关系模式中各属性之间相互依赖、相互制约的联系称为数据依赖。函数依赖是数据依赖的一种，也是最重要的数据依赖，它反映了同一关系中属性间一一对应的约束。函数依赖理论是关系的1NF、2NF和3NF的基础理论。

1. 关系模式的简化表示法

关系模式的完整表示是一个五元组：

$$R(U,D,Dom,F)$$

其中：R为关系名；U为关系的属性集合；D为属性集U中属性的数据域；Dom为属性到域的映射；F为属性集U的数据依赖集。

由于D和Dom对设计关系模式的作用不大，在讨论关系规范化理论时可以把它们简化掉，从而关系模式可以用三元组来为

$$R(U,F)$$

从上式可以看出，数据依赖是关系模式的重要要素。数据依赖（Data Dependency）是同一关系中属性间的相互依赖和相互制约。数据依赖包括函数依赖（Functional Dependency，简称FD）、多值依赖（Multivalued Dependency，简称MVD）和连接依赖（Join Dependency），数据依赖是关系规范化的理论基础。

2. 函数依赖的概念

定义3.1：设R（U）是属性集U上的关系模式，X、Y是U的子集。若对于R（U）的任意一个可能的关系r，r中不可能存在两个元组在X上的属性值相等，而Y上的属性值不等，则称X函数确定Y函数，或Y函数依赖于X函数，记作X→Y。

例如，对于教学关系模式：

教学〈U，F〉；

U=｛学号，姓名，年龄，性别，系名称，系主任，课程名，成绩｝；

F=｛学号→姓名，学号→年龄，学号→性别，学号→系名称，系名称→系主任，

（学号，课程名）→成绩｝。

函数依赖是属性或属性之间一一对应的关系，它要求按此关系模式建立的任何关系都应满足F中的约束条件。在理解函数依赖概念时，应当注意以下相关概念及表示。

（1）X→Y，但Y⊄X，则称X→Y是非平凡的函数依赖。若不特别声明，总是讨论非平凡的函数依赖。

（2）X→Y，但Y⊆X，则称X→Y是平凡的函数依赖。

（3）若X→Y，则X叫作决定因素（Determinant），Y叫做依赖因素（Dependent）。

（4）若X→Y，Y→X，则记作X↔Y。

（5）若Y不函数依赖于X，则记作X↛Y。

定义3.2：在R〈U〉中，如果X→Y，并且对于X的任何一个真子集X′，都有X′↛Y，则称Y对X完全函数依赖，记作：$X\xrightarrow{F}Y$；若X→Y，但Y不完全函数依赖于X，则称Y对X部分函数依赖，记作：$X\xrightarrow{P}Y$。

例如，在教学关系模式中，学号和课程名为主键。模式中，有些非主属性完全依赖于主键，另一些非主属性部分依赖于键，如：（学号，课程名）→成绩，（学号，课程名）$\xrightarrow{P}$姓名。

定义3.3：在R〈U〉中，如果X→Y，（Y⊄X），Y↛X，Y→Z，则称Z对X传递函数依赖。传递函数依赖记作X$\xrightarrow{传递}$Z。

例如，在教学模式中，因为存在：学号→系名称，系名称→系主任；所以也存在：学号$\xrightarrow{传递}$系主任。

3.3.2.3 范式

所谓范式（Normal Form）是指规范化的关系模式。由于规范化的程度不同，就产生了不同的范式。满足最基本规范化的关系模式叫第一范式，第一范式的关系模式再满足另外一些约束条件就产生了第二范式、第三范式、BC范式等等。每种范式都规定了一些限制约束条件。

1.1NF的定义

关系的第一范式是关系要遵循的最基本的范式。

定义3.4：如果关系模式R，其所有的属性均为简单属性，即每个属性都是不可再分的，则称R属于第一范式（First Normal Form，简称1NF），记作R∈1NF。

例如，教学模式中所有的属性都是不可再分的简单属性，即：教学∈1NF。

不满足第一范式条件的关系称之为非规范化关系。关系数据库中，凡非规范化的关系必须转化成规范化的关系。关系模式如果仅仅满足第一范式是不够的，尽管“教学”关系服从1NF，但它仍然会出现插入异常、删除异常、修改复杂及数据冗余大等问题。只有对关系模式继续规范，使之服从更高的范式，才能得到高性能的关系模式。

2.2NF的定义

定义3.5：若关系模式R∈1NF，且每一个非主属性都完全函数依赖于键，则称R属于第二范式（Second Normal Form），简称2NF，记作R∈2NF。

下面分析一下关系模式“教学”的函数依赖，看它是否服从2NF。如果“教学”模式不服从2NF，可以根据2NF的定义对它进行分解，使之服从2NF。

在“教学”模式中：

属性集＝｛学号，姓名，年龄，系名称，系主任，课程名，成绩｝。

函数依赖集＝｛学号→姓名，学号→年龄，学号→性别，学号→系名称，

系名称→系主任，（学号，课程名）→成绩｝。

主码＝（学号，课程名）

非主属性＝（姓名，年龄，系名称，系主任，成绩）。

非主属性对键的函数依赖＝｛（学号，课程名）$\xrightarrow{P}$姓名，（学号，课程名）$\xrightarrow{P}$年龄，

（学号，课程号）$\xrightarrow{P}$性别，（学号，课程名）$\xrightarrow{P}$系名称，

（学号，课程名）$\xrightarrow{P}$系主任；（学号，课程名）$\xrightarrow{F}$成绩｝。

显然，教学模式不服从2NF，即：教学∉2NF。

根据2NF的定义，将教学模式分解为：

学生_系（学号，姓名，年龄，性别，系名称，系主任）；

选课（学号，课程名，成绩）。

再用2NF的标准衡量“学生_系”和“选课”模式，会发现它们都服从2NF，即

学生_系∈2NF；选课∈2NF。

3.3NF的定义

定义3.6：如果关系模式R∈2NF，且每一个非主属性都不传递依赖于R的键，则称R属于第三范式（Third Normal Form），简称3NF，记作R∈3NF。

3NF是一个可用的关系模式应满足的最低范式。也就是说，一个关系模式如果不服从3NF，实际上它是不能使用的。

考查学生_系关系，会发现由于学生_系的关系模式中存在：学号→系名称，系名称→系主任。则：学号$\xrightarrow{传递}$系主任。由于主键“学号”与非主属性“系主任”之间存在传递函数依赖，所以学生_系$\notin$3NF。如果对学生_系关系按3NF的要求进行分解，分解后的关系模式为：

学生（学号，姓名，年龄，性别，系名称）；

教学系（系名称，系主任）。

显然分解后的各子模式均属于3NF。

3.3.2.4 关系模式的规范化

一个低一级的关系范式通过模式分解可以转换成若干高一级范式的关系模式的集合，这种过程叫关系模式的规范化（Normalization）。

1. 关系模式规范化的原则

一个关系模式只要其分量都是一个不可再分割的基本数据项，就可称它为规范化的关系，但这只是最基本的规范化。规范化的目的就是使结构合理，消除存储异常，使数据冗余尽量小，便于插入、删除和更新。

规范化要遵循“一事一地”的基本原则，即一个关系只描述一个实体或者实体间的联系。若多于一个实体，就把它“分离”出来。因此，所谓规范化，实质上是概念的单一化，即一个关系表示一个实体或一种关系。

2. 关系模式规范化的步骤

规范化步骤如图3.1所示。

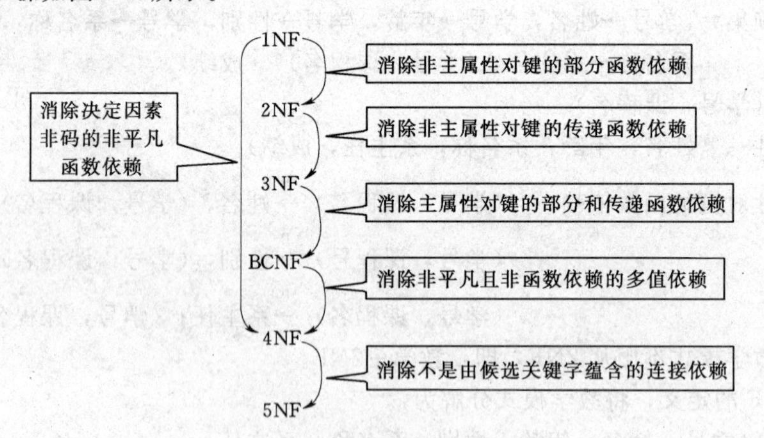

图3.1 各种范式及规范化过程

一般情况下，我们说没有异常弊病的数据库设计是好的数据库设计，一个不好的关系模式也可以通过分解转换成好的关系模式的集合。但是，在分解时要全面衡量，综合考虑，视实际情况而定。对于那些只要求查询而不要求插入、删除等操作的系统，几种异常现象的存在并不影响数据库的操作。这时便不宜过度分解，否则当对系统进行整体查询时，需要更多的多表连接操作，这有可能得不偿失。在实际应用中，通常分解到3NF就

足够了。

3. 关系模式规范化的要求

关系模式的规范化过程是通过对关系模式的投影分解来实现的，但是投影分解方法不是唯一的，不同的投影分解会得到不同的结果。在这些分解方法中，只有能够保证分解后的关系模式与原关系模式等价的方法才是有意义的。所以有必要讨论分解后的关系模式与原关系模式"等价"的问题。

定义 3.7：无损连接性（Lossless Join）——设关系模式 R(U，F) 被分解为若干个关系模式 $R_1(U_1，F_1)$，$R_2(U_2，F_2)$，…，$R_K(U_K，F_K)$，其中 $U=U_1\cup U_2\cup\cdots\cup U_K$，且不存在 $U_i\subseteq U_j$，F_i 为 F 在 U_i 上的投影，如果 R 与 R_1，R_2…，R_K 自然连接的结果相等，则称关系模式 R 的分解具有无损连接性。

定义 3.8：函数依赖保持性（Preserve Dependency）——设关系模式 R(U，F) 被分解为若干个关系模式 $R_1(U_1，F_1)$，$R_2(U_2，F_2)$，…，$R_K(U_K，F_K)$，其中 $U=U_1\cup U_2\cup\cdots\cup U_K$，且不存在 $U_i\subseteq U_j$，F_i 为 F 在 U_i 上的投影，如果 F 所蕴含的函数依赖一定也有分解到的某个关系模式中的函数依赖 F_i 所蕴含，则称关系模式 R 的分解具有函数依赖保持性。

无损连接性和函数依赖保持性是两个相互独立的标准。具有无损连接性的分解不一定具有函数依赖保持性。同样，具有函数依赖保持性的分解不一定具有无损连接性。

规范化理论提供了一套完整的模式分解方法，按照这套算法可以做到：

• 若要求分解具有无损连接性，则分解一定可以达到 BCNF。

• 若要求分解既保持函数依赖，又具有无损连接性，那么模式分解一定可以达到 3NF，但不一定达到 BCNF。

所以在 3NF 的规范化中，既要检查分解是否具有无损连接性，又要检查分解是否具有函数依赖保持性。只有这两条都满足，才能保证分解的准确性和有效性，才既不会发生信息丢失，又保证关系中的数据满足完整性约束。

4. 分解的方法

关系模式分解的基础是键和函数依赖。对关系模式中属性之间的内在联系做了深入、准确的分析，确定了键和函数依赖后采用下述方法进行分解。

(1) 方法一：部分依赖归子集；完全依赖随键。

要使不属于第二范式的关系模式"升级"，就要消除非主属性对键的部分函数依赖。解决的方法就是对原有模式进行分解。分解的关键在于：找出对键部分依赖的非主属性所依赖的键的真子集，然后把这个真子集与所有相应的非主属性组合成一个新模式；对键完全依赖的所有非主属性则与键组合成另一个新模式。

例如，对于表 3.6 的教学关系模式：

U= {学号，姓名，年龄，性别，系名称，系主任，课程名，成绩}；

F= {学号→姓名，学号→年龄，学号→性别，学号→系名称，系名称→系主任，
　　(学号，课程名) →成绩}。

按照完全函数依赖和部分函数依赖的概念，可以看出成绩完全依赖（学号，课程名）；姓名、年龄、性别、系名称、系主任函数依赖于学号，而对于（学号，课程名）只是部分

依赖。找出部分依赖及所依赖的真子集后，对模式分解就是水到渠成。本例中有一个部分依赖，一个完全依赖，结果原关系模式一分为二：

学生_系（学号，姓名，年龄，性别，系名称，系主任）；

选课（学号，课程名，成绩）。

（2）方法二：基本依赖为基础，中间属性作桥梁。

要使不属于第三范式的关系模式“升级”，就要消除非主属性对键的传递函数依赖。解决的方法非常简单：以构成传递链的两个基本依赖为基础形成两个新的模式，这样既切断了传递链，又保持了两个基本依赖，同时又有中间属性作为桥梁，跨接两个新的模式，从而实现无损的自然连接。

例如方法一中分解后得到的关系模式学生_系中：

U＝｛学号，姓名，年龄，性别，系名称，系主任｝；

F＝｛学号→姓名，学号→年龄，学号→性别，学号→系名称，系名称→系主任｝。

考查学生_系关系，会发现由于学生_系的关系模式中存在：学号→系名称，系名称→系主任。则：学号$\xrightarrow{\text{传递}}$系主任。由于键“学号”与非主属性“系主任”之间存在传递函数依赖，所以学生_系$\notin$3NF。如果对学生_系关系按方法二的要求进行分解，分解后的关系模式为

学生（学号，姓名，年龄，性别，系名称）；

系（系名称，系主任）。

显然分解后的各子模式均属于3NF。

在这里强调一点：上面介绍的解决部分函数依赖和传递函数依赖的模式的分解方法均为既具有无损连接性，又具有函数依赖保持性的规范化方法。

3.3.3 数据库逻辑结构设计

E—R图表示的概念模型是用户数据要求的形式化。正如前面所述，E—R图独立于任何一种数据模型，它也不为任何一个DBMS所支持。逻辑结构设计的任务就是把概念模型结构转换成某个具体的DBMS所支持的数据模型。

从理论上讲，设计数据库逻辑结构的步骤应该是：首先选择最适合的数据模型，并按转换规则将概念模型转换为选定的数据模型；然后要从支持这种数据模型的各个DBMS中选出最佳的DBMS，根据选定的DBMS的特点和限制对数据模型做适当修正。但实际情况常常是先给定了计算机和DBMS，再进行数据库逻辑模型设计。由于设计人员并无选择DBMS的余地，所以在概念模型向逻辑模型设计时就要考虑到适合给定的DBMS的问题。

现行的DBMS一般只支持关系、网状或层次模型中的某一种，即使是同一种数据模型，不同的DBMS也有其不同的限制，提供不同的环境和工具。

通常把概念模型向逻辑模型的转换过程分为3步进行：

（1）把概念模型转换成一般的数据模型。

（2）将一般的数据模型转换成特定的DBMS所支持的数据模型。

（3）通过优化方法将其转化为优化的数据模型。

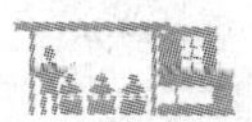

概念模型向逻辑模型的转换步骤，如图 3.2 所示。

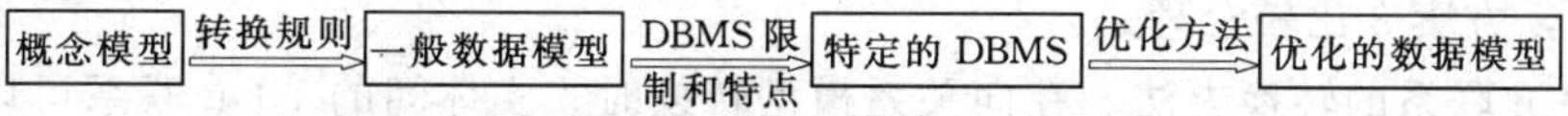

概念模型
转换规则
一般数据模型
DBMS限
制和特点
特定的 DBMS
优化方法
优化的数据模型

图 3.2 逻辑结构设计的 3 个步骤

3.3.3.1 概念模型向关系模型的转换

将 E—R 图转换成关系模型要解决两个问题：一是如何将实体集和实体间的联系转换为关系模式；二是如何确定这些关系模式的属性和键。关系模型的逻辑结构是一组关系模式的集合，而 E—R 图是由实体集、属性以及联系 3 个要素组成，将 E—R 图转换为关系模型实际上就是要将实体集、属性以及联系转换为相应的关系模式。这些转换一般遵循如下的原则。

1. 实体集的转换规则

概念模型中的一个实体集转换为关系模型中的一个关系，实体的属性就是关系的属性，实体的键就是关系的键，关系的结构是关系模式。

2. 实体集间联系的转换规则

在向关系模型的转换时，实体集间的联系可按以下规则转换：

(1) 1∶1 联系的转换方法。一个 1∶1 联系可以转换为一个独立的关系，也可以与任意一端实体集所对应的关系合并。如果将 1∶1 联系转换为一个独立的关系，则与该联系相连的各实体的键以及联系本身的属性均转换为关系的属性，且每个实体的键均是该关系的候选键。如果将 1∶1 联系与某一端实体集所对应的关系合并，则需要在被合并关系中增加属性，其新增的属性为联系本身的属性和与联系相关的另一个实体集的键。

【实例 3.1】 将图 3.3 中含有 1∶1 联系的 E—R 图转换为关系模型。

该例有 3 种方案可供选择（注：关系模式中标有下划线的属性为键）。

职工号
姓名
年龄
职工
1
负责
1
产品
产品号
产品名
价格

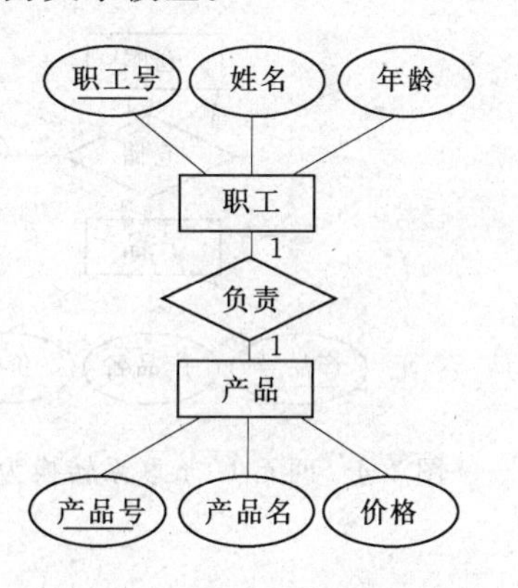

图 3.3 两元 1∶1 联系转换为关系的实例

方案 1：联系形成的关系独立存在，转换后的关系模型为：

职工（职工号，姓名，年龄）；

产品（产品号，产品名，价格）；

负责（职工号，产品号）。

方案 2：“负责”与“职工”两关系合并，转换后的关系模型为：

职工（职工号，姓名，年龄，产品号）；

产品（产品号，产品名，价格）。

方案 3：“负责”与“产品”两关系合并，转换后的关系模型为：

职工（职工号，姓名，年龄）；

产品（产品号，产品名，价格，职工号）。

将上面的 3 种方案进行比较，不难发现：方案 1 中，由于关系多，增加了系统的复杂性；方案 2 中，由于并不是每个职工都负责产品，就会造成产品号属性的 NULL 值过多；相比较起来，方案 3 比较合理。

(2) 1∶n 联系的转换方法。在向关系模型转换时，实体间的 1∶n 联系可以有两种转换方法：一种方法是将联系转换为一个独立的关系，其关系的属性由与该联系相连的各实体集的键以及联系本身的属性组成，而该关系的键为 n 端实体集的键；另一种方法是在 n 端实体集中增加新属性，新属性由联系对应的 1 端实体集的键和联系自身的属性构成，新增属性后原关系的键不变。

【实例 3.2】 将图 3.4 中含有 1∶n 联系的 E—R 图转换为关系模型。

该转换有两种转换方案供选择。注意：关系模式中标有下划线的属性为键。

方案 1：1∶n 联系形成的关系独立存在。

仓库（仓库号，地点，面积）；

产品（产品号，产品名，价格）；

仓储（仓库号，产品号，数量）。

方案 2：联系形成的关系与 n 端对象合并。

仓库（仓库号，地点，面积）；

产品（产品号，产品名，价格，仓库号，数量）。

比较以上两个转换方案可以发现：尽管方案 1 使用的关系多，但是对仓储变化大的场合比较适用；相反，方案 2 中关系少，它适应仓储变化较小的应用场合。

【实例 3.3】 图 3.5 中含有同实体集的 1∶n 联系，将它转换为关系模型。

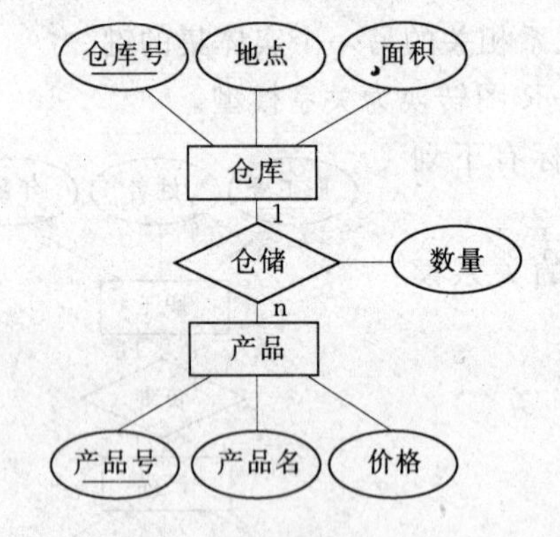

图 3.4 两元 1∶n 联系转换为关系模式实例

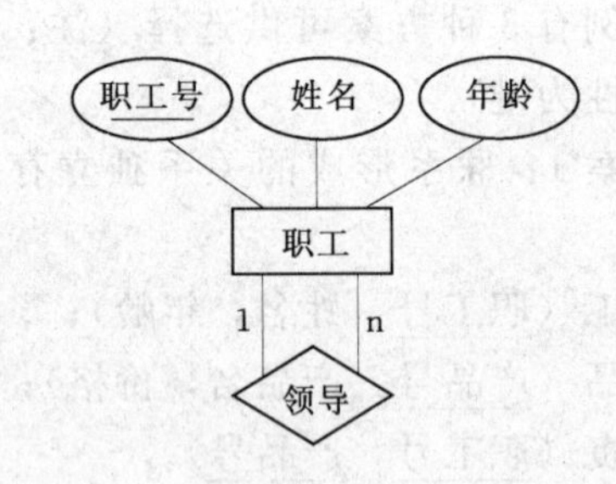

图 3.5 实体集内部 1∶n 联系转换为关系模式的实例

该例题转换的方案如下（注：关系中标有下划线的属性为键）。

方案 1：转换为两个关系模式。

职工（职工号，姓名，年龄）；

领导（领导工号，职工号）。

方案 2：转换为一个关系模式。

职工（职工号，姓名，年龄，领导工号）。

其中，由于同一关系中不能有相同的属性名，故将领导的职工号改为领导工号。以上

两种方案相比较，第 2 种方案的关系少，且能充分表达原有的数据联系，所以采用第 2 种方案会更好些。

（3）m∶n 联系的转换方法。在向关系模型转换时，一个 m∶n 联系转换为一个关系。转换方法为：与该联系相连的各实体集的键以及联系本身的属性均转换为关系的属性，新关系的键为两个相连实体键的组合（该键为多属性构成的组合键）。

【实例 3.4】 将图 3.6 中含有 m∶n 二元联系的 E—R 图，转换为关系模型。

该例题转换的关系模型为（注：关系中标有下划线的属性为键）：

学生（学号，姓名，性别，出生日期）；

课程（课程号，课程名，学分）；

选修（学号，课程号，成绩）。

【实例 3.5】 将图 3.7 中含有同实体集间 m∶n 联系的 E—R 图转换为关系模式。

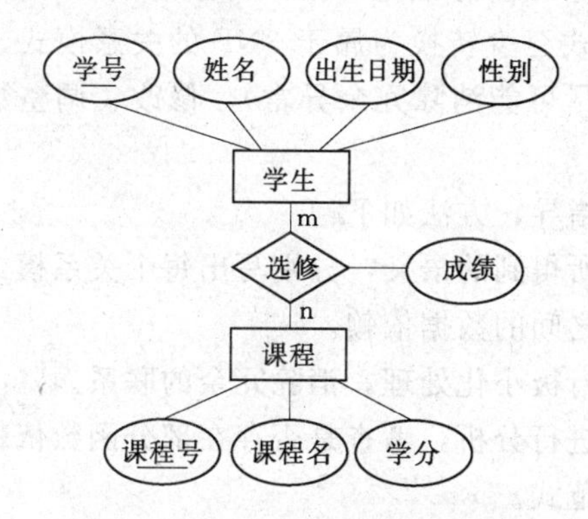

图 3.6 m∶n 二元联系转换为关系模型的实例

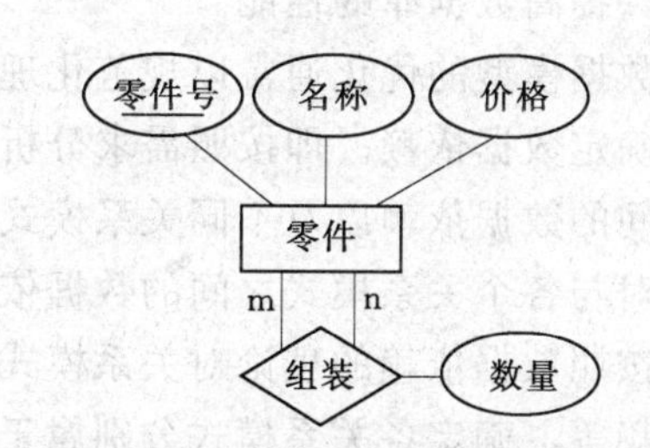

图 3.7 同一实体集内 m∶n 联系转换为关系模型的实例

转换的关系模型为（注：关系中标有下划线的属性为键）：

零件（零件号，名称，价格）；

组装（组装件号，零件号，数量）

其中，组装件号为组装后的复杂零件号。由于同一个关系中不允许存在同属性名，因而改为组装件号。

（4）3 个或 3 个以上实体集间的多元联系的转换方法。要将 3 个或 3 个以上实体集间的多元联系转换为关系模式，可根据以下两种情况采用不同的方法处理：

1）对于一对多的多元联系，转换为关系模型的方法是修改 n 端实体集对应的关系，即将与联系相关的 1 端实体集的键和联系自身的属性作为新属性加入到 n 端实体集中。

2）对于多对多的多元联系，转换为关系模型的方法是新建一个独立的关系，该关系的属性为多元联系相连的各实体的键以及联系本身的属性，键为各实体键的组合。

【实例 3.6】 将图 3.8 中含有多实体集间的多对多联系的 E—R 图转换为关系模型。

转换后的关系模式如下：

供应商（商号，商名，电话）；

零件（零件号，零件名，单价）；

产品（产品号，产品名，厂家）；

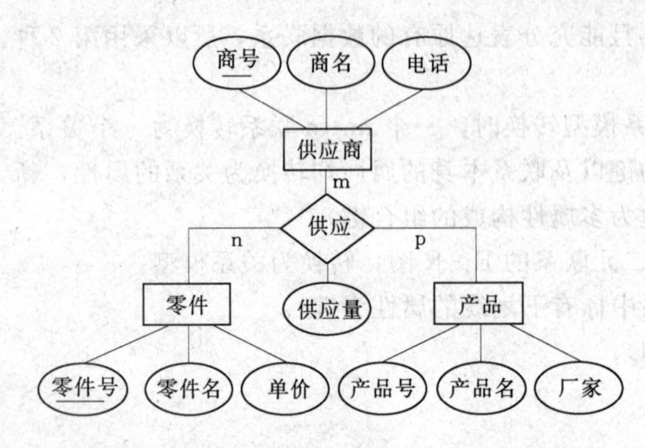

图 3.8 多实体集间联系转换为关系模型的实例

供应（商号，零件号，产品号，供应量）。

其中，关系中标有下划线的属性为键。

3. 关系合并规则

在关系模型中，具有相同键的关系，可根据情况合并为一个关系。

3.3.3.2 数据模型的优化

上一个任务我们已经讲述了 E—R 模型向关系数据模型转换的规则，转换后的关系模式应该使用关系规范化理论进一步进行优化处理（即应该将所有的关系模式至少转换为属于 3NF 的关系模式，这样才能做到至少消除插入异常和删除异常，以及尽可能消除冗余异常），修改、调整数据模型的结构，提高数据库的性能。

关系数据模型的优化通常以规范化理论为指导，方法如下：

(1) 确定数据依赖。即按照需求分析阶段所得到的语义，分别写出每个关系模式内部各属性之间的数据依赖以及不同关系模式属性之间的数据依赖。

(2) 对与各个关系模式之间的数据依赖进行极小化处理，消除冗余的联系。

(3) 按照数据依赖的理论对关系模式逐一进行分析，考查是否存在部分函数依赖、传递函数依赖等，确定各关系模式分别属于第几范式。

(4) 按照需求分析阶段得到的各种应用对数据处理的要求，分析对于这样的应用环境这些模式是否合适，确定是否需要对它们进行合并或分解。

(5) 对关系模式进行必要的分解。

3.3.3.3 设计用户子模式

用户子模式也称外模式。关系数据库管理系统中提供的视图是根据用户子模式设计的。设计用户子模式时只考虑用户对数据的使用要求、习惯及安全性要求，而不用考虑系统的时间效率、空间效率、易维护等问题。用户子模式设计时应注意以下问题。

1. 使用更符合用户习惯的别名

前面提到，在合并各分 E—R 图时应消除命名的冲突，这在设计数据库整体结构时是非常必要的。但命名统一后会使某些用户感到别扭，用定义子模式的方法可以有效地解决该问题。必要时，可以对子模式中的关系和属性名重新命名，使其与用户习惯一致，以方便用户的使用。

2. 针对不同级别的用户可以定义不同的子模式，以满足系统安全性的要求

由于视图能够对表中的行和列进行限制，所以它还具有保证系统安全性的作用。对不同级别的用户定义不同的子模式，可以保证系统的安全性。

例如，假设有关系模式：产品（产品号，产品名，规格，单价，生产车间，生产负责人，产品成本，产品合格率，质量等级）。如果在产品关系上建立两个视图，即

为一般顾客建立视图：

产品1（产品号，产品名，规格，单价）

为产品销售部门建立视图：

产品2（产品号，产品名，规格，单价，车间，生产负责人）

在建立视图后，产品1视图中包含了允许一般顾客查询的产品属性；产品2视图中包含允许销售部门查询的产品属性；生产领导部门可以利用产品关系查询产品的全部属性数据。这样，既方便了使用，也可以防止用户非法访问本来不允许他们查询的数据，保证了系统的安全性。

3. 简化用户对系统的使用

利用子模式可以简化使用，方便查询。实际中经常要使用某些很复杂的查询，这些查询包括多表连接、限制、分组、统计等。为了方便用户，可以将这些复杂查询定义为视图，用户每次只对定义好的视图进行查询，避免了每次查询都要对其进行重复描述，大大简化了用户的使用。

3.3.4 数据库逻辑结构设计的实例

假如要为某基层单位建立一个“基层单位”数据库。通过调查得出，用户要求数据库中存储下列基本信息。

部门：部门号，名称；

职工：职工号，姓名，性别，工资，职称，照片，简历；

工程：工程号，工程名，参加人数，预算，负责人；

办公室：地点，编号，电话。

这些信息的关联的语义为：

每个部门有多个职工，每个职工只能在一个部门工作；

每个部门只有一个领导人，领导人不能兼职；

每个部门可以同时承担若干工程项目，数据库中应记录每个职工参加项目的日期；

一个部门可有多个办公室；

每个办公室只有一部电话；

数据库中还应存放每个职工在所参加的工程项目中承担的具体职务。

3.3.4.1 概念模型的设计

调查得到数据库的信息要求和语义后，还要进行数据抽象，才能得数据库的概念模型。设基层单位数据库的概念模型如图3.9所示。为了清晰，图中将实体的属性略去了。该E—R图表示的“基层单位”数据库系统中应包括“部门”、“办公室”、“职工”和“工程”4个实体集，其中：部门和办公室间存在1∶n的“办公”联系；部门和职工间存在着1∶1的“领导”联系和1∶n的“工作”联系；职工和工程之间存在1∶n的“负责”联系和m∶n的“参

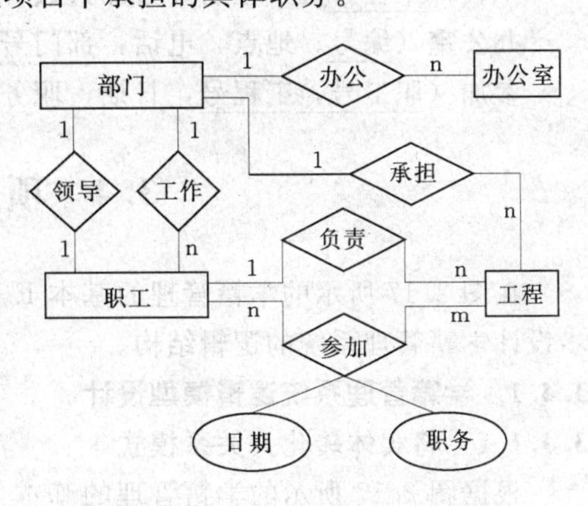

图3.9 基层单位数据库的概念模型

加”联系；部门和工程之间存在着1∶n的“承担”联系。

3.3.4.2 关系模型的设计

图3.9的E—R图可按规则转换为一组关系模式。表3.8中列出了这组关系模式及相关信息。表中的一行为一个关系模式，关系的属性根据数据字典得出。

表3.8 基层单位数据库的关系模型信息

数据性质	关系名	属性	说明
实体	职工	职工号，姓名，性别，工资，职称，照片，简历，部门号	部门号为合并后关系新增属性
实体	部门	部门号，名称，职工号	职工号是领导人的职工号
实体	工程	工程号，工程名，参加人数，预算，负责人号，部门号	负责人和部门号为合并关系新增属性
实体	办公室	编号，地点，电话，部门号	部门号为合并关系新增属性
n∶m联系	参加	职工号，工程号，日期，职务	
~~1∶n联系~~	办公	编号，部门号	与办公室关系合并
~~1∶n联系~~	工作	部门号，职工号	与职工关系合并
~~1∶n联系~~	承担	部门号，工程号	与工程关系合并
~~1∶n联系~~	负责	职工号，工程号	与工程关系合并，并将职工号改为负责人号
~~1∶1联系~~	领导	部门号，职工号	与部门合并

表3.8中带有下划线的属性为关系的键；带有删除线的内容是开始设计时有，但后来优化时应该去掉的内容，具体情况在说明列中叙述。

该关系模型开始设计为10个关系，将1∶n和1∶1联系的关系模式与相应的实体形成的关系模式合并后，结果为5个关系模式。这样，该“基本单位”数据库中应该有5个基本关系，分别是：

职工（职工号，姓名，性别，工资，职称，照片，简历，部门号）；

部门（部门号，名称，职工号）；

工程（工程号，工程名，参加人数，预算，负责人号，部门号）；

办公室（编号，地点，电话，部门号）；

参加（职工号，工程号，日期，职务）。

3.4 项目实施

在图2.17所示的学籍管理的基本E—R图的基础上，按照逻辑模型设计的步骤，逐步设计学籍管理系统的逻辑结构。

3.4.1 学籍管理系统逻辑模型设计

3.4.1.1 将实体转化为关系模式

根据图2.17所示的学籍管理的基本E—R图，将其中的实体转化为如下的关系（关系的键用下划线标出）：

将学生实体转化为学生关系（学号，姓名，性别，出生日期，家庭住址，邮箱）；

将班级实体转化为班级关系（班级编号，班级名称）；

将系实体转化为系关系（系编号，系名称，电话，办公地点）；

将课程实体转化为课程关系（课程编号，课程名称，学分，学期，总学时，先修课程，课程介绍）；

将教师实体转换为教师关系（教师编号，姓名，性别，参加工作日期，出生日期，学历，邮箱，电话）；

将职称实体转化为职称关系（职称编号，职称名称）；

将课程类型实体转化为课程类型关系（课程类型码，类型说明）。

3.4.1.2 将联系转化为关系模式

根据图 2.17 所示的学籍管理的基本 E—R 图，将其中的联系转化为如下的关系（关系的键用下划线标出）：

1. 将 1∶n 的联系转化为关系模式

1∶n 的联系转化为关系模式有两种方法：一种方法是使其转化为一个独立的关系模式；另一种方法是与 n 端合并，后一种方法是最常用的方法，所以我们选用合并的方法。

（1）系与班级的“隶属”联系。与班级关系模式合并，这时班级关系模式修改为：

班级（班级编号，班级名称，系编号）

（2）教师与班级的“管理”联系。将教师与班级的“管理”联系与班级关系模式合并，班级关系模式变为：

班级（班级编号，班级名称，系编号，教师编号）

（3）教师与系“就职“的联系”。将“就职”联系与教师关系合并，教师关系模式变为

教师（教师编号，姓名，性别，参加工作日期，出生日期，邮箱，电话，系编号）

（4）教师与职称的“聘任”联系。将“聘任”联系与教师关系合并，教师关系模式变为：

教师（教师编号，姓名，性别，参加工作日期，出生日期，学历，邮箱，电话，系编号，职称编号）

（5）课程与课程类型的“属于”联系。将课程与课程类型的“属于”联系与课程关系合并，课程关系模式变为：

课程（课程编号，课程名称，学分，学期，总学时，先修课程，课程介绍，课程类型编号）

（6）学生与班级的“所在”联系。将学生与班级的“所在”联系与学生关系合并，学生关系模式变为：

学生（学号，姓名，性别，出生日期，家庭住址，邮箱，班级编号）

2. 将 m∶n 的联系转化为关系模式

（1）学生与课程的“选课”联系。将“选课”转化为一个关系模式：

选课（学号，课程编号，成绩）

（2）教师与课程的“授课”联系。将“授课”转化为一个关系模式：

授课（教师编号，课程编号，授课学期，授课地点）。

这样学籍管理系统数据库的关系模型信息见表3.9。

表3.9 学籍管理系统数据库的关系模型信息

数据性质	关系名	属性	说明
实体	学生	学号，姓名，性别，出生日期，家庭住址，邮箱，班级编号	班级编号为合并后关系新增属性
实体	教师	教师编号，姓名，性别，参加工作日期，出生日期，学历，邮箱，电话，系编号，职称编号	系编号，职称编号为合并后关系新增属性
实体	课程	课程编号，课程名称，学分，学期，总学时，先修课程，课程介绍，课程类型编号	课程类型编号为合并后关系新增属性
实体	班级	班级编号，班级名称，系编号，教师编号	系编号，教师编号为合并后关系新增属性
实体	系	系编号，系名称，电话，办公地点	
实体	职称	职称编号，职称	
实体	课程类型	课程类型码，类型说明	
m∶n联系	选课	学号，课程编号，成绩	
m∶n联系	授课	教师编号，课程编号，授课学期，授课地点	
~~1∶n联系~~	隶属	班级编号，系编号	与班级关系合并
~~1∶n联系~~	管理	班级编号，教师编号	与班级关系合并
~~1∶n联系~~	就职	教师编号，系编号	与教师关系合并
~~1∶n联系~~	聘任	教师编号，职称编号	与教师关系合并
~~1∶n联系~~	属于	课程编号，课程类型编号	与课程关系合并
~~1∶n联系~~	组成	学号，班级编号	与学生关系合并

表3.9中带有下划线的属性为关系的码；带有删除线的内容是开始设计有，但后来优化时应该去掉的内容。

3.4.1.3 学籍管理系统的逻辑模型

学籍管理系统E—R图中表示有7个实体和8个联系，根据上述将E—R图转换为关系模型的过程，最终该“学籍管理系统”数据库中应该有9个基本关系，分别是：

学生（学号，姓名，性别，出生日期，家庭住址，邮箱，班级编号）；

教师（教师编号，姓名，性别，参加工作日期，出生日期，学历，邮箱，电话，系编号，职称编号）；

课程（课程编号，课程名称，学分，学期，总学时，先修课程，课程介绍，课程类型编号）；

班级（班级编号，班级名称，系编号，教师编号）；

系（系编号，系名称，电话，办公地点）；

职称（职称编号，职称）；

选课（学号，课程编号，成绩）；

授课（教师编号，课程编号，授课学期，授课地点）；

课程类型（课程类型码，类型说明）。

3.4.2 学籍管理系统用户子模式设计

为了方便不同用户使用，需要使用更符合用户习惯的别名，并且针对不同级别的用户定义不同视图，以满足系统对安全性的要求。

为了方便查询教师的教学情况，根据需要建立如下子模式：

教师基本信息（教师编号，姓名，性别，学历，职称）；

课程开设情况（课程编号，课程名称，课程简介，教师编号，历届成绩，及格率）。

为学籍管理人员建立如下子模式：

学生基本情况（学号，姓名，性别，家庭住址，班级，系，获取总学分）；

授课效果（课程编号，选修学期，平均成绩）。

为学生建立如下子模式：

考试通过基本情况（学号，姓名，班级，课程名称，成绩）。

为教师建立如下子模式：

选修学生情况（课程编号，学号，姓名，班级，系，平均成绩）；

授课效果（课程编号，选修学期，平均成绩，及格率）。

实训3 逻辑模型设计

1. 工作任务

课外：各项目组根据实训1各自选定的题目，在项目经理的组织下，分工协作地开展活动，在各自选定系统概念模型设计的基础上，进行系统逻辑模型设计，给出系统的关系模型设计结果，编写系统逻辑模型设计的文档说明。

课内：要求以项目组为单位，提交排版好的系统逻辑设计结果，并附以相应的文字说明的电子文档，制作PPT课件并派代表上台演讲答疑。

2. 实训目标

（1）掌握逻辑模型设计的方法与步骤。

（2）掌握将E—R模型转换为关系数据模型的转换规则。

（3）掌握关系规范化的概念与模式分解的方法。

（4）掌握逻辑模型设计相关文档的编写。

3. 实训考核要求

（1）总的原则。主要考核学生对整个项目开发思路的理解，同时考查学生语言表达、与人沟通的能力；同时考核项目经理组织管理的能力、项目组团队协作能力；项目组进行系统逻辑模型设计及编写相应文档的能力。

（2）具体考核要求。

1）对演讲者的考核要点：口齿清楚、声音洪亮，不看稿，态度自然大方、讲解有条理、临场应变能力强，在规定时间内完成项目逻辑模型设计的整体讲述（时间10分钟）。

2）对项目组的考核要点：项目经理管理组织到位，成员分工明确，有较好的团队协作精神，文档齐全，规格规范，排版美观，结构清晰，围绕主题，上交准时。

习 题 3

1. 填空题

(1) 关系数据库是以（ ）为基础设计的数据库，利用（ ）描述现实世界。一个关系既可以描述（ ），也可以描述（ ）。

(2) 在关系数据库中，二维表称为一个（ ），表的每一行称为（ ），表的每一列称为（ ）。

(3) 数据完整性约束分为（ ）、（ ）和（ ）。

(4) E—R 图向关系模型转化要解决的问题是如何将实体和实体之间的联系转换成关系模式，如何确定这些关系模式的（ ）。

(5) 数据库逻辑设计中进行模型转换时，首先将概念模型转换为（ ），然后将（ ）转换为（ ）。

2. 选择题

(1) 设属性 A 是关系 R 的主属性，则属性 A 不能取空值（NULL）。这是（ ）。

A. 实体完整性规则　　B. 参照完整性规则

C. 用户定义完整性规则　　D. 域完整性规则

(2) 下面对于关系的叙述中，不正确的是（ ）。

A. 关系中的每个属性是不可分解的　　B. 在关系中元组的顺序是无关紧要的

C. 任意的一个二维表都是一个关系　　D. 每一个关系只有一种记录类型

(3) 一台机器可以加工多种零件，每一种零件可以在多台机器上加工，机器和零件之间为（ ）的联系。

A. 一对一　　B. 一对多　　C. 多对多　　D. 多对一

(4) 下面有关 E—R 模型向关系模型转换的叙述中，不正确的是（ ）。

A. 一个实体类型转换为一个关系模式

B. 一个 1∶1 联系可以转换为一个独立的关系模式，也可以与联系的任意一端实体所对应的关系模式合并

C. 一个 1∶n 联系可以转换为一个独立的关系模式，也可以与联系的任意一端实体所对应的关系模式合并

D. 一个 m∶n 联系转换为一个关系模式

(5) 在关系数据库设计中，设计关系模式是（ ）的任务。

A. 需求分析阶段　　B. 概念设计阶段　　C. 逻辑设计阶段　　D. 物理设计阶段

(6) 从 E—R 模型关系向关系模型转换时，一个 m∶n 联系转换为关系模式时，该关系模式的关键字是（ ）。

A. m 端实体的关键字

B. n 端实体的关键字

C. m 端实体关键字与 n 端实体关键字组合

D. 重新选取其他属性

(7) 数据库逻辑设计的主要任务是（　　）。

A. 建立 E—R 图和说明书　　B. 创建数据库说明

C. 建立数据流图　　D. 把数据送入数据库

3. 定义并解释下列术语，说明它们之间的联系与区别

(1) 主键、候选键、外键。

(2) 笛卡儿积、关系、元组、属性、域。

(3) 关系、关系模式、关系数据库。

(4) 函数依赖、部分函数依赖、完全函数依赖、传递函数依赖。

(5) 第一范式（INF）、第二范式（2NF）、第三范式（3NF）。

4. 问答题

(1) 试述关系模型的完整性规则。在参照完整性中，为什么外键属性的值也可以为空？什么情况下才可以为空？

(2) 仅满足 1NF 的关系存在哪些操作异常？是什么原因引起的？

(3) 什么是数据库的逻辑结构设计？试述其设计步骤。

(4) 试述把 E—R 图转换为关系模型的转换规则。

(5) 试述规范化理论对数据库设计有什么指导意义。

(6) 设有关系模式 STC（Sno，Tname，Cname)，其中 Sno、Tname、Cname 分别表示学号、教师名和课程名。该关系的约束条件是：

1）某一学生选定某门课程就对应一个固定的教师；

2）每一个教师只教一门课程，而每门课有若干教师讲授。

请问上述关系是否属于 3NF?

(7) 设有一个教师任课的关系，其关系模式如下：

TDC（T＃，TNAME，TITLE，D＃，DNAME，DLOC，C＃，CNAME，CREDIT)

其中各个属性分别表示：教师编号、教师姓名、职称、系编号、系名称、系地址、课程号、课程名、学分。假设：一个教师有唯一的教师编号，一个系有唯一的系编号，一门课程有唯一的课程号，一个系有若干名教师，但一个教师只能属于一个系，一个教师可以担任多门课程的教学，同时任意一门课程可以由多名教师承担。

请问：

1）写出该关系的函数依赖，分析是否存在部分依赖，是否存在传递依赖？

2）该关系的设计是否合理？存在哪些问题？

3）对该关系进行规范化，使规范化后的关系属于 3NF。

5. 设计题

(1) 某学校由系、教师、学生和课程等基本对象组成，每个系有一位系主任和多位教师，一个教师仅在一个系任职；每个系需要开设多门不同的课程，一门课程也可在不同的系开设；一门课程由一位到多位教师授课，一个教师可以授 0 到多门课程；一个学生可以在不同的系选修多门课程，一门课程可以被多个学生选修。假定系的基本数据项有系编号、系名、位置；课程的基本数据项有课程号、课程名称、开课学期、学分；学生的基本数据项有学号、姓名、性别；教师有教师编号、教师姓名、职称等数据项。请设计该学校的概念模型并用E—R图表示，并将设计的E—R图转换为相应的关系模型，并注明主键与外键。

(2) 某超市公司下属有若干个连锁商店，每个商店经营若干商品，每个商店有若干职工，但每个职工只能在一个商店工作。设实体“商店”的属性有：商店编号、店名、店址、店经理。实体“商品”的属性有：商品编号、商品名、单价、产地。实体“职工”的属性有：职工编号、职工名、性别、工资。试画出反映商店、商品、职工实体及其联系类型的E—R图，要求在联系中应反映出职工参加某个商店工作的起止时间、商店销售商品的月销售量，并将所设计的E—R图转换为相应的关系模型，并注明主键与外键。

(3) 设某网站开设虚拟主机业务，需要设计一个关系数据库进行管理。网站有多名职工，参与主机的管理、维护与销售。一个职工（销售员）可销售多台主机，一台主机只能被一个销售员销售。一个职工（维护员）可以维护多台主机，一台主机可以被多个维护员维护；一个管理员可管理多台主机，一台主机只能由一个管理员管理。主机与客户单位及销售员之间存在租用关系，其中主机与个客户单位是多对多的，即一台主机可分配给多个客户单位，一个客户单位可租用多台主机。每次租用由一位销售员经手。假设职工有职工号、姓名、性别、出生年月、职称、密码等属性，主机有主机序号、操作系统、生产厂商、状态、空间数量、备注等属性，客户单位有单位名称、联系人姓名、联系电话等属性。试画出E—R图并将E—R图转换为相应的关系模型，并注明主键与外键。

(4) 请设计一个图书馆数据库，此数据库中对每个借阅者保存记录，包括：读者号、姓名、地址、性别、年龄、单位。对每本书保存有：书号、书名、作者、出版社。对每本被借出的书保存有借出日期和应还日期。要求：给出该图书馆数据库的E—R图，再将其转换为关系模型，并注明主键与外键。

(5) 图3.10是一个销售业务管理的E—R图，请把它转换成关系模型，并注明主键与外键。

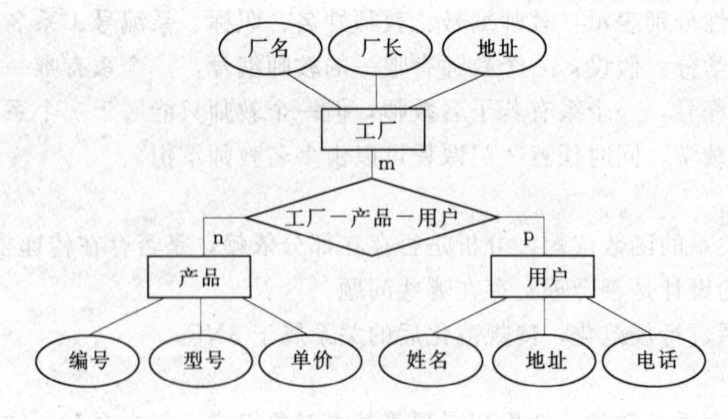

图3.10 一个销售业务的管理的E—R图

(6) 图3.11是某个教务管理数据库的E—R图，请把它们转换为关系模型，并注明主键与外键。

(7) 图3.12是某工厂一个物质管理系统的E—R图，请把它转化成关系模型，并注

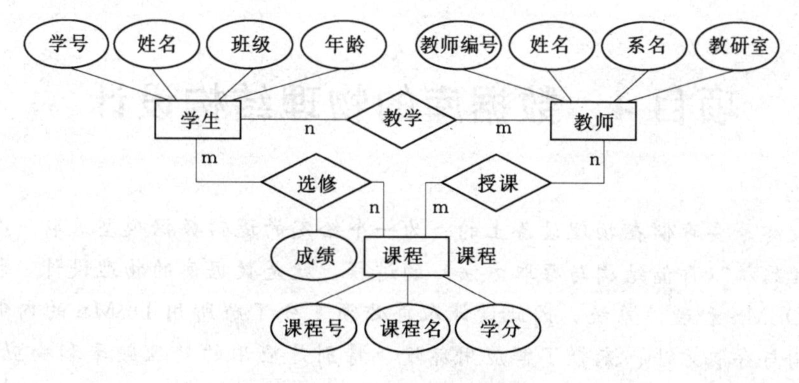

图 3.11　教学管数据库

明主键与外键。

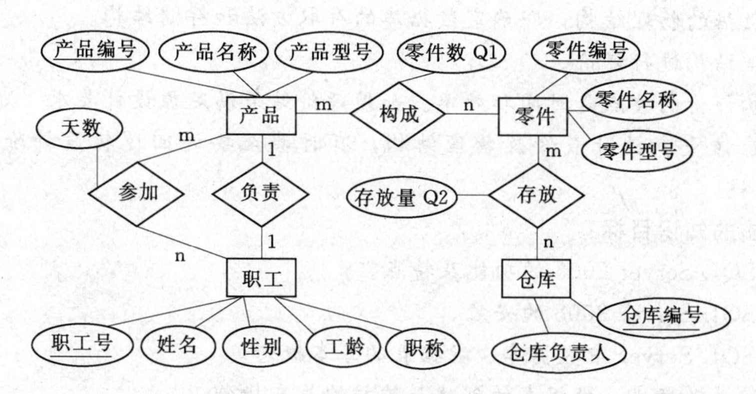

图 3.12　某工厂物资管理 E—R 图

(8) 图 3.13 是某个汽车维修店信息管理系统的 E—R，请将其转换成关系模型，并注明主键与外键。

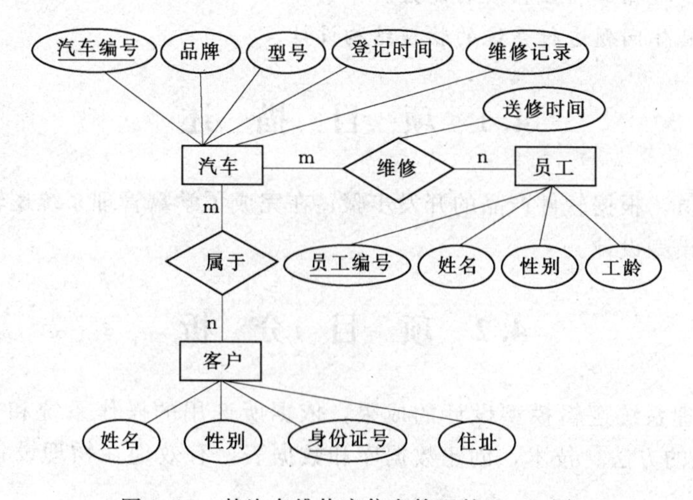

图 3.13　某汽车维修店信息管理的 E—R 图

项目4　数据库的物理结构设计

数据库最终是要存储在物理设备上的。为一个给定的逻辑数据模型选取一个最适合应用环境的物理结构（存储结构与存取方法）的过程，就是数据库的物理设计。物理结构依赖于给定的DBMS和硬件系统，因此设计人员必须充分了解所用DBMS的内部特征，特别是存储结构与存取方法；充分了解应用环境，特别是应用的处理频率和响应时间要求；以及充分了解外围存储的特性。

数据库的物理设计可以分为两步进行：

（1）确定数据的物理结构，即确定数据库的存取方法和存储结构。

（2）对物理结构进行评价。

对物理结构评价的重点是时间和效率。如果评价结果满足原设计要求，则可以进行物理实施；否则应该重新设计或修改物理结构，有时甚至要返回逻辑设计阶段修改数据模型。

本项目实施的知识目标：

（1）了解SQL Server 2008的功能及特点。

（2）掌握SQL Server 2008的安装。

（3）理解SQL Server中数据库、数据表的基本概念。

（4）熟练掌握数据库、数据表的创建与维护的基本操作。

技能目标：

（1）具有SQL Server数据库系统安装与配置的能力。

（2）具有创建数据库和数据表的能力。

（3）能根据具体问题进行系统的物理结构设计。

4.1　项　目　描　述

数据库管理员，根据软件产品的开发步骤，在完成了学籍管理系统逻辑模型设计的基础上，实现物理模型设计。

4.2　项　目　分　析

针对学籍管理系统逻辑模型设计的成果，依据所选用的操作系统和DBMS的特点，利用DBMS提供的方法、技术，创建数据库和数据表，有效地在物理设备上实现数据库的逻辑结构。

美国微软公司的SQL Server 2008是一种性价比较好的数据库管理系统软件，目前在中小型企业中应用较为广泛，基于这种考虑，本项目选用微软的SQL Server 2008数据库

管理系统。可以把项目分解为如下5个任务：

(1) SQL Server的基础知识。

(2) Transact-SQL语言简介。

(3) 数据库物理结构设计的方法与步骤。

(4) 学籍管理系统数据库的建立与维护。

(5) 学籍管理系统数据表的建立与维护。

4.3 项 目 准 备

4.3.1 SQL Server基本知识

Microsoft SQL Server 2008（以下简称SQL Server 2008）是一个全面的数据库平台，它使用集成的商业智能工具（BI）提供了企业级的数据管理。SQL Server 2008是基于C/S模式（Client/Server模式，即客户端/服务器模式）的大型分布式关系型数据库管理系统。它对数据库中的数据提供有效的管理，并有效地实现数据的完整性和安全性，具有可靠性、可伸缩性、可用性、可建立数据仓库等特点，为数据管理提供了强大的支持，是电子商务、数据仓库和数据解决方案等应用中的重要核心。

SQL Server 2008是Microsoft公司于2005年推出的高性能关系数据库管理系统（RDBMS），与微软公司的Windows操作系统高度集成，能最充分地利用视窗操作系统的优势。SQL Server 2008数据引擎是企业数据管理解决方案的核心，结合了分析、报表、集成和通知功能，可以构建和部署经济有效的集成商业智能解决方案。通过与Microsoft Visual Studio、Microsoft Office System以及新的开发工具包（包括Husiness Intelligence Development Studio）的紧密结合使SQL Server 2008与众不同。SQL Server 2008在基于SQL Server 2008的强大功能之上，提供了一个完整的数据管理和分析的解决方案，可用于大型联机事务处理、数据仓库、电子商务等，是一个杰出的关系数据库平台，是信息化C/S系统开发与管理的首选产品之一，越来越多的开发工具对它提供了编程支持与接口，同时它为不同规模的用户提供如下帮助：

(1) 通过构建、部署和管理，让企业的应用程序更加安全，伸缩性更强，更可靠。

(2) 可以降低开发和支持数据库应用程序的复杂性，实现IT生产力的最大化。

(3) 在多个平台、应用程序和设备之间共享数据，更易于增强内、外部系统。

(4) 在不牺牲性能、可用性、可伸缩性和安全性的前提下有效控制成本。

4.3.1.1 SQL Server简介

1. SQL Server 2008的发展过程

Microsoft SQL Server起源于Sybase公司的SQL Server。1988年，Microsoft、Sybase和Ashton Tate三家公司共同研制开发了Sybase SQL Server，推出了第一个基于OS/2操作系统的SQL Server版本。后来，Ashton Tate公司由于某种原因退出了SQL Server的开发，Microsoft和Sybase则签署协议，将SQL Server移植到Microsoft新开发的Windows NT操作系统上，发布了用于Windows NT的MS SQL Server 4，从此，双方的合作结束。Microsoft开发并推广Windows环境中的Microsoft SQL Server，简称

MS SQL Server；而 Sybase 则较专注于 SQL Server 在 UNIX 操作系统上的开发与应用。

MS SQL Server 6 是完全由 Microsoft 开发的第一个 SQL Server 版本，并于 1996 年升级为 MS SQL Server 6.5。1998 年，Microsoft 发布了变化巨大的 MS SQL Server 7.0。2005 年，Microsoft 又很快发布了 MS SQL Server 2008，采取了年号代替序号的策略，在功能和性能上较以前版本有了巨大提高，并在系统中引入了对 XML 语言的支持。作为 MS SQL Server 产品发展的里程碑，MS SQL Server 6.5、MS SQL Server 7.0 和 MS SQL Server 2008 三个版本得到了广泛的应用。

2005 年 12 月，经过一波三折，Microsoft 艰难发布了 Microsoft SQL Server 2008，它对 SQL Server 的许多地方进行了改写，对整个数据库系统的安全性和可用性进行了巨大的改善，通过集成服务（Integration Service）工具来加载数据，而其最大的改进是与 .NET 构架的紧密捆绑。

SQL Server 的发展历程见表 4.1。

表 4.1　　SQL Server 发展历程

年份	版本	说　明
1988	SQL Server	与 Sybase 共同开发的、运行于 OS/2 上的联合应用程序
1993	SQL Server 4.2 一种桌面数据库	一种功能较少的桌面数据库，能够满足小部门数据存储和处理的需求。数据库与 Windows 集成，界面易于使用并广受欢迎
1994		微软与 Sybase 终止合作关系
1995	SQL Server 6.05 一种小型商业数据库	对核心数据库引擎做了重大的改写。这是首次“意义非凡”的发布，性能得以提升，重要的特性得到增强。在性能和特性上，尽管以后的版本还有很长的路要走，但这一版本的 SQL Server 具备了处理小型电子商务和内联网应用程序的能力，而在花费上却少于其他的同类产品
1996	SQL Server 6.5	SQL Server 逐渐突显实力，以至于 Oracle 推出了运行于 NT 平台上的 7.1 版本作为直接的竞争
1998	SQL Server 7.0 一种 Web 数据库	再一次对核心数据库引擎进行了重大改写。这是相当强大的、具有丰富特性的数据库产品的明确发布，该数据库介于基本的桌面数据库（如 Microsoft Access）与高端企业级数据库（如 Oracle 和 DB2）之间（价格上亦如此），为中小型企业提供了切实可行（并且还廉价）的可选方案。该版本易于使用，并提供了对于其他竞争数据库来说需要额外附加的昂贵的重要商业工具（例如，分析服务、数据转换服务），因此获得了良好的声誉
2000	SQL Server 2000 一种企业级数据库	SQL Server 在可扩缩性和可靠性上有了很大的改进，成为企业级数据库市场中重要的一员（支持企业的联机操作，其所支持的企业有 NASDAQ、戴尔和巴诺等）。虽然 SQL Server 在价格上有很大的上涨（尽管算起来还只是 Oracle 售价的一半左右），减缓了其最初被接纳的进度，但它卓越的管理工具、开发工具和分析工具赢得了新的客户。2001 年，在 Windows 数据库市场（2001 年价值 25.5 亿美元），Oracle（34%的市场份额）不敌 SQL Server（40%的市场份额），最终将其市场第一的位置让出。2002 年，差距继续拉大，SQL Server 取得 45%的市场份额，而 Oracle 的市场份额下滑至 27%（来源于 2003 年 5 月 21 日的 Gartner Report）
2005	SQL Server 2005	对 SQL Server 的许多地方进行了改写，例如，通过名为集成服务（Integration Service）的工具来加载数据，不过，SQL Server 2005 最伟大的飞跃是引入了 .NET Framework。引入 .NET Framework 将允许构建 .NET SQL Server 专有对象，从而使 SQL Server 具有灵活的功能，正如包含 Java 的 Oracle 所拥有的那样

续表

年份	版本	说 明
2008	SQL Server 2008	SQL Server 2008 以处理目前能够采用的许多种不同的数据形式为目的，通过提供新的数据类型和使用语言集成查询（LINQ），在 SQL Server 2005 的架构的基础之上打造出了 SQL Server 2008。SQL Server 2008 同样涉及处理像 XML 这样的数据、紧凑设备（Compact device）以及位于多个不同地方的数据库安装。另外，它提供了在一个框架中设置规则的能力，以确保数据库和对象符合定义的标准，并且，当这些对象不符合该标准时，还能够就此进行报告

2. SQL Server 2008 的特点

对于 SQL Server 系统而言，SQL Server 2008 已经不再简单的是一个数据存储仓库，它可以通过新增的功能逐渐演化成更加智能的数据平台。SQL Server 2008 在设置和安装方面都做了大量的改进，将配置数据和引擎分开，从而使得创建基本的未配置系统的磁盘映像变成可能，将数据分布到多个服务器也变得更加容易。

另外，在 SQL Server 2008 中，不仅对原有性能进行了改进，还添加了许多新特性，比如新添了数据集成功能，改进了分析服务、报表服务及 Office 集成等。

（1）SQL Server 集成服务。SQL Server 集成服务（SSIS）是一个嵌入式应用程序，用于开发和执行 ETL（解压缩、转换和加载）包。SSIS 代替了 SQL server 2000 的 DTS（数据转换服务）。整合服务功能既包含实现简单的导入导出包所必需的 Wizard 导向插件、工具以及任务，也有非常复杂的数据清理功能。

另外，SQL Server 2008 集成服务有很大的改进和增强，在执行程序方面能够更好地并行执行，这样的功能在 SQL Server 2005 集成服务中，数据管道不能跨越两个处理器。而 SSIS 2008 能够在多处理器机器上跨越两个处理器，而且它在处理大件包上面的性能得到了提高。

Lookup 功能也得到了改进。Lookup 是 SSIS 一个常用的获取相关信息的功能。Lookup 在 SSIS 应用中很常见，而且可以处理上百万行的数据集，但是性能方面可能很差。SQL Server 2008 对 Lookup 的性能作出很大的改进，而且能够处理不同的数据源，包括 ADO. NET、XML、OLEDB 和其他 SSIS 压缩包。

（2）分析服务。SQL Server 分析服务（SSAS）为商业智能应用程序提供联机分析处理（OLAP）和数据挖掘功能。在新一版的 SQL Server 2008 中也得到了很大的改进和增强。IB 堆叠作出了改进，性能得到很大提高，而硬件商品能够为 Scale out 管理工具所使用。Block Computation 也增强了立体分析的性能。

（3）报表服务。SSRS(SQL Server 报表服务）的处理能力和性能得到改进，使得大型报表不再耗费所有可用内存。另外，在报表的设计和完成之间有了更好的一致性。SQL SSRS 2008 还包含了跨越表格和矩阵的 TABLIX。Application Embedding 允许用户点击报表中的 URL 链接调用应用程序。

（4）Office 2007。SQL Server 2008 能够与 Microsoft Office 2007 完美地结合。例如，SQL Server Reporting Server 能够直接把报表导出成为 Word 文档。而且使用 Report Authoring 工具，Word 和 Excel 都可以作为 SSRS 报表的模板。Excel SSAS 新添了一个数据

挖掘插件，还提高了其性能。

3. SQL Server 2008 的版本

这款被誉为微软最强大的数据库系统版本，Microsoft SQL Server 2008 有以下版本：企业版（Enterprise）、标准版（Standard）、工作组版（Workgroup）、网络版（Web）、开发者版（Developer）、免费精简版（Express），以及免费的集成数据库 SQL Server Compact 3.5。

各版本的简要特性如下：

（1）企业版：SQL Server 2008 Enterprise Edition。作为生产数据库服务器使用，支持 SQL Server 2008 中的所有可用功能，并可根据支持最大的 Web 站点和企业联机事务处理（OLTP）及数据仓库系统所需的性能水平进行伸缩。它是当前所有版本中性能最好的，也是价格最贵的。该版本又分为两种类型：32 位版本和 64 位版本，分别要求不同的硬件环境。这两种版本在支持 RAM 和 CPU 的数量方面有重大的差别。作为完整的数据库解决方案，该版本应该是大型企业首选的数据库产品。

（2）标准版：SQL Server 2008 Standard Edition。作为一般企业的数据库服务器使用，包括最基本的功能，虽然它的功能没有企业版功能那样齐全，但它所具有的功能已经能够满足企业的一般要求，性价比较高。标准版最多支持 4 个 CPU，既可用于 32 位平台，也可用于 64 位平台。

（3）工作组版：SQL Server 2008 Workgroup Edition。该版本包括 SQL Server 产品系列的核心数据库功能，是一个入门级的数据库产品，可以为小型企业或部门提供数据管理服务。该版本不具有商业智能功能和高可伸缩性，但可以轻松升级至标准版或企业版。该版本只能用于 32 位平台，最多支持两个 CPU 和 2GB 的 RAM。与较高版本相比，该版本具有价格上的优势。

（4）开发版：SQL Server 2008 Developer Edition。供程序员用来开发将 SQL Server 2008 用做数据存储的应用程序。虽然开发版支持企业版的所有功能，使开发人员能够编写和测试可使用这些功能的应用程序，但是只能将开发版作为开发和测试系统使用，不能作为商业服务器使用。

（5）简易版：SQL Server 2008 Express Edition。该版本与 Microsoft Visual Studio 2005 集成，是 Microsoft Desktop Engine（MSDE）版本的替代，可以从微软网站免费下载使用。该版本是低端 ISV、低端服务器用户、创建 Web 应用程序的非专业开发人员以及创建客户端应用程序的编程爱好者的理想选择。

（6）移动版：SQL Server 2008 Compact Edition。该版本是一种功能全面的压缩数据库，能支持广泛的智能设备和 Tablet PC。增强的设备支持能力使得开发人员能够在许多设备上使用相同的数据库功能。

4.3.1.2　SQL Server 2008 的系统结构

从不同的应用和功能角度出发，SQL Server 2008 具有不同的系统结构分类。具体可以划分为以下几种。

（1）客户机/服务器（Client/server）体系结构：主要应用于客户端可视化操作、服务器端功能配置以及客户端和服务器端的通信。

(2) 数据库体系结构：又划分为数据库逻辑结构和数据库物理结构。数据库逻辑结构主要应用于面向用户的数据组织和管理，如数据库的表、视图、约束、用户权限等；数据库物理结构主要应用于面向计算机的数据组织和管理，如数据文件、表和视图的数据组织方式、磁盘空间的利用和回收、文本和图形数据的有效存储等。

(3) 关系数据库引擎体系结构：主要应用于服务器端的高级优化，如查询服务器（Query Processor）的查询过程、线程和任务的处理、数据在内存的组织和管理等。

SQL Server 2008 对大多数用户而言，首先是一个功能强大的具有客户机/服务器体系结构的关系数据库管理系统，所以理解客户机/服务器体系结构是非常有必要的。

1. 客户机/服务器或浏览器/服务器

20 世纪 80 年代末到 20 世纪 90 年代初，许多应用系统从主机终端方式、文件共享方式向客户机/服务器方式过渡。客户机/服务器系统比文件服务器系统能提供更高的性能，因为客户机和服务器将应用的处理要求分开，同时又共同实现其处理要求（即分布式应用处理）。服务器为多个客户机管理数据库，而客户机发送请求并分析从服务器接收的数据，如图 4.1 所示。在一个客户机/服务器应用中，数据库服务器是智能化的，它只封锁和返回一个客户机请求的那些行，保证了并发性，网络上的信息传输减到最少，因而可以改善系统的性能。

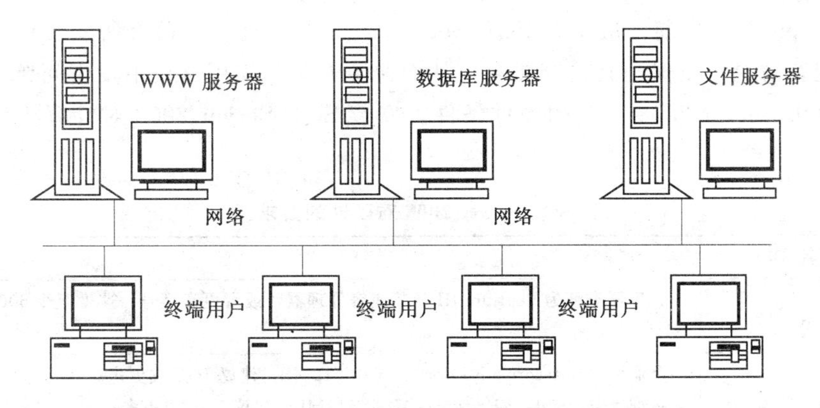

图 4.1 Client/Server 模式应用架构

2. 典型客户机/服务器计算的特点

1）服务器负责数据管理及程序处理。

2）客户机负责界面描述和界面显示。

3）客户机向服务器提出处理要求。

4）服务器响应后将处理结果返回客户机。

5）网络数据传输量小。

总体来说，客户机/服务器计算方式是一种两层结构的体系（图 4.2）。随着技术的进步以及需求的改变，更多的层次划分出来。目前，在 Internet

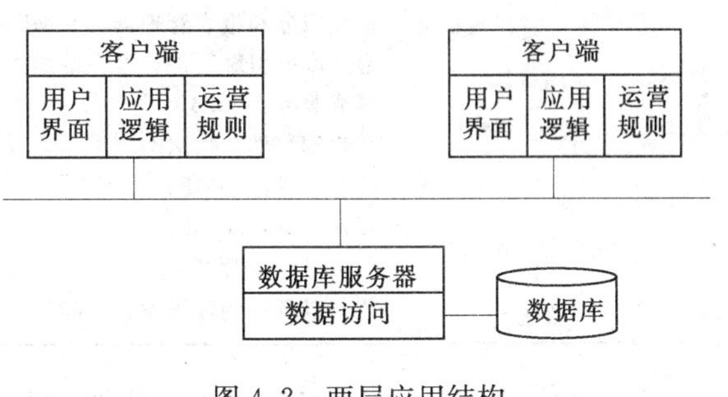

图 4.2 两层应用结构

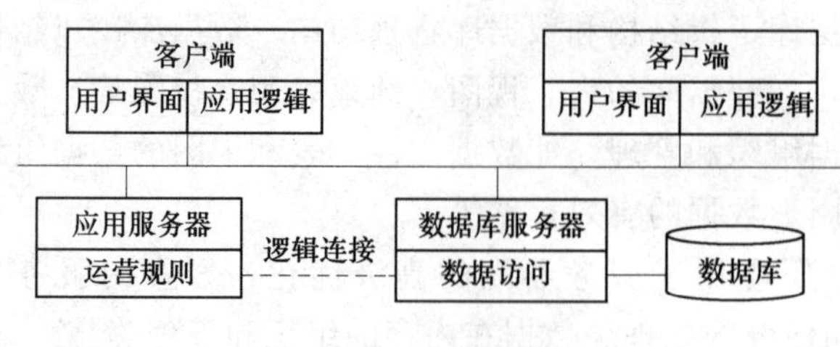

图4.3　三层应用结构

应用体系结构中，事务的处理被划分为3层，即浏览器—Internet服务器—数据库服务器（图4.3）。在这种体系结构中，业务的表达通过简单的浏览器来实现，用户通过浏览器提交表单，把信息传递给Internet服务器，Internet服务器根据用户的请求，分析出要求数据库服务器进行的查询，交给数据库服务器去执行，数据库服务器把查询的结果反馈给Internet服务器，再由Internet服务器用标准的HTML语言反馈给浏览器。

使用浏览器/服务器最大的好处是对客户端的要求降到了最低，减少了客户端的拥有和使用成本，具有更大的灵活性。但是它也增加了潜在的复杂性，对小型应用程序而言，开发速度可能比较慢。

4.3.1.3　SQL Server的安装

1. 安装前的准备

安装和使用SQL Server 2008，计算机必须满足适当的硬件和软件要求。因此，在安装SQL Server 2008之前，应了解SQL Server 2008的特性，并检查所安装计算机的硬件和软件的配置情况，以保证其符合要求，从而避免安装与使用过程中发生问题或故障。

（1）SQL Server 2008安装的硬件条件。安装SQL Server 2008对计算机硬件的要求见表4.2。

表4.2　SQL Server 2008对硬件的要求

硬件名称	配置要求
处理器（CPU）	处理器类型为Pentium III及其兼容处理器，或者更高型号。速度至少600 MHz，推荐1GHz或更高
内存容量（RAM）	企业版（Enterprise Edition）：至少512MB，建议1GB或更多； 标准版（Standard Edition）：至少512MB，建议1GB或更多； 工作组版（Workgroup Edition）：至少512MB，建议1GB或更多； 开发版（Developer Edition）：至少512MB，建议1GB或更多； 简易版（Express Edition）：至少192MB，建议512MB或更多
硬盘空间（hard disk）	数据库引擎及数据文件、复制、全文搜索等：150MB； 分析服务及数据文件：35KB； 报表服务和报表管理器：40MB； 通知服务引擎组件，客户端组件以及规则组件：5MB； 集成服务：9MB； 客户端组件：12MB； 管理工具：70MB； 开发工具：20MB； SQL Server联机丛书以及移动联机丛书：15MB； 范例以及范例数据库：390MB

（2）SQL Server 2008安装的软件条件。根据服务器或工作站上运行的操作系统，可

安装的 SQL Server 版本差别很大，见表 4.3。该表只是列举了代表性的，并未包括每种 OS 和 SQL 组合的所有版本和服务补丁。

表 4.3　　SQL Server 2008 对操作系统的要求

操作系统版本	企业版	开发板	标准版	工作组版	简易版
Windows 9X	×	×	×	×	×
Windows 2000 Professional SP4	×	√	√	√	√
Windows 2000 Server SP4	√	√	√	√	√
Windows 2000 Advanced Server SP4	√	√	√	√	√
嵌入式 Windows XP	×	×	×	×	×
Windows XP Home SP2	×	√	×	×	√
Windows XP Professional SP2	×	√	√	√	√
Windows XP Media SP2	×	√	√	√	√
Windows XP Tablet SP2	×	√	√	√	√
Windows 2003 Server SP1	√	√	√	√	√
Windows 2003 Enterprise SP1	√	√	√	√	√
Windows 2003 Datacenter SP1	√	√	√	√	√

2. SQL Server 2008 的安装

网络数据库应用系统的开发，一般主要采用 SQL Server 2008 企业版、标准版、工作组版和开发版，其安装可以采用 3 种方式：安装向导安装、命令行安装和远程安装。

以 SQL Server Express 版本为例介绍 SQL Server 2008 安装过程。安装环境以 MS Windows XP Professional 为例。

在开始实际安装 SQL Server 2008 之前，首先，应确定运行 SQL Server 2008 计算机的硬件配置要求，其次，还应了解 SQL Server 2008 可运行的操作系统版本及特点，最后值得一提的是，在安装 SQL Server 2008 之前，一定要卸载之前的任何旧版本。

SQL Server Express 是专门为小规模服务器和台式机而设计的，因此可使用以下的系统配置。内存：至少 512MB；硬盘：至少有 600MB 可用空间；CPU：1 GHz Pentium III 或更高级；操作系统：Windows Server（任何版本）、Windows XP、Windows Vista；附加软件：.NET Framework、Windows Installer 1.0 和 Internet Explorer 6.0 SP1 或更新的版本。在安装 .NET Framework 时需要重新启动操作系统。如果安装 Windows Installer 也需要重新启动操作系统，则安装程序将等到 .NET Framework 和 Windows Installer 组件安装完成后，才进行重新启动。

(1) 将 SQL Server 2008 安装盘放入光驱，此时会自动播放打开安装程序的导航界面，若没有打开也可以直接双击“光盘\Servers\splash.hta”文件来运行。

(2) 从导航界面的“安装”区域中单击“服务器组件、工具、联机丛书和示例”链接来启动安装程序，若上一步没有执行也可以直接运行“光盘\Servers\Setup.exe”文件。

(3) SQL Server 2008 需要 .NET Framework3.5 版本的支持。因此，安装启动后首先测试是否有 .NET Framework 3.5 环境。如果没有会弹出安装对话框，通过启用复选框以接受.NET Framework 3.5许可协议，再单击“下一步”按钮进行安装，当.NET Framework 3.5安装完成后单击“完成”按钮。

(4) 现在弹出SQL Server 2008安装过程的第一个对话框，如图4.4所示。单击“安装”按钮，启动“全新SQL Server独立安装或向现有安装添加功能”选项。

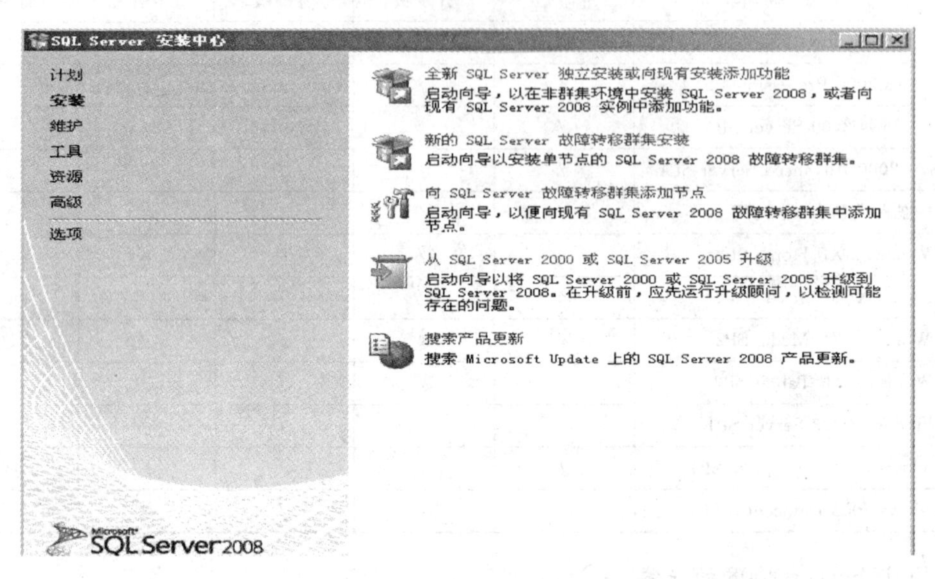

图4.4　SQL Server 2008安装中心

(5) 单击“全新SQL Server独立安装或向现有安装添加功能”选项之后，弹出“安装程序支持规则”对话框，如图4.5所示。

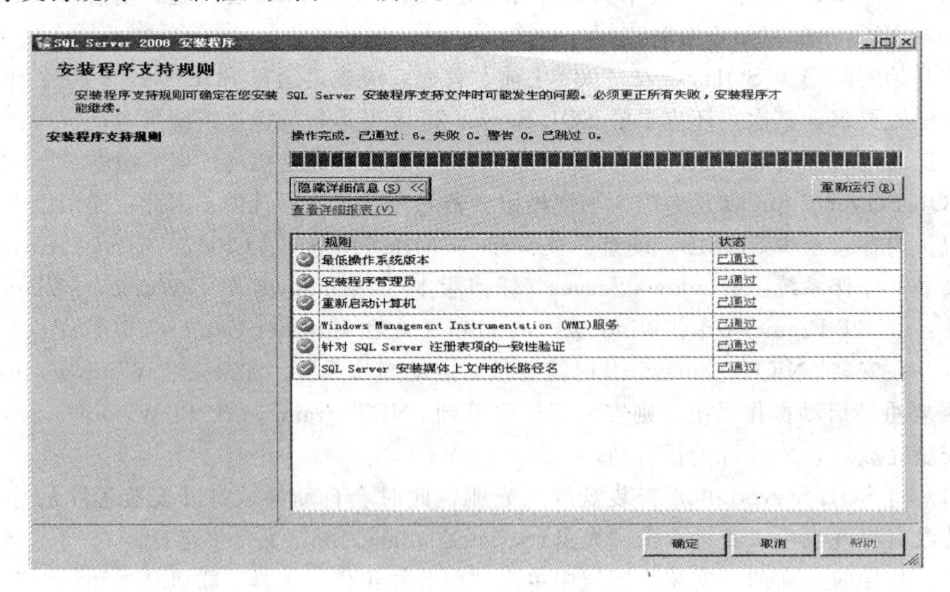

图4.5　“安装程序支持规则”对话框

(6) 待所有检查项都通过验证后，“下一步”按钮被激活。单击它继续安装，如图4.6所示。

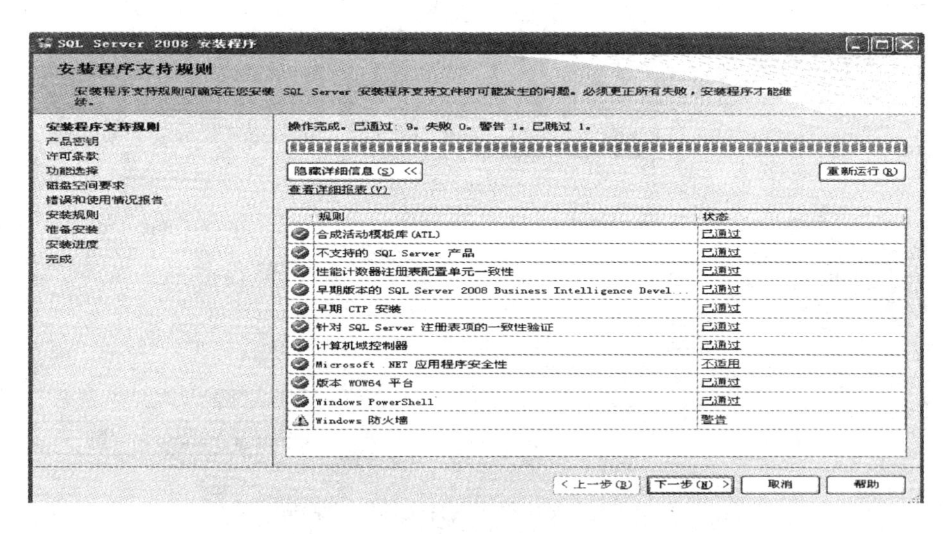

图 4.6 “安装程序支持规则”对话框

(7) 单击“下一步”按钮，显示要安装 SQL Server 2008 必须接受的软件许可条款。选中“我接受许可条款”复选框后，单击“下一步”按钮继续安装，如图 4.7 所示。

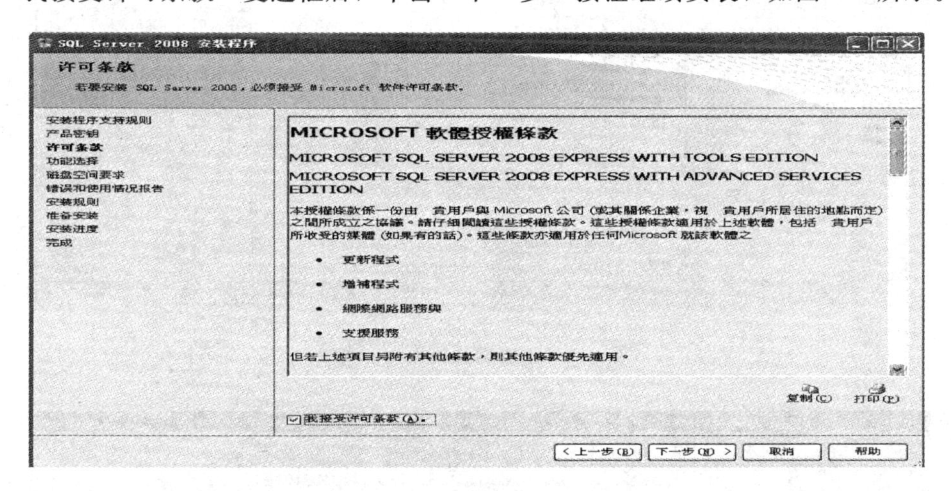

图 4.7 “许可条款”对话框

(8) 接受许可条款之后，系统会自动检测计算机上是否安装有 SQL Server 必备组件，否则安装向导将安装它们。这些必备组件包括 .NET Framework 3.5、SQL Server Native Client 和 SQL Server 安装程序支持文件，单击“安装”按钮开始安装，如图 4.8 所示。

(9) 进入“功能选择”对话框，从“功能”区域选择要安装的组件。在启用功能名称复选框后，右侧窗格中会显示每个组件的说明。用户可以根据需要选中任意复选框，这里为全选，如图 4.9 所示。

(10) 单击“下一步”按钮，指定是要安装默认实例还是命名实例。本例选用指定默认实例，如果选择“命名实例”还需指定实例名称，如图 4.10 所示。

(11) 单击“下一步”按钮，安装程序检查磁盘的可用空间，如图 4.11 所示。

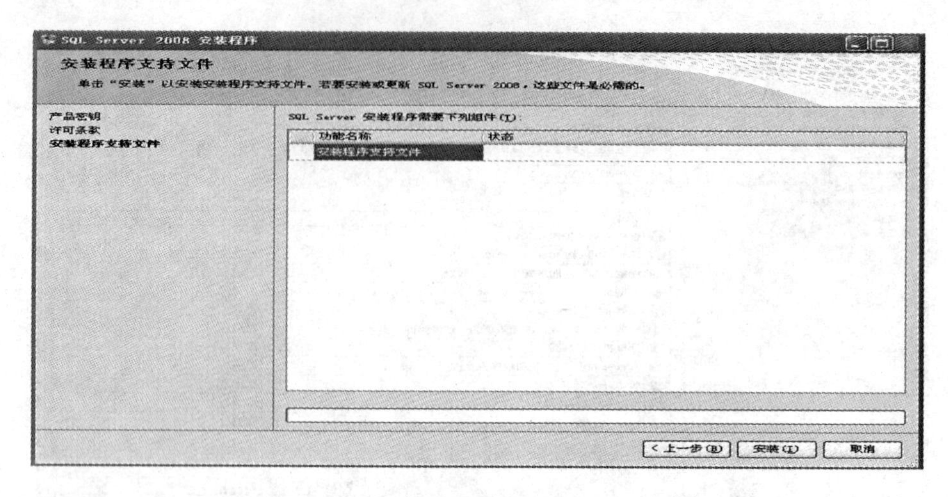

图 4.8　“安装程序支持文件”对话框

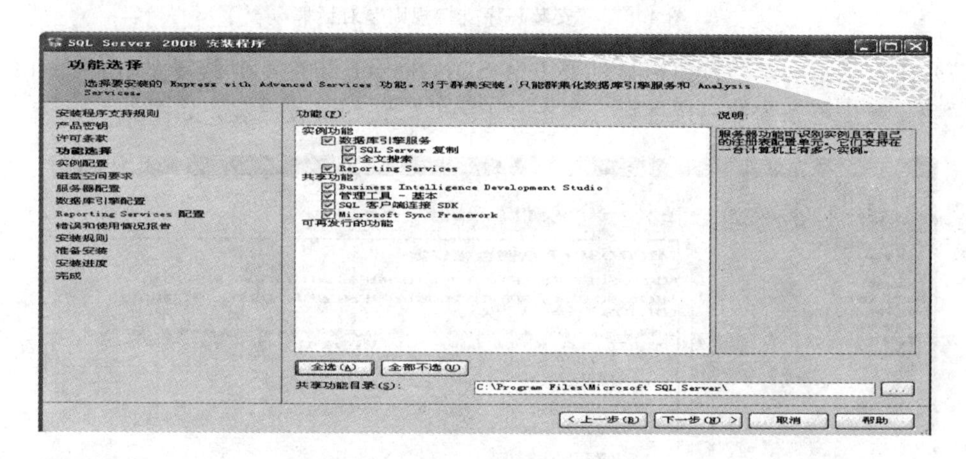

图 4.9　“功能选择”对话框

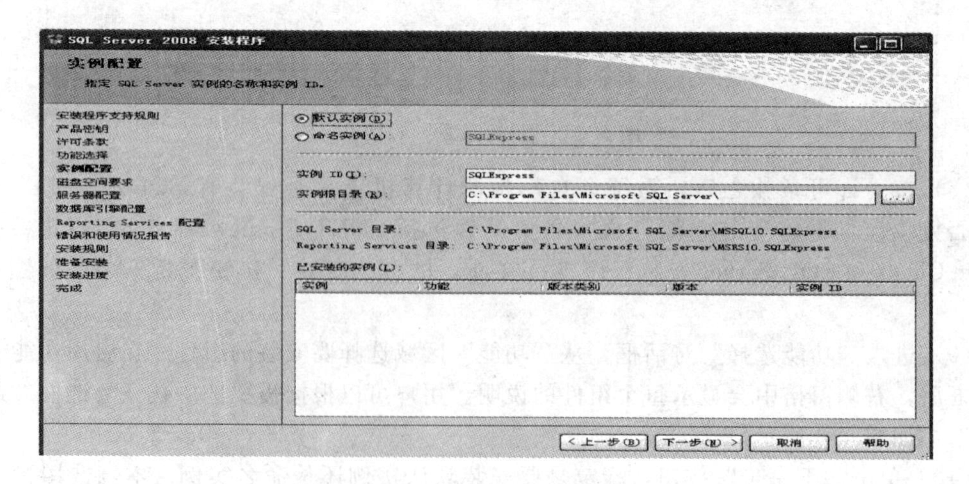

图 4.10　“实例配置”对话框

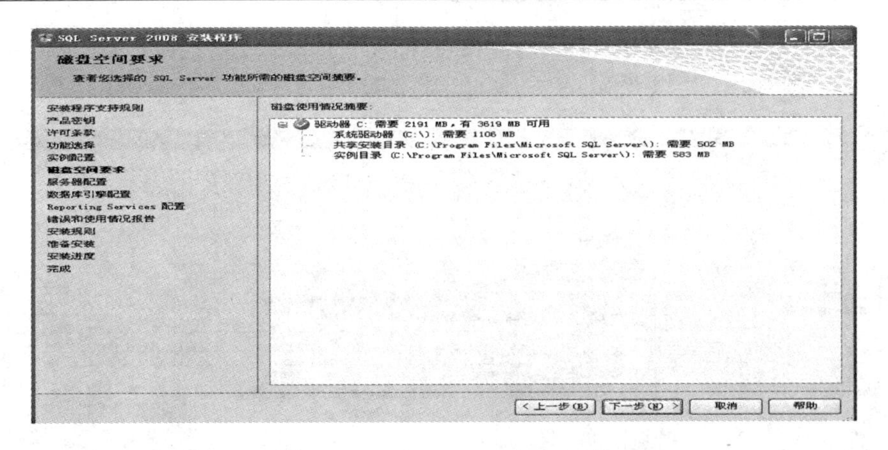

图 4.11 “磁盘空间要求”对话框

(12) 单击“下一步”按钮进入“服务器配置”对话框，单击“服务账户”选项卡，为每个 SQL Server 服务单独配置用户名、密码和启动类型，如图 4.12 所示。

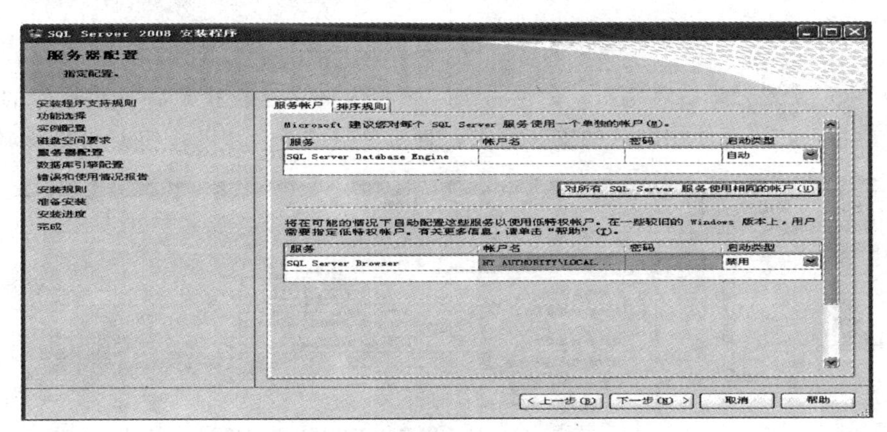

图 4.12 “服务器配置”对话框

配置完服务账户，单击“排序规则”选项卡，为数据库引擎和 Analysis Services 指定非默认的排序规则，如图 4.13 所示。默认情况下，会选定针对英语系统区域设置的 SQL 的排序规则。非英语区域设置的默认排序规则由用户计算机的 Windows 系统区域设置。

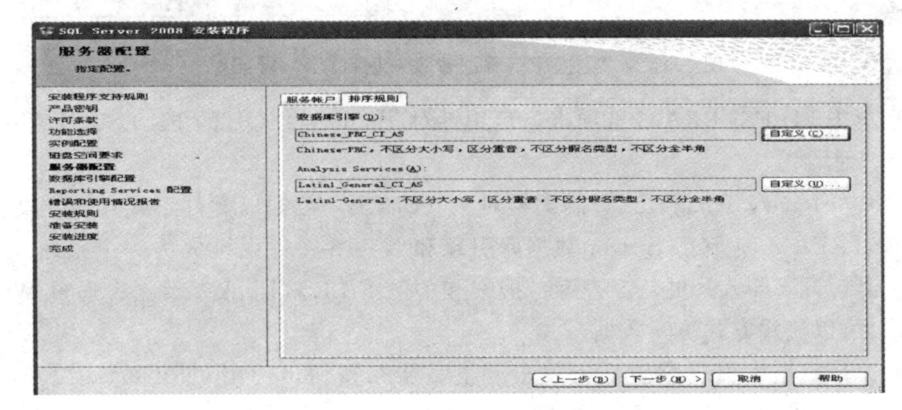

图 4.13 “排序规则”对话框

（13）单击“下一步”按钮，对 SQL Server 2008 的数据库引擎进行配置，单击“账户设置”选项卡，如图 4.14 所示。

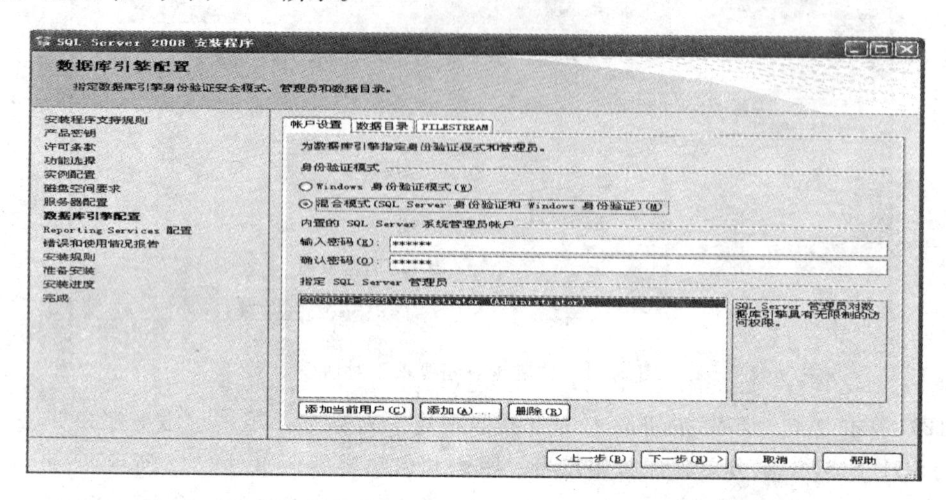

图 4.14　“数据库引擎配置（账户设置）”对话框

（14）账户设置完成后，单击“数据目录”选项卡，在这里指定各种数据库的安装目录以及备份目录，可以使用默认的安装目录，直接单击“下一步”按钮，如图 4.15 所示。

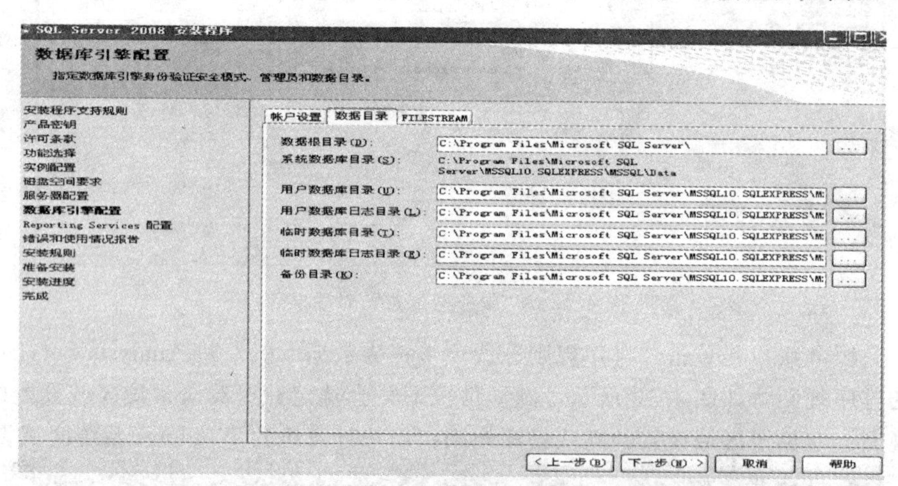

图 4.15　“数据库引擎配置（数据目录）”对话框

（15）单击 FILESTREAM 选项卡，启用针对 Transact. SQL 的 FILESTREAM 功能，如图 4.16 所示。

通过将 varbinary（max）二进制大型对象（BLOB）数据以文件形式存储在文件系统上，FILESTREAM 使 SQL Server 数据库引擎和 NTFS 文件系统成为一个整体。Transact - SQL 语句可以插入、更新、查询、搜索和备份 FILESTREAM 数据。通过 Win32 文件系统接口可以流式方式访问数据。

（16）完成数据库引擎配置后，单击“下一步”按钮，弹出“Reporting Services 配置”对话框，这里使用默认配置，如图 4.17 所示。

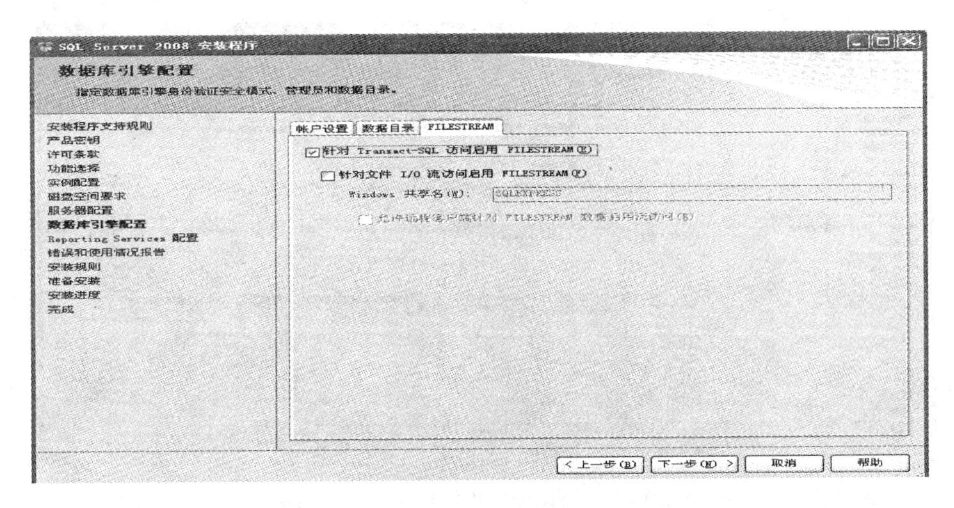

图 4.16 数据库引擎配置（FILESTREAM）对话框

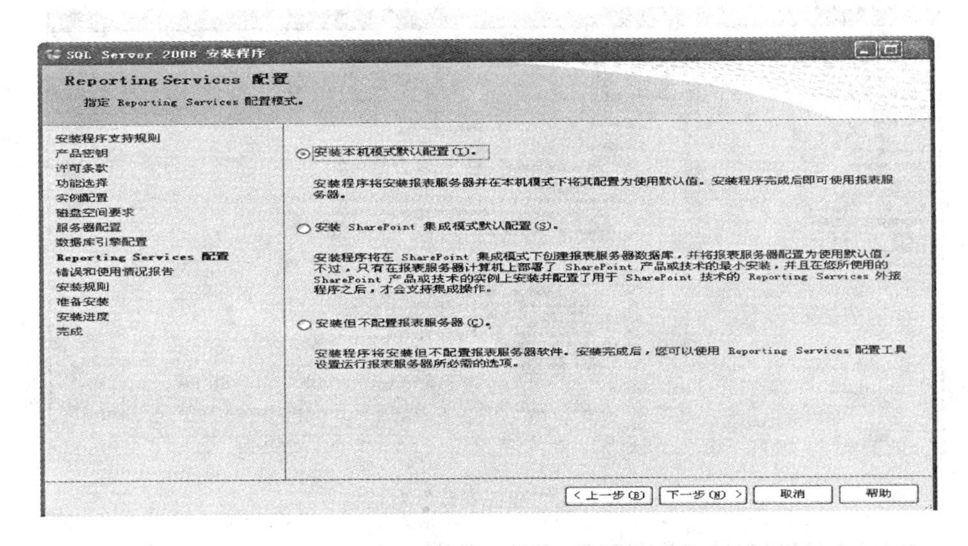

图 4.17 “Reporting Serices 配置”对话框

(17) 单击“下一步”按钮，对 SQL Server 2008 的错误和使用情况报告进行设置，通过启用相应的复选框来选择某些功能，如图 4.18 所示。

(18) 单击“下一步”按钮，结束对 SQL Server 2008 的安装所需参数的配置，进入“准备安装”对话框，在该对话框的列表框中，显示了所有要安装的组件，用户可以通过扩展/折叠查看详细信息，如图 4.19 所示。

(19) 待确认组件列表无误后，单击“安装”按钮开始安装，安装程序会根据用户对组件的选择复制相应的文件到计算机，并显示正在安装的功能名称、安装状态和安装结果，如图 4.20 所示。

(20) 在“功能名称”列表中所有项安装成功后，单击“下一步”按钮来完成安装。此时会显示整个 SQL Server 2008 安装过程的摘要、日志保存位置以及其他说明信息，如图 4.21 所示。最后，单击“关闭”按钮结束安装过程。

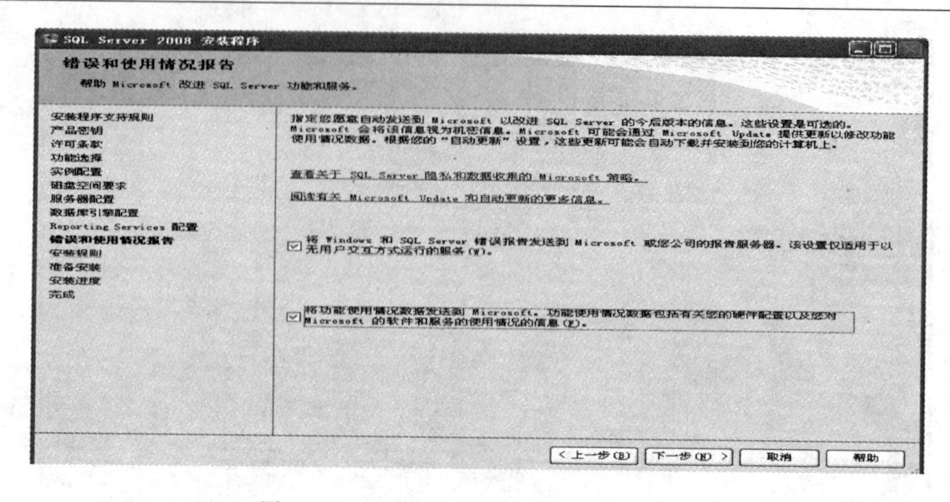

图 4.18　“错误和使用情况报告”对话框

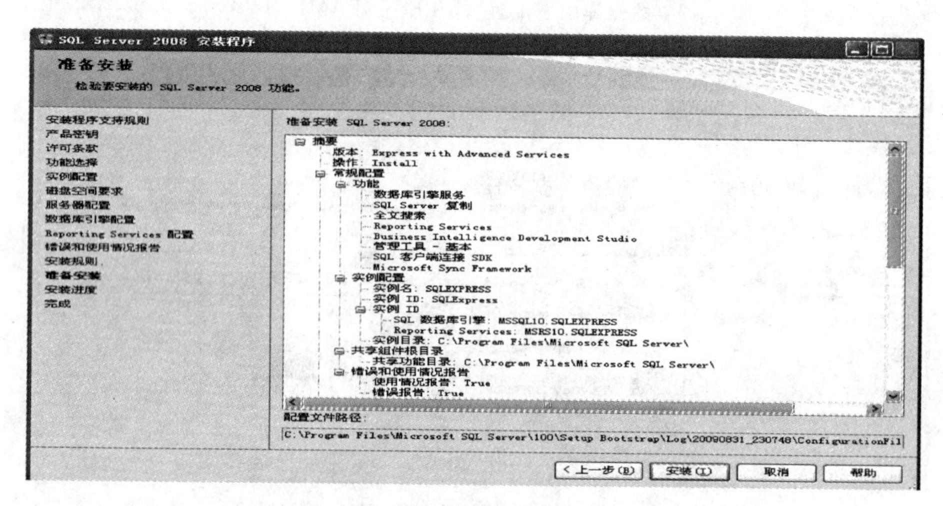

图 4.19　“准备安装”对话框

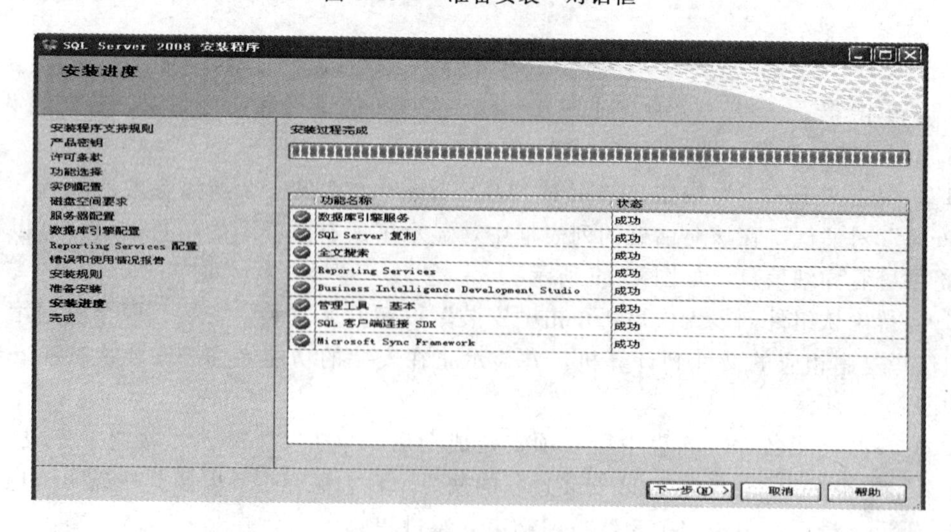

图 4.20　“安装进度”对话框

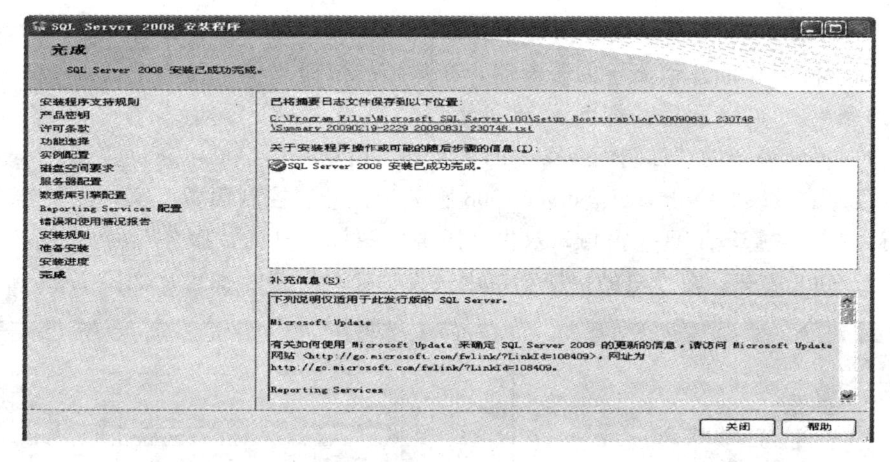

图 4.21 安装“完成”对话框

3. SQL Server 2008 安装成功的验证

SQL Server 2008 安装过程中没有出现错误提示，一般可以认为 SQL Server 2008 是安装成功的，但也可以通过一些简单的方式来初步验证 SQL Server 2008 是否安装成功。

（1）通过“开始”菜单中的程序组验证。安装完成后用户可以通过查看“开始”菜单中的 SQL Server 2008 程序组应用程序来验证 SQL Server 2008 是否安装成功。

SQL Server 2008 安装成功后，会在 Windows 的“开始”菜单的“程序”级联菜单中添加 SQL Server 2008 应用程序组，供用户访问其应用程序。其中包括 6 个应用程序组，如图 4.22 所示。

图 4.22 SQL Server 2008 程序组

（2）启动 SQL Server 2008 程序。SQL Server 2008 包括 10 个服务，可以通过检查 SQL Server 2008 服务是否能成功启动，进一步验证 SQL Server 2008 是否成功安装。

可以用以下 4 种方法来启动 SQL Server 2008 程序：

1）安装过程中设置 SQL Server 2008 程序自动启动。

2）用 SQL Server Configuration Manager 工具启动。

选择“开始”→“程序”→“Microsoft SQL Server 2008”→“配置工具”→“SQL Server Configuration Manager”命令，打开 SQL Server Configuration Manager 窗口，单击左窗格中的“SQL Server 2008 服务”选项，则在右窗格中会显示各项服务的启动情况。右击任何一项服务，在弹出的快捷菜单中选择“启动”、“停止”或“暂停”命令对该项服务进行操作。

3）用 SQL Server Management Studio 工具启动。用户可以通过 SQL Server Management Studio 来启动、暂停、继续和终止 SQL Server 2008 服务。右击 SQL Server Management Studio 窗口的左窗格中的服务器，在弹出的快捷菜单中选择“启动”命令，即可启动 SQL Server 2008 程序，如图 4.23 所示。

4）通过操作系统的“控制面板”中的“服务”启动。用户可以通过“服务”窗口来直接启动、暂停、继续和终止 SQL Server 2008 服务。打开“控制面板”窗口，双击“管理工具”图标，打开“管理工具”窗口，双击“服务”图标，打开“服务”窗口，右击相应的 SQL Server 2008 服务，在弹出的快捷菜单中选择“启动”命令即可，如图 4.24 所示。

图 4.23　通过对象资源管理器来启动 SQL Server 服务

图 4.24　通过“服务”窗口启动 SQL Server 服务

（3）验证系统数据库和样本数据库。SQL Server 2008 安装后，由安装程序自动创建了 4 个系统数据库和 2 个样本数据库，其中，样本数据库 Adventure Works 和 Adventure Works DW 可以在安装 SQL Server 2008 后再安装。在 SQL Server Management Studio 中单击服务器下的“数据库”节点，可以看到系统自动创建的数据库，如图 4.25 所示。

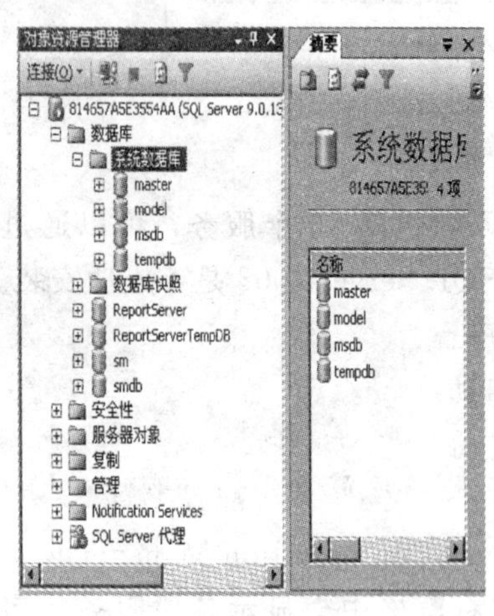

图 4.25　通过对象资源管理器查看数据库　　图 4.26　在“资源管理器”窗口查看数据库文件

或者在“资源管理器”窗口中按路径“安装目录\MSSQL.1\MSSQL\Data”打开 Data 文件夹，可以看到系统自动创建的数据库数据文件和日志文件，如图 4.26 所示。

(4) 查看目录和文件内容。SQL Server 2008 安装完成后，其目录和相应文件的位置是 Program Files\ Microsoft SQL Server，目录结构如图 4.27 所示。如果这些文件和目录都存在，则表示系统安装成功。

其中，“80”文件夹中包含与先前版本兼容的信息和工具，“90”文件夹中主要存储单台计算机上的所有实例使用的公共文件和信息。

SQL Server 2008 安装的每一个实例都有一个实例 ID，实例 ID 的格式为 MSSQL. n，n 是安装组件的序号。MSSQL. 1 是数据库引擎的默认文件夹，MSSQL. 2 是 Analysis Services 服务的默认文件夹，MSSQL. 3 是 Reporting Services 服务的默认文件夹。

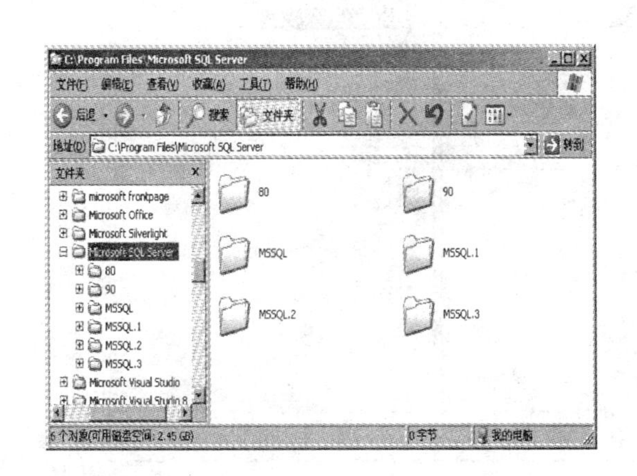

图 4.27 SQL Server 2008 的存储目录结构

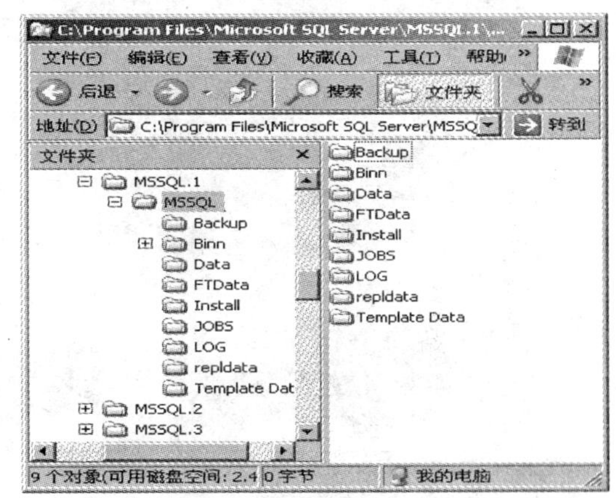

图 4.28 打开“\MSSQL. 1\MSSQL”

打开“\MSSQL. 1\MSSQL”，如图 4.28 所示，其包括的各目录文件的含义如下：

\Backup：备份文件的默认位置。

\Binn：可执行文件、联机手册文件和用于扩展存储过程的动态链接库文件的位置。

\Data：系统数据库文件和样本数据库文件。

\Ftdata：全文本系统文件。

\Install：在安装过程中运行的脚本文件和运行安装脚本文件产生的结果文件。

\Jobs：作业结果文件的存储位置。

\Log：错误日志文件。

\Repldata：用于复制操作的工作目录。

\Template Data：模板数据。

4.3.1.4 配置 SQL Server 2008 服务器

要控制 SQL Server 2008 的服务，必须首先配置 SQL Server 2008 服务器。可以通过“配置管理器”和 SQL Server 外围应用配置器来配置 SQL Server 2008 服务器。本节以 SQL Server Configuration Manager 为例介绍对 SQL Server 2008 服务器的配置。

选择“开始”→“程序”→“Microsoft SQL Server 2008”→“配置工具”→“SQL Server Configuration Manager”命令，打开 SQL Server Configuration Manager 窗口，在该窗口中可以对 SQL Server 2008 的服务、网络和客户端 3 项进行配置。

1. SQL Server 2008 程序属性配置

在如图 4.30 所示的 SQL Server Configuration Manager 窗口中单击左窗格中的 “SQL Server 2008 服务” 节点，在右窗格中会列出当前计算机上的所有 SQL Server 2008 服务，并可查看服务的运行状态、启动模式、登录身份、进程 ID、服务类型等状态信息。

右击相应服务，在弹出的快捷菜单中选择 “属性” 命令，就可以打开该服务的属性窗口，通过 “登录”、“服务”、“高级” 3 个选项卡对该服务的属性进行配置，如图 4.29 所示。

(a)　　(b)　　(c)

图 4.29　配置 SQL Server 服务的属性

“登录” 选项卡可以更改服务的登录身份，各选项的含义与安装 SQL Server 2008 过程相关环节中的选项含义相同。登录身份一旦更改，必须重新启动服务器，更改才能生效。

“服务” 选项卡中可以查看相应服务的详细信息，并可以改变服务的启动模式为 “启动”、“已禁用”、“手动” 3 种模式之一。

“高级” 选项卡中是服务的一些高级属性，一般情况下无需更改。

2. SQL Server 2008 网络配置

在如图 4.30 所示的配置管理器中单击左窗格中的 “SQL Server 2008 网络配置” 节点下的 “MSSQLSERVER 的协议” 节点，可以看到当前实例所应用的协议和状态。

SQL Server 2008 支持以下 4 种协议：

1） Shared Memory（共享内存）。客户机和服务器在本地通过共享的内存进行连接。

2） Named Pipes（命名管道）。命名管道是一种简单的进程间通信机制，是两个程序（或电脑）之间传送信息的管道。当建立此管道之后，SQL Server 随时都会等待此管道中是否有数据包传递过来等待处理，然后再通过此管道传输相应的数据包。Windows NT/2000 服务器都使用 Named Pipes 来相互通信，SQL Server 2008 也同样如此。所有微软的客户端操作系统都具有通过 Named Pipes 与 SQL Server 2008 进行通信的能力。因为在安装过程中需要 Named Pipes，如果在安装时删除了 Named Pipes，安装过程就会失败。因此，只能在安装后才能删除 Named Pipes。本地命名管道以内核模式运行，速度会非常快。

3）TCP/IP。客户机和服务器之间采用 IP 地址和服务端口进行连接。如果端口号使用 1433，则用户端要用 TCP/IP 与服务器连接时，在服务器端的 TCP/IP 端口号也必须为 1433。此外，如果设置代理服务器，则也可让 SQL Server 与此代理服务器连接，并在代理服务器地址栏中输入代理服务器的 IP 地址。网络速度快时，TCP/IP 客户端与命名管道客户端性能不相上下，但网络速度越慢，二者的差距就越明显。

4）VIA（虚拟接口体系结构协议）。VIA 是一种受保护的用户级通信机制，能够提供很高的传送带宽，可以显著降低消息延迟。与特定硬件一起使用将提供高可靠性和高效的数据传输。VIA 功能的启用需要硬件支持。

右击相应协议，在弹出的快捷菜单中可以启用或禁用该协议，配置该协议的属性。

3. 配置 SQL Server 2008 客户端

在配置管理器窗口中展开左窗格中的“SQL Native Client 配置”节点，单击相应部分可以配置 SQL Server 2008 客户端协议，如启用、禁用、设置协议顺序等，以及根据协议设置一个预定义的客户端和服务器之间连接的别名。

4.3.1.5 注册和连接 SQL Server 2008 服务器

配置完成后，就可以用管理工具管理 SQL Server 服务器上的服务了。最常用的工具是 SQL Server Management Studio。为了可以在管理工具中管理好多个不同的服务器实例，需要在管理工具中注册服务器，以便对服务器实例进行更好的监控和管理。

1. SQL Server 2008 数据库服务器的注册

选择“开始”→“程序”→“Microsoft SQL Server 2008”→“SQL Server Management Studio”命令，打开如图 4.30 所示的“连接到服务器”对话框。

单击“取消”按钮，打开如图 4.31 所示的无服务器连接的 SQL Server Management Studio 窗口。在“已注册的服务器”窗格中没有任何数据库服务器。其工具栏中的 5 个图标代表不同的服务器类型，单击其中一个图标可以确定要注册的新服务器的类型。

图 4.30 “连接服务器”对话框

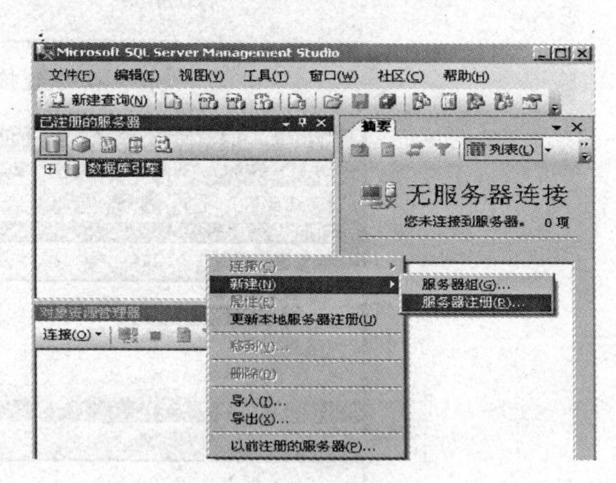

图 4.31 SQL Server Management Studio 的无服务器连接窗口

右击“已注册的服务器”窗格中的空白处，在弹出的快捷菜单中选择“新建”→“服务器注册”命令，打开“新建服务器注册”对话框，如图 4.32 所示。

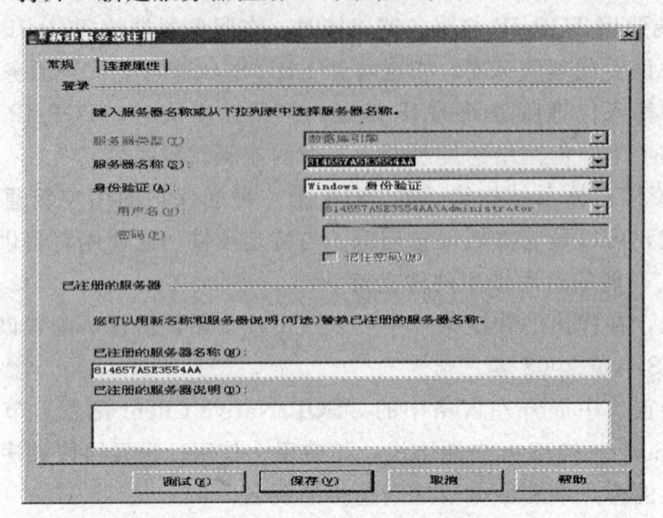

图 4.32　新建服务器注册对话框

在该对话框中选择正确的服务器名称和身份验证方式，并进行相应的连接属性设置，单击“测试”按钮，可以测试与服务器是否成功连接，若成功，则打开如图 4.33 所示的对话框，表示注册成功。单击“确定”按钮，返回如图 4.32 所示的“新建服务器注册”对话框，单击“保存”按钮，确定注册，在 SQL Server Management Studio 窗口中会出现新注册成功的服务器图标，如图 4.34 所示。

图 4.33　连接测试成功

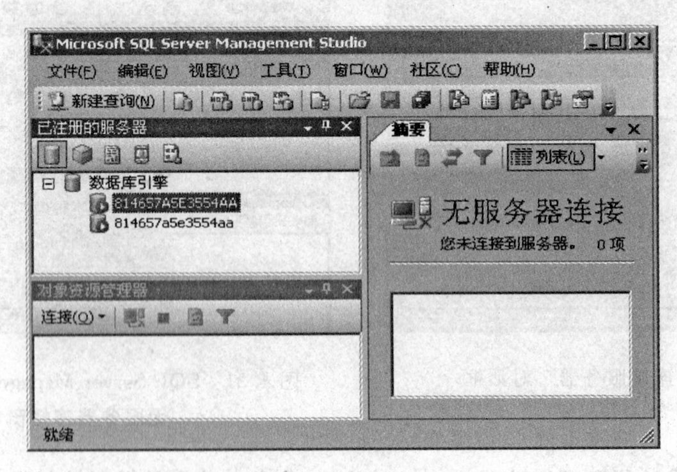

图 4.34　注册了新服务器的窗口

2. SQL Server 2008 注册服务器的删除

右击要删除的已注册服务器，在弹出的快捷菜单中选择“删除”命令即可。

3. 连接 SQL Server 2008 服务器

在如图 4.23 所示的“对象资源管理器”窗格中，单击其工具栏中的“连接”按钮，在下拉菜单中选择要连接的服务器类型（如数据库引擎），打开如图 4.30 所示的“连接到服务器”对话框，根据要连接的服务器在注册时设置的信息，正确选择服务器类型、服务器名称和身份验证模式。单击“连接”按钮后，系统根据选项进行连接，连接成功后，在 SQL Server Management Studio 窗口中会出现所连接的数据库服务器上的各个数据库实例及各自的数据库对象，如图 4.35 所示。这时，就可以使用 SQL Server Management Studio 进行管理了。

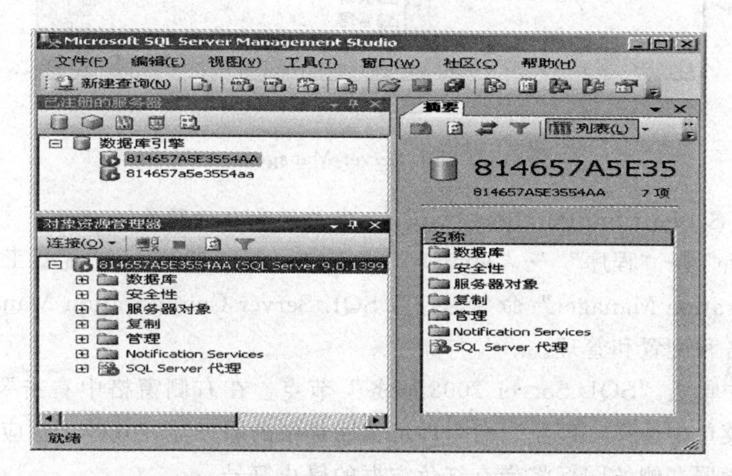

图 4.35 与注册服务器连接成功的 SQL Server Management Studio 窗口

4.3.1.6 启动和关闭 SQL Server 2008 服务器

通常情况下，SQL Server 服务器被设置为自动启动模式，在系统启动后，会以 Windows 后台服务的形式自动运行。但某些服务器的配置被更改后必须重新启动服务器才能生效，此时就需要数据库管理员先关闭服务器，再重新启动服务器。这也是数据库管理员的一项基本管理工作。

1. 在 SQL Server Management Studio 中关闭和启动服务

选择“开始”→“程序”→“Microsoft SQL Server 2008”→“SQL Server Management Studio”命令，成功连接到 SQL Server 2008 数据库服务器后，打开如图 4.36 所示的 Microsoft SQL Server Management Studio 窗口，可以对服务进行各种管理。

在“对象资源管理器”窗格中右击要关闭的服务器，在弹出的快捷菜单中选择“停止”命令即可关闭选中的服务器，并停止相应的服务。服务器关闭后，服务器左侧的图标将带有红色方框的停止符号。

要启动服务，操作与关闭服务类似，只是在右击要启动的服务器后弹出的快捷菜单中选择“启动”命令即可。服务器启动后，服务器左侧的图标将带有绿色箭头的运行符号。

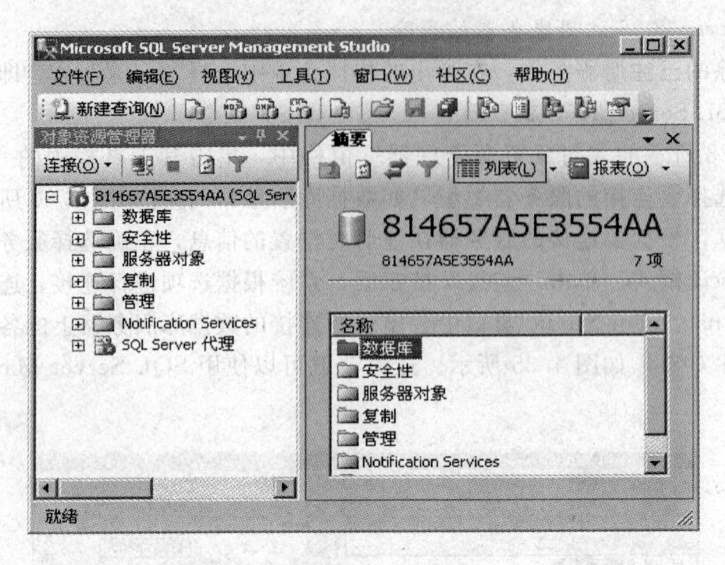

图 4.36 Microsoft SQL Server Management Studio 窗口

2. *在 SQL Server Configuration Manager 中关闭和启动服务*

选择"开始"→"程序"→"Microsoft SQL Server 2008"→"配置工具"→"SQL Server Configuration Manager"命令，打开 SQL Server Configuration Manager 窗口，可以对服务进行各种配置和管理。

在左窗格中单击"SQL Server 2008 服务"节点，在右侧窗格中右击要关闭的服务，在弹出的快捷菜单中选择"停止"命令即可关闭选中的服务器，并停止相应的服务。服务器关闭后，服务器左侧的图标将带有红色方框的停止符号。

要启动服务，操作与关闭服务类似，只是在右击要启动的服务器后弹出的快捷菜单中选择"启动"命令即可。服务器启动后，服务器左侧的图标将带有绿色箭头的运行符号。

3. *在 SQL Server 外围应用配置器中关闭和启动服务*

选择"开始"→"程序"→"Microsoft SQL Server 2008"→"配置工具"→"SQL Server 外围应用配置器"命令，打开"服务和连接的外围应用配置器"对话框，可以对服务进行管理。

在"服务和连接的外围应用配置器"对话框的左窗格中选择要关闭的服务，单击右窗格中的"停止"按钮即可关闭选中的服务器，并停止相应的服务。

要启动服务，操作与关闭服务类似，只是在右窗格中单击"启动"按钮即可。

如果只想临时关闭 SQL Server 服务，可以在以上操作的相应步骤中单击"暂停"按钮。这样，在系统中仍然保留着与服务器相关的进程，同时在重新启动后可以恢复用户的请求。服务暂停后，可以在相应步骤中单击"启动"或"恢复"按钮重新启动服务。

4.3.1.7 SQL Server 2008 的常用工具

1. SQL Server Management Studio

Microsoft SQL Server Management Studio 是 Microsoft 为用户提供的可以直接访问和管理 SQL Server 数据库和相关服务的一个新的集成环境。它将图形化工具和多功能的脚

本编辑器组合在一起，完成对 SQL Server 的访问、配置、控制、管理和开发等工作，还能访问 SQL Server 提供的其他外围服务，大大方便了技术人员和数据库管理员对 SQL Server 系统的各种访问。

Microsoft SQL Server Management Studio 取代了 SQL Server 7.0/2000 中的 SQL Server Enterprise Manager（企业管理器）和 Query Analyzer（查询分析器），但仍然可以使用它来管理 SQL Server 7.0/2000 实例，是管理和访问 SQL Server 数据库服务器的主要工具，也是最重要的工具。

正常启动 SQL Server 数据库服务之后，用户可以通过选择“开始”→“程序”→“Microsoft SQL Server 2008”→“Microsoft SQL Server Management Studio”命令启动该集成管理环境，在成功连接到数据库服务器后，其窗口基本结构如图 4.37 所示。

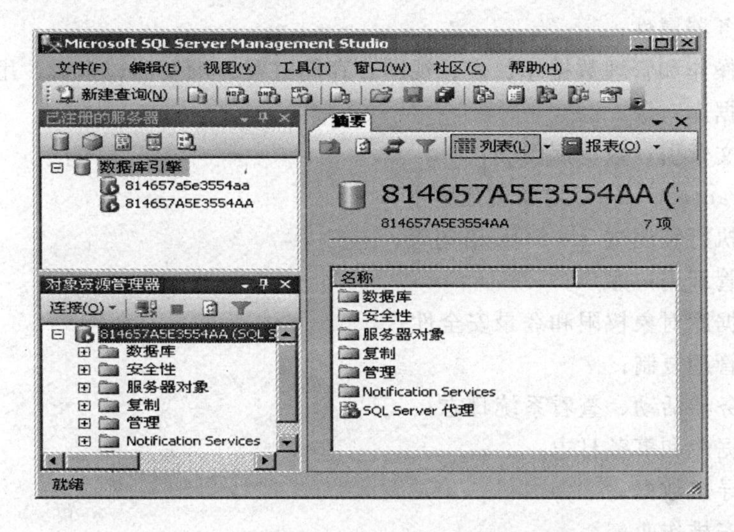

图 4.37 Microsoft SQL Server Management Studio 窗口

由图 4.37 可以看出，Microsoft SQL Server Management Studio 窗口中集成了多个管理和开发工具，默认情况下由“对象资源管理器”窗格和“摘要”窗格两个部分组成，有的情况下也显示“已注册的服务器”窗格。另外，Microsoft SQL Server Management Studio 窗口还提供了“查询分析器”、“模板资源管理器”、“解决方案资源管理器”、“Web 浏览器”等管理窗格或面板。要显示或隐藏某个管理工具的窗格或面板，可以选择“视图”菜单中相应的命令来实现。

（1）已注册的服务器。“已注册的服务器”窗格位于如图 4.37 所示的窗口的左上角。在该窗格中可以查看已经注册到本集成管理环境的各类 SQL Server 服务器的情况。主要通过该管理工具来注册新的 SQL Server 服务器、删除已经注册的 SQL Server 服务器，以及将服务器组合成逻辑组。具体操作可以参见注册和连接 SQL Server 2008 服务器的相关内容。也可以用它来启动和关闭 SQL Server 服务器、设置 SQL Server 服务器的属性、将已注册的服务器连接到对象资源管理器。

（2）对象资源管理器。“对象资源管理器”窗格位于如图 4.41 所示的窗口的左下角。该管理工具的功能类似 SQL Server 以前版本的 SQL Server Enterprise Manager 工具，所

以主要的管理工作是通过“对象资源管理器”窗格来完成的。

“对象资源管理器”窗格以树状结构组织和管理数据库实例中的所有对象。可依次展开根目录，用户选择不同的数据库对象，该对象所包含的内容会出现在右边的“摘要”窗格中，“摘要”窗格中的工具栏会做相应的调整，保持其提供的操作功能与被操作对象所允许的操作一致。用户可以通过选择对象，单击“摘要”窗格的工具栏中的按钮来执行操作，也可以通过右击要操作的数据库对象，在弹出的快捷菜单中选择相应的命令来完成。

用对象资源管理器工具主要可以完成的操作有：

①注册、配置和管理 SQL Server 2008 本地和远程数据库服务器以及多重服务器；

②连接、启动、暂停或停止 SQL Server 服务；

③配置服务器属性；

④创建、操作和管理数据库、表、视图、存储过程、触发器、索引、用户定义数据类型和函数等数据库对象；

⑤创建全文索引、数据库图表；

⑥生成 Transact - SQL 对象创建脚本；

⑦编写、执行和调试 T - SQL 语句等；

⑧创建、管理用户账户；

⑨管理数据库对象权限和登录安全性；

⑩配置和管理复制；

⑪监视服务器活动、查看系统日志；

⑫备份数据库和事务日志；

⑬导入和导出数据；

⑭创建和安排作业；

⑮网页发布和管理。

1）SQL Server 2008 数据库服务器的属性设置。在“对象资源管理器”窗格中右击数据库服务器名称，在弹出的快捷菜单中选择“属性”命令，打开如图 4.38 所示的“服务器属性”对话框。

在如图 4.38 所示的“服务器属性”对话框中，以目录方式来显示和设置 SQL Server 2008 服务器属性。选择左窗格中的目录项，可以在右窗格中查看和设置相应的信息。例如，选择“常规”选项可以查看 SQL Server 2008 的系统配置，也可以选择其他目录项查看或修改服务器设置、数据库设置、安全性、连接特性等，以提高数据库服务器系统的性能。

2）SQL Server 2008 的 sa 密码的设定。SQL Server 2008 在安装时，数据库系统超级管理员 sa 账号可能未设密码，为安全起见，需要为 sa 账号设定密码，以防止非法的访问连接，避免造成不必要的系统损失。修改密码可以通过“对象资源管理器”窗格按以下步骤来实现：

在“对象资源管理器”窗格中展开根目录，单击“安全性”文件夹中的“登录名”节点，在右窗格的“摘要”窗格中就会显示出登录账号的列表，如图 4.39 所示。

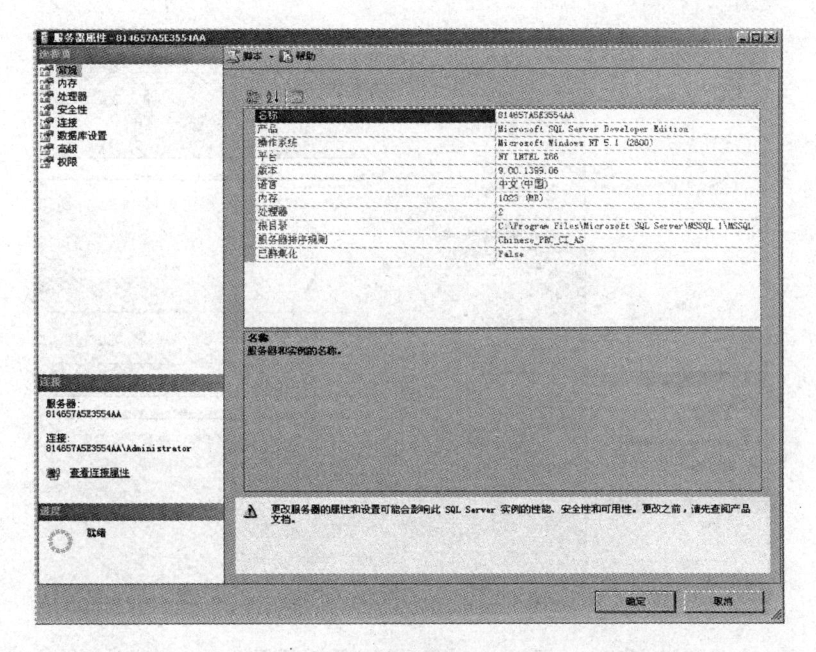

图 4.38 “服务器属性”对话框

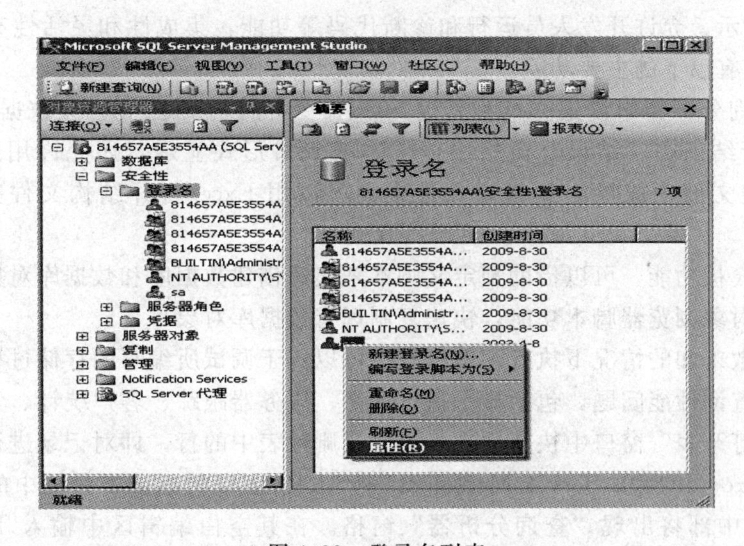

图 4.39 登录名列表

右击 sa 账号，在弹出的快捷菜单中选择“属性”命令，打开如图 4.40 所示的“登录属性”对话框。在 SQL Server 2008 的“密码”文本框中输入 sa 的新密码，再在“确认密码”文本框中输入新密码以保证修改的密码有效。单击“确定”按钮就可以生效。

(3) 查询分析器。SQL Server 2008 的 SQL 查询分析器是以前版本中的 Query Analyzer 工具的替代品，是一种功能强大的可以交互执行 SQL 语句和脚本 GUI 的管理与图形编程工具，它最基本的功能是编辑 T-SQL 命令，然后发送到服务器并显示从服务器返回的结果。与 Query Analyzer 总是工作在连接模式下不同，查询分析器既可以工作在连接模式下，也可以工作在断开模式下。另外，查询分析器还支持彩色代码关键字、可视

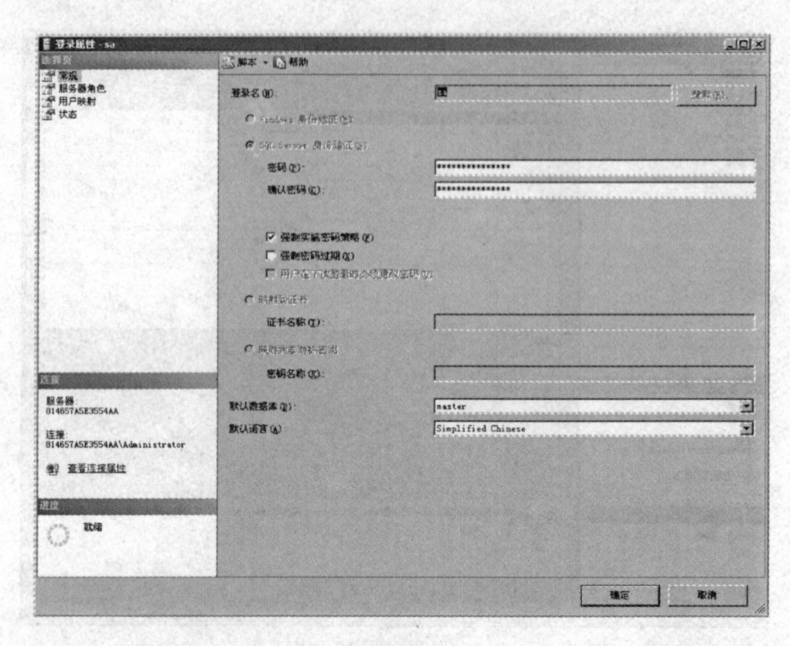

图 4.40　“登录属性”对话框

化语法错误显示、允许开发人员运行和诊断代码等功能，集成性和灵活性有很大的提高。查询分析器具有以下的主要功能：

1）在查询分析器中创建查询和其他 SQL 命令并针对 SQL Server 数据库来分析和执行它们，执行结果在“结果”窗格中以文本或表格形式显示，还允许用户将执行的结果保存到报表文件中或导出到指定文件中，可以用 Excel 打开结构文件并进行编辑和打印。

2）利用模板功能，可以借助预定义脚本来快速创建数据库和数据库对象等。

3）利用对象浏览器脚本功能，快速复制现有数据库对象。

4）在参数未知的情况下执行存储过程也可以用于调试所编写的存储过程。

5）调试查询性能问题，包括显示执行计划、服务器跟踪、客户统计、索引优化向导。

6）在“打开表”窗口中快速插入、更新或删除表中的行，即对记录进行数据操纵。

单击 Microsoft SQL Server Management Studio 窗口的标准工具栏中的“新建查询”按钮，在窗口中部将出现“查询分析器”窗格。在其空白编辑区中输入 T－SQL 命令，单击“面板”工具栏中的“执行”按钮，T－SQL 命令的运行结果就显示在“查询分析器”窗格的下面的“结果”窗格中，如图 4.41 所示。用户也可以打开一个含有 SQL 语句的文件来执行，执行的结果同样显示在“结果”窗格中。

在“查询分析器”窗格中，可以控制查询结果的显示方式。T－SQL 语句的执行结果能以文本方式、表格方式显示，还可以保存到文件中。要切换结果显示方式，可以单击“面板”工具栏中的相应按钮，或在编辑区的快捷菜单中选择所需要的结果显示方式。

如果想获得一个空白的“查询”窗格，以便执行其他的 SQL 程序，可以有以下方法：

1）要将现有的“查询”窗格恢复成空白的，可以单击“标准”工具栏中的 4 个“新

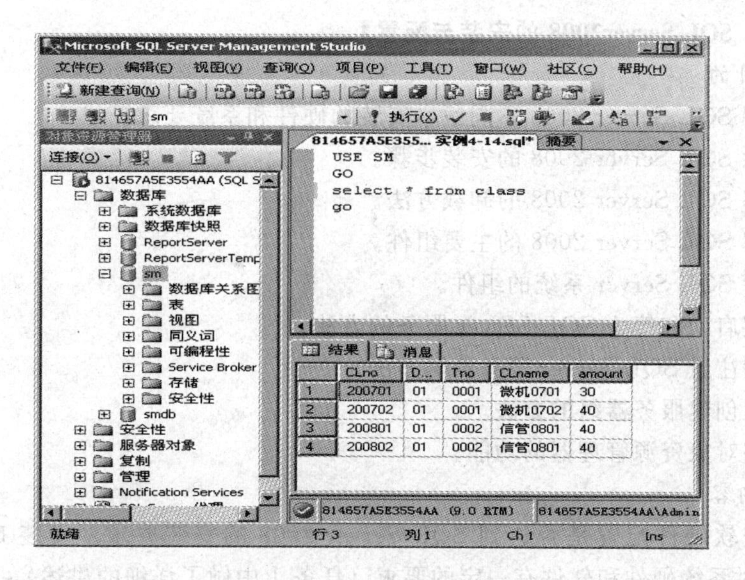

图 4.41　查询分析器操作窗口

建查询”按钮之一（或选择菜单栏中的“文件”→“新建”命令），即可新建一个编辑窗口。

2）单击“标准”工具栏中的“新建查询”按钮，可另外再开启一个新的“查询”窗格。

输入的 SQL 语句可以保存成文件，以便重复使用。保存时，将光标定位在编辑窗口中，然后单击“标准”工具栏中的“保存”按钮（或选择菜单栏中的“文件”→“保存”命令）即可。查询的结果也可以保存成文件，以便日后查看。保存时，将光标定位在“结果”窗格中，后续操作与 SQL 语句的保存方法相同，不同之处是文件的扩展名不同，采用默认的扩展名即可，以上两种文件都可在 Word 等文字处理软件中打开并处理。

（4）模板资源管理器。模板资源管理器为数据库管理和开发人员提供了执行常用操作的模板。用户可以在此模板的基础上编写符合自己要求的脚本，使得各种数据库操作变得更加简洁和方便。

（5）解决方案资源管理器。解决方案资源管理器主要用于管理与一个脚本工程相关的所有项目，将在逻辑上同属一种应用处理的各种类型的脚本组织在一起，可以更好地对属于同一应用的各个脚本进行管理和维护。

（6）SQL Server Profiler。SQL Server Profiler 是用于从服务器中捕获 SQL Server 2008 事件的工具，例如，连接服务器、登录系统、执行 T－SQL 语句等操作。这些事件被保存在一个跟踪文件中，以便日后对该文件进行分析或用来重播指定的系列步骤，从而有效地发现系统中性能比较差的查询语句等相关问题。

（7）数据库引擎优化顾问。数据库引擎优化顾问可以帮助用户分析工作负荷、提出创建高效率索引的建议等功能。用户不必详细了解数据库的结构就可以选择和创建最佳的索引、索引视图、分区等。

【实验1 SQL Server2008的安装与配置】

1. 实验目的

（1）了解SQL Server 2008不同版本安装的硬件和系统要求。

（2）熟悉SQL Server 2008的安装步骤。

（3）了解SQL Server 2008的卸载方法。

（4）了解SQL Server 2008的主要组件。

（5）了解SQL Server系统的组件。

（6）掌握启动和停止SQL Server服务的方法。

（7）掌握注册SQL Server服务器的方法。

（8）掌握创建服务器组的方法。

（9）了解对象资源管理器的功能。

2. 实验内容

（1）检查软硬件配置是否达到SQL Server 2008的安装要求。安装Microsoft SQL Server 2008对系统硬件和软件有一定的要求（任务1中做了详细的讲述），软件和硬件的不兼容可能导致安装的失败，所以在安装前必须弄清楚SQL Server 2008对软件和硬件的要求。

1）硬件要求。为了正确安装和运行SQL Server 2008，计算机必须达到表4.2所述的最低硬件配置。

2）软件要求。软件要求是指使用SQL Server 2008各种版本或组件时必须安装的操作系统，见表4.3所述。

（2）选择安装SQL Server 2008的方式。SQL Server 2008的安装可以是全新安装，也可以在以前版本（SQL Server 7.0）的基础上进行升级安装，可以根据需要选择合适的安装方式。在此，进行全新安装。

（3）安装前的准备工作。在开始安装SQL Server 2008之前，首先应完成下列操作。

1）使用具有本地管理员或适当权限的域用户账户登录到系统。

2）关闭所有依赖SQL Server的服务。

3）关闭Windows NT/2005操作系统上的Event Viewer和Regedit.exe（或Regedit32.exe）。

（4）安装SQL Server 2008。按照任务1中所讲述的安装步骤进行SQL Server 2008的安装。

（5）练习使用不同的方法启动SQL Server服务器。Windows NT/2005操作系统在启动时，可以自动启动SQL Server服务。

方法一：在安装SQL Server时，在“服务账户”对话框中，选中“自动启动服务”复选框。

方法二：安装完毕后，也可以将SQL Server服务设置为自动启动。

方法三：使用对象资源管理器启动。

方法四：使用命令行方式启动。

选择“开始”→“运行”命令，在图4.42所示的“运行”对话框中输入“net start

mssqlserver”命令，启动 SQL Server 服务。同样，可以输入“net pause mssqlserver”命令，“net stop mssqlserver”命令和“net continue mssqlserver”命令，来暂停、停止或继续 SQL Server 服务。

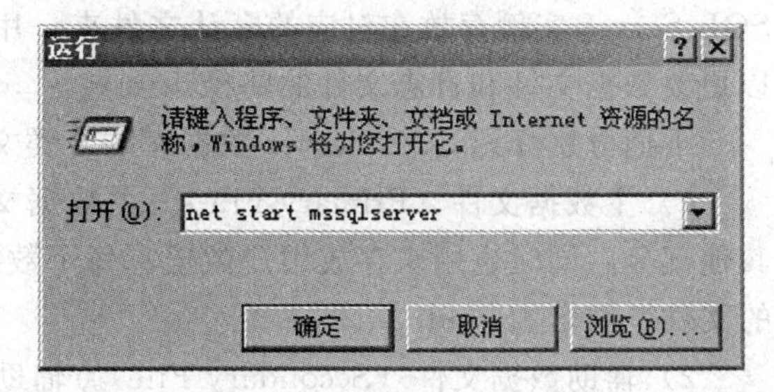

图 4.42 “运行”对话框

(6) 注册服务器。

(7) 断开与恢复同服务器的连接。当用户完成对数据库服务器的数据交换时，可以断开同服务器的连接。具体操作为：在对象资源管理器的树状目录结构中，选择要断开的数据库服务器，单击鼠标右键，在弹出的快捷菜单中选择“断开连接”命令即可。

要恢复数据库服务器的连接时，只需在对象资源管理器的树状目录结构中，选择要恢复的数据库服务器，单击鼠标右键，在弹出的快捷菜单中选择“连接”命令即可。

(8) 删除 SQL Server 注册。

4.3.2 SQL Server 数据库概念

SQL Server 是采用 SQL 语言的关系数据库管理系统，了解它的数据组织结构和存储方式，对管理和使用该数据库是十分重要的。

4.3.2.1 SQL Server 2008 的数据库及数据库对象

数据库是 SQL Server 2008 存储数据的地方。只有把与数据库相关的概念弄清楚，才能很好地建立数据库，并对数据库进行操作。

1. 数据库的类别

数据库按模式级别分类，可以分为物理数据库和逻辑数据库。数据库按创建对象来分，可以分为系统数据库和用户数据库。

(1) 物理数据库和逻辑数据库。物理数据库由构成数据库的物理文件构成。SQL Server 2008 的物理数据库由两个或多个物理文件组成，一个物理数据库中至少有一个数据库信息文件和一个数据库事务日志文件。物理数据库由 DBA（数据库管理员）负责创建和管理。

逻辑数据库是数据库中用户可视的表或视图，用户利用逻辑数据库的数据库对象，存储或读取数据库中的数据。

(2) 系统数据库和用户数据库。SQL Server 2008 的系统数据库是由系统创建和维护的数据库。系统数据库中记录着 SQL Server 2008 的配置情况、任务情况和用户数据库的情况等系统管理的信息，它实际上就是我们常说的数据字典。

用户数据库是根据管理对象要求创建的数据库，用户数据库中保存着用户直接需要的数据信息。

2. 数据库结构

(1) 数据库文件分类。在默认方式下，创建的数据库都包含一个主数据文件和一个事务日志文件，如果需要，可以包含多个辅助文件和多个事务日志文件。这些文件的默认存储位置为 C:\program files\Microsoft SQL Server\Mssql\data 文件夹，当然，不同的

SQL Server 实例存放在对应的默认文件夹，用户创建新的数据库或添加新的文件时，可以更改数据文件和日志文件的路径。

下面分别介绍 SQL Server 数据库的 3 类文件。

1）主数据文件（Primary File）。主数据文件是数据库的起点，指向数据库中文件的其他部分，同时也用来存放用户数据。每个数据库都有一个且仅有一个主数据文件，推荐的文件扩展名为 . mdf。

2）辅助数据文件（Secondary File）。辅助数据文件专门用来存放数据。有些数据库可能没有辅助数据文件，而有些数据库可能有多个辅助数据文件。辅助数据文件的扩展名为 . ndf。

使用辅助数据库文件可以扩大数据库的存储空间，如果数据库只有主数据文件，那么，该文件的最大容量受磁盘空间的限制，若数据库使用了辅助数据文件，就可以将文件建立在不同的磁盘上，这样数据库的容量就不再受一个磁盘空间的限制了。

3）事务日志文件（Transaction Log File）。事务日志文件存放所有事务和每个事务对数据库的修改。凡是对数据库中的数据进行的修改操作，如 INSERT、UPDATE、DELETE 等 SQL 语句，都会记录在事务日志文件中。当数据库遭到破坏时，可以利用事务日志文件恢复数据库的内容。每个数据库至少有一个事务日志文件，也可以有多个事务日志文件，其扩展名为 . ldf。

在 SQL Server 中，一个数据库的所有文件的位置都记录在系统数据库 master 中，用户可以通过查看 master. dbo. sysdatabases 表获得当前实例的数据库注册信息，使用系统存储过程 sp_helpdb 获得当前数据库的名称、大小、创建日期等属性。

（2）数据库的两种组件。每一种数据库文件都有两个组件：页（Page）和扩展盘区（Extent）。

1）页。页是 SQL Server 2008 使用的最小数据单元，一页可以容纳 8KB 的数据。这就意味着，数据库中每 1MB 有 128 页。数据库中的每个页中只能存储一种数据库对象的数据，当然，许多数据库对象会占多个页。页中的前 96 个字符称为页首，页首用于存储诸如页的类型、可用空间及 ID 等系统信息。一个页可存放多条记录，但一条记录不能跨页存放，即 SQL Server 2008 中一条记录不能超过 8060 个字节（不计 text、ntext、image 三种数据类型的数据）。

SQL Server 2008 中共有 8 种页：数据页、索引页、文本/图像页、全局分配映射表页、页空闲空间、索引分配映射表页、大容量更改映射表页和差异更改映射表页。其中，日志文件中不包含页，仅含有一系列的日志记录。

2）扩展盘区。扩展盘区是扩建表和索引的基本单位，一个扩展盘区由 8 个相邻页的构成。扩展盘区可分为统一扩展盘区和混合扩展盘区：统一扩展盘区由一个数据库对象所有；混合扩展盘区可以为多个数据库所有，即其中最多可以存放 8 种数据库对象。

（3）文件组。SQL Server 的多个文件可以归纳成为一个文件组（Filegroup），如图 4.43 所示。文件组有以下 3 种类型：

1）主要文件组。主要文件组（Primary Filegroup）中包含着主数据文件及相关内容。在创建数据库时，系统自动创建了主要文件组，并将主数据文件及系统表的所有页都分配

到主要文件组中。

2）用户定义文件组。由用户通过 SQL Server 对象资源管理器创建的文件组称为用户定义文件组（User－Defined Filegroup），该组中包含逻辑上一体的数据文件和相关信息。大多数数据库只需要一个文件组和一个日志文件就可很好地运行，但如果库中的文件很多，就要创建用户定义文件组，以便管理。使用时，可以通过对象资源管理器或 Transact－SQL 语句中的 FILEGROUP 子句指定需要的用户定义文件组。

3）默认文件组。在每个数据库中，同一时间只能有一个文件组是默认文件组（Default Filegroup）。当进行数据操作时，如果不指定文件组，则系统自动选择默认文件组。使用 Transact－SQL 的 ALTER DATABASE 语句可以指定数据库的默认文件组。在不特别指定的情况下，系统将主要文件组认定为默认文件组。

3. SQL Server 2008 的数据库对象

数据库对象是数据库的逻辑文件。SQL Server 2008 的数据库对象包括表、视图、角色、索引、数据类型、默认值、存储过程、触发器和约束等，如图 4.44 所示。下面介绍几个重要的数据库对象。

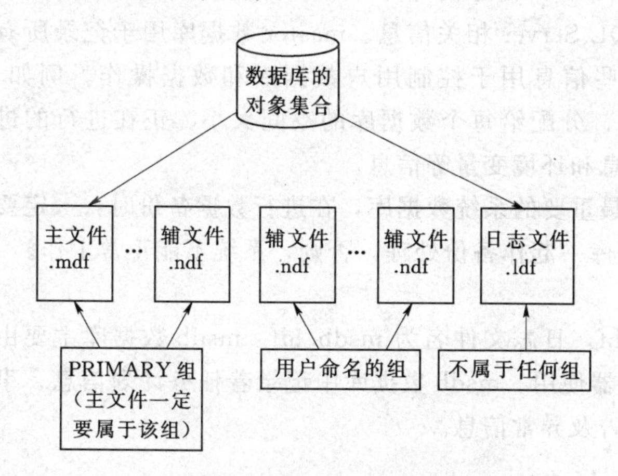

图 4.43 数据库的文件及其组的关系

图 4.44 数据库及其对象的结构关系

（1）表和视图。表，即基本表，它是在数据库中存放的实际关系。一个数据库中的表可多达 20 亿个，每个表中可以有 1024 个列（字段）和无数个行（记录）。

视图是为了用户查询方便或根据数据安全的需要而建立的虚表。视图既可以是一个表中数据的子集，也可以由多个表连接而成。

（2）角色。角色是由一个或多个用户组成的单元，角色也称职能组。一个用户可以成为多个角色中的成员。角色是针对数据库而言的，一个数据库可以定义多个角色，并对各个角色定义不同权限。当数据库的角色获得某种数据库操作权时，角色中的每个用户都具有这种数据操作权。

（3）索引。索引是用来加速数据访问和保证表的实体完整性的数据库对象。SQL Server 2008 中的索引有群聚和非群聚索引两种。群聚索引会使表的物理顺序与索引顺序一致，一个表只能有一个群聚索引；非群聚索引与表的物理顺序无关，一个表可以建立多个非群聚索引。

（4）存储过程。存储过程是通过 Transact - SQL 编写的程序。存储过程包括系统存储过程和用户存储过程：系统存储过程是由 SQL Server 2008 提供的，其过程名均以 SP 开头；用户过程是由用户编写的，它可以自动执行过程中安排的任务。

（5）触发器。触发器是一种特殊类型的存储过程，当表中发生特殊事件时执行。例如，可为表的插入、更新或删除操作设计触发器，当执行这些操作时，相应的触发器会自动启动。触发器主要用于保证数据的完整性。

（6）约束。约束规则用于加强数据完整性。SQL Server 2008 的基本表可以定义 5 种类型的约束，即 Primary Key（主键约束）、Foreign Key（外键约束）、Unique（唯一性约束）、Check（条件约束）和 Not Null（非空值约束）。

4.3.2.2　SQL Server 2008 的系统数据库

SQL Server 2008 内部创建和提供的一组（6 个）数据库。其中，pubs 和 northwind 是两个示例数据库，master、msdb、model 和 tempdb 是 4 个系统数据库。

1. master 数据库

master 数据库的主文件名为 master. mdf，日志文件为 masterlog. ldf。master 数据库中内含许多系统表，用来跟踪和记录 SQL Server 相关信息。master 数据库用于记录所有 SQL Server 2008 系统级别的信息，这些信息用于控制用户数据库和数据操作。例如，master 中存放了用户数据库及系统信息、分配给每个数据库的空间大小、正在进行的进程、用户帐号、有效锁定、系统错误消息和环境变量等信息。

master 数据库是 SQL Server 2008 最重要的系统数据库，在进行数据备份时，一定要将 master 数据库的内容备份和用户数据库一起作备份处理，否则，系统不能正常工作。

2. msdb 数据库

msdb 数据库的主文件名为 msdb. dbf，日志文件名为 msdb. ldf。msdb 数据库主要由 SQL Server 对象资源管理器和代理服务器使用。msdb 数据库中记录着任务计划信息、事件处理信息、数据备份及恢复信息和警告及异常信息。

3. model 数据库

model 数据库的主文件是 model. mdf，日志文件为 model. ldf。model 数据库是 SQL Server 2008 为用户数据库提供的样板，新的用户数据库都以 model 数据库为基础。每次创建一个新数据库时，SQL Server 2008 先制作一个 model 数据库的拷贝，然后再将这个拷贝扩展成要求的规模。

4. tempdb 数据库

tempdb 数据库的主文件名和日志文件名分别为 tempdb. dbf 和 tempdb. ldf。tempdb 数据库是一个共享的工作空间，SQL Server 2008 中的所有数据库都可以使用它，它为临时表和其他临时工作提供了一个存储区。当用户脱离 tempdb 数据库时，用户的所有临时表都从 tempdb 数据库中卸下。当关闭一个数据库服务时，该 SQL 服务器上的 tempdb 数据库中的内容将全部被清空。

4.3.2.3　SQL Server 系统表简介

系统目录是由描述 SQL Server 系统的数据库、基表、视图和索引等对象的结构的系统表组成。SQL Server 经常访问系统目录，检索系统正常运行所需的必要信息。

下面介绍几个最重要的系统表。

1. sysobjects 表

SQL Server 的主系统表 sysobjects 出现在每个数据库中，它对每个数据库对象含有一行记录。

2. syscolumns 表

系统表 syscolumns 出现在 master 数据库和每个用户自定义的数据库中，它对基表或者视图的每个列和存储过程中的每个参数含有一行记录。

3. sysindexes 表

系统表 sysindexes 出现在 master 数据库和每个用户自定义的数据库中，它对每个索引和没有聚簇索引的每个表含有一行记录，它还对包括文本/图像数据的每个表含有一行记录。

4. sysusers 表

系统表 sysusers 出现在 master 数据库和每个用户自定义的数据库中，它对整个数据库中的每个 Windows NT 用户、Windows NT 用户组、SQL Server 用户或者 SQL Server 角色含有一行记录。

5. sysdatabases 表

系统表 sysdatabases 对 SQL Server 系统上的每个系统数据库和用户自定义的数据库含有一行记录，它只出现在 master 数据库中。

6. sysdepends 表

系统表 Sysdepends 对表、视图和存储过程之间的每个依赖关系含有一行记录，它出现在 master 数据库和每个用户自定义的数据库中。

7. sysconstraints 表

系统表 sysconstraints 对使用 CREATE TABLE 或者 ALTER TABLE 语句为数据库对象定义的每个完整性约束含有一行记录，它出现在 master 数据库和每个用户自定义的数据库中。

4.3.3 Transact－SQL 语言简介

SQL（Structured Query Language）语言是关系数据库的标准语言，由于 SQL 语言功能丰富，语言简洁，因而备受用户及计算机工业界欢迎。自 SQL 成为国际标准后，各个数据库厂家纷纷推出各自的支持 SQL 的软件或与 SQL 的接口软件。

SQL 是一种介于关系代数与关系演算之间的结构化查询语言，其功能并不仅仅是查询，SQL 语言是一个通用的、功能极强的关系数据库语言。

Transact－SQL 是 SQL Server 2008 提供的查询语言。使用 Transact－SQL 编写应用程序可以完成所有的数据库管理工作。任何应用程序，只要目的是向 SQL Server 2008 的数据库管理系统发出命令以获得数据库管理系统的响应，最终都必须体现为以 Transact－SQL 语句为表现形式的指令。对用户来说，Transact－SQL 是唯一可以和 SQL Server 2008 的数据库管理系统进行交互的语言。

通过本任务的实施，了解 Transact－SQL 语言的功能及特点；掌握 Transact－SQL 语言的变量；理解 SQL Server 支持的数据类型、运算符、注释符和标识符。

4.3.3.1 Transact-SQL 语言的特点

尽管 SQL Server 2008 提供了使用方便的图形化用户界面，但各种功能的实现基础是 Transact-SQL 语言，只有 Transact-SQL 语言可以直接和数据库引擎进行交互。Transact-SQL 语言是基于商业应用的结构化查询语言，是标准 SQL 语言的增强版本。

由于 Transact-SQL 语言直接来源于 SQL 语言，因此它也具有 SQL 语言的几个特点。

1. 一体化

Transact-SQL 语言集数据定义语言、数据操纵语言、数据控制语言和附加语言元素为一体。其中附加语言元素不是标准 SQL 语言的内容，但是它增强了用户对数据库操作的灵活性和简便性，从而增强了程序的功能。

2. 两种使用方式，统一的语法结构

两种使用方式，即联机交互式和嵌入高级语言的使用方式。统一的语法结构使 Transact-SQL 语言可用于所有用户的数据库活动模型，包括系统管理员、数据库管理员、应用程序员、决策支持系统管理人员以及许多其他类型的终端用户。

3. 高度非过程化

Transact-SQL 语言一次处理一个记录，对数据提供自动导航；允许用户在高层的数据结构上工作，可操作记录集，而不是对单个记录进行操作；所有的 SQL 语句接受集合作为输入，返回集合作为输出，并允许一条 SQL 语句的结果作为另一条 SQL 语句的输入。另外，Transact-SQL 语言不要求用户指定对数据的存放方法，所有的 Transact-SQL 语句使用查询优化器，用以指定数据以最快速度存取的手段。

4. 类似于人的思维习惯，容易理解和掌握

SQL 语言的易学易用性，而 Transact-SQL 语言是对 SQL 语言的扩展，因此也是非常容易理解和掌握的。如果对 SQL 语言比较了解，在学习和掌握 Transact-SQL 语言及其高级特性时就更游刃有余了。

4.3.3.2 SQL Server 支持的数据类型

SQL Server 2008 提供许多实用的数据类型，并具有定义用户数据类型的功能。表 4.4 中列出了 SQL Server 2008 提供的主要数据类型。

表 4.4　　SQL Server 2008 支持的主要数据类型

类型表示		类型说明
数值型数据	Int	全字长（4 字节）整数，其中 31 位表示数据，1 位符号。取值范围为 −214783648～2147483647
	Smallint	半字长的整数，取值范围为 −32768～32767
	Tinyint	只占一个字节的正数，表示范围为 0～255
	Real	4 字节长的浮点数，最大精度为 7 位，取值范围为 3.4E−38～3.4E+38
	Float(n)	精度为 n 的浮点数，其精度 n 可以为 1～15，若忽略 n 则精度为 15。最多占用字节数为 8，表示范围为 1.7E−308～1.7E+308
	Decimal(p[,q])	十进制，共 p 位，q 位小数，可用 2～11 个字节存放 1～38 位精度的数值

续表

类型表示		类型说明
字符型数据	CHAR（n）	长度为n的定长字符串，最多可为255个字符
	VarCHAR（n）	最大长度为n的变长字符串型数据，最多可达255个字符
日期、时间型数据	Datetime	日期时间型数据，可存储1/1/1753～12/31/9999之间的日期时间，缺省表示为MMDDYYYYhhmm AM/PM
	Smalldatetime	日期时间型数据，可表示时间1/1/1900～6/6/2079
特殊数据类型	Binary（n）	长度为n个字节的位模式（二进制数），输入0～F二进制数时，第一个值必须以0x开头
	Varbinary(n)	最大长度为n个字节的变长位模式，输入方法同binary相同
文本和图像数据类型	Text	文本数据类型
	Image	图像数据
货币数据类型	Money	货币数据，可存放15位整数，4位小数的数值，占8个字节
	Smallmoney	货币数据，可存放6位整数，4位小数的数值，占4个字节

4.3.3.3 SQL Server 2008 中的运算符

运算符是一种符号，用来指定要在一个或多个表达式中执行的操作。Transact－SQL的查询语句中使用的运算符，如表4.5所示。

表4.5　Transact－SQL的运算符

类别	符号
算术运算符	＋（加），－（减），＊（乘），/（除），%（取余或模）
比较运算符	＝（等于），＞（大于），＜（小于），＞＝（大于等于或不小于），!＜（不小于），＜＝（小于等于或不大于），!＞（不大于），＜＞（不等于），!＝（不等于）
范围运算符	BETWEEN…AND…（在……之间），NOT BETWEEN…AND…（不在……之间）
子查询运算符	IN（在……之中），NOT IN（不在……之中），＜比较符＞ALL（全部），＜比较符＞ANY（任一），＜比较符＞SOME（一些），EXIST（存在），NOT EXIST（不存在）
字符串运算符	＋（连接），LIKE（匹配），NOT LIKE（不匹配）
未知值运算符	IS NULL（是空值），NOT IS NULL（不是空值）
逻辑运算符	NOT（非），AND（与），OR（或）
组合运算符	UNION（并），UNION ALL（并，允许重复的元组）

4.3.3.4 Transact－SQL 变量

变量对于一种语言来说是必不可少的组成部分。Transact－SQL语言允许使用两种变量：一种是用户自己定义的局部变量（Local Variable），另一种是系统提供的全局变量（Global Variable）。

1. *局部变量*

局部变量使用户自己定义的变量，它的作用范围仅在程序内部。通常只能在一个批处理中或存储过程中使用，用来存储从表中查询到的数据，或当作程序执行过程中暂存变量使用。

2. 全局变量

全局变量是 SQL Server 2008 系统内部使用的变量，起作用范围并不局限于某一程序，而是任何程序均可随时调用。全局变量通常存储一些 SQL Server 2008 的配置设置值和效能统计数据。用户可在程序中用全局变量来测试系统的设定值或者 Transact_SQL 命令执行后的状态值。

4.3.3.5　注释符和标识符

1. 注释符

程序中的注释可以增加程序可读性。在 Transact－SQL 语言中可使用两种注释符：行注释和块注释。

行注释符为“——”，这是 ANSI 标准的注释符，用于单行注释。

块注释符为“/*…*/”，“/*”用于注释文字的开头，“*/”用于注释文字的末尾。块注释符可在程序中标识多行文字为注释。

2. SQL Server 的标识符

SQL Server 的所有对象，包括服务器、数据库以及数据库对象，如表、视图、列、索引、触发器、存储过程、规则、默认值和约束等都可以有一个标识符。对绝大多数对象来说，标识符是必不可少的，但对某些对象如约束来说，是否规定标识符是可选的。对象的标识符一般在创建对象时定义，作为引用对象的工具使用。

(1) 标识符的分类。在 SQL Server 中标识符共有两种类型：一种是规则标识符 (Regular identifer)，另一种是界定标识符 (Delimited identifer)。

其中，规则标识符严格遵守标识符的有关格式的规定，所以在 Transact－SQL 中凡是规则运算符都不必使用定界符。对于不符合标识符格式的标识符要使用界定符 [] 或' '。

(2) 标识符格式。

1) 标识符必须是统一码 (Unicode) 2.0 标准中规定的字符，包括 26 个英文字母 a－z 和 A－Z，以及其他一些语言字符，如汉字。

2) 标识符后的字符可以是 (除条件一) “_”、“@”、“#”、“$”及数字。

3) 标识符不允许是 Transact－SQL 的保留字。

4) 标识符内不允许有空格和特殊字符。

5) 标识符不区分大小写。

另外，某些以特殊符号开头的标识符在 SQL Server 中具有特定的含义。如以“@”开头的标识符表示这是一个局部变量或是一个函数的参数；以#开头的标识符表示这是一个临时表或是一存储过程。以“##”开头的表示这是一个全局的临时数据库对象。Transact－SQL 的全局变量以“@@”开头。

无论是界定标识符还是规则标识符都最多只能容纳 128 个字符，对于本地的临时表最多可以有 116 个字符。

(3) 对象命名规则。SQL Server 2008 的数据库对象名字由 1～128 个字符组成，不区分大小写。在一个数据库中创建了一个数据库对象后，数据库对象的全名应该由服务器名、数据库名、拥有者名和对象名这 4 个部分组成，格式如下：

[[[server.][database].][owner_name].]object_name

命名必须都要符合标识符的规定。

在实际引用对象时，可以省略其中某部分的名称，只留下空白的位置。

4.3.4 数据库的创建与维护

在 SQL Server 系统中，创建数据库的登录账户必须具有 sysadmin 或 dbcreator 的服务器角色。

在 SQL Server 系统中，有多种方法可以创建用户数据库，一是使用对象资源管理器建立数据库，此方法直观简单，以图形化的方式完成数据库的创建和数据库属性的设置；二是在 SQL Server 查询分析器中，使用 Transact - SQL 命令创建数据库，此方法使用 CREATE DATABASE 语句创建数据库和设置数据库属性，它还可以将创建数据库的脚本保存下来，在其他机器上运行以创建相同的数据库。此外，利用系统提供的创建数据库向导也可以创建数据库。

创建数据库之前，必须先确定数据库的名称、数据库的所有者、初始大小、数据库文件增长方式、数据库文件的最大允许增长的大小，以及用于存储数据库的文件路径和属性等。

4.3.4.1 使用 SQL 查询分析器创建用户数据库

使用 SQL 查询分析器创建数据库，其实就是在查询分析器的编辑窗口使用 CREATE DATABASE 等 Transact - SQL 语句并运行这些 Transact - SQL 命令，来创建用户数据库，其语句格式为：

```
CREATE DATABASE 数据库名
[ON
{[PRIMARY]([NAME=数据文件的逻辑名,]
FILENAME='数据文件的物理名'
[,SIZE=文件的初始大小]
[,MAXSIZE=文件的最大容量]
[,FILEGROWTH=文件空间的增长量])
}[,…n]]
[LOG ON
{([NANE=日志文件的逻辑名,]
FILENAME='逻辑文件的物理名'
[,SIZE=文件的初始大小])
[,MAXSIZE=文件的最大容量]
[,FILEGROWTH=文件空间的增长量])
}[,…n]]
```

其中：

(1) 所有用［ ］括起来表示是可以省略的选项，［1，…n］表示同样的选项可以重复 1～n 遍；＜ ＞括起来表示是对一组若干选项的代替，实际编写语句时，应该用相应的选项来代替。类似 A | B 的语句，表示可以选择 A 也可以选择 B，但不能同时选择 A 和 B。

（2）数据库名。表示为数据库取的名字，在同一个服务器内数据库的名字必须唯一。数据库的名字必须符合 SQL Server 2008 的标识符命名标准，即最大不得超过 128 个字符。

（3）ON。表示存放数据库的数据文件将在后面分别给出定义。

（4）PRIMARY。定义数据库的主数据文件。在 PRIMARY filegroup 中，第一个数据文件是主数据文件，如果没有给出 PRIMARY 关键字则默认文件序列中的第一个文件为主数据文件。

（5）LOG ON。定义数据库的日志文件。

（6）FOR LOAD。为了和过去的 SQL Server 版本兼容，FOR LOAD 表示计划将备份直接装入新建的数据库。

（7）NAME。定义操作系统文件的逻辑文件名。逻辑文件名只在 Transact - SQL 语句中使用，是实际磁盘文件名的代号。

（8）FILENAME。定义操作系统文件的实际名字，包括文件所在的路径。

（9）SIZE。定义文件的初始长度。

（10）MAXSIZE。定义文件能够增长到的最大长度，可以设置 UNLIMITED 关键字，使文件可以无限制增长，直到驱动器被填满。

（11）FILEGROWTH。定义操作系统文件长度不够时每次增长的速度。可以用 MB、KB，或使用%来设置增长的百分比。默认的情况下，SQL Server 2008 使用 MB 作为增长速度的单位，最少增长 1MB。

SQL 语句在书写时不区分大小写，为了清晰起见，本书用大写表示系统保留字，用小写表示用户自定义的名称。一条语句可以写在多行上，但是不能多条语句写在一行上。

【实例 4.1】 使用 T - SQL 语句创建一个 stu01db 数据库。

操作步骤具体如下：

（1）在查询分析器中输入下列代码，如图 4.45 所示。

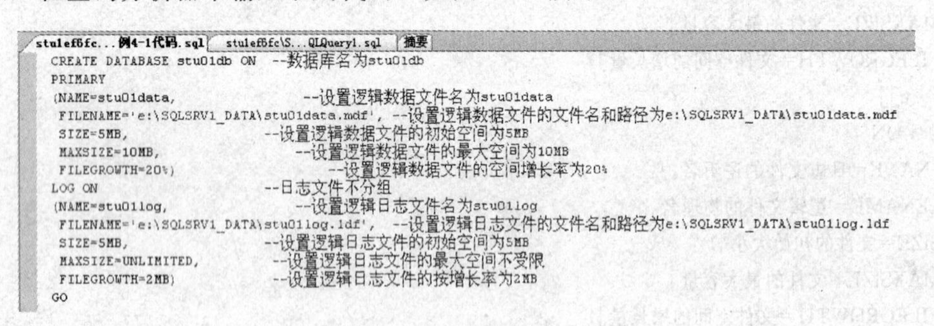

```
CREATE DATABASE stu01db ON  --数据库名为stu01db
PRIMARY
(NAME=stu01data,                  --设置逻辑数据文件名为stu01data
 FILENAME='e:\SQLSRV1_DATA\stu01data.mdf', --设置逻辑数据文件的文件名和路径为e:\SQLSRV1_DATA\stu01data.mdf
 SIZE=5MB,                 --设置逻辑数据文件的初始空间为5MB
 MAXSIZE=10MB,                 --设置逻辑数据文件的最大空间为10MB
 FILEGROWTH=20%)                   --设置逻辑数据文件的空间增长率为20%
LOG ON                     --日志文件不分组
(NAME=stu01log,                --设置逻辑日志文件名为stu01log
 FILENAME='e:\SQLSRV1_DATA\stu01log.ldf',  --设置逻辑日志文件的文件名和路径为e:\SQLSRV1_DATA\stu01log.ldf
 SIZE=5MB,                 --设置逻辑日志文件的初始空间为5MB
 MAXSIZE=UNLIMITED,          --设置逻辑日志文件的最大空间不受限
 FILEGROWTH=2MB)             --设置逻辑日志文件的按增长率为2MB
GO
```

图 4.45　输入代码

（2）按 F5 键可以执行代码，如果成功将显示如图 4.46 所示的信息。单击查询分析器右上角的关闭按钮，关闭查询分析器。

（3）选择“开始”→“程序”→“Microsoft SQL Server”→“对象资源管理器”命令，打开对象资源管理器，展开服务器目录树，在“数据库”中不难发现，stu01db 数据库已经存在其中，如图 4.47 所示。

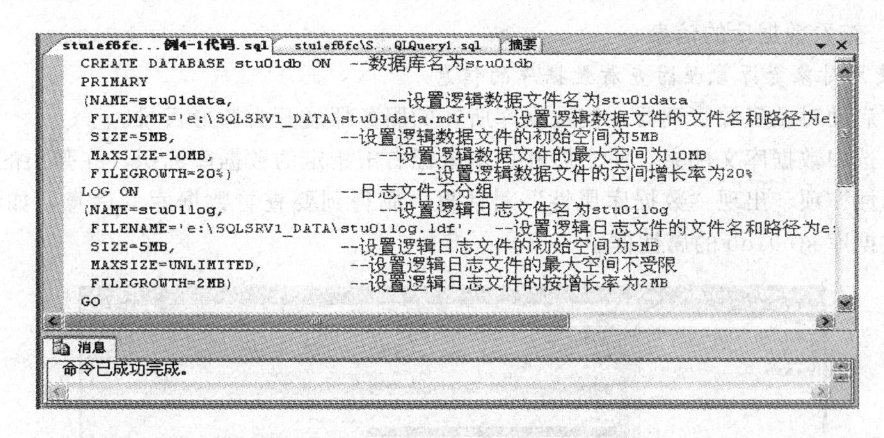

图 4.46　在查询分析器中执行代码

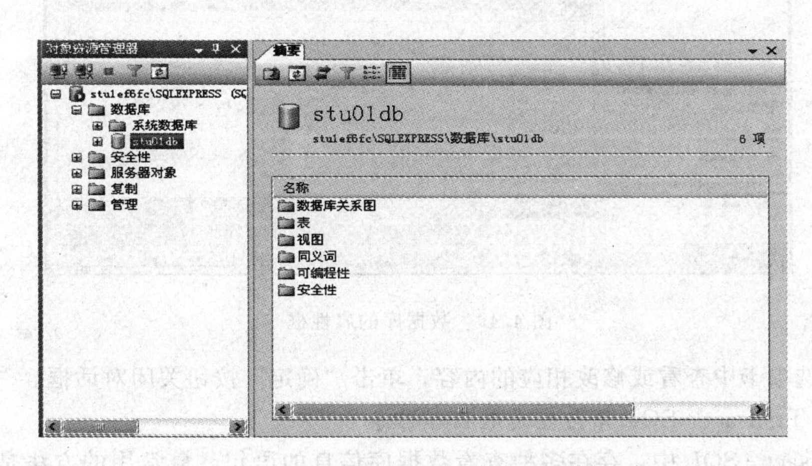

图 4.47　在“对象资源管理器”中查看结果

（4）要查看这个实例的结果，也可以查看在“e:\SQLSRV1_DATA”目录下，是否存在 stu01data 和 stu01log 这两个文件，如图 4.48 所示。

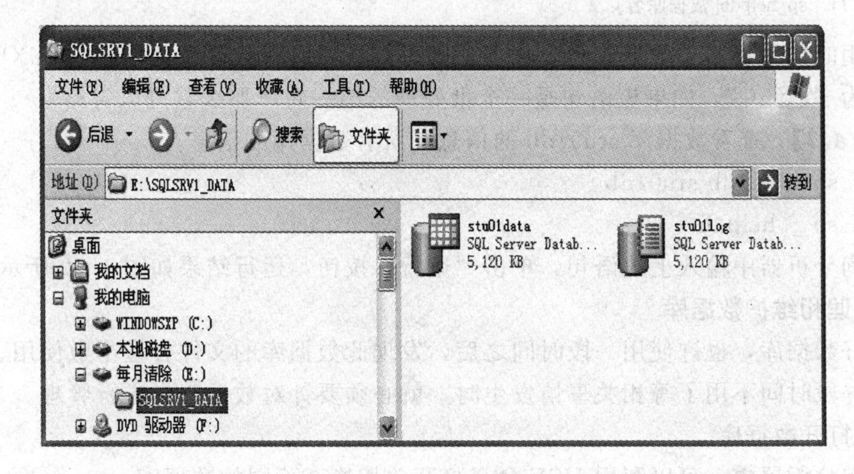

图 4.48　在文件夹下查看结果

4.3.4.2　查看数据库的信息

1. 使用对象资源管理器查看数据库的信息

（1）启动对象资源管理器，使数据库所在的服务器展开为树形目录。

（2）选中数据库文件夹，使之展开；用鼠标右击指定的数据库标识，在弹出的菜单中选择“属性”项，出现“数据库属性”对话框，则得到要查看数据库的信息，如图 4.49 所示为数据库 stu01db 的属性框。

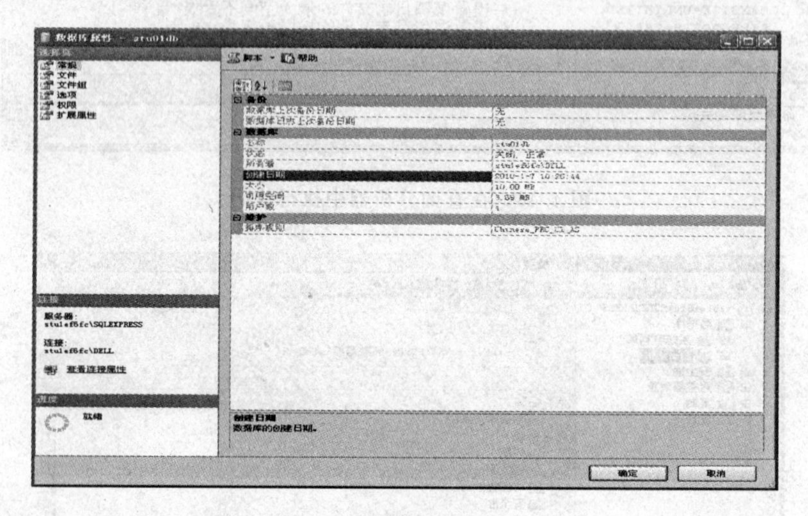

图 4.49　数据库的属性框

（3）在选项卡中查看或修改相应的内容，单击“确定”按钮关闭对话框。

2. 使用 Transact - SQL 语句查看数据库信息

在 Transact - SQL 中，存在多种查看数据库信息的语句，最常用的方法是调用系统存储过程 sp_helpdb。

语法格式为

```
[EXECUTE] sp_helpdb[数据库名]
```

在调用时如果省略“数据库名”选项，则可以查看所有数据库的信息。“EXECUTE”可以缩写为“EXEC”，如果该语句是一个批处理的第一句，那么它可以省略。

【实例 4.2】 查看数据库 stu01db 的信息和所有数据库的信息。

```
EXEC sp _ helpdb stu01db
EXEC sp _  helpdb
```

在查询分析器中输入上述语句，单击“运行”按钮，运行结果如图 4.50 所示。

4.3.5　管理和维护数据库

创建好数据库，也许使用一段时间之后，发现此数据库的文件容量不敷使用、此数据库已经有一段时间不用了等相关事情发生时，就必须要针对数据库来进行管理。

4.3.5.1　打开数据库

在查询分析器中，可以利用 USE 命令打开并切换至不同的数据库。

在查询分析器中以 Transact - SQL 语句打开并切换数据库的命令格式：

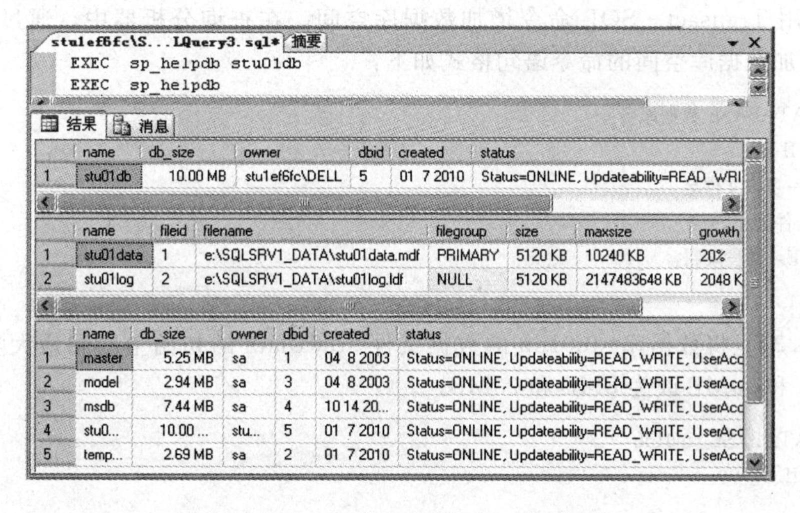

图 4.50 查看数据库信息的运行结果

```
USE database_name
```

其中：database _ name 为要打开切换的数据库名。

4.3.5.2 增减数据库空间

1. *增加数据库空间*

随着数据量和日志量的不断增加，会出现数据库和事务日志存储空间不够的问题，因而要增加数据库的可用空间。SQL Server 可通过对象资源管理器和 T-SQL 命令两种方式增加数据库的可用空间。

(1) 使用对象资源管理器增加数据库空间。按照前面所讲述的方法，打开数据库的“属性”对话框，选择“文件”，在属性页中修改对应数据库的“分配空间”或“最大文件大小”等选项，如图 4.51 所示。

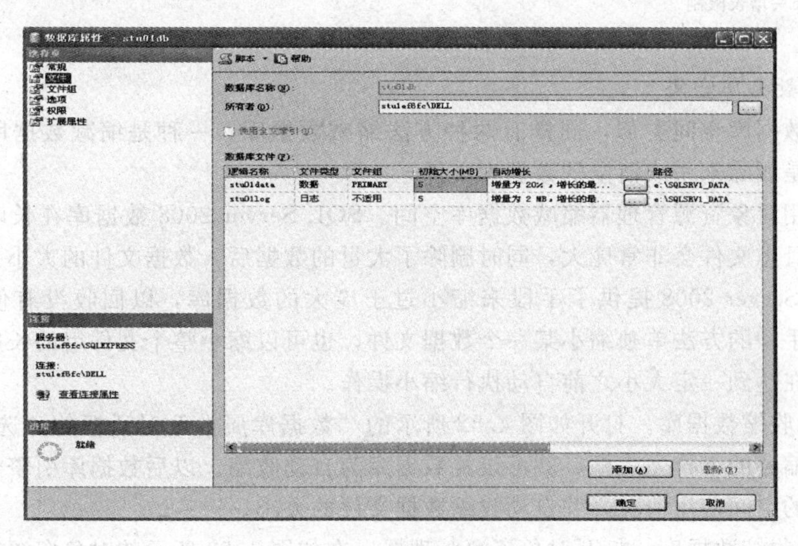

图 4.51 增加数据库文件的空间

（2）使用 Transact－SQL 命令增加数据库空间。在查询分析器中，通过 Transact－SQL 命令增加数据库空间的命令语句格式如下：

```
ALTER DATABASE 数据库名
MODIFY FILE
 (NAME=逻辑文件名，
 SIZE=文件大小，
 MAXSIZE=增长限制
 )
```

【实例 4.3】 将数据库 stu01db 的数据文件 stu01data 的初始空间和最大空间分别由原来的 5MB 和 10MB 改为 8MB 和 20MB。

```
ALTER DATABASE stu01db
MODIFY FILE
(
NAME=stu01data，
SIZE=8，
MAXSIZE=20
)
```

以上是通过增加数据库文件大小的方法增加数据库的空间，也可以使用另外一种方法，那就是增加数据库文件的数量。即添加新的辅助文件或事务日志文件。

```
ALTER DATABASE 数据库名
ADD FILE| ADD LOG FILE
 (NAME=逻辑文件名，
 FILENAME=物理文件名，
 SIZE=文件大小，
 MAXSIZE=增长限制
 )
```

2. 缩减数据库空间

与增加数据库空间类似，同样有两种方法缩减数据库，一种是缩减数据库文件的大小，另一种是删除未用或清空的数据库文件。

（1）使用对象资源管理器缩减数据库空间。SQL Server 2008 数据库在长时间使用后数据文件和日志文件会非常庞大，同时删除了大量的数据后，数据文件的大小并没有自动变小。SQL Server 2008 提供了手段来缩小过于庞大的数据库，以回收没有使用的数据页。可以用手动的方法单独缩小某一个数据文件，也可以缩小整个文件组的长度。还可以设置数据库在达到一定大小之前自动执行缩小操作。

1）自动收缩数据库。打开如图 4.52 所示的“数据库属性”对话框的“选项”界面，单击自动收缩旁的下拉列表框，就可设置数据库为自动收缩。以后数据库引擎会定期检查每个数据库的空间使用情况，并自动收缩数据文件的大小。

2）手动收缩数据库。打开对象资源管理器，在如图 4.53 所示的对象资源管理器上选择待收缩的数据库，右击数据库，在弹出的快捷菜单中，选择“任务”→“收缩”→“数

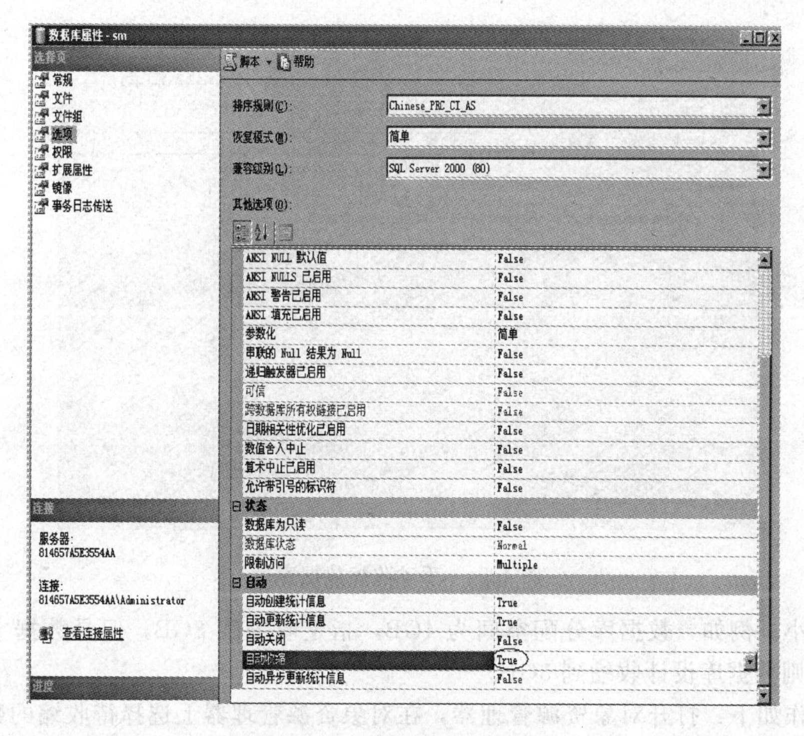

图 4.52　设置自动收缩数据库

据库”，弹出如图 4.54 所示的收缩数据库界面，在此可以进行手动收缩数据库的操作。

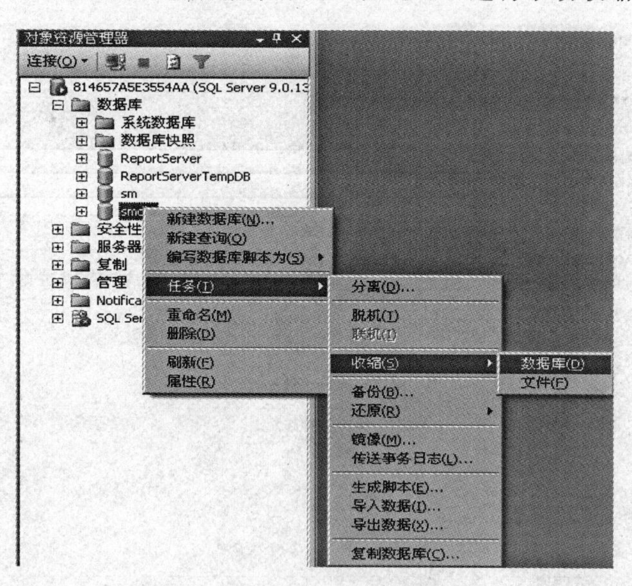

图 4.53　设置手动收缩数据库

3）设置手动收缩数据文件。SQL Server 2008 的数据文件和日志文件都可以收缩，可以设置为自动收缩，也可以手动收缩。我们可以设置数据库收缩后的空间大小，收缩操作将从数据文件的尾部开始。如果指定的收缩空间小于实际数据文件的大小，数据库将收

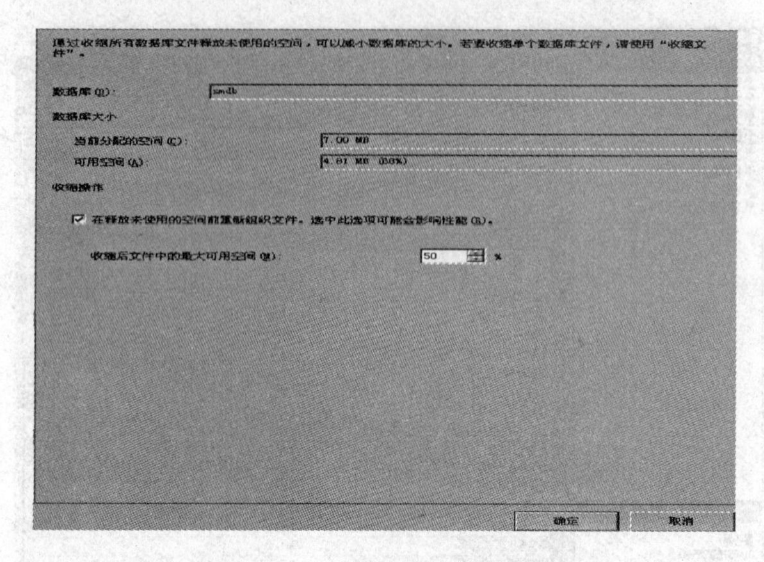

图 4.54　手动收缩数据库

缩到实际大小。例如，数据库分配空间为 4GB，指定收缩到 2GB，但是数据文件实际大小为 3GB，则数据库设计收缩到 3GB。

具体操作如下：打开对象资源管理器，在对象资源管理器上选择待收缩的数据库，右击数据库，在弹出的快捷菜单中，选择“任务”→“收缩”→“文件”，弹出如图 4.55 所示的收缩数据文件界面，在此可以进行手动收缩数据文件的操作。

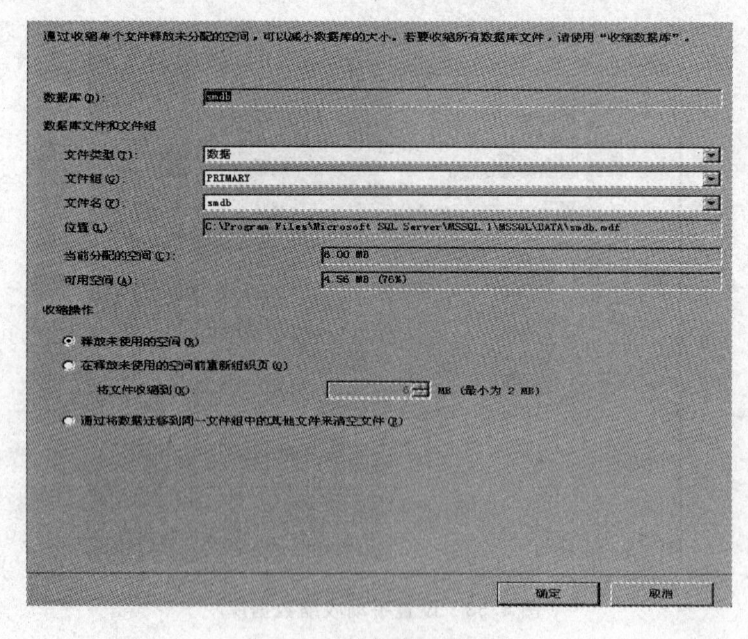

图 4.55　手动收缩数据文件

（2）使用 Transact - SQL 命令缩减数据库空间。使用 Transact - SQL 的 DBCC SHRINKDATABASE 命令缩减数据库空间的语法格式如下：

DBCC SHRINKDATABASE(数据库名[，新的大小])

注意：在使用该命令之前应当先用 sp_dboption 命令，将所要收缩的数据库设定为单用户模式，缩减完后再恢复，命令如下：

```
EXEC sp_ dboption 'stu01db','single user ', TRUE
EXEC sp_ dboption 'stu01db','single user ', FALSE
```

4.3.5.3 数据库选项的设定与修改

首先应注意，修改数据库的选项要有数据库管理员或数据库所有者的权限。

1. 使用对象资源管理器查看和设置数据库选项

在对象资源管理器中，打开相应数据库的属性对话框，进入“选项”标签，按说明查看和设置相应的数据库选项。

2. 使用 Transact－SQL 命令查看和设置数据库选项

在查询分析器中，使用 Transact－SQL 命令修改数据库选项的语法格式如下：

sp_dboption [数据库名,选项名,{TRUE|FALSE}]

【实例 4.4】 将数据库 stu01db 设置为单用户，并且只读。

```
EXEC sp_dboption stu01db, ' single user ',TRUE
EXEC sp_ dboption stu01db, 'read only ',TRUE
```

4.3.5.4 更改数据库名称

通过在查询分析器中，执行存储过程 sp_renamedb，用户可以修改数据库名，命令格式如下：

sp_rename 旧名,新名

4.3.5.5 查看 SQL Server 上共有几个数据库

在对象资源管理器中展开数据库节点，比较容易得到数据库的个数。在查询分析器中，通过执行如下语句同样能获得数据库的个数，如图 4.56 所示。

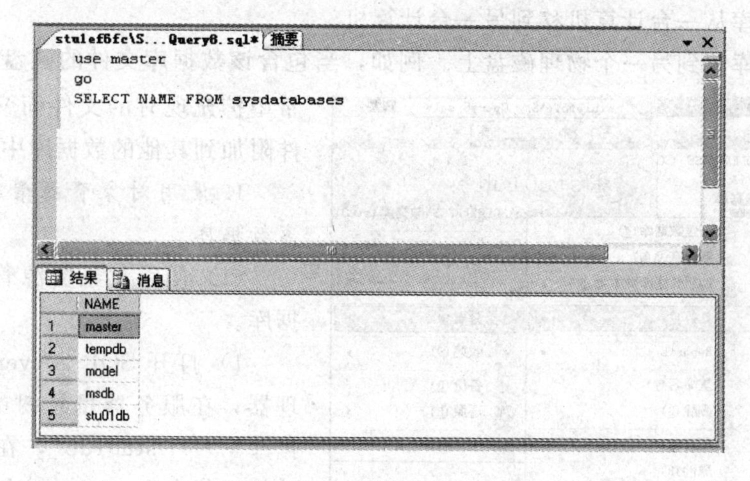

图 4.56 查看数据库的个数

4.3.5.6　删除数据库

在 SQL Server 中，删除一个数据库，将删除该数据库中的所有对象，释放出该数据库所占用的所有磁盘空间。当数据库处于正在使用、正在被恢复或正在参与复制 3 种状态之一时，不能删除数据库。

1. 使用对象资源管理器删除数据库

(1) 用鼠标右击要删除的数据库，在弹出的快捷菜单中选择“删除”命令。

(2) 在弹出的“删除对象”对话框中，选定要删除的数据库对象，单击“确定”按钮。

2. 使用 DROP DATABASE 语句删除数据库

在查询分析器中，录入并执行 DROP DATABASE 语句，删除指定的数据库。语句格式为

```
DROP DATABASE 数据库名[,…n]
```

【实例 4.5】 使用 DROP DATABASE 语句删除数据库 stu01db，在查询分析器中，输入下面语句：

```
DROP DATABASE stu01db
```

注意：若要删除的数据库正在被使用，则可先断开服务器与该用户的连接，然后删除该数据库。

4.3.5.7　附加/分离数据库

SQL Server 允许分离数据库的数据和事务日志文件，然后将它们重新附加到另一台服务器，甚至同一台服务器上。分离数据库将从 SQL Server 删除数据库，但是保持组成该数据库的数据和事务日志文件完好无损。也就是说，如果将一个数据库从一个服务器移植到另一个服务器上，需要先将数据库从旧的服务器上分离出去，再附加到新的服务器上去。要注意的是 master、model 和 tempdb 数据库是无法分离的。

通常，在下述情况下分离和附加数据库：

- 将数据库从一台计算机移到另一台计算机。
- 将数据库移到另一个物理磁盘上。例如，当包含该数据库文件的磁盘空间已用完，希望扩充现有的文件而又不愿意将文件附加到其他的数据库中。

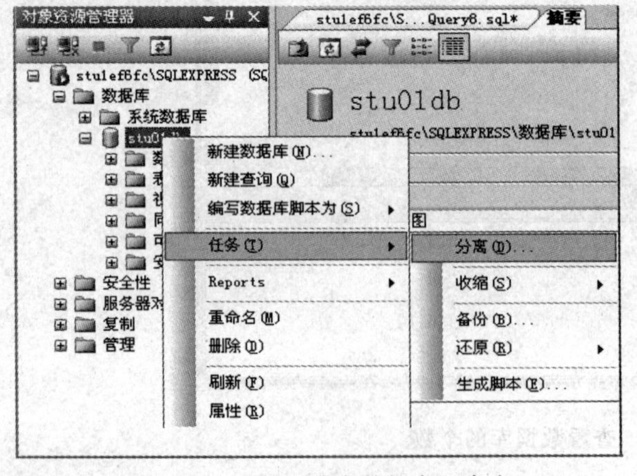

图 4.57　选择“分离数据库”命令

1. 使用对象资源管理器附加/分离数据库

(1) 使用对象资源管理器分离数据库。

1) 打开 SQL Server 对象资源管理器，在服务器目录树中，右击“数据库”→“stu01db”，在快捷菜单中选择“任务”→“分离”命令，如图 4.57 所示。

2）打开“分离数据库”对话框，检查数据库的状态。要成功地分离数据库，应确保数据库的状态为“数据库已就绪，可以分离”，如图 4.58 所示。

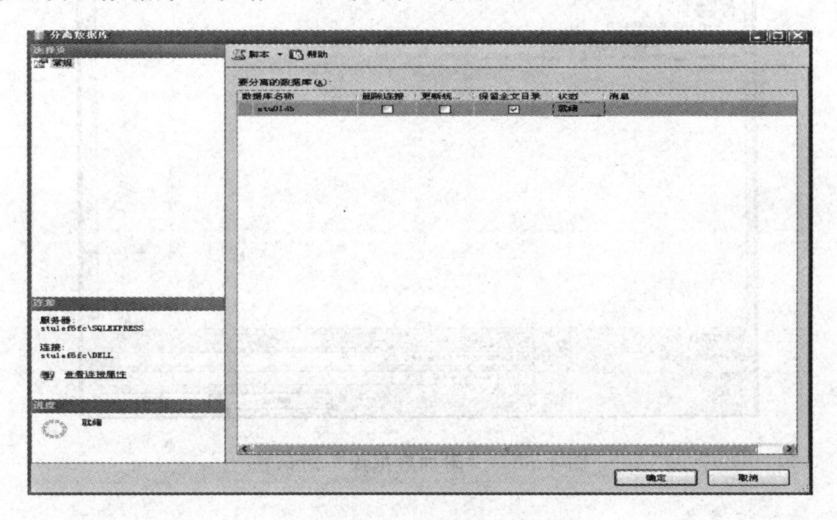

图 4.58 “分离数据库”对话框

3）如果在分离数据库时还有其他的用户正在使用该数据库，那么需要先终止现有数据库的连接，即单击“清除”按钮，才能继续分离数据库。

4）单击“确定”按钮，待分离的数据库将从数据库文件夹中被删除。

(2) 使用对象资源管理器附加数据库。

1）打开 SQL Server 对象资源管理器，在服务器目录树中，右击“数据库”，在快捷菜单中选择“附加”命令，如图 4.59 所示。

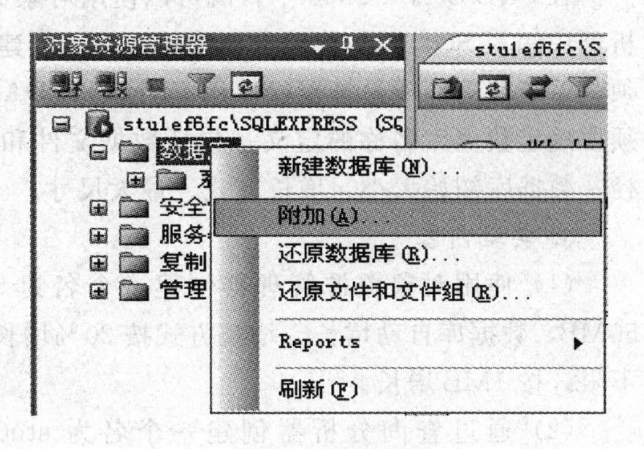

图 4.59 选择“附加数据库”命令

2）在打开的“附加数据库”对话框中，单击“添加”按钮，弹出“定位数据库文件”对话框，对话框中查找需要附加的数据库（本例为 E:/SQLSRV1_DATA/stu01db.mdf），如图 4.60 所示。

3）单击“确定”按钮，即可完成数据库的附加操作。

【实验 2 创建与管理数据库】

1. 实验目的

(1) 熟练掌握在对象资源管理器中创建用户数据库的方法。

(2) 熟练掌握使用 SQL 语句创建用户数据库的方法。

(3) 掌握使用创建数据库向导创建数据库的方法。

(4) 熟练进行数据库属性的设置。

(5) 熟练掌握数据库的修改和删除的方法。

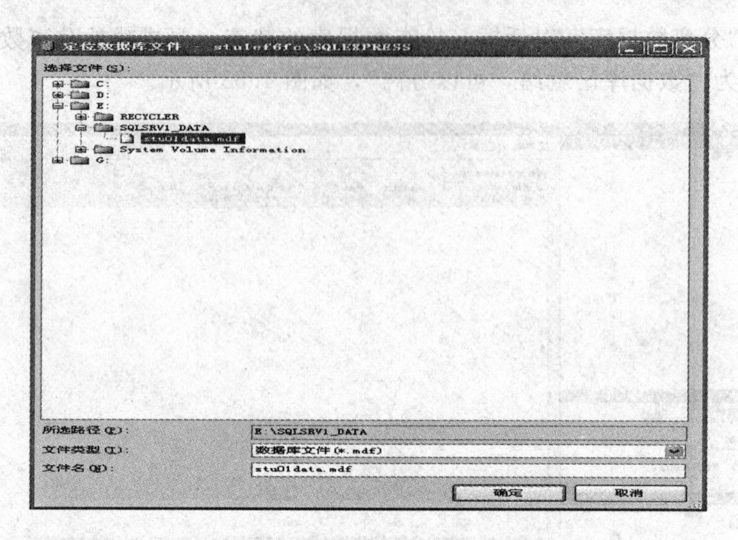

图4.60　“附加数据库”对话框

2. 实验的知识准备

在SQL Server 2008中，既可以使用对象资源管理器来创建数据库，也可以在查询分析器中编写SQL语句代码来创建数据库。创建时首先要明确，能够创建数据库的用户必须是系统管理员或是被授权使用CREATE DATABASE语句的用户；其次创建数据库必须要确定数据库名称的定义，包括数据文件和日志文件的逻辑名称、物理名称、存储路径；数据库初始大小、增长方式、最大尺寸。

3. 实验内容

(1) 使用对象资源管理器创建一个名为SM的数据库，初始大小为3MB，最大为50MB，数据库自动增长，增长方式按20%增长；日志文件初始化大小为2MB，最大大小不限，按1MB增长。

(2) 通过查询分析器创建一个名为stu01db的数据库，指定主数据库文件名为stu01db_data，存储路径为“D:盘自己的文件夹”，该数据文件的初始大小为10MB，最大为100MB，数据库自动增长，增长方式按10MB增长；指定日志文件名为stu01db_log，存储路径为“D:盘自己的文件夹”，该日志文件初始大小为20MB，最大为200MB，按10MB增长。

(3) 使用向导创建一个名为“信息管理”的数据库，初始大小为2MB，最大为40MB，数据库自动增长，增长方式按10%增长；日志文件初始大小为3MB，最大不受限制，按1MB增长。

(4) 使用企业人管理器修改SM数据库最大文件大小为200MB。

(5) 使用SQL语句在SM数据库中添加一个数据文件SM_data1，指定初始大小为4Mb，最大不受限制，增长方式按10%增长。

```
ALTER TABLR SM
ADD FILE
(NAME='sm_data1',
```

```
Filename='d:\example\sm_data1.dbf',
SIZE=4,
MAXSIZE=unlimited,
FILEGROWTH=10%)
GO
```

(6) 使用 SQL 语句，将 SM 数据库中的数据文件 SM_data1 的最大大小改为 120MB。

```
ALTER TABLE SM
MODIFY FILE
(NAME='SM_data1',
MAXSIZE=120MB)
GO
```

(7) 使用 SQL 语句删除“信息管理”数据库。

提示：当数据库正在参与复制，不能删除；当数据库正在被复制时，不能删除；当有用户正在使用数据库时，不能删除。

4.3.6 数据库中的表

SQL Server 支持多种数据库对象，比如表、视图、索引和存储过程等。在诸多的对象中，最重要的对象就是表。表是组成数据库的基本元素。在上个任务的实训中曾要求读者预先创建好了学生学籍管理数据库 SM，假设已经创建了数据库 SM，那么，怎么才能在数据库中创建数据表？又如何向数据表中添加数据呢？本任务的实施将解决这些问题。

通过本任务的实施，使读者理解表的基本概念；熟练掌握创建、修改和删除数据表的方法；熟练掌握插入、修改和删除数据表中数据的方法；掌握约束、默认值和规则的使用方法。

在数据库中，表是由数据按一定的顺序和格式构成的数据集合，是数据库的主要对象。每一行代表一条记录，每一列代表记录的一个字段。

4.3.6.1 表的基本概念

关系数据库的理论基础是关系模型，它直接描述数据库中数据的逻辑结构。关系模型的数据结构是一张二维表，在关系模型中现实世界的实体与实体之间的联系均用二维表来表示，在 SQL Server 数据库中，表定义为列的集合，数据在表中是按行和列的格式组织排列的。每行代表唯一的一条记录，而每列代表记录中的一个域。

SQL Server 2008 中，每个数据库中最多可以创建 200 万个表，用户创建数据库表时，最多可以定义 1024 列，也就是可以定义 1024 个字段，每行最多 8060 字节的用户数据。

对于开发一个大型的管理信息系统，必须按照数据库设计理论与设计规范对数据库进行专门的设计，这样开发出来的管理信息系统才能既满足用户需求，又具有良好的可维护性与可扩充性。

4.3.6.2 创建表

在 SQL Server 中建立了数据库之后，就可以在该数据库中创建表了。创建表可以在企业管理器和在查询分析器中使用 T-SQL 语言两种方法进行。不管哪种方法，都要求用户具有创建表的权限，默认情况下，只有系统管理员和数据库拥有者（DBO）可以创建表，但系统管理员和数据库拥有者也可以授权给其他的用户来完成创建表的任务。

1. 创建表的步骤

创建表一般要经过定义表结构、设置约束和添加数据3步，其中设置约束可以在定义表结构时或定义完成之后建立。

(1) 定义表结构。给表的每一列取字段名，并确定每一列的数据类型、数据长度、列数据是否可以为空等。

(2) 设置约束。设置约束是为了限制该列输入值的取值范围，以保证输入数据的正确性和一致性。

(3) 添加数据。表结构建立完成之后，应该向表中输入数据。

2. 使用对象资源管理器创建表

利用对象资源管理器提供的图形界面来创建表很方便，下面以学生表（Student）为例，讲述企业管理其中创建表的步骤。

(1) 打开对象资源管理器，选中上一个任务所建立的数据库SM，右击表节点，单击弹出菜单中的“新建表”命令，如图4.61所示。

(2) 此时出现图4.62所示的表设计器窗口。该窗口是专门用来设计表结构的，在其上半部分进行列的基本属性设置，下半部分是列属性（Column Properties)，用于指定列的详细属性。

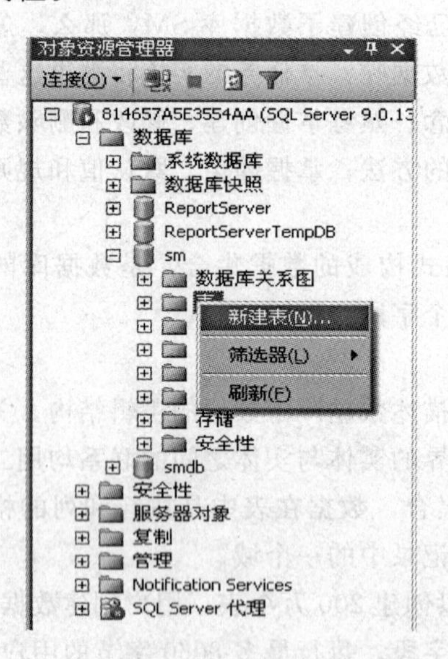

图4.61　“新建表”菜单

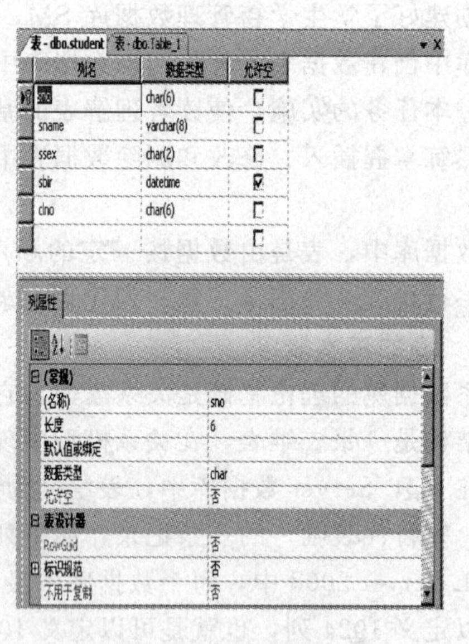

图4.62　表设计窗口

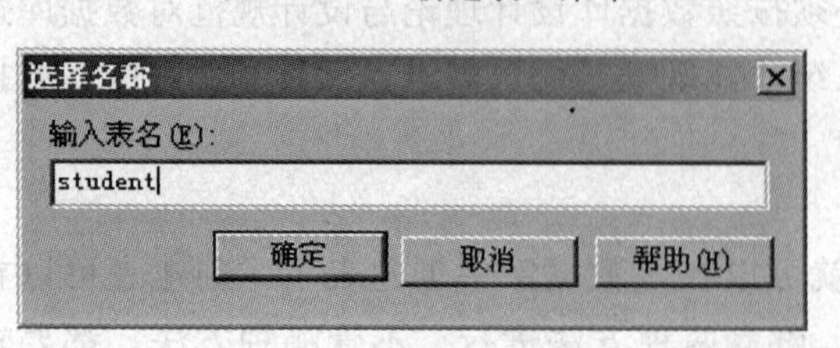

图4.63　为创建的表命名

(3) 在表设计器窗口中，分别进行Student表中各列的设计，如图4.62所示。

(4) 单击设计器工具栏上的“保存”按钮，出现如图4.63所示的对话框，输入表名student，最后单击“确定”按钮，完成student表的设计。

3. 使用查询分析器创建表

定义基本表使用 CREATE TABLE 命令，其功能是定义表名、列名、数据类型、表示初始值和步长等，定义表还包括定义表的完整性约束和缺省值。

定义基本表的格式为：

```
CREATE TABLE＜表名＞(＜列名＞＜类型＞|AS＜表达式＞[＜列级约束＞]
                    [,……]
                    [＜表级约束＞])
```

上述格式有以下问题需要说明。

（1）列级约束。列级约束也称字段约束，可以使用以下短语定义：

1）[NOT NULL | NULL]：定义不允许或允许字段值为空。

2）[PRIMARY KEY CLUSTERED | NON CLUSTERED：定义该字段为主码并建立聚集或非聚集索引。

3）[REFERENCE ＜参照表＞（＜对应字段＞）]：定义该字段为外码，并指出被参照表及对应字段。

4）[DEFAULT ＜缺省值＞]：定义字段的缺省值。

5）[CHECK（＜条件＞）]：定义字段应满足的条件表达式。

6）[IDENTITY（＜初始值＞，＜步长＞）]：定义字段为数值型数据，并指出它的初始值和逐步增加的步长值。

（2）表级约束。表级约束也称记录约束，格式为

```
CONSTRAINT＜约束名＞  ＜约束式＞
```

约束式主要有以下几种。

1）[PRIMARY KEY[CLUSTERED|NONCLUSTERED](＜列名组＞)]：定义表的主码并建立主码的聚集或非聚集索引。

2）[FOREIGN KEY(＜外码＞)REFERENCES＜参照表＞(＜对应列＞)]：指出表的外码和被参照表。

3）[CHECK(＜条件表达式＞)]：定义记录应满足的条件。

4）[UNIQUE(＜列组＞)]：定义不允许重复值的字段组。

【实例 4.6】 用 CREATE TABLE 语句创建数据库 SM 中的 course 表，要求课程号为主码，课程名字唯一，每门课的学分默认为 4。

```
USE SM
GO
CREATE TABLE course
 (Cno char(5)PRIMARY KEY,
  Cname varchar(30)UNIQUE,
Ctno char(2),
Cinfo varchar(50),
Ccredits numeric(2,0)DEFAULT(4),
```

```
Ctime numeric(3,0),
Cpno char(5),
Cterm numeric(1,0))
```

【实例 4.7】 用 CREATE TABLE 语句创建数据库 SM 中的 SC 表，记录学生选课的信息，并处置外键约束。

```
CREATE TABLE SC
  (sno char(6)FOREIGN KEY(sno)REFERENCES student(sno),
  Cno char(5)FOREIGN KEY REFERENCES course(cno),
  Score numeric(3,1),
  PRIMARY KEY(sno,cno))
```

4.3.6.3　基本表的修改

一个表建立之后，可以根据需要对它的结构进行修改。修改的内容包括修改列属性，如列名、数据类型、数据长度等，还可以在表结构中添加和删除列、修改列约束等。可以使用 ALTER TABLE 语句修改表属性。

1. 使用 ADD 子句添加列

通过在 ALTER TABLE 语句中使用 ADD 子句，可以在表中增加一个或多个列。语法格式如下：

```
ALTER TABLE <表名> ADD<列名><数据类型>[<完整性约束>]
```

【实例 4.8】 使用 ALTER TABLE 语句向 student 表中增加一列 Email。

```
ALTER TABLE student ADD Email varchar(50)
```

2. 使用 ADD CONSTRAINT 子句添加约束

通过在 ALTER TABLE 语句中使用 ADD CONSTRAINT 子句，可以在表中增加一个或多个约束。语法格式如下：

```
ALTER TABLE <表名>
ADD CONSTRAINT <约束名> 约束[<列名表>]
```

【实例 4.9】 在 Student 表的 Sname 列上设置唯一约束。

```
ALTER TABLE student
ADD CONSTRAINT name01 unique(Sname)
```

3. 使用 ALTER COLUMN 子句修改列属性

通过在 ALTER TABLE 语句中使用 ALTER COLUMN 子句，可以修改表中列的数据类型、长度、是否允许为 NULL 等属性。语法格式如下：

```
ALTER TABLE <表名>
ALTER COLUMN <列名><数据类型>[NULL|NOT NULL]
```

【实例 4.10】 将 student 表中 Email 列的长度改为 50，并允许为空。

```
ALTER TABLE student
ALTER COLUMN Email varchar(50)NULL
```

4. 使用 DROP COLUMN 子句删除列

通过在 ALTER TABLE 语句中使用 DROP COLUMN 子句，可以在表中删除一个或多个列。语法格式如下：

```
ALTER TABLE <表名>
DROP COLUMN <列名>
```

【实例 4.11】 删除 student 表中 Email 列。

```
ALTER TABLE student
DROP COLUMN Email
```

5. 使用 DROP CONSTRAINT 子句删除约束

通过在 ALTER TABLE 语句中使用 DROP CONSTRAINT 子句，可以在表中删除一个或多个约束。语法格式如下：

```
ALTER TABLE <表名>
DROP CONSTRAINT <约束名>
```

【实例 4.12】 删除 student 表中 Sname 列上的唯一约束。

```
ALTER TABLE student
DROP CONSTRAINT name01
```

4.3.6.4 查看表

1. 查看表的定义

(1) 使用对象资源管理器查看。在对象资源管理器中选中要查看的表，单击鼠标右键，在弹出的菜单中选中“设计”菜单项，如图 4.64 所示，打开 SC 表的结构定义信息。

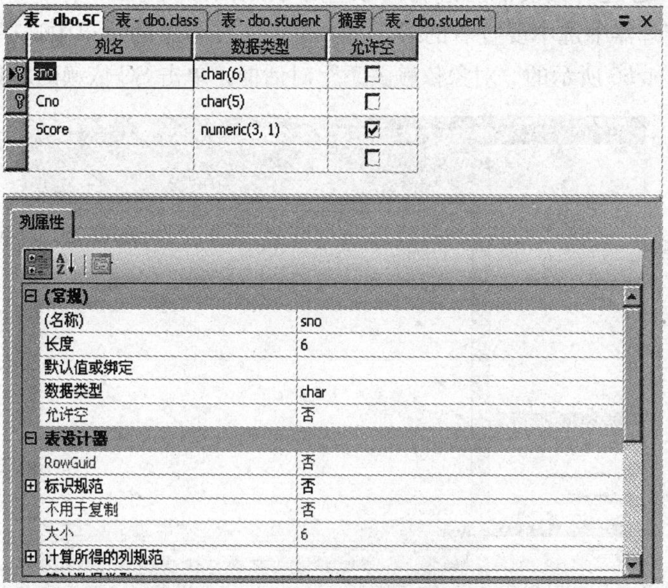

表 - dbo.SC | 表 - dbo.class | 表 - dbo.student | 摘要 | 表 - dbo.student

列名	数据类型	允许空
sno	char(6)	☐
Cno	char(5)	☐
Score	numeric(3, 1)	☑
		☐

列属性

⊟ (常规)	
(名称)	sno
长度	6
默认值或绑定	
数据类型	char
允许空	否
⊟ 表设计器	
RowGuid	否
⊞ 标识规范	否
不用于复制	否
大小	6
⊞ 计算所得的列规范	

图 4.64 SC 表结构显示

（2）使用系统存储过程 sp_help 查看。语法格式为

[EXECUTE] sp_help [<表名>]

【实例 4.13】 查看 SC 表的定义。其结果如图 4.65 所示。

```
USE SM
GO
EXEC sp_help SC
```

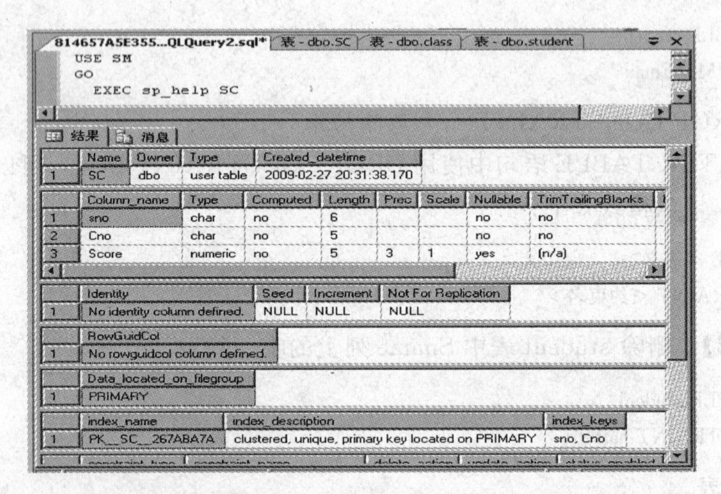

图 4.65　SC 表的定义信息

2. 查看表与其他对象间的依赖关系

数据库中包含许多数据对象，它们之间会有密切的关系，因此，了解表之间的依赖关系是非常重要的。通过对象资源管理器可以查看表之间的关系。

在对象资源管理器中选中要查看的表，右击鼠标，在弹出的菜单中选中“查看依赖关系”菜单项，打开如图 4.66 所示的“对象依赖关系”对话框，单击 SC 依赖的对象单选按钮。

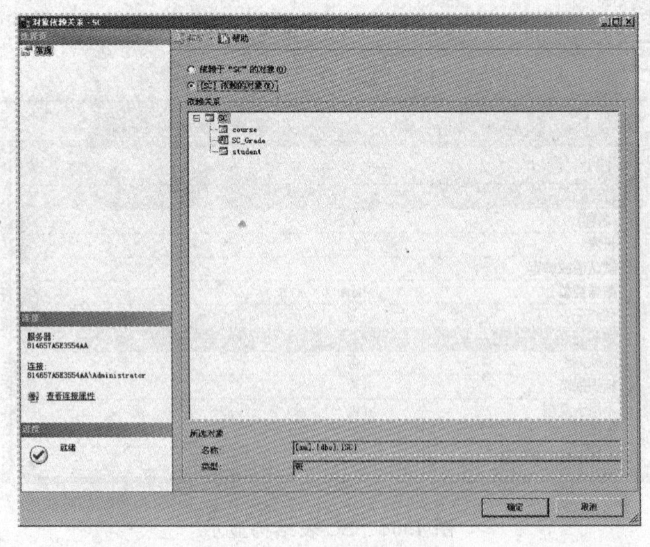

图 4.66　SC 表的相关性

4.3.6.5 基本表的删除

当不需要某个表时，可以将其删除。一旦表被删除，那么它的结构、数据及建立在该表上的约束、索引等都将被永久删除。删除表的操作可以使用 DROP TABLE 语句来完成。语法格式为

```
DROP TABLE <表名>
```

【实例 4.14】 删除 SM 数据库中 Department 表。

```
USE SM
GO
DROP TABLE Drpartment
```

注意：DROP TABLE 语句不能删除系统表。

【实验 3 数据表的创建与维护】

1. 实验目的

（1）了解 SQL Server 数据的类型。

（2）了解表的结构。

（3）学会使用对象资源管理器和查询分析器创建数据表。

（4）熟练掌握使用对象资源管理器对数据表进行维护的操作。

（5）熟练掌握使用 SQL 语句对数据表进行维护的操作。

（6）掌握约束、默认和规则的使用方法。

2. 实验知识准备

创建表，需要为每一个数据表设计表结构。参照数据表样本的设计方法，为数据表设计列名、数据类型、宽度、是否为空。同时还要实施数据完整性，即 PRIMARY KEY（主键）、FOREIGN KEY（外键）、UNIQUE（唯一）、CHECK（检查）、DEFAULT（缺省）约束。

对数据表的插入、删除和修改都属于数据库对象的基本操作。其操作可以在对象资源管理器中进行，也可以使用 SQL 语句实现。熟练掌握使用 SQL 语句对数据表的操作。

3. 实验内容及步骤

（1）在对象资源管理器中创建 SM 数据库中的 student（学生表）、teacher（教师表）、department（系表）、title（职称表）和 coursetype（课程类型表）。

（2）在查询分析器中使用 SQL 语句完成 SM 数据库中 course（课程表）、SC（选课表）、class（班级表）和 TC（授课表）的创建。

（3）验证课堂上的实例。

（4）输入下列 SQL 语句，查看 student 表的定义。

```
USE SM
EXEC sp_help student
```

提示：实际上，使用系统命令 sp_help 可以查看数据库对象的定义，除了表以外，还包括视图、存储过程以及用户自定义数据类型等。

（5）输入下列 SQL 语句，查看 student 表与其他表之间的依赖关系。

```
USE SM
EXEC sp_depends student
```

(6) 输入下列 SQL 语句，查看 student 表上的约束。

```
USE SM
EXEC sp_helpconstraint student
```

4.4 项 目 实 施

SQL Server 数据库是存储数据的容器，是用户观念中的逻辑数据库和管理员观念中的物理数据库的统一。创建数据库的工作就是在物理磁盘上创建一个个数据库对象。

4.4.1 学籍管理系统数据库的创建

4.4.1.1 使用对象资源管理器创建用户数据库

(1) 在对象资源管理器里面展开 SQL Server 服务器，右击“数据库”，在弹出的快捷菜单中选择“新建数据库”命令，如图 4.67 所示。

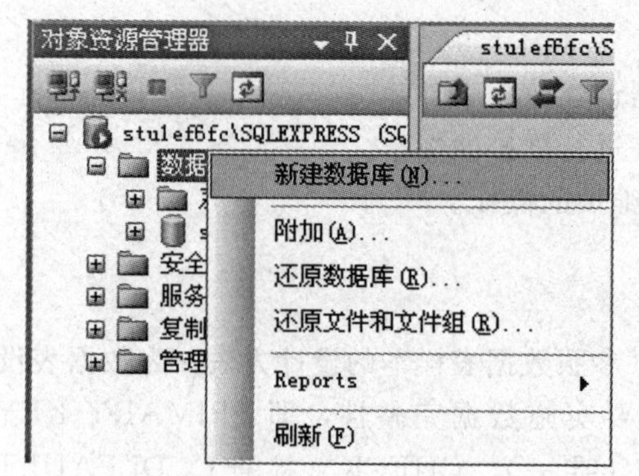

图 4.67 利用对象资源管理器创建用户数据库

(2) 系统弹出“新建数据库”对话框，在“名称”输入框中输入创建的数据库名称 SM，选择数据库文件存放的路径（本例为 E：\SQLSRV1_DATA），如图 4.68 所示。

(3) 单击“确定”按钮，此时系统会以数据库名作为前缀创建主数据库文件和事务日志文件，如 SM_Data.mdf 和 SM_Log.ldf。主数据库和事务日志文件的初始大小为 Model 系统数据库指定的默认大小相同。

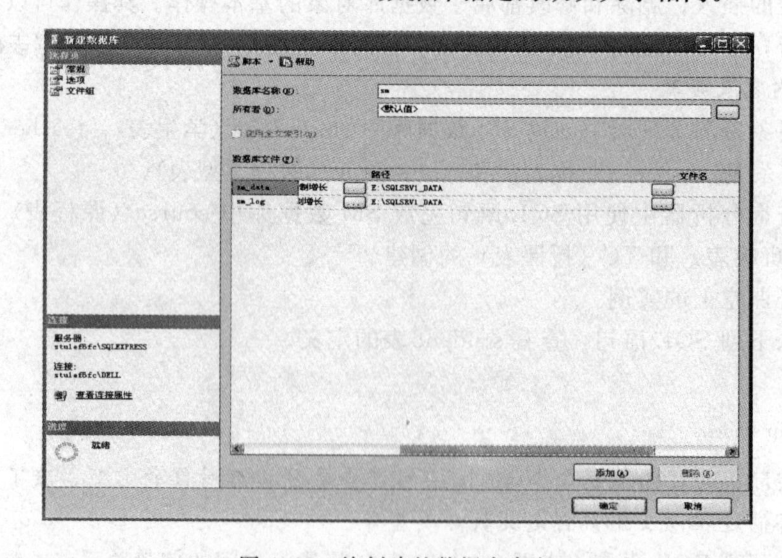

图 4.68 给创建的数据库命名

（4）创建完成后，就可以在 SQL Server 的对象资源管理器中看到新创建的数据库 SM，如图 4.69 所示。

4.4.1.2 使用查询分析器创建学籍管理数据库

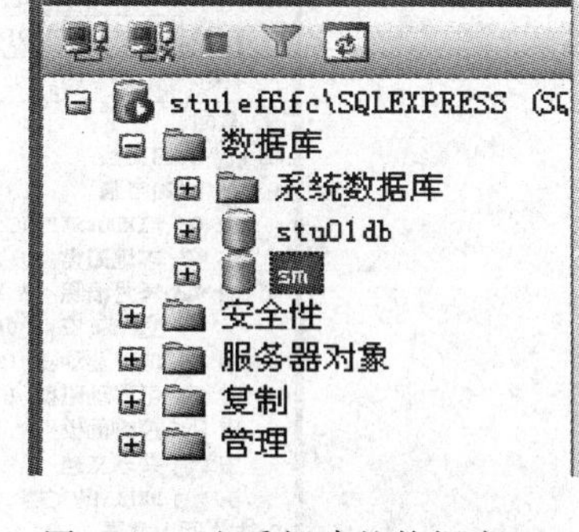

图 4.69 查看新建的数据库 SM

（1）在查询分析器中输入下列代码：

```
CREATE DATABASE SM ON                   ——数据库名为 SM
PRIMARY(NAME=SMdata,FILENAME='e:\SQLSRV1_DATA\SMdata.mdf',
SIZE=5MB,                               ——初始空间为 5MB
MAXSIZE=10MB,                           ——最大空间为 10MB
FILEGROWTH=20%)                         ——空间增长率为 20%
LOG ON                                  ——日志文件不分组
(NAME=Smlog,                            ——日志文件名
FILENAME='e:\SQLSRV1_DATA\SMlog.ldf',
SIZE=5MB,                               ——初始空间为 5MB
MAXSIZE=UNLIMITED,                      ——最大空间不受限
FILEGROWTH=2MB)                         ——按空间增长每次
GO
```

（2）按 F5 键可以执行代码，如果成功将显示图 4.70 所示的信息。单击查询分析器右上角的“关闭”按钮，关闭查询分析器。

（3）打开对象资源管理器，展开服务器目录树，在“数据库”中不难发现，SM 数据库已经存在其中，如图 4.71 所示。

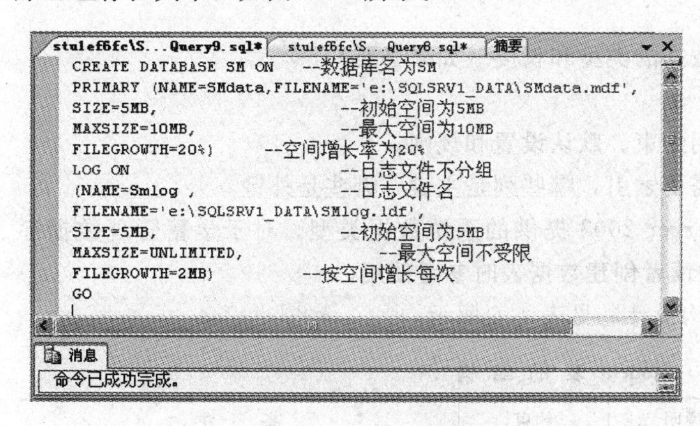

图 4.70 在查询分析器中执行代码

图 4.71 在“对象资源管理器”中查看结果

（4）要查看这个实例的结果，也可以查看在“e:\SQLSRV1_DATA”目录下是否存在 SMdata 和 SMlog 这两个文件，如图 4.72 所示。

4.4.2 学籍管理系统数据表的创建

4.4.2.1 设计表

SQL Server 数据库通常包含多个表，表是一个存储数据的实体，具有唯一的名称。可以说数据库实际上是表的集合，具体的数据都是存储在表中的。表是对数据进行存储和

图 4.72　在文件夹下查看结果

操作的一种逻辑结构，每一个表代表一个对象。例如，学籍管理数据库 SM 由学生表(Student)、课程表（Course)、教师表（Teacher)、班级表（Class)、系表（Department)、授课表（TC)、课程类型表（Coursetype)、选课表（SC）和职称表（Title）组成。这些表就是数据表，它们是由行和列组成的，通过表名和列名来识别数据。

对于具体的某一个表，在创建之前，需要确定表的下列特征：

(1) 表要包含的数据的类型。

(2) 表中的列数，每一列中数据的类型和长度（如果必要)。

(3) 哪些列允许空值。

(4) 是否要使用以及何处使用约束、默认设置和规则。

(5) 所需索引的类型，哪里需要索引，哪些列是主键，哪些是外键。

前面我们已经介绍了 SQL Server 2008 提供的系统数据类型。对于学籍管理数据库 SM 中的表作了以下设计，以帮助读者创建数据表时参考使用。

(1) 学生表（Student）的结构设计，见表 4.6 所示。

表 4.6　　student 表 的 结 构

字段名称（列名)	数据类型	说明	约束	备　注
Sno	Char(6)	学号	Primary Key	前2位表示该学生入学的年份，中间的两位表示该生的班级编号，后2位为顺序号。如 080101 表示 08 年入学 01 班的第 01 同学
Sname	Varchar(8)	姓名		
Ssex	Char(2)	性别		
Sbir	Datatime	出生日期		
Clno	Char(6)	班级编号	Foreign Key	
Tele	Varchar(13)	电话		

续表

字段名称（列名）	数据类型	说明	约束	备 注
Email	Varchar(15)	电子邮件		
Address	Varchar(30)	家庭地址		

（2）教师表（Teacher）的结构设计，见表4.7。

表4.7　teacher 表 的 结 构

字段名称（列名）	数据类型	说明	约束	备 注
Tno	Char(5)	教师编号	Primary Key	
Dno	Char(4)	系编号	Foreign Key	
Ttcode	Char(2)	职称编号	Foreign Key	
Tname	Varchar(8)	教师姓名		
Tsex	Char(2)	性别		
Tbir	Datatime	出生日期		
Twdata	Datatime	参加工作日期		
Trecord	Char(8)	学历		

（3）班级表（Class）的结构设计，见表4.8。

表4.8　class 表 的 结 构

字段名称（列名）	数据类型	说明	约束	备 注
CLno	Char(6)	班级编号	Primary Key	前4位表示该班入学的年份，后2位为顺序号。如200801表示08年入学的第01班
Dno	Char(2)	系编号	Foreign Key	
Tno	Char(4)	教师编号	Foreign Key	
CLname	Varchar(20)	班级名称		

（4）课程表（course）的结构设计，见表4.9。

表4.9　course 表 的 结 构

字段名称（列名）	数据类型	说明	约束	备 注
Cno	Char(5)	课程编号	Primary Key	
CTno	Char(2)	课程类型编号	Foreign Key	
Cname	Varchar(50)	课程名称		
Cinfo	Varchar(50)	课程介绍		
Ccredits	Numeric(2, 0)	学分		
Ctime	Numeric(3, 0)	总学时		
Cpno	char(5)	先修课程		
Cterm	Numeric(1, 0)	学期		

(5) 系表 (department) 的结构设计，见表4.10。

表4.10　department表的结构

字段名称（列名）	数据类型	说明	约束	备　注
Dno	Char(4)	系编号	Primary Key	
Dname	Varchar(8)	系名称		
Phone	Char(13)	电话		
Address	Char(20)	办公地点		

(6) 课程类型表 (coursetype) 的结构设计，见表4.11。

表4.11　coursetype表的结构

字段名称（列名）	数据类型	说明	约束	备　注
CTno	Char(2)	课程类型编号	Primary Key	
Ctname	Varchar(8)			
CTinfo	Varchar(20)	课程类型说明		

(7) 职称表 (title) 的结构设计，见表4.12。

表4.12　title表的结构

字段名称（列名）	数据类型	说明	约束	备　注
TTcode	Char(2)	职称编号	Primary Key	
TTname	varChar(8)	职称名称		
TTinfo	Varchar(20)	职称说明		

(8) 选课表 (SC) 的结构设计，见表4.13。

表4.13　SC表的结构

字段名称（列名）	数据类型	说明	约束	备　注
Sno	Char(6)	学号	Primary Key、Foreign Key	
Cno	Char(5)	课程编号	Primary Key、Foreign Key	
Score	Numeric(3, 1)	成绩		

(9) 授课表 (TC) 的结构设计，见表4.14。

表4.14　TC表的结构

字段名称（列名）	数据类型	说明	约束	备　注
Tno	Char(5)	教师编号	Primary Key、Foreign Key	
Cno	Char(5)	课程编号	Primary Key、Foreign Key	
TCadd	Varchar(30)	授课地点		
TCterm	Char(11)	授课学期		前9位为学年，后2位为本学年的学期，如“2006-2007/2”表示2006-2007学年第2学期

4.4.2.2 创建表

在设计好数据表之后就可以创建数据表了，默认状态下，只有系统管理员和数据库拥有者（DBO）可以创建表，但系统管理员和数据库拥有者也可以授权给其他的用户来完成创建表的任务。

在 SQL Server 中，创建数据表有两种方法：一种是使用对象资源管理器，另一种是使用查询分析器。

表是数据库中的重要组成部分，创建了数据库后就可以在上面建立表，下面将创建学籍管理系统所涉及的表。

1. 使用对象资源管理器创建表

利用对象资源管理器提供的图形界面来创建教师表（Teacher）。

（1）打开对象资源管理器，选中上一个任务所建立的数据库 SM，右击“表”节点，单击弹出菜单中的“新建表”命令，如图 4.73 所示。

（2）此时出现图 4.74 所示的表设计器窗口。该窗口是专门用来设计表结构的，在其上半部分进行列的基本属性设置，下半部分是 Column Properties，用于指定列的详细属性。

（3）在表设计器窗口中，分别进行 Teacher 表中各列的设计，如图 4.74 所示。

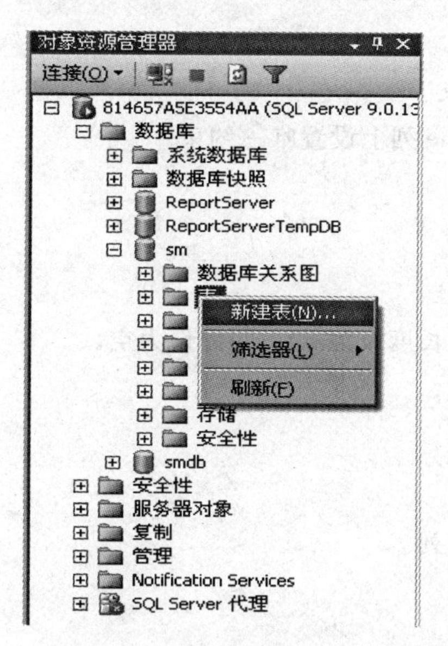

图 4.73 “新建表”菜单

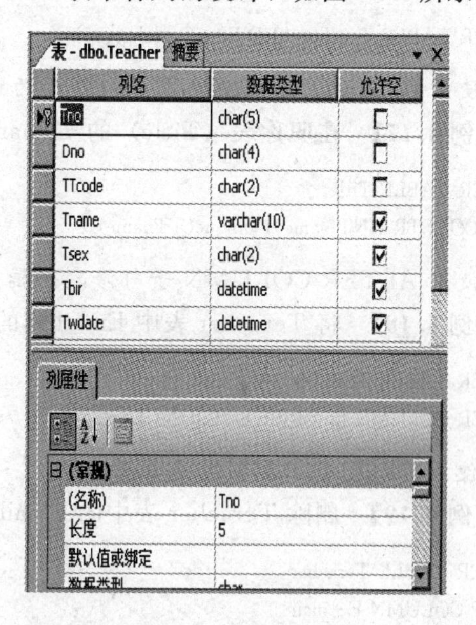

图 4.74 表设计窗口

（4）单击设计器工具栏上的“保存”按钮，出现如图 4.75 所示的对话框，输入表名 teachert，最后单击“确定”按钮，完成教师表的设计。

图 4.75 为创建的表命名

2. 使用查询分析器创建表

【实例 4.15】 用 CREATE TABLE 语

句创建数据库 SM 中的 TC 表。

```
USE SM
GO
CREATE TABLE TC
(Tno char(5)FOREIGN KEY(Tno)REFERENCES Teacher(Tno),,
 Cno char(5)FOREIGN KEY(cno)REFERENCES Course(cno),
 Tcladd varchar(30),
 TCterm char(11),
 PRIMARY KEY(Tno,Cno))
```

其他各表的创建，这里不作详细的讲述，希望读者自行完成。

4.4.2.3 基本表的修改

一个表建立之后，可以根据需要对它的结构进行修改。修改的内容包括修改列属性，如列名、数据类型、数据长度等，还可以在表结构中添加和删除列、修改列约束等。可以使用 ALTER TABLE 语句修改表属性。

1. 使用 ADD 子句添加列

【实例 4.16】 使用 ALTER TABLE 语句向教师表（Teacher）中增加一列 Email。

```
ALTER TABLE Teacher ADD Email varchar(50)
```

2. 使用 ADD CONSTRAINT 子句添加约束

【实例 4.17】 在职称表（Title）的 TTname 列上设置唯一约束。

```
ALTER TABLE Title
ADD CONSTRAINT name01 unique(TTname)
```

3. 使用 ALTER COLUMN 子句修改列属性

【实例 4.18】 将 Teracher 表中 Email 列的长度改为 50，并允许为空。

```
ALTER TABLE Teracher
ALTER COLUMN Email varchar(50)NULL
```

4. 使用 DROP COLUMN 子句删除列

【实例 4.19】 删除 Teracher 表中的 Email 列。

```
ALTER TABLE Teracher
DROP COLUMN E-mail
```

5. 使用 DROP CONSTRAINT 子句删除约束

【实例 4.20】 删除 Teracher 表中 Tname 列上的唯一约束。

```
ALTER TABLE Teracher
DROP CONSTRAINT name01
```

4.4.2.4 查看表

根据前面讲述的查看表的具体操作，读者可以进行表的定义、表与其他对象间的依赖关系、表上的约束的查看。

4.4.2.5　基本表的删除

当不需要某个表时，可以将其删除。一旦表被删除，那么它的结构、数据及建立在该表上的约束、索引等都将被永久删除。删除表的操作可以使用对象资源管理器和 DROP TABLE 语句来完成。

实训 4　物理模型设计

1. 工作任务

课外：各项目组根据实训 1 各自选定的题目，在项目经理的组织下，分工协作地开展活动，在各自选定系统逻辑模型设计的基础上，进行系统物理模型设计，给出系统的物理模型设计结果，编写系统物理模型设计的文档说明。

课内：要求以项目组为单位，提交设计好的系统物理设计结果，并附以相应的文字说明的电子文档，制作 PPT 课件并派代表上台演讲答疑。

2. 实训目标

（1）掌握物理模型设计的方法与步骤。

（2）掌握使用企业管理器设计数据库与数据表的方法。

（3）掌握在查询分析器中使用 SQL 语句进行数据库和数据表设计的方法。

（4）掌握在企业管理器对数据库与数据表维护的方法。

（5）掌握在查询分析器中使用 SQL 语句对数据库与数据表维护的方法。

（6）掌握使用企业管理器向数据表中添加数据、修改和删除数据的方法。

（7）掌握在查询分析器中使用 SQL 语句向数据表中添加数据、修改和删除数据的方法。

（8）掌握物理模型设计相关文档的编写。

3. 实训考核要求

（1）总的原则。主要考核学生对整个项目开发思路的理解，同时考查学生语言表达、与人沟通的能力；同时考核项目经理组织管理的能力、项目组团队协作能力；项目组进行系统物理模型设计及编写相应文档的能力。

（2）具体考核要求。

1）对演讲者的考核要点：口齿清楚、声音洪亮，不看稿，态度自然大方、讲解有条理、临场应变能力强，在规定时间内完成项目物理模型设计的整体讲述（时间 10 分钟）。

2）对项目组的考核要点：项目经理管理组织到位，成员分工明确，有较好的团队协作精神，文档齐全，规格规范，排版美观，结构清晰，围绕主题，上交准时。

习　题　4

1. 问答题

（1）试述数据库物理设计的内容和步骤。

（2）安装 SQL Server 时，系统自动提供的 4 个系统数据库分别是什么？各起什么

作用？

(3) 简述 SQL Server 2008 的基本体系结构。

(4) 在对数据进行什么操作时，DBMS 会检查缺省值约束？在对数据进行什么操作时，DBMS 会检查 CHECK 约束？

(5) UNIQUE 约束与 PRIMARYKEY 约束的区别？

2. 选择题

(1) SQL 语言集数据查询、数据操纵、数据定义和数据控制功能于一体，语句 ALTER DATABASE 实现的类功能是（　　）。

A. 数据查询　　B. 数据操纵　　C. 数据定义　　D. 数据控制

(2) 下列关于数据库、文件和文件组的描述中，错误的是（　　）。

A. 一个文件或文件组只能用于一个数据库

B. 一个文件可以属于多个文件组

C. 一个文件组可以包含多个文件

D. 数据文件和日志文件放在同一个组中

(3) 下列关于数据文件与日志文件的描述中，正确的是（　　）。

A. 一个数据库必须由三个文件组成：主数据文件、次数据文件和日志文件

B. 一个数据库可以有多个主数据库文件

C. 一个数据库可以有多个次数据库文件

D. 一个数据库只能有一个日志文件

(4) SQL Server 数据库保存了所有系统数据和用户数据，这些数据被组织成不同类型的数据库对象，以下不属于数据库对象的是（　　）。

A. 表　　B. 视图　　C. 索引　　D. 规则

(5) SQL Server 支持 4 个系统数据库，其中用来保存 SQL Server 系统登录信息和系统配置的（　　）数据库。

A. master　　B. tempdb　　C. model　　D. msdb

(6) 在以下各类约束的描述中正确的是（　　）。

A. UNQIUE 约束上的列中允许存在空值

B. 可以在“值为 NULL”的列上建立主键约束

C. UNQIUE 约束和 NO NULL 约束一起使用可以替代主键约束

D. CHECK 约束是一种用户自定义的约束。

(7) SQL 语言是（　　）标准语言。

A. 层次数据库　　B. 网络数据库　　C. 关系数据库　　D. 非数据库

(8) SQL 语言是（　　）的语言，易学习。

A. 过程化　　B. 非过程化　　C. 格式化　　D. 导航化

(9) 定义基本表时，若要求某一列的值是唯一的，则应在定义时使用（　　）保留字，但如果该列是主键，则可省写。

A. NULL　　B. NOT NULL　　C. DISTINCT　　D. UNIQUE

(10) FOREIGN KEY 约束是（　　）约束。

A. 实体完整性　　B. 参照完整性
C. 用户自定义完整性　　D. 域完整性

(11) 若要修改基本表中某一列的数据类型，需要使用ALTER语句中的（　　）子句。

A. DELETE　　B. DROP　　C. MODIFY　　D. ADD

(12) 向基本表中增加一个新列后，原有元组在该列上的值是（　　）。

A. TRUE　　B. FALSE　　C. 空值　　D. 不确定

(13) SQL具有（　　）功能。

A. 关系规范化　　B. 数据定义　　C. 数据操纵　　D. 数据控制

(14) SQL语言的使用方法有（　　）。

A. 交互式SQL　　B. 解释式SQL　　C. 嵌入式SQL　　D. 多用户SQL

(15) 下列命令中属于SQL语言中数据定义功能的语句有（　　）。

A. CREATE　　B. SELECT　　C. DROP　　D. ALTER

(16) SQL语言集数据查询、数据操纵、数据定义和数据控制功能于一体，语句ALTER TABLE实现的功能是（　　）。

A. 数据查询　　B. 数据操纵　　C. 数据定义　　D. 数据控制

(17) 删除一个表，正确的SQL语句是（　　）。

A. DROP 表名　　B. ALTER TABLE 表名
C. DROP TABLE 表名　　D. ALTER 表名

(18) 要删除表中的某列，正确的SQL语句是（　　）。

A. DROP TABLE 表名
　DROP COLUMN 列名
B. ALTER TABLE 表名
　DROP COLUMN 列名
C. ALTER TABLE 表名
　ADD COLUMN 列名
D. DROP TABLE 表名

(19) 要修改一个表中的某列的数据类型，正确的SQL语句是（　　）。

A. ALTER TABLE 表名
　ALTER COLUMN 列名
B. ALTER TABLE 表名
　ALTER COLUMN 列名 数据类型
C. ALTER TABLE 表名
　ADD COLUMN 列名 数据类型
D. ALTER TABLE 表名

(20) 要给一个表增加新列，正确的SQL语句是（　　）。

A. ALTER TABLE 表名
　ADD 列名 数据类型 [约束]
B. ALTER 表名
　ADD 列名 数据类型 [约束]
C. DROP TABLE 表名
　ADD COLUMN 列名 数据类型 [约束]
D. DROP TABLE 表名

3. 填空题

(1) 通过SQL语句，使用（　　）命令创建数据库，使用（　　）命令查看数据库定义信息，使用（　　）命令修改数据库结构，使用（　　）命令删除数据库。

(2) SQL Server 2000 提供了3种创建数据库的方法：使用企业管理器创建数据库、

使用 Transact-SQL 语句创建数据库和使用（ ）。

(3) 在数据库中，表的名称应该体现数据库、用户和表名3方面的信息。但是当（ ）时候，用户只需简单地用表名来引用表。

(4) 使用 ALTER TABLE 语句可以实现对表结构的修改操作。向表中添加列需要使用 ALTER TABLE 的 ADD 子句，删除列需要使用（ ）子句。使用 ALTER TABLE 语句还可以向一个已经存在的表添加约束或删除约束，向表中添约束需要使用（ ）子句，删除约束使用（ ）子句。

(5) 向已存在的表的某一列或某几列添加主键约束，表中已有的数据在这几列上需要满足两个条件：（ ）和（ ）。

(6) 若表 A 被表 B 通过 FOREIGN KEY 约束引用，此时要删除表 A，必须（ ）。

4. 设计题

(1) 设职工_社团数据库有三个基本表：

职工（职工号，姓名，年龄，性别）；

社会团体（编号，名称，负责人，活动地点）；

参加（职工号，编号，参加日期）。

其中：

1) 职工表的主键为职工号，姓名不允许为空，性别的取值只能为“男”或“女”，默认值为“男”。

2) 社会团体表的主键为编号；外键为负责人，被参照表为职工表，对应属性为职工号。

3) 参加表的职工号和编号为主键；职工号为外键，其被参照表为职工表，对应属性为职工号；编号为外键，其被参照表为社会团体表，对应属性为编号。

a. 试用 SQL 语句完成职工_社团数据库的创建。

b. 定义职工表、社会团体表和参加表，并说明其主键和参照关系等。

(2) 设有一图书馆数据库，包括3个表：图书表、读者表、借阅表。3个表的结构见表 4.15～表 4.17 所示。

表 4.15　图书表结构

列名	说明	数据类型	约束
图书号	图书唯一的图书号	定长字符串，长度为20	主键
书名	图书的书名	变长字符串，长度为50	空值
作者	图书的编著者名	变长字符串，长度为30	空值
出版社	图书的出版社	变长字符串，长度为30	空值
单价	出版社确定的图书的单价	浮点型，FLOAT	空值

1) 用 SQL 语句创建图书馆数据库。

2) 用 SQL 语句创建上述三个表。

3) 基于图书馆数据库的三个表，用 SQL 语言完成以下各项操作：

a. 给图书表增加一列“ISBN”，数据类型为 CHAR (10)。

表 4.16　　读者表结构

列　名	说　　明	数　据　类　型	约 束 说 明
读者号	读者唯一编号	定长字符串，长度为 10	主键
姓名	读者姓名	定长字符串，长度为 8	非空值
性别	读者性别	定长字符串，长度为 2	非空值
办公电话	读者办公电话	定长字符串，长度为 8	空值
部门	读者所在部门	变长字符串，长度为 30	空值

表 4.17　　借阅表结构

列　名	说　　明	数　据　类　型	约 束 说 明
读者号	读者的唯一编号	定长字符串，长度为 10	外码，引用读者表的主键
图书号	图书的唯一编号	定长字符串，长度为 20	外码，引用图书表的主键
借出日期	图书借出的日期	定长字符串，长度为 8，为'yymmdd'	非空值
归还日期	图书归还的日期	定长字符串，长度为 8，为'yymmdd'	空值
主键为：（读者号，图书号）			

b. 为刚添加的 ISBN 列增加默认值约束，约束名为 ISBNDEF，默认值为'7111085949'。

c. 为读者表的“办公电话”列，添加一个 CHECK 约束，要求前 5 位'88320'，约束名为 CHECKDEF。

d. 删除图书表中 ISBN 列增加缺省值约束。

e. 删除读者表中“办公电话”列的 CHECK 约束。

f. 删除图书表中新增的列 ISBN。

项目5 数据的输入与维护

当基本表的定义、修改全部完成后，数据库系统要进入调试或试运行，必须有适量的数据录入或输入基本表中，这项工作也称为数据载入。一般数据库中的数据量都很大，而且其数据往往来源于不同的部门和分支机构。由于历史的、人为的等原因，其数据的组织方式、结构和格式，可能都与新设计的数据库系统有一定的差距。如何保证各类数据都能适时地、准确地载入新建的数据库中，看起来不是很困难，但是实际上并非如此。如果没有严格控制的技术手段和数据标准，科学的输入方法和经验，认真的校验和审核，这项看似简单的工作也是难以做好的。下面就几种不同情况分别讨论。

由于各类数据库系统的应用环境差异很大，不可能有通用的数据转换器来帮助用户实现数据的载入或转换，DBMS 产品也不提供这类转换工具。为了提高数据输入的效率和质量，通常是设计一个专用的数据录入子系统，来完成系统数据入库的工作。

一种情况是，如果原有的数据管理方式是手工方式时，各类数据分散在各种不同类型的原始表格、原始凭证、单据之中。在向新的系统录入这些数据时，一般只能采用手工方式进行。这样一来，人们不得不面对大量的纸质文件，不仅工作量大，而且容易出错。使用录入子系统来录入，就能通过程序的方法，将输入界面统一，数据格式规范化，再加上对数据类型、取值范围进行严格的校验等，最大限度地防止错误数据进入系统。

另一种情况是，即使原有数据库系统是计算机管理方式，但旧系统的数据结构已经与新系统有较大差别，前后采用的数据格式、数据标准和规范，已经不尽相同。原来的大批量数据不能简单地直接载入新系统，必须进行数据转换。这种情形下，原有数据库中的数据，是有结构的和较规范的，载入新系统时，当然不必手工录入，而是用程序转换的方法，将其结构、格式、数据类型自动转换成新系统所要求的标准，既能最大限度地保证质量，又有较高的载入效率。

在设计数据输入子系统时，要充分注意原有系统的特点。例如原有系统的数据管理方式是人工管理方式时，在设计数据录入子系统时，尽量把输入格式设计得与原有系统结构相同或相近。新旧系统数据结构上的差别，尽量让程序去转换。这样一来，用户手工录入时不仅有较高的效率，更重要的是大大减少了用户出错的机会，保证了输入数据的质量。

还有一种情形是，原有数据库系统本身就是较完善、现代的系统。但具体使用的数据库产品有所不同。比如，原有系统是 Access 或 ForPro 等数据库，但新系统采用的是 SQL Server。有大批量数据要从原系统向新系统转换。现在一般的数据库 DBMS 都提供不同数据库系统之间的数据转换工具，先将原系统中的表转换成新系统中相同结构的临时表，再将这些表中的数据分类、转换、综合成符合新系统的数据模式，插入相应的表中，即可完成不同数据库之间的数据转换。

本项目不详细讨论数据的程序录入方法，仅介绍如何使用 SQL Server 提供的数据录入方法，向表中添加数据，以及维护表中的数据。

本项目实施的知识目标：

（1）掌握使用对象资源管理器向数据表中添加、修改和删除数据的方法。

（2）熟练掌握在查询分析器中使用 SQL 语句实现向数据表中添加、修改和删除数据的方法。

技能目标：

（1）能根据实际问题进行系统数据的分析与汇总。

（2）会根据具体问题进行系统数据的添加与维护。

5.1 项 目 描 述

系统分析员与数据库管理员通过上一项目的实施，完成了未来职业技术学院学籍管理系统的物理结构设计。在完成数据库的物理结构设计后，只是建立了表结构，表里面没有数据，全是空表。本项目完成如何向表中添加数据与表中数据的维护操作。

5.2 项 目 分 析

本项目不详细讨论数据的程序录入方法，仅介绍如何使用 SQL Server 提供的数据录入方法，向表中添加数据，以及维护表中的数据。SQL Server 中添加数据和维护数据的操作有两种：

（1）使用对象资源管理器实现表中数据的添加与维护。

（2）使用查询分析器实现表中数据的添加与维护。

5.3 项 目 准 备

通过项目 4 中表的基本操作，用户明确了创建表的目的是为了利用表存储和管理数据。本项目将在项目 4 建立的如图 5.1 所示的“学籍管理信息系统”的 SM 数据库的用户表基础上，讲述数据库中数据的增加、修改、删除的基本操作。

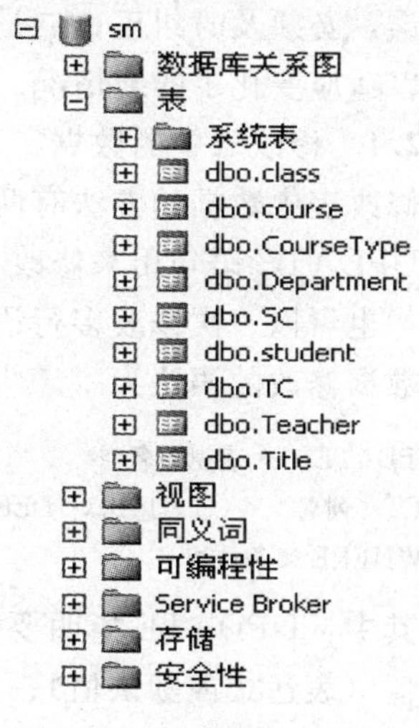

图 5.1 学籍管理系统信息表

5.3.1 使用 INSERT 语句向表中添加数据

SQL Server 数据库的新表建好后，表中并不包含任何记录，要想实现数据的存储，必须向表中添加数据。

向表中添加数据的方法有两种：一种是通过对象资源管理器，采用图形界面添加；另一种是使用 SQL 语句。

使用 INSERT 语句向表中或视图中输入新的行。INSERT 语句的语法格式如下：

```
INSERT [INTO] <表或视图名>[(<列组>)]
{VALUES <值列>|<SELECT 语句>}
```

其中：

(1) INSERT VALUES语句一次只能插入一条记录，而INSERT SELECT语句则可一次插入多条记录。

(2) 未在<列组>中出现的列名的值，则按IDEMTITY（有产生递增值定义）、DEFAULT（有默认值定义）或NULL（前两项都无）值确定，如果按NULL处理而定义中不允许有NULL值，则显示错误信息。

(3) 列的个数必须与VALUES子句中给出的值的个数相同；数据类型必须和列的数据类型相对应。

在大型数据库中，为了保证数据的安全性，只有数据库和数据库对象的所有者及被授予权限的用户才能对数据库进行添加、修改和删除的操作。

【实例5.1】 向班级表Class中录入3行数据。

在查询分析器中运行如下命令。运行结果如图5.2所示。

```
USE SM
GO
INSERT Class(clno,dno,tno,clname)
VALUES('200701 ','01','0001','微机0701')
INSERT Class
VALUES('200702 ','01','0001','微机0702')
INSERT Class
VALUES('200801 ','01','0002','微机0801')
go
select* from class
go
```

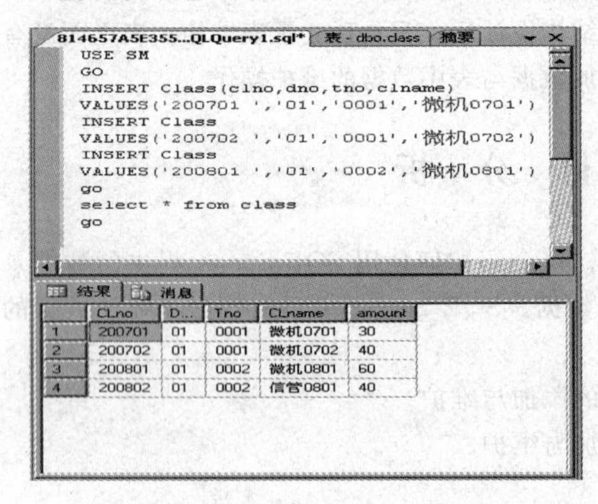

图5.2 向Class表中添加多条记录

5.3.2 表中数据的维护

同样要实现表的良好管理，则经常需要修改表中的数据。一是发现录入的某些数据存在错误，必须及时纠正；二是业务发展变化，情况的变化，需要对原来的某些数据进行修改，以适应变化了的新情况。

5.3.2.1 修改表中的数据

修改表中数据的方法有两种，使用UPDATE语句和使用对象资源管理器。

UPDATE语句用来修改表中已经存在的数据。UPDATE语句既可以一次修改一行数据，也可以一次修改多行语句，甚至可以一次修改表中的全部数据。

数据修改的语法为

```
UPDATE <表或视图名>
SET<列名>={<表达式>|DEFAULT}[,…n]
[WHERE <条件>]
```

其中：UPDATE指明要修改数据所在的表或视图；SET子句指明要修改的列及新数据的值（表达式或默认值）；WHERE指明修改元组条件。

【实例5.2】 将班级表class中班级编号为200801的班级名称和人数改为“信管

0801”和 40。

在查询分析器中运行下列命令，结果如图 5.3 所示。

```
USE SM
GO
UPDATE Class
SET CLname='信管 0801',amount=40
WHERE CLno='200801'
GO
```

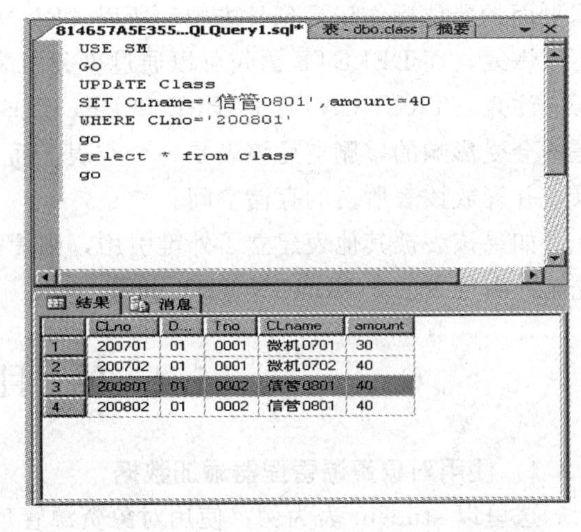

	CLno	D...	Tno	CLname	amount
1	200701	01	0001	微机0701	30
2	200702	01	0001	微机0702	40
3	200801	01	0002	信管0801	40
4	200802	01	0002	信管0801	40

图 5.3 按检索条件修改表中数据

5.3.2.2 删除表中的数据

随着数据库的使用和对数据的修改，表中存在着一些无用的数据，这些数据不仅占用空间，还会影响修改和查询的速度，所以要及时删除它们。DELETE 语句用来从表中删除数据，可以一次从表中删除一行或多行数据。也可以使用 TRUNCATE TABLE 语句从表中快速删除所有记录。

1. 使用 DELETE 语句

删除表记录的语法为

DELETE [FROM]〈表名〉
[WHERE <条件>]

其中：WHERE 子句指定删除记录的条件，该条件可以基于其他表中的数据。

【实例 5.3】 由 student 表中删除“王刚”同学的信息。

```
USE SM
GO
DELETE student
WHERE Sname='王刚'
Go
```

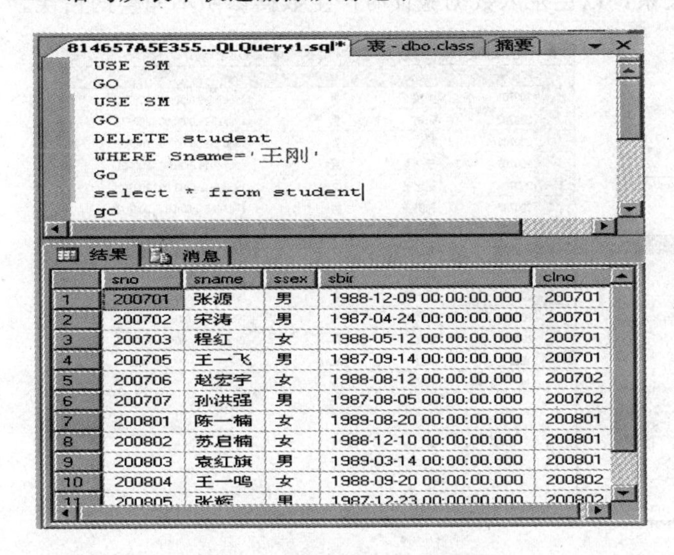

	sno	sname	ssex	sbir	clno
1	200701	张源	男	1988-12-09 00:00:00.000	200701
2	200702	宋涛	男	1987-04-24 00:00:00.000	200701
3	200703	程红	女	1988-05-12 00:00:00.000	200701
4	200705	王一飞	男	1987-09-14 00:00:00.000	200701
5	200706	赵宏宇	女	1988-08-12 00:00:00.000	200702
6	200707	孙洪强	男	1987-08-05 00:00:00.000	200702
7	200801	陈一楠	女	1989-08-20 00:00:00.000	200801
8	200802	苏启楠	女	1988-12-10 00:00:00.000	200801
9	200803	袁红旗	男	1989-03-14 00:00:00.000	200801
10	200804	王一鸣	女	1988-09-20 00:00:00.000	200802
11	200805	张辉	男	1987-12-23 00:00:00.000	200802

图 5.4 执行删除命令后的数据

运行结果如图 5.4 所示。

2. 使用 TRUNCATE TABLE 语句

TRUNCATE TABLE 语句删除表中所有记录，语法格式为
TRUNCATE TABLE <表名>

该语句的功能是删除表中的所有记录，与不带 WHERE 子句的 DELETE 语句功能相似，不同的是 DELETE 语句在删除每一行时都要把删除操作记录在日志文件中，而 TRUNCATE TABLE 语句则通过释放表数据页面的方法来删除表中的数据，它只将对数

据页面的释放操作记录到日志中，所以TRUNCATE TABLE语句执行速度快，删除数据不可恢复，而DELETE语句可以通过事务回滚，恢复删除的操作。

注意：TRUNCATE TABLE和DELETE两条语句都是删除表中的数据，表的结构是不会受影响的，删空后该表是一个空表，而DROP TABLE语句是删除表结构和所有记录，并释放该表所占的存储空间。

如果该表被其他表建立了外键引用，则无法删除该表的数据，如果要删除记录，则要先删除引用表的FOREIGN KEY引用。

5.4 项 目 实 施

5.4.1 使用对象资源管理器添加数据

这里以student表为例，使用对象资源管理器向表中添加数据。具体操作如下：

(1) 在对象资源管理器中，选中要添加数据的表student。单击鼠标右键，在弹出的菜单中选择命令“编辑前200行”，如图5.5所示。

(2) 显示如图5.6所示的数据输入窗口，在这个窗口中输入数据。注意：在开始录入时，通常先去掉交叉引用的外键关系，以免录入数据验证时产生数据参照不完整的错误。

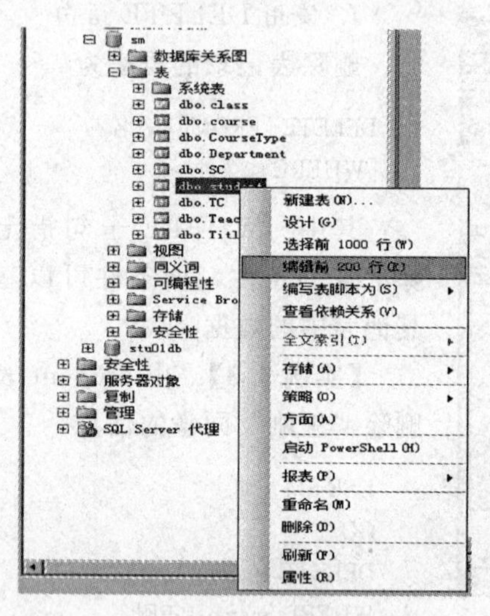

图5.5 选定打开表窗口

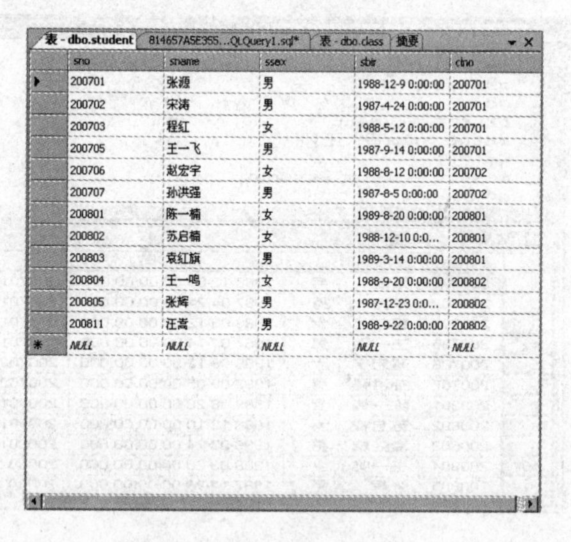

sno	sname	ssex	sbir	clno
200701	张源	男	1988-12-9 0:00:00	200701
200702	宋涛	男	1987-4-24 0:00:00	200701
200703	程红	女	1988-5-12 0:00:00	200701
200705	王一飞	男	1987-9-14 0:00:00	200701
200706	赵宏宇	女	1988-8-12 0:00:00	200702
200707	孙洪强	男	1987-8-5 0:00:00	200702
200801	陈一楠	女	1989-8-20 0:00:00	200801
200802	苏启楠	女	1988-12-10 0:0...	200801
200803	袁红旗	男	1989-3-14 0:00:00	200801
200804	王一鸣	女	1988-9-20 0:00:00	200802
200805	张辉	男	1987-12-23 0:0...	200802
200811	汪嵩	男	1988-9-22 0:00:00	200802
NULL	NULL	NULL	NULL	NULL

图5.6 向表中录入数据窗口

输入完毕后，关闭窗口，保存数据。

5.4.2 使用对象资源管理器修改数据

在数据输入过程中，可能会出现输入错误，或是因为时间变化而需要更新数据。这都需要修改数据。修改表中的数据同样可以使用对象资源管理器的图像操作界面进行修改，即右击某数据表图标，在弹出的快捷菜单中选择“编辑前200行”命令，在右窗格中进行修改。

【实例5.4】 将课程表Course中，课程名称为“信息管理系统”的学分修改为6。

具体操作如下：

(1) 在对象资源管理器中，选中要修改数据的表 Course。单击右键，在弹出的菜单中选择命令“编辑前 200 行”，如图 5.7 所示。

(2) 显示如图 5.8 所示的数据输入窗口，在这个窗口中把课程名称为“信息管理系统”的学分修改为 6。修改完毕后，关闭窗口，保存数据。

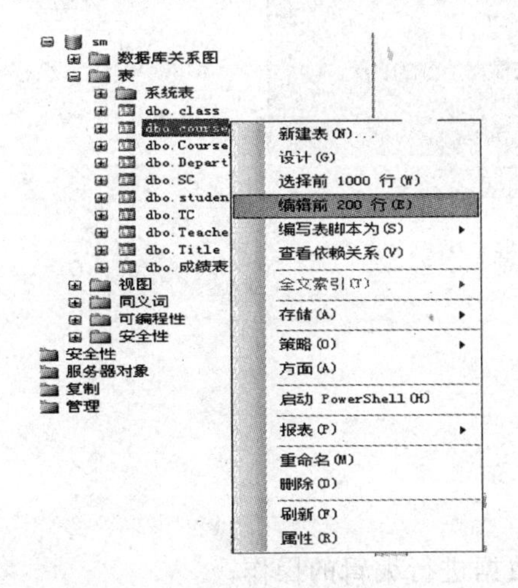

图 5.7 选中打开表“Course”

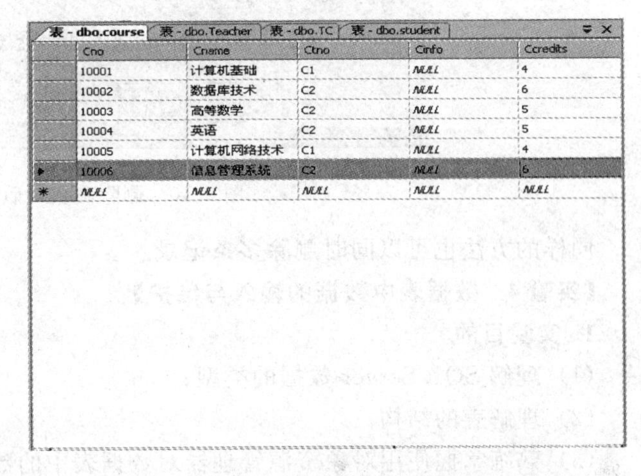

表 - dbo.course | 表 - dbo.Teacher | 表 - dbo.TC | 表 - dbo.student

	Cno	Cname	Ctno	Cinfo	Ccredits
	10001	计算机基础	C1	NULL	4
	10002	数据库技术	C2	NULL	6
	10003	高等数学	C2	NULL	5
	10004	英语	C2	NULL	5
	10005	计算机网络技术	C1	NULL	4
▶	10006	信息管理系统	C2	NULL	6
*	NULL	NULL	NULL	NULL	NULL

图 5.8 修改“信息管理系统”的学分为 6

5.4.3 使用对象资源管理器删除数据

随着系统的运行，表中可能产生一些无用的数据，这些数据不仅占用空间，而且影响查询的速度，所以应该及时删除。删除表中的数据同样可以使用对象资源管理器的图像操作界面进行。

【实例 5.5】 删除学生表 Student 中，赵飞宇学生的信息。

具体操作如下：

a. 在对象资源管理器中，选中要删除数据的表 student。单击右键，在弹出的菜单中选择命令“编辑前 200 行”，如图 5.5 所示。

b. 显示如图 5.9 所示的数据输入窗口，在这个窗口中，选中要删除的记录，然后单

表 - dbo.student | 表 - dbo.course | 表 - dbo.Teacher | 表 - dbo.TC

	sno	sname	ssex	sbir	dno
	200701	张源	男	1988-12-9 0:00:00	200701
	200702	宋涛	男	1987-4-24 0:00:00	200701
	200703	程红	女	1988-5-12 0:00:00	200701
	200705	王一飞	男	1987-9-14 0:00:00	200701
	200706	赵宏宇	女	1988-8-12 0:00:00	200702
▶	200707		男	1987-8-5 0:00:00	200702
	200801		女	1989-8-20 0:00:00	200801
	200802		女	1988-12-10 0:0...	200801
	200803		男	1989-3-14 0:00:00	200801
	200804		女	1988-9-20 0:00:00	200802
	200805		男	1987-12-23 0:0...	200802
	200811		男	1988-9-22 0:00:00	200802
*	NULL		NULL	NULL	NULL

执行 SQL(X)
剪切(T)
复制(Y)
粘贴(P)
删除(D)
窗格(N)
清除结果(L)

图 5.9 删除记录的操作

击右键，在弹出的快捷菜单中，选择"删除"命令，弹出如图5.10所示的对话框，单击"是"按钮，赵飞宇学生的记录将被删除。操作完毕后，关闭窗口，保存数据。

图 5.10 删除确认对话框

同样的方法也可以同时删除多条记录。

【实验 4 数据表中数据的输入与维护】

1. 实验目的

(1) 理解 SQL Server 数据的类型；

(2) 理解表的结构；

(3) 熟练掌握使用对象资源管理器对数据表中的数据进行编辑的操作；

(4) 熟练掌握使用 SQL 语句对数据表中的数据进行插入、修改和删除的操作。

2. 实验知识准备

在向数据表中添加数据之前，需要先了解每一个数据表结构的设计。参照数据表结构的设计方法，了解数据表设计中列名、数据类型、宽度、是否为空；同时还要了解数据完整性，即 PRIMARY KEY（主键）、FOREIGN KEY（外键）、UNIQUE（唯一）、CHECK（检查）、DEFAULT（默认）约束。

对数据表中数据的插入、删除和修改的基本操作，可以在对象资源管理器中进行，也可以使用 SQL 语句实现。当然，使用 SQL 语句对表数据进行插入、修改和删除，比在对象资源管理器中操作表数据更方便灵活，功能更强大。另外，在插入操作过程中，可以收集真实数据或相关的虚拟数据，不过要特别注意在执行插入、修改和删除操作时，必须保证数据的完整性。

3. 实验内容及步骤

(1) 通过对象资源管理器向 SM 数据库中的 Student（学生表）、Course（课程表）、SC（选课表）、TC（授课表）、Teacher（教师表）和 Class（班级表）中添加数据。

(2) 在查询分析器中使用 SQL 语句向数据库 SM 中的 Title（职称表）、Coursetype（课程类型表）和 Department（系表）添加数据。

(3) 课堂实例验证。

实训 5 物理模型设计

1. 工作任务

课外：各项目组根据实训 1 各自选定的题目，在项目经理的组织下，分工协作地开展

活动，在各自选定系统逻辑模型设计的基础上，进行系统物理模型设计，给出系统的物理模型设计结果，编写系统物理模型设计的文档说明。

课内：要求以项目组为单位，提交设计好的系统物理设计结果，并附以相应的文字说明的电子文档，制作 PPT 课件并派代表上台演讲答疑。

2. 实训目标

（1）掌握物理模型设计的方法与步骤。

（2）掌握使用对象资源管理器设计数据库与数据表的方法。

（3）掌握在查询分析器中使用 SQL 语句进行数据库和数据表设计的方法。

（4）掌握在对象资源管理器对数据库与数据表维护的方法。

（5）掌握在查询分析器中使用 SQL 语句对数据库与数据表维护的方法。

（6）掌握使用对象资源管理器向数据表中添加、修改和删除数据的方法。

（7）掌握在查询分析器中使用 SQL 语句向数据表中添加、修改和删除数据的方法。

（8）掌握物理模型设计相关文档的编写。

3. 实训考核要求

（1）总的原则。主要考核学生对整个项目开发思路的理解，同时考查学生语言表达、与人沟通的能力；同时考核项目经理组织管理的能力、项目组团队协作能力；项目组进行系统物理模型设计及编写相应文档的能力。

（2）具体考核要求。

1）对演讲者的考核要点：口齿清楚、声音洪亮，不看稿，态度自然大方、讲解有条理、临场应变能力强，在规定时间内完成项目物理模型设计的整体讲述（时间 10min）。

2）对项目组的考核要点：项目经理管理组织到位，成员分工明确，有较好的团队协作精神，文档齐全，规格规范，排版美观，结构清晰，围绕主题，上交准时。

习 题 5

1. 简答题

（1）命令 DROP TABLE 和 DELETE 功能的区别。

（2）命令 ALTER TABLE 与 UPDATE 功能的区别。

2. 选择题

SQL 语言集数据查询、数据操作、数据定义和数据控制功能于一体，语句 INSERT、DELETE、UPDATE 实现的功能是（　　）。

A. 数据查询　　B. 数据操纵　　C. 数据定义　　D. 数据控制

3. 设计题

（1）基于项目 4 中所设计的图书管理数据库的 3 个基本表（表 5.1～表 5.3），向表中添加数据。

（2）基于项目 4 中图书馆数据库的 3 个表，用 SQL 语言完成以下数据更新操作：

1）向读者表加入一个新读者，该读者的信息为：('200997','赵晓东','男','68320788')。

表 5.1 图 书

图 书 号	书 名	作 者	出 版 社	单 价
TP913.2/530	21世纪的电信网	盛友招	人民邮电出版社	7.5
TP311.13/CM3	数据库系统原理及应用	苗雪兰	机械工业出版社	28
TP311.132/ZG1	XML数据库设计	尹志军	机械工业出版社	38
TP316/ZW6	操作系统	吴庆菊	科学出版社	35
TP316/ZY1	操作系统	沈学明	电子工业出版社	31
TP391.132.3/ZG5	企业管理信息系统	田吉春	机械工业出版社	27

表 5.2 读 者

读 者 号	姓 名	性 别	电 话
081688	吴玉海	男	64455668
081689	王一飞	男	68864579
081690	赵艳丽	女	68899756
081691	王坤	男	63344567
081692	李剑锋	男	65566723
081693	陈玉	女	69978345

表 5.3 借 阅

读 者 号	图 书 号	借 出 日 期	归 还 日 期
081688	TP316/ZW6	2008-04-23	2008-05-12
081688	TP391.132.3/ZG5	2008-04-23	2008-05-12
081690	TP311.13/CM3	2008-04-23	2008-06-12
081692	TP316/ZY1	2008-04-23	2008-06-12
081691	TP311.132/ZG1	2008-04-23	2008-06-12
081693	TP913.2/530	2008-04-23	2008-05-12

2）向借阅表插入一个借阅记录，表示读者'赵晓东'借阅了一本书，图书号为'TP316/ZW6'，借出日期为当天的日期，归还日期为空值。

3）读者'赵晓东'在借出上述图书后10日归还该书。

4）当读者'赵晓东'按期归还图书时，删除上述借阅记录。

5）向图书表中添加记录，该记录的信息为（'TP311.13/CM4'，'数据库原理与应用教程'，'何玉洁'，'机械工业出版社'，28）

6）修改图书表中"数据库原理与应用"这本书的单价为29元。

7）删除图书表中"数据库原理与应用"这本书的信息。

项目6 数据查询

数据查询是数据库系统应用的主要内容，是SQL语言的核心功能，保存数据就是为了使用，要使用首先要查找到需要的数据。查询语句有灵活的使用方式和丰富的功能。用户要正确、高效率地实现数据查询，有几条最基本的原则是要搞清楚的。

（1）用户对所要查询的数据在哪些基本表中，必须十分清楚，即清楚查询所需要的数据源。

（2）对于基本表的结构要十分清楚，这是实现高效率查询的要素，也是正确输入查询语句的前提条件。

（3）对于查询语句的语法结构要很熟练。越是复杂的查询，可能查询的语句越灵活多样。

（4）要对系统执行一个查询语句的基本过程有正确的了解，并对结果的状态有基本估计，以便判断查询结果的可靠性。

本项目实施的知识目标：

（1）了解SELECT语句的功能及特点。

（2）掌握SELECT语句的使用格式（包括单表查询、连接查询、子查询等），能够使用SELECT语句完成数据查询。

（3）理解视图与索引的基本概念与功能。

（4）熟练掌握数据库中数据查询与统计的方法。

（5）熟练掌握视图、索引的创建与维护的基本操作。

技能目标：

（1）具有SQL Server数据库数据查询与统计的能力。

（2）具有视图和索引的创建与维护的能力。

（3）能根据具体问题进行系统性能分析与设计。

6.1 项目描述

数据存储到数据库后，如果不对其进行分析和处理，数据是没有价值的。数据库应用中使用最多的是数据的查询操作，而数据查询也是SQL语言的核心功能。最终用户对数据库中数据进行的操作大多都是查询。如当某个学期结束的时候，辅导员要了解学生的成绩信息，学生想知道自己各科的成绩。

6.2 项目分析

使用SQL Server提供的数据查询方法，可以实现表中数据的查询。SQL Server中查

询数据的操作有两种：

（1）使用对象资源管理器实现表中数据的查询。

（2）使用查询分析器实现表中数据的查询。

6.3 项 目 准 备

6.3.1 查询语句 SELECT

SQL Server 提供了数据查询语句 SELECT 较完整的语句形式，该语句具有灵活的使用方式和丰富的功能。SELECT 语句格式中除了一些基本参数外，还有大量的选项可以用于数据查询。当我们构造 SELECT 语句的时候，熟悉所有的选项能有效地实现数据查询。

SELECT 语句的格式如下：

```
SELECT＜目标列＞
    [INTO＜新表名＞]
    [FROM＜数据源＞]
    [WHERE＜元组条件表达式＞]
    [GROUP BY＜分组条件＞][HAVING＜组选择条件＞]
    [ORDER BY＜排序条件＞]
    [COMPUTE＜统计列组＞][BY＜表达式＞]
```

其中：SELECT 子句用于指定整个查询结果表中包含的列；INTO 子句用于将查询的结果创建为一个新表；FROM 子句用于指定整个查询语句用到的一个或多个基本表或视图，是整个查询语句的数据来源，通常称为数据源表；WHERE 子句用于指定多个数据源表的连接条件和单个源表中行的筛选条件或选择条件；GROUP BY 子句用于将查询结果集按指定列值分组；HAVING 子句用于指定分组的过滤条件；ORDER BY 子句用于将查询结果集按指定列排序。

下面以学籍管理数据库 SM 为例，介绍各种查询的描述格式。学籍管理数据库包括 9 个基本表，本项目的实例仅以学生表 student、课程表 course 和选课表 SC 为例，其结构为

```
Student(Sno,Sname,Ssex,Sbir,CLno)
Course(Cno,Cname,CTno,Cinfo,Ctime,Cpno,Credits,Cterm)
SC(Sno,Cno,Score)
```

6.3.1.1 单表查询

单表查询指的是在一个源表中查找所需的数据。因此，单表查询时，FROM 子句中的＜数据源＞只有一个。

1. 使用 SELECT 子句选取字段

简单地可以说明为按照指定的表中查询出指定的字段。使用的 SELECT 格式为：

```
SELECT〈目标列〉
FROM〈数据源〉
```

（1）选择表中所有列。查询全部列，即将表中的所有列都选出来，一般有两种方法：一是在<列名表>中指定表中所有列的列名，此时目标列所列出的顺序可以和表中的顺序不同；二是将目标列用*来代替，或用<表名>.*代表指定表的所有列，此时列的显示顺序与表中的顺序相同。

【实例 6.1】 查询全体学生的学号、姓名、性别、出生日期、所在班级。

```
SELECT Sno,Sname,Ssex,Sbir,CLno
FROM Student
```

等价于：

```
SELECT *
FROM Student
```

（2）查询指定表中的部分列。在很多情况下，用户只对表中的部分列值感兴趣，这时可以通过 SELECT 子句中<列名表>来指定要查询的目标列，各个列名之间用逗号分隔，各个列的先后顺序可以与表的顺序不一致，用户可以根据需要改变列的显示顺序。

【实例 6.2】 查询全体学生的 Sno、Sname、CLno。

```
SELECT Sno,Sname,CLno
FROM Student
```

（3）为结果集内的列指定别名。如果某个列在 SELECT 子句中未经修改，列名就是默认的列标题。为增加查询结果的可读性，可以不使用表中的列名，指定一个列标题来换掉默认的标题。

【实例 6.3】 查询全体学生的 Sno、Sname、CLno，将结果集中将字段名显示为中文学号、姓名、班级编号。

```
SELECT Sno 学号,Sname AS 姓名,班级编号=CLno
FROM Student
```

（4）结果集为表达式。有些时候，结果集中的某些列不是表中现成的列，而是一列或多列运算后产生的结果。如果在 SELECT 子句中有表达式或者对某列进行了运算，那么有表达式生成的列标题就是空白。此时，如果想要为空白列提供一个列标题，可以通过对某一列指定列标题来实现。

【实例 6.4】 查询 SC 表中的所有信息，并将结果集中的 Score（成绩）统一增加10分。

```
SELECT Sno,Cno,Score=Score+10
FROM SC
```

（5）为结果集消除重复列。当查询的结果集中仅包含表中的部分列时，有可能出现重复记录。如果要消除结果集中的重复记录，可以在目标列前面加上 DISTINCT 关键字。

【实例 6.5】 查询 Student 基本信息表中的 CLno，查询结果中消除重复行。

```
SELECT DISTINCT 所在系=CLno
FROM Student
```

（6）限制返回行数。用 SELECT 子句选取输出列时，如果在目标列前面使用 TOP n 子句，则在查询结果中输出前面 n 条记录；如果在目标列前面使用 TOP n PERCENT 子句，则在查询结果中输出前面占记录总数百分比为 n%的记录。

【实例 6.6】 查询 Student 表中的所有列，在结果集中输出前 3 条记录。

```
SELECT TOP 3*
FROM Student
```

【实例 6.7】 查询 Student 表中的学号、姓名，在结果集中输出前 10%记录。

```
SELECT TOP 10 PERCENT Sno,Sname
FROM Student
```

2. 使用 INTO 子句创建新表

通过在 SELECT 语句中使用 INTO 子句，可以自动创建一个新表并将查询的结果集中的记录添加到该表中。新表的列由 SELECT 子句中的目标列来决定。若新表的名称以“#”开头，则生成的新表为临时表。不带“#”为永久表。

【实例 6.8】 将 Student 表中 Sno、Sname、Ssex 的查询结果作为新建的临时表 Student01。

```
SELECT Sno,Sname,Ssex
INTO student01
FROM Student
```

3. 使用 WHERE 子句设置查询条件

大多数查询都不希望得到表中的所有记录，而是一些满足条件的记录，这时就要用到 WHERE 子句。

WHERE 子句中常用的查询条件包括比较、确定范围、确定集合、字符匹配、空值匹配和多重条件等，下面分别介绍它们的具体使用。

（1）比较运算符。比较运算符用于比较大小，包括：＞、＜、＝、＞＝、＜＝、＜＞或！＝、！＞、！＜，其中＜＞或！＝表示不等于，！＞表示不大于，！＜表示不小于。

【实例 6.9】 查询 SC 表中成绩 Score 不及格的记录。

```
SELECT*
FROM SC
WHERE Score<60
```

【实例 6.10】 查询 Student 表中所有女生的 Sno、Sname。

```
SELECT Sno,Sname
FROM Student
WHERE Ssex='女'
```

（2）范围运算符。在 WHERE 子句的＜元组条件表达式＞中可以使用谓词 BETWEEN…AND 或 NOT BETWEEN…AND。

BETWEEN…AND——测试表达式的值包含在指定范围内；

NOT BETWEEN…AND——测试表达式的值不包含在指定范围内。

【实例 6.11】 查询出生日期在 1988～1989 年间的学生的学号、姓名。

```
SELECT Sno,Sname
FROM Student
WHERE Sbir BETWEEN '1988-01-01' AND' 1989-12-31'
```

【实例 6.12】 查询出生日期不在 1988～1989 年间的学生的学号、姓名。

```
SELECT Sno,Sname
FROM Student
WHERE Sbir NOT BETWEEN '1988-01-01' AND '1989-12-31'
```

（3）集合运算符。在 WHERE 子句的<元组条件表达式>中使用谓词 IN（值表）或 NOT IN（值表），（值表）是用逗号分隔的一组取值。

IN——测试表达式的值等于列表中的某一个值；

NOT IN——测试表达式的值不等于列表中的任何一个值。

【实例 6.13】 查询选课成绩是 70 分、80 分和 90 分学生的学号 Sno。

```
SELECT Sno
FROM SC
WHERE Score IN (70,80,90 )
```

【实例 6.14】 查询选课成绩既不是 70 分、80 分，也不是 90 分学生的学号 Sno。

```
SELECT Sno
FROM SC
WHERE Score NOT IN (70,80,90)
```

（4）字符匹配。字符匹配运算符用来判断字符型数据的值是否与指定的字符通配格式相符。在 WHERE 子句的<元组条件表达式>中使用谓词［NOT］LIKE '<匹配串>'。其中<匹配串>可以是一个由数字或字母组成的字符串，也可以是含有通配符的字符串。通配符包括以下 4 种：

1)%：可匹配任意长度的字符串；例如：B%表示以 B 开头的字符串。

2）_：可匹配任何单个字符；例如：B_C 表示第一个字符为 B，第二个字符任意，第三个为 C 的字符串。

3）［ ］：指定范围或集合中的任何单个字符；例如：B［cd］表示第一个字符为 B，第二个字符为 c、d 中任意一个的字符串。

4）［^］：不属于指定范围的任何单个字符；例如：［^cd］表示除了 c、d 的任意字符。

【实例 6.15】 查询 Student 表中所有姓陈的学生的信息。

```
SELECT *
FROM Student
WHERE Sname LIKE '陈%'
```

【实例 6.16】 查询 Student 表中所有姓王且名字为两个汉字的学生的信息。

```
SELECT *
FROM Student
WHERE Sname LIKE '王_'
```

（5）空值运算符。空值运算符用来判断列值是否为 NULL（空值），包括：

1）IS NULL 列值为空。

2）IS NOT NULL 列值不为空。

【实例 6.17】 查询 SC 表中成绩为空的记录。

```
SELECT *
FROM SC
WHERE Score IS NULL
```

（6）逻辑运算符。一个查询条件有时是多个简单条件的组合，逻辑运算符能够连接多个简单条件，构成一个复杂的查询条件。包括：

1）AND：运算符两端同时成立时，表达式结果才成立。

2）OR：运算符两端有一个成立时，表达式结果即成立。

3）NOT：将运算符右侧表达式的结果取反。

【实例 6.18】 查询 Student 表中班级编号为“200801”所有男生的信息。

```
SELECT *
FROM Student
WHERE CLno='200801' AND Ssex='男'
```

【实例 6.19】 查询班级编号为“200802”且出生日期是 1989 年之后的学生姓名。

```
SELECT Sname
FROM Student
WHERE CLno ='200802' AND Sbir>'1989-01-01'
```

4. 使用 ORDER BY 子句对结果集排序

查询结果集中记录的顺序是按它们在表中的顺序进行排列的，使用 ORDER BY 子句可以按一个或多个属性列排序，升序 ASC，降序 DESC，默认为升序。当排序列含空值时，ASC 排序列为空值的元组最后显示，DESC 排序列为空值的元组最先显示。

如果在 ORDER BY 子句中指定多个列，检索结果首先按第 1 列进行排序，第 1 列值相同值的那些数据行，再按照第 2 列排序，如此等等。ORDER BY 要写在 WHERE 子句的后面。

【实例 6.20】 查询选修了课程代号为 10001 号课程的学生的学号及成绩，查询结果按分数降序排列。

```
SELECT Sno,Score
FROM SC
WHERE Cno='10001'
ORDER BY Score DESC
```

【实例 6.21】 查询全体学生情况，结果按所在班级的编号升序排列，同一班级的学

生按学号降序排列。

```
SELECT *
FROM Student
ORDER BY CLno,Sno DESC
```

5. 使用集合函数统计数据

在实际应用中，往往需要对表中的原始数据做一些数学处理。统计函数就是满足这些需求的最好工具。SELECT 语句中的统计功能是对查询结果集进行求和、求平均值、求最大最小值等操作。统计的方法是通过集合函数和 GROUP BY 子句、COMPUTE 子句进行组合来实现的。

下面首先介绍 SQL 中常见的集合函数的使用，常见的集合函数有 5 种：

(1) 计数：COUNT([DISTINCT|ALL]*)或 COUNT([DISTINCT|ALL] <列名>)

(2) 求和：SUM([DISTINCT|ALL] <列名>)

(3) 求平均值：AVG([DISTINCT|ALL] <列名>)

(4) 求最大值：MAX([DISTINCT|ALL] <列名>)

(5) 求最小值：MIN([DISTINCT|ALL] <列名>)

其中：DISTINCT 短语在计算时要取消指定列中的重复值，ALL 短语不取消重复值，ALL 为默认值。

【实例 6.22】 查询学生总人数。

```
SELECT COUNT(*)
FROM Student
```

【实例 6.23】 查询选修了课程的学生人数。

```
SELECT COUNT(DISTINCT Sno)
FROM SC
```

注：用 DISTINCT 以避免重复计算学生人数。

【实例 6.24】 计算“10001”号课程的学生平均成绩。

```
SELECT AVG(Score)
FROM SC
WHERE Cno='10001'
```

【实例 6.25】 查询选修“10001”号课程的学生最高分数。

```
SELECT MAX(Score)
FROM SC
WHERE Cno='10001'
```

6. 使用 GROUP BY 子句

前面进行的统计都是针对整个查询结果集的，通常也会要求按照一定的条件对数据进行分组统计。GROUP BY 子句就能够实现这种统计，它按照指定的列，对查询结果进行分组统计；“HAVING 条件表达式”选项是对生成的组进行筛选，只有满足 HAVING 短语指定条件的组才输出，HAVING 短语与 WHERE 子句的区别是：WHERE 子句作用于基表或视图，从中选择满足条件的元组；HAVING 短语作用于组，从中选择满足条件的组。

注意：SELECT 子句中的选择列表中出现的列，或者包含在集合函数中，或者包含在 GROUP BY 子句中，否则，SQL Server 将返回错误信息。

【实例 6.26】 统计各门课程的选课人数，输出课程代号 Cno 和选课人数。

```
SELECT 课程代号=Cno,选课人数=COUNT(Sno)
FROM SC
GROUP BY Cno
```

【实例 6.27】 求各班级及相应的学生人数。

```
SELECT 班级编号=CLno,学生人数=COUNT(Sno)
FROM Student
GROUP BY CLno
```

【实例 6.28】 查询选修了 3 门以上课程的学生学号。

```
SELECT 学号=Sno
FROM SC
GROUP BY Sno HAVING COUNT(*)>3
```

7. 使用 COMPUTE 子句

COMPUTE 子句的功能与 GROUP BY 子句类似，对记录进行分组统计。COMPUTE 子句与 GROUP BY 子句的区别是，除显示统计结果外，还显示统计的各组数据的详细信息。语法格式如下：

```
COMPUTE 集合函数[BY 列名]
```

在使用 COMPUTE 子句时，必须遵守以下原则：

(1) 在集合函数中，不能使用 DISTINCT 关键字。

(2) COMPUTE BY 子句必须与 ORDER BY 子句同时使用。

(3) COMPUTE BY 子句中 BY 后的列名必须与 ORDER BY 子句中相同，或为其子集，且二者从左到右的排列顺序必须一致。

(4) COMPUTE 子句中不使用 BY 选项时，统计出来的为合计值。

【实例 6.29】 查询 Student 表中的所有字段列，在结果集中显示各班的学生人数和该班的所有学生记录。

```
SELECT *
FROM Student
ORDER BY CLno COMPUTE COUNT(Sno)BY CLno
```

【实验 5 常规数据查询】

1. 实验目的

(1) 掌握 DELECT 语句的基本语法。

(2) 掌握 WHERE 子句的使用方法。

(3) 会使用 ORDER BY 子句进行排序。

(4) 掌握 5 种基本聚合函数的功能及使用方法。

(5) 会使用 GROUP BY 子句进行分组统计。

2. 实验准备

(1) 在服务器上创建学籍管理数据库 SM。

(2) 在用户数据库 SM 中创建学生表（Student）、课程表（Course）、教师表（Teacher）、班级表（Class）、系表（Department）、授课表（TC）、课程类型表（Coursetype）、选课表（SC）和职称表（Title）。

(3) 向上述各个数据表中添加实验数据。

3. 实验内容

(1) SELECT 子句的应用。

1) 查看所有教师的信息。

2) 查看所有教师的教师编号和姓名，并且将输出结果的列名显示为“教工号”、“姓名”。

3) 运行下列两组 SQL 语句，看结果有何区别。

```
SELECT Sno FROM SC
SELECT DISTINCT Sno FROM SC

SELECT Sno,Score FROM SC
SELECT DISTINCT Sno,Score FROM SC
```

(2) WHERE 子句的应用。

1) 查询 1987 年出生的所有女生的信息。

2) 查询 0001、0002、0003 部门的职工信息。

3) 查询姓胡的学生的信息。

(3) ORDER BY 子句的使用。

1) 查询某门课程的成绩，并按成绩的降序输出。

2) 查询班级的信息，并按班级人数升序输出，人数相同的按编号的降序输出。

(4) 聚合函数的使用。

1) 统计女生的人数。

2) 统计 200701 班男生的人数。

(5) 分组统计。

1) 统计每门课程的选课人数与平均成绩。

2) 统计每个学生选课的门数，输出选课门数超过 3 门的学生的学号。

(6) 课堂实例验证。

6.3.1.2 连接查询

一个数据库的多个表之间一般都存在某种内在联系，它们共同提供有用的信息。前面查询所举例子都是针对一个表进行的。在实际的数据库操作中，往往需要同时从两个或两个以上的表中查询相关数据，连接就是满足这些需求的技术。如果一个查询同时涉及两个以上的表，则称为连接查询。连接查询是关系数据库中最主要的查询。

通过连接运算符可以实现多个表查询。连接是关系数据库模型的主要特点，也是它区别于其他类型数据库管理系统的一个标志。连接分为内连接、外连接、交叉连接和自连接。

1. 交叉连接

交叉连接有以下两种语法格式：

SELECT 列名列表 FROM 表名1 CROSS JOIN 表名2

或者

SELECT 列名列表 FROM 表名，表名2

交叉连接的结果是两个表的笛卡儿积，在实际应用中一般是没有意义的，但在数据库的数学模式上有重要的作用。

【实例 6.30】 查询学生的情况以及选修课程的情况。

```
SELECT Student. * , SC. *
FROM Student, SC
```

2. 内连接

内连接就是只包含满足连接条件的数据行，是将交叉连接结果集按照连接条件进行过滤的结果，也称自然连接。连接条件通常采用“主键＝外键”的形式，即按一个表的主键值与另一个表的外键值相同的原则进行连接。内连接有以下两种语法格式：

```
SELECT 列名列表 FROM 表名1 [INNER] JOIN 表名2 ON 表名1. 列名=表名2. 列名
或
SELECT 列名列表 FROM 表名1，表名2 WHERE 表名1. 列名=表名2. 列名
```

【实例 6.31】 查询每个学生的基本信息以及他/她选课的情况。

```
SELECT Student. * ,SC. *
FROM Student,SC
WHERE Student. Sno = SC. Sno
```

【实例 6.32】 查询每个学生的学号、姓名、选修的课程名、成绩。

```
SELECT Student. Sno,Sname, Cname,Score
FROM Student,Course,SC
WHERE Student. Sno = SC. Sno AND Course. Cno= SC. Cno
```

【实例 6.33】 查询选修了10002且成绩大于90分的学生的学号、姓名、成绩。

```
SELECT Student. Sno,Sname, Score
FROM Student, SC
WHERE Student. Sno = SC. Sno AND Cno='10002' AND Score>90
```

这里用AND将一个连接条件和两个行选择条件组合成为查询条件。

【实例 6.34】 求选修课程大于等于2门课的学生的学号、姓名、平均成绩，并按平均成绩从高到低排序。

```
SELECT Student.Sno，Sname，平均成绩=AVG(Score)
FROM Student，SC
WHERE Student.Sno= SC.Sno
GROUP BY Student.Sno , Sname HAVING COUNT(*)>= 2
ORDER BY AVG(Score)DESC
```

3. 外连接

外连接根据连接时保留表中记录的侧重不同，分为“左外连接”、“右外连接”和“全外连接”。

（1）左外连接。将左表中的所有记录分别与右表中的每条记录进行组合，结果集中除返回内部连接的记录以外，还在查询结果中返回左表中不符合条件的记录，并在右表的相应列中填上 NULL。由于 BIT 类型不允许为 NULL，就以 0 值填充。左外连接的语法格式如下：

```
SELECT 列名列表
FROM 表名 1 AS A LEFT[OUTER]JOIN 表名 2 AS B ON A.列名=B.列名
```

（2）右外连接。和左外连接类似，右外连接是将左表中的所有记录分别与右表中的每条记录进行组合，结果集中除返回内部连接的记录以外，还在查询结果中返回右表中不符合条件的记录，并在左表的相应列中填上 NULL，由于 BIT 类型不允许为 NULL。就以 0 值填充。右外连接的语法格式如下：

```
SELECT 列名列表
FROM 表名 1 AS A RIGHT [OUTER] JOIN 表名 2 AS B ON A.列名=B.列名
```

【实例 6.35】 查询所有学生的选修情况，要求包括选修了课程的学生和没有修课的学生，显示他们的学号、姓名、课程号、成绩。

```
SELECT student.Sno,Sname,Cno,Score
FROM student LEFT JOIN SC on Student.Sno=SC.Sno
```

（3）全外连接。全外连接是将左表中的所有记录分别与右表中的每条记录进行组合，结果集中除返回内部连接的记录以外，还在查询结果中返回两个表中不符合条件的记录，并在左表或右表的相应列中填上 NULL，BIT 类型以 0 值填充。全外连接的语法格式如下：

```
SELECT 列名列表
FROM 表名 1 AS A FULL [OUTER] JOIN 表名 2 AS B ON A.列名=B.列名
```

4. 自连接

自连接就是一个表的两个副本之间的内连接。表名在 FROM 子句中出现两次，必须对表指定不同的别名，在 SELECT 子句中引用的列名也要使用表的别名进行限定。语法格式如下：

```
SELECT 列名列表
FROM 表名 AS A,表名 AS B
```

```
WHERE A. 列名=B. 列名
```

【实例 6.36】 查询与张辉在同一个班学习的所有学生的学号和姓名。

```
SELECT S2. Sno，S2. Sname
FROM Student S1,Student S2
WHERE S1. CLno = S2. CLno AND S1. Sname='张辉'
```

【实例 6.37】 查询 Student 中姓名相同的学生信息。

```
SELECT S1. *
FROM Student S1,Student S2
WHERE S1. Sname = S2. Sname AND S1. Sno<>S2. Sno
```

6.3.1.3 嵌套查询

在 SQL 语言中，一个 SELECT…FROM…WHERE 语句称为一个查询块。将一个查询块嵌套在另一个查询块的 WHERE 子句或 HAVING 短语的条件中的查询称为嵌套查询。

在书写嵌套查询语句时，总是从上层查询块（也称外层查询块）向下层查询块（也称子查询）书写，子查询总是写在圆括号中，可以用在使用表达式的任何地方。而在处理时则是由下层向上层处理，即下层查询结果集用于建立上层查询块的查找条件。

嵌套查询使我们可以用多个简单查询构成复杂的查询，从而增强 SQL 查询能力。以层层嵌套的方式来构造程序正是 SQL 中“结构化”的含义所在。

1. 带有比较运算符的子查询

带有比较运算符的子查询是指父查询与子查询之间用比较运算符进行连接。但是用户必须确切地知道子查询返回的是一个单值，否则数据库服务器将报错。

【实例 6.38】 查询与“张辉”在同一个班学习的学生学号、姓名。

```
SELECT Sno, Sname
FROM Student
WHERE CLno= (SELECT CLno
             FROM Student
             WHERE Sname='张辉')
```

【实例 6.39】 求 10001 课程的成绩高于陈一楠的学生学号和成绩。

```
SELECT Sno,Score
FROM SC
WHERE Cno='10001' AND Score > ( SELECT Score
                                FROM SC
                                WHERE Cno='10001'AND Sno=
                                      (SELECT Sno
                                       FROM Student
                                       WHERE Sname='陈一楠'))
```

2. 带有 IN 谓词的子查询

带有 IN 谓词的子查询是指父查询与子查询之间用 IN 或 NOT IN 进行连接，判断某

个属性列值是否在子查询的结果中，通常子查询的结果是一个集合。

【实例 6.40】 求选修了“高等数学”的学生学号和姓名。

```
SELECT Sno,Sname
FROM Student
WHERE Sno IN ( SELECT Sno
               FROM SC
               WHERE Cno IN ( SELECT Cno
                              FROM Course
                              WHERE Cname='高等数学'))
```

【实例 6.41】 查询“数据库技术”不及格的学生的名单。

```
SELECT Sname
FROM Student
WHERE Sno IN ( SELECT Sno
               FROM SC
               WHERE Score<60 AND Cno IN ( SELECT Cno
                                           FROM Course
                                           WHERE Cname='数据库技术'))
```

3. 带有 ANY 或 ALL 谓词的子查询

使用 ANY 或 ALL 操作符时必须与比较符配合使用，其格式为：

<字段><比较符>[ANY|ALL]<子查询>

ANY 的含义为：将一个列值与子查询返回的一组值中的每一个比较。若在某次比较中结果为 TRUE，则 ANY 测试返回 TRUE，若每一次比较的结果均为 FALSE，则 ANY 测试返回 FALSE。

ALL 的含义为：将一个列值与子查询返回的一组值中的每一个比较。若每一次比较中结果均为 TRUE，则 ALL 测试返回 TRUE，只要有一次比较的结果为 FALSE，则 ALL 测试返回 FALSE。表 6.1 是 A～Y 与 ALL 的语意表。

表 6.1　　ANY 和 ALL 与比较符结合及其语意表

操 作 符	语 意
>ANY	大于子查询结果中的某个值，即表示大于查询结果中最小值
>ALL	大于子查询结果中的所有值，即表示大于查询结果中最大值
<ANY	小于子查询结果中的某个值，即表示小于查询结果中最大值
<ALL	小于子查询结果中的所有值，即表示小于查询结果中最小值
>=ANY	大于等于子查询结果中的某个值，即表示大于等于结果集中最小值
>=ALL	大于等于子查询结果中的所有值，即表示大于等于结果集中最大值
<=ANY	小于等于子查询结果中的某个值，即表示小于等于结果集中最大值
<=ALL	小于等于子查询结果中的所有值，即表示小于等于结果集中最小值
=ANY	等于子查询结果中的某个值，即相当于 IN

续表

操作符	语意
=ALL	等于子查询结果中的所有值（通常没有实际意义）
!=(或<>)ANY	不等于子查询结果中的某个值，
!=(或<>)ALL	不等于子查询结果中的任何一个值，即相当于 NOT IN

【实例 6.42】 求其他班中比 200801 班某一学生出身日期小的学生（即求出身日期小于“200801”班出生日期最大者的学生）。

```
SELECT*
FROM Student
WHERE Sbir <ANY (SELECT Sbir
                 FROM Student
                 WHERE CLno='200801')AND CLno <>'200801'
```

解题说明：

(1) 该查询在处理时，首先处理子查询，找出班级编号为 200801 的学生出生日期，构成一个集合；然后处理父查询，找出出生日期小于集合中某一值且不在 200801 班的学生。

(2) 该例的子查询嵌套在 WHERE 选择条件中，子查询后又有“CLno <>'200801'”选择条件。SQL 中允许表达式中嵌入查询语句。

【实例 6.43】 求其他班级中比 200801 班学生出生日期都小的学生。

```
SELECT*
FROM Student
WHERE Sbir <ALL (SELECT Sbir
                 FROM Student
                 WHERE CLno ='200801')AND CLno <> '200801'
```

解题说明：本例使用了<ALL 操作符，上例使用了<ANY。可通过这两个例子来体会这两种操作符的不同之处。

4. 带有 EXISTS 谓词的子查询

相关子查询，即子查询的执行依赖于外查询。相关子查询执行过程是先外查询，后内查询，然后又外查询，再内查询，如此反复，直到外查询处理完毕。

使用 EXISTS 或 NOT EXISTS 关键字来表达相关子查询。

EXISTS 表示存在量词，用来测试子查询是否有结果，如果子查询的结果集中非空(至少有一行)，则 EXISTS 条件为 TRUE，否则为 FALSE。

由于 EXISTS 的子查询只测试子查询的结果集是否为空，因此，在子查询中指定列名是没有意义的。所以在有 EXISTS 的子查询中，其列名序列通常都用“*”表示。

【实例 6.44】 求选修了 10002 课程的学生姓名。

```
SELECT Sname
FROM Student
```

```
WHERE EXISTS (SELECT*
              FROM SC
              WHERE Student.Sno=Sno AND Cno='10002')
```

解题说明：

(1) 本查询涉及学生和选课两个关系。在处理时，先从学生表中依次取每个元组的学号值；然后用此值去检查选课表中是否有该学号且课程号为10002的元组；若有，则子查询的WHERE条件为真，该学生元组中的姓名应在结果集中。

(2) 在子查询的条件中，由于当前表为选课，故不需要用表名限定属性，而学生表（父查询中的源表）中的属性需要用表名限定。

【实例6.45】 查询选修了全部课程的学生的姓名。

```
SELECT Sname
FROM Student
WHERE NOT EXISTS (SELECT*
                  FROM Course
                  WHERE NOT EXISTS
                        (SELECT*
                         FROM SC
                         WHERE Student.Sno=Sno AND Course.Cno=Cno))
```

【实例6.46】 求至少选修了学号为200802的学生所选修的全部课程的学生学号和姓名。

```
SELECT Sno,Sname
FROM Student
WHERE NOT EXISTS (SELECT*
                  FROM SC 选课1
                  WHERE 选课1.Sno='200802' AND NOT EXISTS
                        (SELECT*
                         FROM SC 选课2
                         WHERE Student.Sno=选课2.Sno
                               AND 选课2.Cno=选课1.Cno))
```

6.3.1.4 集合查询

在标准SQL中，集合运算的关键字分别为UNION（并）、INTERSECT（交）、MINUS（或EXCEPT）（差）。因为一个查询的结果是一个表，可以看作是行的集合，因此，可以利用SQL的集合运算关键字，将两个或两个以上查询结果进行集合运算，这种查询通常称为组合查询（也称为集合查询）。

并运算用UNION运算符。它将两个查询结果合并，并消去重复行而产生最终的一个结果表。

【实例6.47】 查询选修了10001课程或选修了10002课程的学生学号。

```
SELECT Sno FROM SC WHERE Cno ='10001'
UNION
```

```
SELECT Sno FROM SC WHERE Cno ='10002'
```

(1) 两个查询结果表必须是兼容的。即列的数目相同且对应列的数据类型相同。

(2) 组合查询最终结果表中的列名来自第一个 SELECT 语句。

(3) 可在最后一个 SELECT 语句之后使用 ORDER BY 子句来排序。

(4) 在两个查询结果合并时，将删除重复行。若 UNION 后加 ALL，则结果集中包含重复行。

在 SQL Server 2008 中，没有直接提供集合交操作和集合差操作，可以用其他方法间接实现。

【实例 6.48】 求选修了 10001 课程但没有选修 10002 课程的学生学号。

```
SELECT Sno
FROM SC 选课1
WHERE Cno='10001' AND NOT EXISTS
        (SELECT Sno
        FROM SC 选课2
        WHERE 选课1.Sno=选课2.Sno AND 选课2.Cno='10002')
```

【实验 6　连接查询与嵌套查询】

1. 实验目的

(1) 熟悉基本的连接操作，掌握内连接与外连接的方法，学会使用自连接；

(2) 掌握相关子查询的使用方法；

(3) 掌握嵌套子查询的使用方法。

2. 实验准备

(1) 在服务器上创建学籍管理数据库 SM。

(2) 在用户数据库 SM 中创建学生表（Student)、课程表（Course)、教师表（Teacher)、班级表（Class)、系表（Department)、授课表（TC)、课程类型表（Coursetype)、选课表（SC）和职称表（Title)。

(3) 向上述各个数据表中添加实验数据。

3. 实验内容

(1) 连接查询。

1) 查询选修了数据库技术课程的学生的学号、姓名、成绩。

2) 查询每个学生及其选课的情况，并输出学号、姓名、所选课程名称及成绩，并按学号的降序排列。

3) 统计每门课程的选课人数，输出课程名称及选课人数。

4) 统计每个班级的学生人数，输出班级人数大于 15 人的班级的名称与人数。

(2) 嵌套查询。

1) 查询微机 0801 班学生的学号、姓名、性别。

2) 查询选修高等数学的学生的姓名。

3) 查询与李辉在同一个班学习的学生的学号、姓名。

4) 查询没有选课的学生的信息。

(3) 课堂实例验证。

6.3.2 视图

视图是数据库中很重要的对象。它是让用户以多种视角来观察、使用数据库的一种机制，为用户使用数据库提供了极大的方便，大大提高了数据库的运行效率和效果。

通过本任务的实施，理解视图的作用；掌握视图的创建、修改和删除的方法；掌握利用视图简化查询操作。

6.3.2.1 视图概述

视图是一种在一个或多个表上观察数据的途径，可以把视图看作是一个能把焦点定在用户感兴趣的数据上的监视器。视图是虚拟的表，与表不同的是，视图本身并不存储视图中的数据，视图是由表派生的，派生表被称为视图的基本表，简称基表。视图可以来源于一个或多个基表的行或列的子集，也可以是基表的统计汇总，或者是视图与基表的组合，视图中的数据是通过视图定义语句由其基本表中动态查询得来的。

1. 视图的基本概念

在视图的实现上就是由 SELECT 语句构成的，基于选择查询的虚拟表。其内容是通过选择查询来定义的，数据的形式和表一样由行和列组成，而且可以像表一样作为 SELECT 语句的数据源。但是视图中的数据是存储在基表中的，数据库中只存储视图的定义，数据是在引用视图时动态产生的。因此，当基表中的数据发生变化时，可以从视图中直接反映出来。当对视图执行更新操作时，其操作的是基表中的数据。

2. 视图的优点和缺点

(1) 使用视图的优点。

1) 隐蔽数据库的复杂性。视图隐蔽数据库设计的复杂性，它使得开发者在不影响用户使用数据库的情况下，修改数据库表，即使在基表发生改变或重新组合的情况下，用户也能获得一致的数据。

2) 为用户集中提取数据。在大多数情况下，用户查询的数据可能存储在多个表中，查询起来比较繁琐。在这种情况下，可以将多个表中用户需要的数据集中在一个视图中，通过查询视图查看多个表中的数据，从而简化数据的查询操作，这是视图的主要优点。

3) 简化用户权限的管理。视图可以让特定的用户只能看到表中指定的数据行或列，设计数据库应用系统时，对不同权限的用户定义不同权限的视图，每种类型的用户只能看到其相应权限的视图，从而简化用户权限的管理。

4) 方便数据的交换。当 SQL Server 数据库需要与其他类型的数据库系统交换数据时，如果 SQL Server 数据库中的数据存放在多个表，进行数据交换操作就比较复杂。若将需要交换的数据集中到一个视图内，在将该视图中的数据与其他类型的数据系统交换，就简单多了。

(2) 使用视图的缺点。视图的缺点主要表现在其对数据修改的限制上。当更新视图中的数据时，实际上就是对基本表的数据进行更新。事实上，当从视图中插入或者删除时，情况也是一样的。然而，某些视图是不能更新数据的，这些视图有如下特征：

1) 有 UNION 等集合操作符的视图。

2) 有 GROUP BY 子句的视图。

3）有诸如AVG、SUM等函数的视图。

4）使用DISTINCT短语的视图。

5）连接表的视图（其中有一些例外）。

所以视图的主要用途在于数据的查询。

6.3.2.2 视图的创建

用户必须拥有数据库所有者授予的创建视图的权限才可以创建视图，同时，用户也必须对定义视图时所引起的基表有适当的权限。视图的创建者必须拥有在视图定义中引用的任何对象的许可权，如相应的表、视图等，才可以创建视图。

创建视图的方法有两种，其一是利用对象资源管理器创建；其二是使用T-SQL语句创建。

视图的命名必须遵循标识符规则，必须对每个用户都是唯一的。视图名称不能和创建该视图的用户的其他任何一个表的名称相同。

在默认状态下，视图中的列名继承了它们基表中的相应列名，对于下列情况则需要重新指定列的别名：

(1) 视图中的某些列来自表达式、函数或常量时。

(2) 当视图所引用不同基表的列中有相同列名时。

(3) 希望给视图中的列指定新的列名时。

1. 使用对象资源管理器创建视图

【实例6.49】 创建学生成绩视图，其内容是：学号、姓名、课程名、学分、成绩。

具体操作如下：

a. 在“对象资源管理器”窗格中，右击SM数据库下的“视图”节点，在弹出的快捷菜单中选择“新建视图”命令，将打开如图6.1所示的“添加表”对话框。

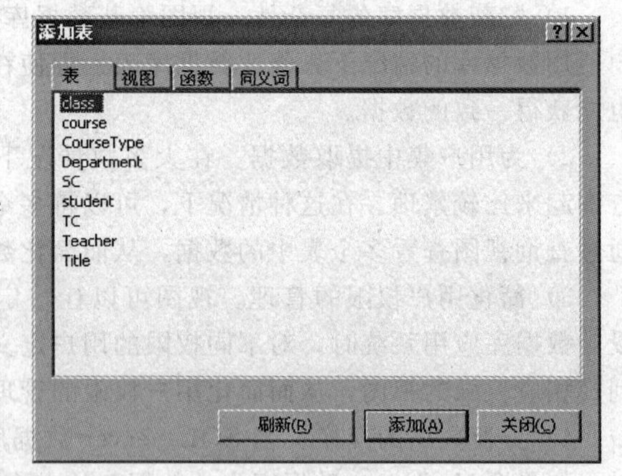

图6.1 打开“添加表”对话框

b. 选中学生表student、课程表course和选课表SC，单击“添加”按钮，然后再单击“关闭”按钮，出现如图6.2所示的“视图设计器”。

c. “视图设计器”中共有4个区，从上到下依次为关系图窗格（表区）、网格窗格（列区）、SQL窗格和结果窗格（数据结果区）。在表区的数据表框中选择相应的列，此时，列区将显示所选中的包含在视图中的数据列，相应的SQL语句显示在SQL窗格区。

d. 单击“视图设计器”对应工具栏中的红色感叹号（!）按钮预览结果，最后单击“标准”工具栏中的“保存”按钮并输入视图名称，完成视图的创建。

2. 使用SQL语句创建视图

创建视图的基本语法如下：

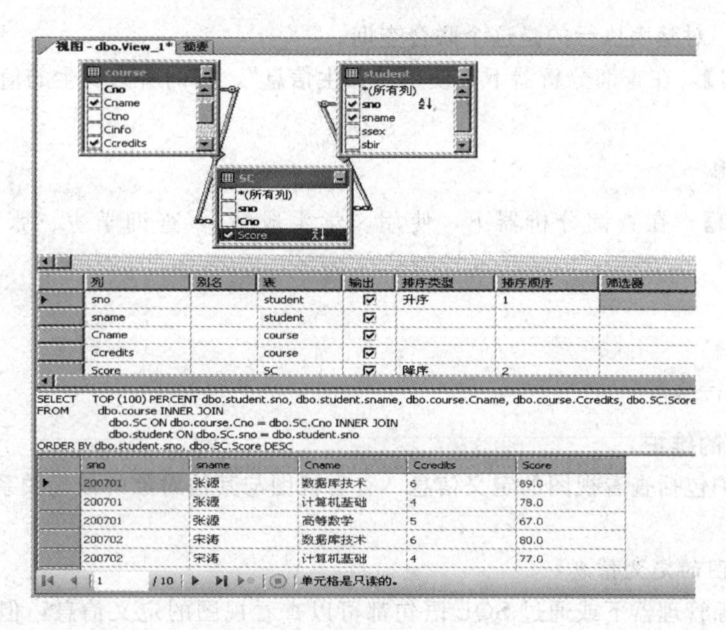

图 6.2 “视图设计器”窗口

```
CREATE VIEW 视图名[(视图列名 1,视图列名 2,…,视图列名 n)]
[WITH ENCRYPTION]
AS
SELECT 语句
[WITH CHECK OPTION]
```

其中，WITH ENCRYPTION 子句对视图进行加密。WITH CHECK OPTION 子句强制视图上执行的所有数据修改语句都必须符合由 SELECT 查询语句设置的准则。通过视图修改数据行时，WITH CHECK OPTION 可确保提交修改后，仍可通过视图看到修改的数据。

SELECT 语句可以是任何复杂的查询语句，但通常不允许包含 ORDERBY 子句和 DISTINCT 短语。

如果 CREATE VIEW 语句没有指定视图列名，则视图的列名默认为 SELECT 语句目标列中各字段的列名。

【实例 6.50】 创建视图“女生信息”，其内容是 Student 表中所有女生的信息。

```
CREATE VIEW 女生信息
AS
SELECT*
FROM Student
WHERE Ssex='女'
```

6.3.2.3 视图数据的查询

视图创建后，就可以像对表的查询一样对视图进行查询了。执行查询查询时，首先进行有效性检查，检查通过后，将视图定义中的查询和用户对视图的查询结合起来，转换成对基表的查询，对基表执行的是这个联合查询。

【实例 6.51】 在查询分析器下，使用“女生信息”，查询所有女生的信息。

```
SELECT *
FROM 女生信息
```

【实例 6.52】 在查询分析器下，使用“学生成绩”，查询学生“张源”所选课的成绩。

```
SELECT *
FROM 学生成绩
WHERE Sname='张源'
```

6.3.2.4 视图的维护

视图的维护包括查看视图的定义信息、查看视图与其他对象的依赖关系、修改视图和删除视图。

1. 查看视图的定义信息

在对象资源管理器下或通过 SQL 语句都可以查看视图的定义信息，但是，如果在视图的定义语句中使用了 WITH ENCRYPTION 子句，表示 SQL Server 对建立视图的语句文本进行了加密，则无法看到视图的定义语句。即使是视图的拥有者和系统管理员也不能看到。

(1) 使用对象资源管理器查看。这里以“学生成绩”视图为例说明其操作过程。

在对象资源管理器中，依次展开各节点到要查看的数据库 SM，然后在该节点中选中“视图”图标，右击要查看的视图“学生成绩”，在弹出的快捷菜单中选择“设计”命令，此时如图 6.3 所示。可以在该窗格中直接查看视图的定义并对视图的定义进行修改。

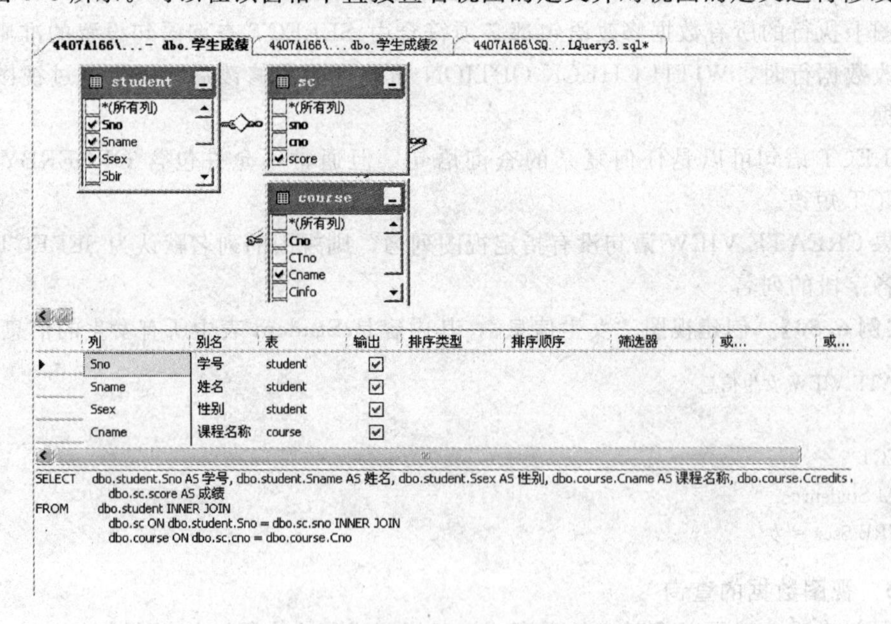

图 6.3 查看和修改视图的定义信息

（2）使用 sp_helptext 查看。使用系统存储过程 sp_helptext 查看视图定义信息的语法格式如下：

```
[EXECUTE] sp_helptext 视图名
```

【实例 6.53】 在查询分析器下，使用 sp_helptext 查看所有视图“学生成绩”的定义信息。

```
EXEC sp_helptext 学生成绩
GO
```

执行结果如图 6.4 所示。

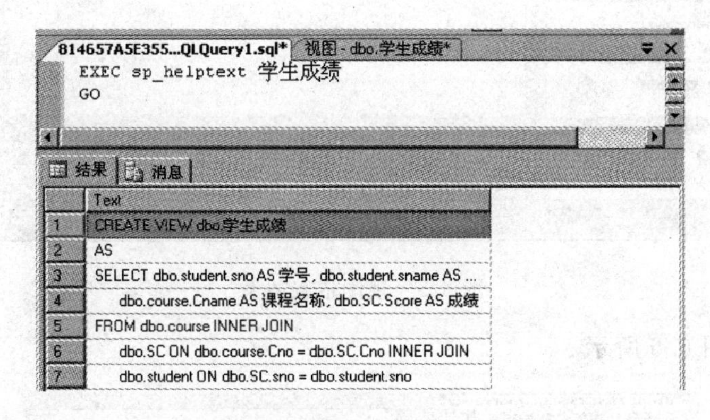

图 6.4 查看视图的定义信息

2. 查看视图与其他对象的依赖关系

如果想要知道视图的数据来源，或需要了解该视图依赖于哪些数据库对象，则需要查看视图与其他数据库对象之间的依赖关系。

（1）使用对象资源管理器查看。这里以“学生成绩”视图为例说明其操作过程。

1）在对象资源管理器中，依次展开各节点到要查看的数据库 SM，然后在该节点中选中“视图”图标，右击要查看的视图“学生成绩”，在弹出的快捷菜单中选择“查看依赖关系”命令。

2）此时弹出如图 6.5 所示的“对象依赖关系”对话框，则显示学生成绩视图的所有依赖关系。

3）单击“关闭”按钮，关闭“对象依赖关系”对话框。

（2）使用 sp_depends 查看。使用系统存储过程 sp_depends 可以查看视图与其他数据对象之间的依赖关系，语法格式如下。

```
[EXECUTE] sp_depends 视图名
```

【实例 6.54】 在查询分析器下，使用 sp_depends 查看所有视图“学生成绩”的定义信息。

```
EXEC sp_depends 学生成绩
GO
```

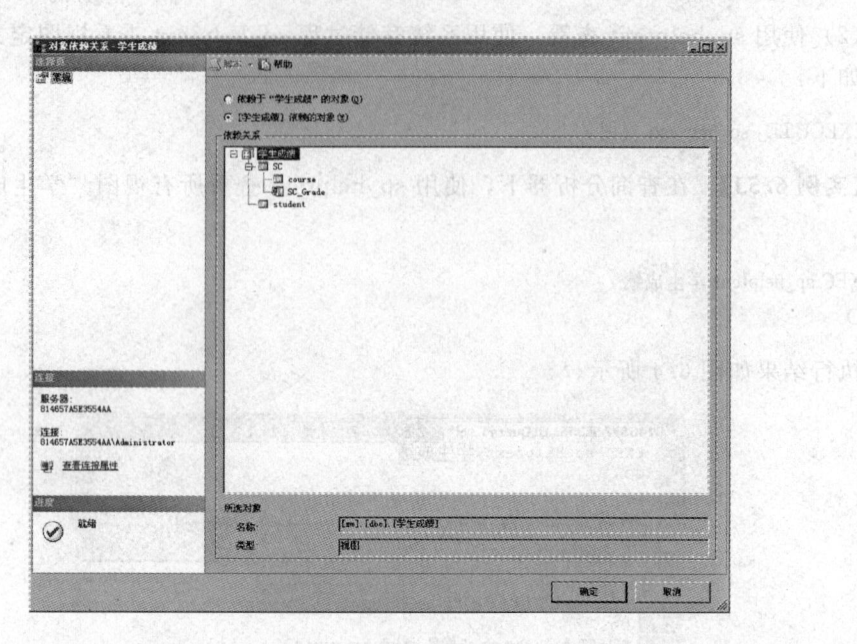

图 6.5 视图依赖关系

执行结果如图 6.6 所示。

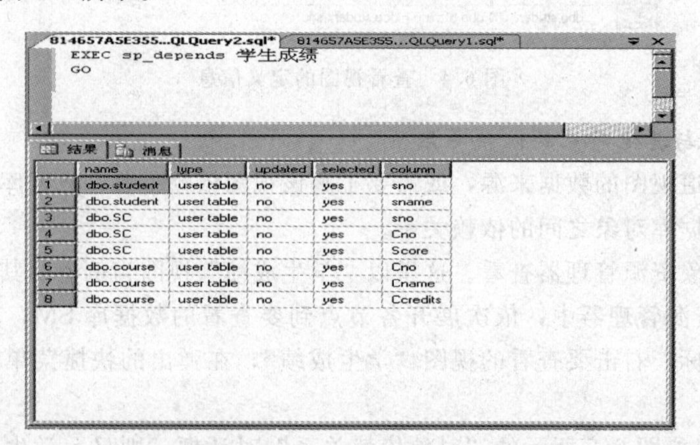

	name	type	updated	selected	column
1	dbo.student	user table	no	yes	sno
2	dbo.student	user table	no	yes	sname
3	dbo.SC	user table	no	yes	sno
4	dbo.SC	user table	no	yes	Cno
5	dbo.SC	user table	no	yes	Score
6	dbo.course	user table	no	yes	Cno
7	dbo.course	user table	no	yes	Cname
8	dbo.course	user table	no	yes	Ccredits

图 6.6 使用 sp_depends 查看视图依赖关系

（3）使用 sp_help 查看视图的特征。使用系统存储过程 sp_help 可以查看视图的详细信息，语法格式如下。

```
[EXECUTE] sp_help 视图名
```

【实例 6.55】 在查询分析器下，使用 sp_help 查看视图“学生成绩”的特征。

```
EXEC sp_help 学生成绩
GO
```

执行结果如图 6.7 所示。

3. 修改视图

可以通过对象资源管理器中的视图设计器和 ALTER VIEW 语句进行视图的修改。

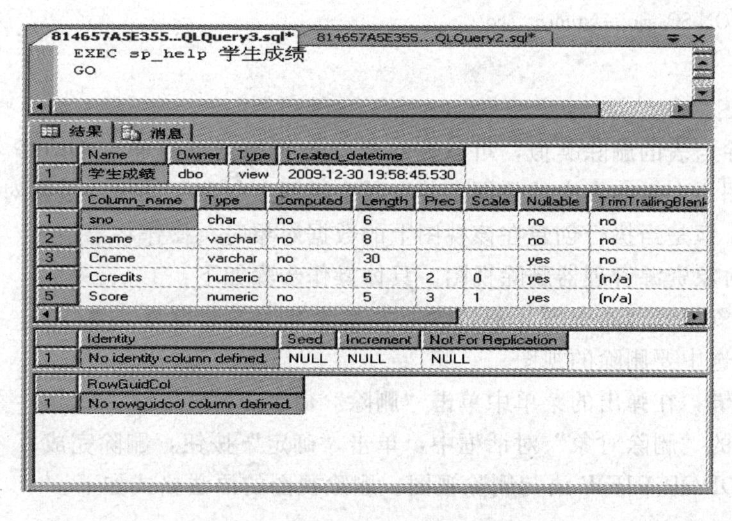

图 6.7　使用 sp_help 查看视图特征

视图的修改和视图的创建一样，也可以在视图设计器中进行，修改也就是再创建。这里不再详述其操作过程，参见视图的创建。

使用 ALTER VIEW 语句修改视图的语法格式如下。

```
ALTER VIEW 视图名
[WITH ENCRYPTION]
AS
SELECT 语句
[WITH CHECK OPTION]
```

【实例 6.56】 在查询分析器下，建立一个“学生成绩 1”视图，然后通过 ALTER VIEW 语句进行修改，要求该视图修改后包括每门课程的学分。

首先和建立“学生成绩”视图一样，建立“学生成绩 1”视图，然后再修改，用下列的 SQL 语句完成。

先建立视图“学生成绩 1”。

```
CREATE VIEW 学生成绩 1
AS
SELECT student. sno AS 学号, sname AS 姓名, ssex AS 性别, Cname AS 课程名称, SC. Score AS 成绩
FROM course INNER JOIN SC ON course. Cno = SC. Cno INNER JOIN
        student ON SC. sno = student. sno
GO
```

再修改视图。

```
ALTER VIEW 学生成绩 1
AS
SELECT student. sno AS 学号, sname AS 姓名, ssex AS 性别, Cname AS 课程名称, Ccredits AS 学分,SC. Score
AS 成绩
FROM course INNER JOIN SC ON course. Cno = SC. Cno INNER JOIN
```

```
    student ON SC. sno = student. sno
GO
```

4. 删除视图

视图的删除与表的删除类似，可以在对象资源管理器中或通过 DROP VIEW 语句来删除。删除视图不会影响表中的数据，若在某个视图上创建了其他的数据对象，该视图仍然可以被删除，但是当执行创建在该视图上的数据对象时，操作将出错。

（1）使用对象资源管理器删除视图。具体操作步骤如下：

1）在对象资源管理器中展开到包含所要删除视图的数据库，如 SM，在该数据库的“视图”列表中选中要删除的视图。

2）单击右键，在弹出的菜单中单击“删除”命令。

3）在弹出的“删除对象”对话框中，单击“确定”按钮，删除完成。

（2）使用 DROP VIEW 语句删除视图。删除视图的语法格式如下。

```
DROP VIEW 视图名 1,…,视图名 n
```

使用该语句一次可以删除多个视图。

【实例 6.57】 在查询分析器下，删除视图“学生成绩 1”。

```
DROP VIEW 学生成绩 1
GO
```

6.3.2.5 通过视图修改表数据

在建立了视图对象后，可以使用该视图来检索表中的数据，在满足条件下还可以通过视图来插入、修改和删除数据。由于视图是不存储数据的虚表，所以对视图数据的修改，最终将转换为对基表数据的修改。

对视图进行的修改操作有以下限制。

（1）若视图的字段来自表达式或常量，则不允许对该视图执行 INSERT 和 UPDATE 操作，但允许执行 DELETE 操作。

（2）若视图的字段来自集合函数，则此视图不允许修改操作。

（3）若视图定义中含有 GROUP BY 子句，则此视图不允许修改操作。

（4）若视图定义中含有 DISTINCT 短语，则此视图不允许修改操作。

（5）一个不允许修改操作视图上定义的视图，也不允许修改操作。

【实例 6.58】 在查询分析器下，对“学生成绩”进行修改，修改学生“张源”的“计算机基础”课程的成绩为 90 分。

```
UPDATE 学生成绩
SET 成绩=90
WHERE 姓名='张源' AND 课程名称='计算机基础'
GO
```

【实验 7 视图的创建维护与使用】

1. 实验目的

（1）理解视图的概念。

(2) 掌握使用对象资源管理器和查询分析器创建视图的方法。

(3) 掌握删除、更新视图的方法。

(4) 掌握使用视图进行数据添加、修改和删除的方法。

2. 实验准备

(1) 在服务器上创建学籍管理数据库 SM;

(2) 在用户数据库 SM 中创建学生表 (Student)、课程表 (Course)、教师表 (Teacher)、班级表 (Class)、系表 (Department)、授课表 (TC)、课程类型表 (Coursetype)、选课表 (SC) 和职称表 (Title);

(3) 向上述各数据表中添加实验数据。

3. 实验内容

(1) 创建视图。

1) 使用对象资源管理器,在 SM 数据库中创建有全体男生的基本信息组成的视图"男生信息";

2) 使用查询分析器,在 SM 数据库中创建包含学生学号、姓名、性别、总学分、平均成绩的视图,名称为"scj"。

(2) 视图的应用。

1) 通过视图查询全体男生的信息(分别使用对象资源管理器和查询分析器完成)。

2) 使用视图查询全体学生的学号、姓名、总学分(分别使用对象资源管理器和查询分析器完成)。

(3) 课堂实例的验证。

6.3.3 索引

用户对数据库最频繁的操作是进行数据查询,一般情况下数据库在进行查询操作时需要对整个表进行数据搜索,当表中的数据很多时搜索数据就需要很长的时间,这就造成了服务器的资源浪费。为了加快查询速度,数据库引入了索引机制。

通过本任务的实施,理解索引的定义与作用;了解索引的特点、分类和代价;掌握利用对象资源管理器和查询分析器创建索引、编辑索引、删除索引、管理索引和索引维护的方法。

6.3.3.1 索引的基础知识

索引是在一个表上或视图上创建的独立的物理数据库结构,在视图上创建索引只能针对架构绑定的视图。所以我们所讲的主要是针对表上的索引。在进一步了解索引之前,先了解一些 SQL Server 数据存储和访问的相关知识。

1. SQL Server 中数据的存储与访问

在 SQL Server 系统中,数据存储的基本单位是页。一页是 8KB 的磁盘物理空间。当向数据库中插入数据的时候,数据按照插入的时间顺序被放置在数据页上。一般地,放置数据的顺序与数据本身的逻辑关系之间并没有任何关系。因此,从数据之间的逻辑关系方面来讲,数据是乱七八糟地堆放在一起的。数据的这种堆放方式称为"堆"。当一个页上的数据堆满之后,其他的数据就堆放在另外一个数据页上。

根据上面的叙述,在没有建立索引的表内,使用堆的集合方法组织数据页。在堆的集合中，数据行不按任何顺序进行存储，数据页序列也没有任何特殊顺序。因此，扫描这些数据堆集花费的时间肯定较长。在建有索引的表内，数据行基于索引的键值按顺序存放，必然改善了系统查询数据的速度。

在数据存储上，SQL Server 提供了两种数据访问的方法：

(1) 表扫描法。在没有建立索引的表内进行数据访问时，SQL Server 通过表扫描法来获取所需要的数据。当 SQL Server 执行表扫描时，它从表的第一行开始进行逐行查找，直到找到符合查询条件的行。

显然使用表扫描法所耗费的时间将直接同数据库表中存在的数据量成正比。因此当数据库中存放大量的数据时，使用表扫描法将造成系统响应时间过长。

(2) 索引法。在建有索引的表内进行数据访问时，SQL Server 通过使用索引来获取所需要的数据。当 SQL Server 使用索引时，它会通过遍历索引树等更高级的针对有序数据的查询算法来查找所需行的存储位值，并通过查找的结果提取所需的行。一般而言，由于索引加速了对表中数据行的检索，所以通过使用索引可以加快 SQL Server 访问数据的速度，减少数据访问时间。

2. 索引的作用

创建索引的好处主要有以下两点：

(1) 加快数据查询。在表中创建索引后，进行以索引为条件的查询时，由于索引是有序的，可以采用较优的算法来进行查找，这样就提高了查询速度。经常用作查询条件的列应当建立索引，而不经常作为查询条件的列则可以不建立索引。

(2) 加快表的连接、排序和分组工作。进行表的连接、排序和分组工作，要涉及到表的查询工作，而建立索引会提高表的查询速度，从而也加快了这些操作的速度。

3. 使用索引的代价

(1) 创建索引需要占用数据空间和时间。创建索引时所需的工作空间大概是数据表空间的 1.2 倍，还要占用一定的时间。

(2) 建立索引会减慢数据修改的速度。在有索引的数据表中，进行数据修改时，包括记录的插入、删除和修改，都要对索引进行更新，修改的数据越多，索引的维护开销就越大，所以索引的存在减慢了数据修改速度。

4. 索引的分类

按照索引值的特点分类，可以将索引分为唯一索引和非唯一索引；按照索引结构的特点分类，可以将索引分为聚集索引和非聚集索引。

(1) 唯一索引和非唯一索引。唯一索引要求所有数据行中任意两行中的被索引列或索引列组合不能存在重复值，包括不能有两个空值 NULL，而非唯一索引则不存在这样的限制。也就是说，对于表中的任何两行记录来说，索引键的值都是不同的，若表中有多行的记录在某字段上具有相同的值，则不能在该字段上建立唯一索引。

(2) 聚集索引和非聚集索引。根据索引的顺序与数据表的物理顺序是否相同，可以把索引分为聚集索引和非聚集索引。聚集索引会对磁盘上的数据进行物理排序，所以这种索引对查询非常有效。表中只能有一个聚集索引。当建立主键约束时，如果表中没有聚集索引，SQL Server 会用主键列作为聚集索引键。聚集索引将数据行的键值在表内排序并存

储对应的数据记录，使数据表的物理顺序与索引顺序相同。

非聚集索引与图书中的目录类似。非聚集索引不会对表进行物理排序，数据记录与索引分开存储。非聚集索引中的数据排列顺序与数据表中记录的排列顺序不一致。

显然聚集索引的查询速度比非聚集索引快，但非聚集索引的维护比较容易。

5. 建立索引的原则

我们已经知道，创建索引虽然可以提供查询速度，但是它需要牺牲一定的系统性能。因此创建索引时，哪些列适合创建索引，哪些列不适合创建索引，需要进行一番判断考察才能进行索引的创建。

创建索引需要注意以下事项：

(1) 每张表只能有一个聚集索引。

(2) 创建聚集索引时所需要的可用空间是表数据量的120%，所以要求数据库应有足够的空间。

(3) 主键一般都建有聚集索引。

(4) 唯一键（UNIQUE）将建为非聚集索引。

(5) 在经常查询的数据列最好建立索引。

6.3.3.2 创建索引

在SQL Server中，只有表或视图的拥有者才可以为表创建索引，即使表中没有数据也可以创建索引。索引可以在创建表的约束时由系统自动创建，也可以通过对象资源管理器或使用CREATE INDEX语句来创建。可以在创建表之后的任何时候创建索引。

1. 系统自动创建索引

在创建或修改表时，如果添加了一个主键或唯一键约束，则系统将自动在该表上，以该键值作为索引列，创建一个唯一索引。该索引是聚集索引还是非聚集索引，要根据当前表的索引状况和约束语句或命令而定。如果当前表上没有聚集索引，系统将自动以该键创建聚集索引，除非约束语句或命令指明是创建非聚集索引。如果当前表上已有聚集索引，系统将自动以该键创建非聚集索引，如果约束语句或命令指明是创建聚集索引，则系统报错。

一个表上至多有一个聚集索引和249个非聚集索引。

2. 使用CREATE INDEX语句创建索引

创建索引命令常用格式如下：

```
CREATE[UNIQUE][CLUSTERED| NCLUSTERED] INDEX 索引名
ON 表名 (字段名[ASC/DESC,…n]) [WITH [索引选项 [,…n] ]
[ON 文件组]
```

其中各参数的含义如下。

(1) UNIQUE：为表或视图创建唯一索引。

(2) CLUSTERED：表示创建聚集索引，键值的逻辑顺序决定表中对应行的物理顺序。

(3) NONCLUSTERED：创建非聚集索引。

(4) ASC/DESC：用来指定索引列的排序方式，ASC是升序，DESC是降序，默认值为 ASC。

(5) ON 文件组：在给定的文件组上创建指定的索引。该文件组必须已经通过执行 CREATE DATABASE 或 ALTER DATABASE 创建。

索引选项包括：

(1) DROP_EXISTING：指定先删除存在的聚集、非聚集索引或 XML 索引。

(2) FILLFACTOR（填充因子）：指定在 SQL Server 创建索引的过程中，各索引页的填满程度。

(3) IGNOR_DUP_KEY：控制当尝试向属于唯一聚集索引的列插入重复的键值时所发生的情况。

【实例 6.59】 在查询分析器中，使用 CREATE INDEX 语句在表 Student 上创建名为 S_Clno_Sno 的非聚集、复合索引，该索引基于“班级编号 Clno”列和“学号 Sno”列创建。

在查询分析器中运行如下程序：

```
CREATE NONCLUSTERED INDEX S_Clno_Sno ON Student (Clno, Sno)
```

【实例 6.60】 在查询分析器中，使用 CREATE INDEX 语句在表 Course 上创建名为 C_CTno_Cno 的非聚集、复合索引，该索引基于“课程类型编号 CTno”列和“课程号 Cno”列创建。

在查询分析器中运行如下程序：

```
CREATE NONCLUSTERED INDEX C_CTno_Cno ON Course (CTno,Cno)
```

6.3.3.3 管理和维护索引

索引建成以后要根据查询的需要，调整或重建索引，还要保证索引统计信息的有效性，才能提高查询速度。随着数据更新操作的不断进行，数据会变得支离破碎，这些碎片会导致额外的访问开销，应当定期整理索引，清除数据碎片，提高数据查询的性能。

1. 索引的分析与维护

(1) 索引的分析。SQL Server 提供了多种分析索引和查询索引性能的方法，常用的有 SHOWPLAN 和 STATISTICS IO 语句。

1) SHOWPLAN 语句用来显示查询语句的执行信息，包括查询过程中连接表时所采用的每个步骤以及选择哪个索引。其语法格式为：

```
SET SHOWPLAN_ALL {ON | OFF}
```

或

```
SET SHOWPLAN_TEXT {ON | OFF}
```

2) STATISTICS IO 语句用来显示执行数据检索语句所花费的磁盘活动量信息，可以利用这些信息来确定是否重新设计索引。其语法格式为：

```
SET STATISTICS IO {ON | OFF}
```

【实例 6.61】 在 SM 数据库中的 Student 表上查询所有男生的学号、姓名和年龄，并

显示查询处理过程中的磁盘活动统计信息。其程序清单如下：

```
SET SHOWPLAN_ALL OFF
GO
SET STATISTICS IO ON
GO
SELECT 学号＝Sno,姓名＝Sname,YEAR(GETDATE())- YEAR(Sbir)AS 年龄
FROM Student
WHERE Ssex='男'
GO
```

表'student'。扫描计数 1，逻辑读 2 次，物理读 0 次，预读 0 次。

（2）索引的维护。在创建索引后，为了得到最佳的性能，必须对索引进行维护。因为随着时间的推移，用户需要在数据库上进行插入、修改和删除等一系列操作，这将使数据变得支离破碎，从而造成索引性能的下降。

SQL Server 提供了多种分析索引和查询索引性能的方法，常用的有 DBCC SHOWCONTIG、DBCC INDEXDEFRAG 语句。

1）DBCC SHOWCONTIG 语句用来显示指定表的数据和索引的碎片信息。当对表进行大量的修改或添加数据之后，应该执行此语句来查看有无碎片。其语法格式如下：

```
DBCC SHOWCONTIG ([table_name | table_id | view_name | view_id,index_name | index_id])
```

2）DBCC INDEXDEFRAG 语句的作用是整理表中索引碎片，其语法格式为：

```
DBCC INDEXDEFRAG([database_name | database_id,table_name | table_id | view_name | view_id,index_name |
index_id])
```

【实例 6.62】 清楚 SM 数据库中 Student 表的索引 S_Clno_Sno 上的碎片。

```
USE SM
GO
DBCC INDEXDEFRAG(SM,Student, S_Clno_Sno)
GO
```

2. 索引统计

SQL Server 可以为索引列创建统计信息。SQL Server 为维护某一个索引关键值的分布统计信息，并且使用这些统计信息来确定在查询过程中哪一个索引是有用的。查询的优化依赖于这些统计信息的分布准确度。

当表中数据发生变化时，SQL Server 周期性地自动修改统计信息。索引统计被自动地修改，索引中的关键值显著变化。统计信息修改的频率由索引中的数据量和数据变化量确定。例如，如果表中有 10000 行数据，1000 行数据修改了，那么统计信息可能需要修改。然而如果只有 50 行记录修改了，那么仍然保持当前的统计信息。

索引统计信息既可以自动创建，也可以使用 CREATE STATISTICS 语句在数据表的某一列或多列上创建。还可以进行修改。

（1）使用 CREATE STATISTICS 创建统计信息。

1）创建统计信息的语法格式。

```
CREATE STATISTICS statistics_name
ON {table | view}(column [,…n])
[WITH
[[FULLSCAN | SAMPLE number {PERCENT | ROWS}][,]]
[NORECOMPUTE]]
```

2）语法注释。

statistics _ name：表示要创建的统计信息名称。

Table：是要在其上创建命名统计的表名。Table 是与 column 关联的表。可以选择是否指定表所有者的名称。指定合法的数据库名称，可以在其他数据库中的表上创建统计。

View：是要在其上创建名称统计的视图名。

Column：是要在其上创建统计的一列或一组列的名称。

FULLSCAN：指定应读取 table 中的所有行以收集统计信息。指定 FULLSCAN 具有与 SAMPLE 100 PERCENT 相同的行为。此选项不能与 SAMPLE 选项一起使用。

SAMPLE number{PERCENT | ROWS}：指定应使用随机采样来读取一定百分比或指定行数的数据以收集统计信息。Number 只能为整数，如果是 PERCENT，Number 应介于 0～100 之间；如果是 ROWS，number 可以是 0～n 的总行数。此选项不能与 FULLSCAN 选项一起使用。如果没有给出 SAMPLE 或 FULLSCAN 选项，SQL Server 会计算出一个自动样本。

3）应用实例。

【实例 6.63】 在数据库 SM 的成绩表 SC 上创建名为 Score_statis 的统计，该统计基于成绩表 SC 中课程编号 cno 列和成绩 score 列的 5%的数据计算随机采样统计。

```
CREATE STATISTICS Score_statis
 ON SC(Cno,score)
 WITH SAMPLE 5 PERCENT
GO
```

（2）使用 sp_createstats 在所有用户表上创建统计。

使用 sp_createstats 系统存储过程可以为当前数据库中全部用户表的所有列创建单列统计，并且可以用它来手工修改统计信息。其语法格式为：

```
sp_createstats [[@indexonly=]'indexonly']
[,[@fullscan=]'fullscan']
[,[@norecompute=]'norecompute']
```

其中各参数的含义如下：

[[@indexonly=]'indexonly'：指定只有参与索引的列才考虑创建统计。Indexonly 的数据类型为 char（9），默认值为 NO。

[@fullscan=]'fullscan'：指定 FULLSCAN 选项与 CREATE STATISTICS 语句一同使用。如果省去 fullscan，则 SQL Server 执行一个默认的实例扫描。fullscan 的数据类

型为 char (9)，默认值为 NO。

[@norecompute=]'norecompute'：指定对新建的统计禁用自动更新计算统计。norecompute 的数据类型为 char(12)，默认值为 NO。

执行系统存储过程 sp_createstats 之后，如果返回 0 则表示创建统计成功，返回 1 则表示创建统计失败。

【实例 6.64】 为 SM 数据库的全部用户表的所有列创建统计。

```
SET STATISTICS IO OFF
EXEC sp_createstats
```

消息窗格显示：为以上各表中 25 个列出的列创建了统计。

(3) 统计信息更新。在创建索引时，SQL Server 会自动存储有关的统计信息。查询优化器会利用索引统计信息估算使用该索引进行查询的成本。然而随着数据的不断变化，索引和列的统计信息可能已经过时，从而导致查询优化器选择的查询处理方法并不是最佳的。因此，有必要对数据库中的这些统计信息进行更新。

【实例 6.65】 在对象资源管理器中通过设置数据库的属性决定是否实现统计的自动更新。

操作步骤如下：

a. 在对象资源管理器中依次展开各节点到数据库 SM，右击，在弹出的快捷菜单中选择“属性”命令。

b. 在“属性”对话框中选择“选项”属性页，选中“自动创建统计信息”复选框，表示实现统计的自动更新，如图 6.8 所示。

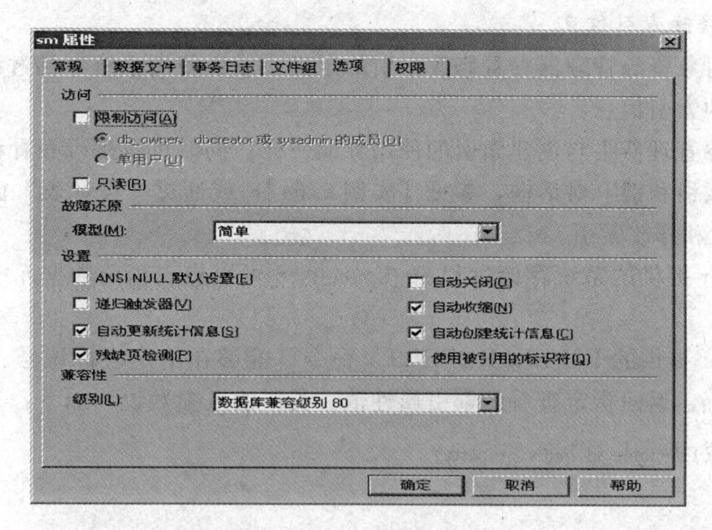

图 6.8 设置数据库的属性决定实现统计信息的自动更新

c. 单击“确定”按钮完成设置。

用户应避免频繁地进行索引统计的更新，特别是在数据库操作比较集中的时间段内。

【实例 6.66】 使用 UPDATE STATISTICS 命令更新统计信息。更新学生表 student 主键索引的统计信息。

```
UPDATE STATISTICS student PK_student1
GO
```

(4) 统计信息的查看与删除。

1) 查看表的统计信息。

创建了表的统计之后，可以使用 DBCC SHOW_STATISTICS 来显示指定表上的指定目标的当前统计信息。其语法如下：

```
DBCC SHOW_STATISTICS(table,target)
```

其中：

Table：表名，表示要显示该表的统计信息。

Target：索引名称或集合，表示要显示该对象的统计信息。

【实例 6.67】 显示 SM 数据库表 Student 中索引 S_Name 的统计信息。

```
Use SM
DBCC SHOW_STATISTICS(Student,S_Name)
GO
```

2) 删除列的统计信息。

SQL Server 提供了 DROP STATISTICS 命令来删除指定数据表列的统计信息。

【实例 6.68】 删除前面所建的统计信息 Score_statis。

```
DROP STATISTICS SC Score_statis
GO
```

3. 查看与修改索引信息

可以使用对象资源管理器查看修改索引的定义，或者使用系统存储过程 sp_helpindex 查看有关表上的索引信息。

在对象资源管理器中与创建索引的使用界面一样，同时可以进行查看和修改索引。可以通过“管理索引和键”对话框，参见［实例 6.64］，或通过“设计表”窗口，参见［实例 6.63］，查看和修改索引。

SQL Server 提供的系统存储过程 sp_spaceused 可以查看当前数据库中索引所使用的磁盘空间。

SQL Server 提供的 INDEXPROPERTY 命令，能够在给定表标识号、索引名称及属性名称的前提下，返回指定查看的索引属性值。其语法及参数说明如下：

```
INDEXPROPERTY (table_id,index,property)
```

其中：

Table_id：是包含要为其提供索引属性信息表或视图标识号的表达式。

Index：是一个包含索引的名称的表达式，将为该索引返回属性信息。

Property：包含将要返回的数据库属性的名称。

【实例 6.69】 使用系统存储过程 sp_helpindex 查看学生表 Student 的索引信息。

```
EXEC sp_helpindex Student
```

4. 索引更名与删除

（1）使用系统存储过程为索引更名。

【实例 6.70】 使用系统存储过程 sp_rename 将学生表 Student 中 S_Name 索引名称更改为 Name_index。

```
USE SM
GO
EXEC sp_rename 'student. s_name','name_index'
GO
```

（2）使用对象资源管理器删除索引。如果不再需要某个索引或表上的某个索引或该索引已经对系统性能造成负面影响时，用户就需要删除索引。同样的 SQL Server 提供了两种方法途径来删除索引，一种是对象资源管理器，一种是 SQL 命令语句。下面介绍使用对象资源管理器删除索引。

1）在对象资源管理器中，依次展开各节点到数据库，展开要删除索引表的“索引”节点，选择要删除的索引，单击右键，在弹出的快捷菜单中，选择“删除”命令，如图 6.9 所示。

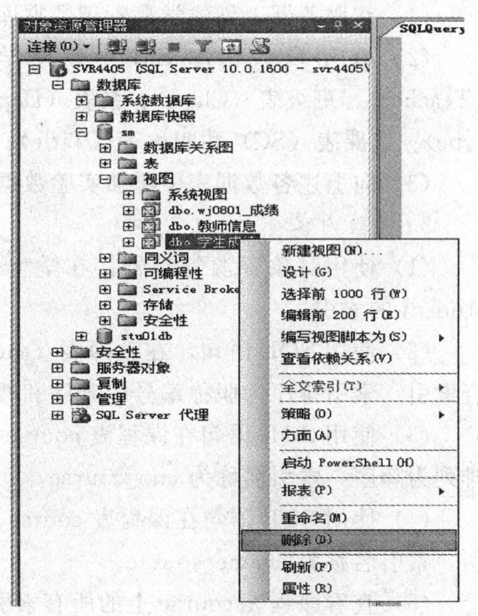

图 6.9 删除索引

2）在“删除对象”对话框中，单击“确定”按钮后，即可删除索引。

（3）使用 DROP INDEX 语句删除索引。使用 DROP INDEX 命令可以删除一个或多个当前数据库中的索引。其语法格式如下：

```
DROP INDEX 表名.索引名 [,… n]
```

【实例 6.71】 删除学生表 Student 上的名为 ix_student 的索引。

```
DROP INDEX student. ix_student
GO
```

在删除索引时，需要注意如下事项：

a. 不能删除由 PRIMARY KEY 约束或 UNIQUE 约束创建的索引。这些索引必须通过删除 PRIMARY KEY 约束或 UNIQUE 约束，由系统自动删除。

b. 在删除聚集索引时，表中的所有非聚集索引都将被重建。

【实验 8 索引的创建、维护与使用】

1. 实验目的

（1）理解索引的概念和作用。

（2）熟练掌握使用对象资源管理器和查询分析器创建索引的方法。

（3）掌握创建唯一、聚集、复合索引的方法。

（4）掌握查看和修改索引选项，以及给索引改名和删除索引的操作。

(5) 了解聚集索引和非聚集索引。

(6) 学会使用索引。

2. 实验准备

(1) 在服务器上创建学籍管理数据库SM;

(2) 在用户数据库SM中创建学生表(Student)、课程表(Course)、教师表(Teacher)、班级表(Class)、系表(Department)、授课表(TC)、课程类型表(Coursetype)、选课表(SC)和职称表(Title);

(3) 向上述各数据表中添加实验数据。

3. 实验内容

(1) 使用对象资源管理器,在学生表Student的班级编号CLno列上创建名为bj_student的索引。

(2) 使用SQL语句,在教师表Teacher的职称编号TTcode和教师编号Tno创建复合索引,索引排序为职称编号的升序和教师编号的降序,索引名称为TT_teacher。

(3) 使用SQL语句在课程表course上以课程号cno创建一个唯一的聚集索引,索引排列为降序,索引名称为cno_course。

(4) 使用SQL语句在课程表course的课程名称列cname上创建一个非聚集的唯一索引,索引名称为cname_course。

(5) 查看课程表course上的所有索引。

(6) 删除课程表上的索引。

(7) 课堂实例的验证。

6.4 项 目 实 施

6.4.1 使用对象资源管理器进行数据查询与维护

在对象资源管理器图形界面下,设计查询:查询微机0801班学生的学号、姓名、性别、班级、课程名称和成绩。具体操作如下:

(1) 在对象资源管理器中,依次展开各节点到数据库SM,单击右键,在弹出的快捷菜单中,选择"新建查询"命令,在新建查询窗口中,单击右键,在弹出的快捷菜单中,选择"在编辑器中设计查询",如图6.10所示。

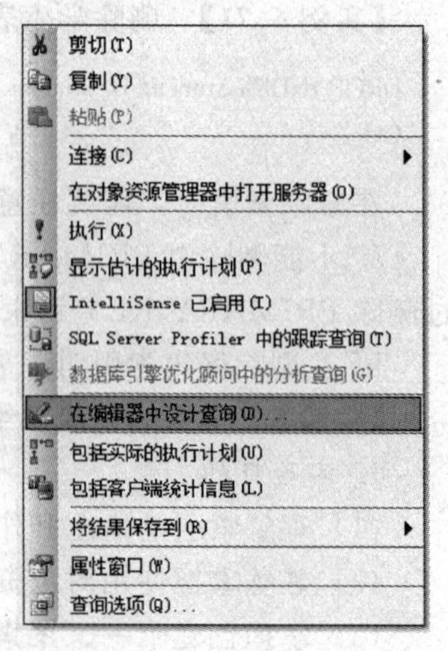

图6.10 打开查询编辑器

(2) 打开如图6.11所示的"查询设计器"窗口,在"关系图"操作区,单击右键,在弹出的快捷菜单中选择"添加表"命令,打开如图6.12所示的添加表操作窗口。

(3) 在"添加表"操作窗口中选择需要操作的表[本实例中分别是学生表(Student)、课程表(Course)、班级表(Class)和选课表(SC)],单击"添加"按钮,进入"查询设计器"操作窗口。

(4) 选定查询结果列[本实例中为:学号(SNO)、

姓名（Sname）、性别（Ssex）、班级（CLname）、课程名称（Cname）和成绩（Score）]。

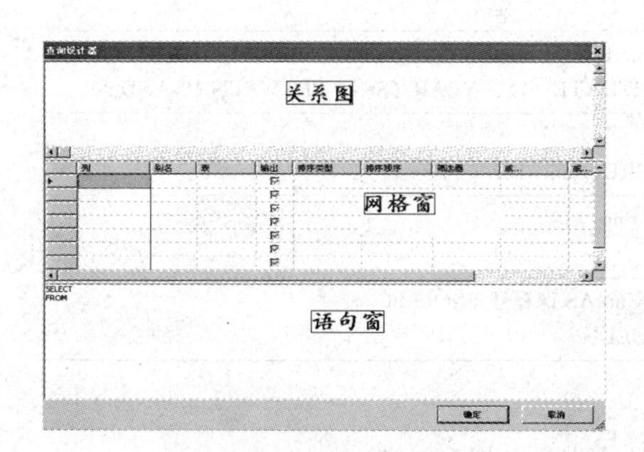

图 6.11 “查询设计器”操作窗口

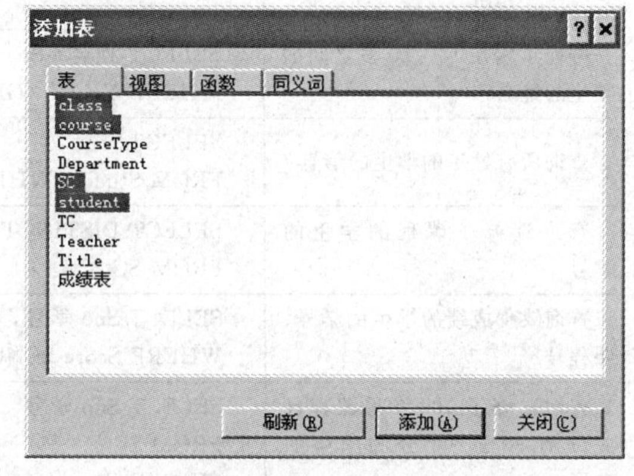

图 6.12 “添加表”操作窗口

（5）如入查询条件（本实例中为：CLname='微机 0801'），查询语句将在语句区显示，如图 6.13 所示。

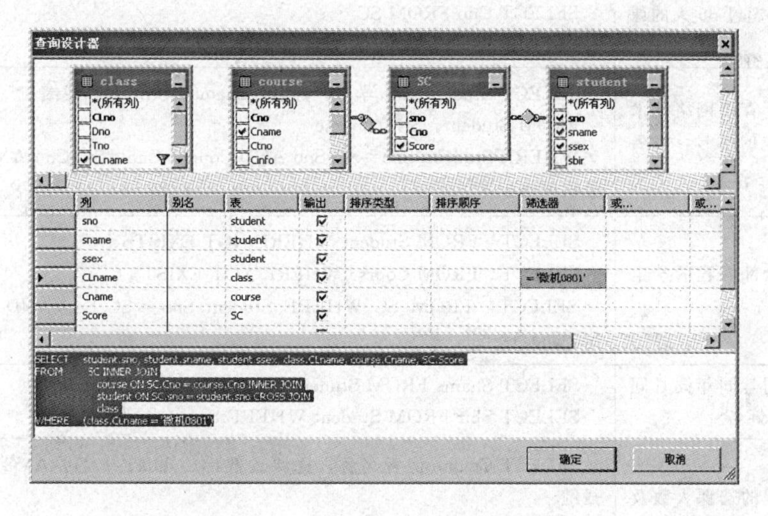

图 6.13 查询设计器设计查询的结果

（6）单击“确定”按钮，查询设计完成。

6.4.2 使用 SELECT 语句实现数据的查询

使用 SELECT 语句进行查询见表 6.2。

表 6.2 学籍管理系统数据库信息的查询设计

功能	定义
查询学生表的所有信息	SELECT* FROM Student
查询学生的学号、姓名及年龄	SELECT SNO 学号，Sname AS 姓名，年龄 = YEAR (GETDATE ()) - YEAR (Sbir) FROM Student
查询所有男生的信息	SELECT* FROM Student WHERE Ssex='男'

续表

功 能	定 义
查询年龄在18～20岁之间的学生的姓名	SELECT 姓名＝Sname FROM Student WHERE YEAR (GETDATE ()) - YEAR (Sbir) BETWEEN 18 AND 20
查询所有姓王的学生的信息	SELECT* FROM Student WHERE Sname LIKE '王%'
查询选修了课程的学生的学号	SELECT DISTINCT Sno FROM SC
查询缺少成绩的学生的学号、课程号	SELECT Sno 学号，Cno AS 课程号 FROM SC WHERE Score IS NULL
查询选修了10002号课程且成绩为80或90分的学生的学号	SELECT Sno 学号 FROM SC WHERE Cno='10002' AND Score IN (80，90)
求课程号为10003号课程的总成绩、平均成绩、最高分及选课人数	SELECT SUM (Scorc) 总成绩，AVG (Scorc) 平均成绩，最高分＝MAX (Score)，选课人数＝COUNT (Sno) FROM SC WHERE Cno='10003'
查询选课人数超过30人的课程号	SELECT Cno FROM SC GROUP BY Cno HAVING COUNT (*) >30
查询选修了计算机网络技术这门课程的学生的学号、姓名和成绩	SELECT Student. Sno 学号，姓名＝Sname，Score AS 成绩 FROM Student，SC，Course WHERE Student. Sno＝SC. Sno AND Course. Cno＝SC. Cno AND Cname='计算机网络技术'
查询选修了全部课程的学生的信息	SELECT* FROM Student WHERE NOT EXISTS (SELECT* FROM Course WHERE NOT EXISTS (SELECT* FROM SC WHERE Student. Sno = SC. Sno AND Course. Cno = SC. Cno))
查询与张源同学同年同月同日出生的学生的姓名	SELECT Sname FROM Student WHERE Sbir= (SELECT Sbir FROM Student WHERE Sname='张源')
统计每门课程的选课人数及平均成绩	SELECT Cname 课程名称，选课人数＝COUNT (*)，AVG (Score) 平均成绩 FROM SC，Course WHERE Course. Cno=SC. Cno GROUP BY Cname
统计每个学生的选课门数及平均成绩	SELECT Sno 学号，选课门数＝COUNT (*)，AVG (Score) 平均成绩 FROM SC GROUP BY Sno

6.4.3 在对象资源管理器下创建视图

使用对象资源管理器的图形界面，创建教师信息视图，步骤如下：

(1) 选择“新建视图”命令。在对象资源管理器中，依次展开节点到“数据库”，在其中选择要建立视图的数据库SM。单击右键“视图”，在弹出的快捷菜单中，单击“新建视图”命令，如图6.14所示。

(2) 在“添加表”对话框中选择引用的基本表Student、Course和SC。根据需要也可以选择视图和函数。单击“添加”按钮，将选中的基表添加到设计器窗口，如果不再添

加，则单击“关闭”按钮关闭对话框，如图 6.15 所示。

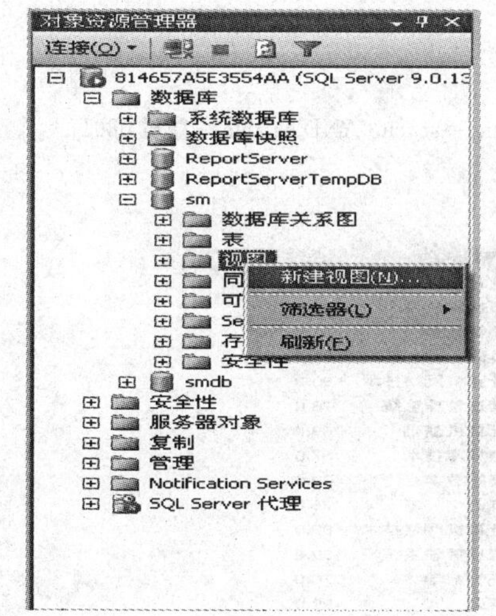

图 6.14 启动创建视图

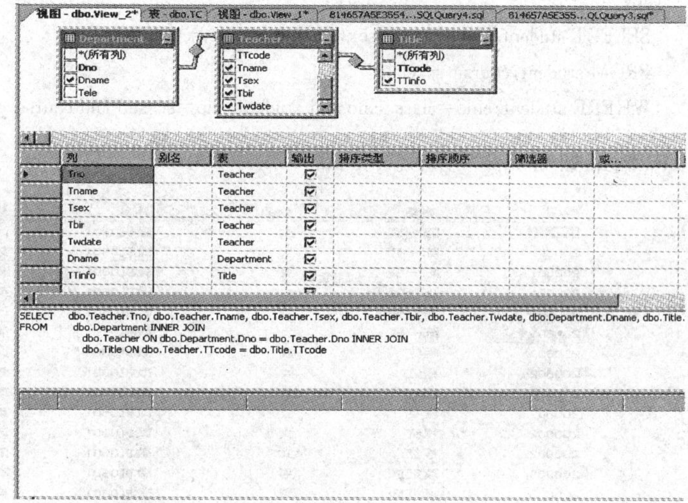

图 6.15 视图的创建

(3) 选择视图引用的列。参见图 6.15，在“关系图”栏中，选中相应表的相应列左面的复选框，来选择视图应用的列；也可以在“网格框”的“表”栏上选择基表，在“列”栏上选择相应表中的列名，在“输出”栏上显示对号标记，表示在视图中应用该列，否则不被引用；还可以在语句窗中输入 SELECT 语句来选择视图引用的列。这 3 种选择方式最终是一致的。如果去掉某列同样可以使用这 3 种方式。如果需要对视图的列重命名，可以在“网格框”的“别名”栏中对应的列上输入新的列名。这里将学生成绩视图各列用汉字命名，如图 6.15 所示。

(4) 设置连接和查询条件。由于这里引用的基表都设置了主键和外键，所以，基表一添加到设计器就自动地通过主键建立了自然连接，或称内连接。在“准则”栏中，可以根据查询的需要删改或添加新的条件。

(5) 预览视图返回的结果集。如果想对视图返回的结果集进行预览，单击工具栏上的“执行 SQL”按钮红色的感叹号，视图的结果将在“结果窗”中显示，如图 6.16 所示。

Tno	Tname	Tsex	Tbir	Twdate	Dname	TTinfo
0002	李玉红	女	NULL	NULL	信息工程系	助教
0003	宋惠	女	NULL	NULL	管理工程系	讲师
0004	张一帆	女	NULL	NULL	信息工程系	讲师

图 6.16 视图结果的预览

(6) 保存视图。当预览结果符合需求时，在工具栏上单击“保存”按钮，或右击设计窗口的任意位置，从弹出的快捷菜单中，选择“保存”命令，并在“另存为”对话框中为所建立的视图指定名称“教师信息”，单击“确定”按钮，则视图保存到数据库中。

6.4.4 使用 CREATE VIEW 命令创建视图

【实例 6.72】 创建微机 0801 班学生成绩视图，显示学号、姓名、性别、班级、课程名称、成绩。

```
CREATE VIEW wj0801_成绩(学号,姓名,性别,班级,课程名称,成绩)
AS
SELECT student. sno,sname,ssex,clname,cname,score
FROM student,course,sc,class
WHERE student. clno=class. clno and student. sno=sc. sno and course. cno=sc. cno AND Cname='微机 0801'
```

结果如图 6.17 所示。

学号	姓名	性别	班级	课程名称	成绩
200801	陈一楠	女	微机0801	计算机基础	88.0
200801	陈一楠	女	微机0801	数据库技术	80.0
200801	陈一楠	女	微机0801	高等数学	76.0
200801	陈一楠	女	微机0801	英语	78.0
200801	陈一楠	女	微机0801	计算机网络技术	90.0
200801	陈一楠	女	微机0801	信息管理系统	78.0
200802	程红	女	微机0801	计算机基础	89.0
200802	程红	女	微机0801	数据库技术	67.0
200802	程红	女	微机0801	高等数学	78.0
200802	程红	女	微机0801	英语	76.0
200802	程红	女	微机0801	计算机网络技术	88.0
200802	程红	女	微机0801	信息管理系统	89.0
200803	袁红旗	男	微机0801	高等数学	76.0
200803	袁红旗	男	微机0801	英语	99.0
200804	王一鸣	女	微机0801	数据库技术	67.0
200804	王一鸣	女	微机0801	高等数学	88.0
200805	张辉	男	微机0801	计算机基础	91.0
200805	张辉	男	微机0801	数据库技术	90.0
200805	张辉	男	微机0801	高等数学	78.0

图 6.17　微机 0801 班学生成绩视图的显示结果

6.4.5　使用对象资源管理器创建索引

在对象资源管理器的表设计器下建立和修改索引很便捷，这里通过实例来讲述其使用方法。

【实例 6.73】　在学生表 Student 上，基于“姓名 Sname”字段建立非唯一的非聚集索引，将该索引命名为 S_Name。

具体操作步骤如下：

a. 在对象资源管理器中，依次展开各节点到数据库 SM，单击“表”节点。

b. 在 Student 表节点的详细列表中，右击“索引”节点，在弹出的菜单中，选择“新建索引”命令，如图 6.18 所示。

c. 在“索引名”编辑框中输入索引名称 S_Name；在“索引类型”编辑框中选择“非聚集”；在“索引键列”列表框中选择创建索引基于的列姓名 Sname；在“排序顺序”列表中选择索引排列规则，可以是升序或降序，这里选择“升序”，如图 6.19 所示。

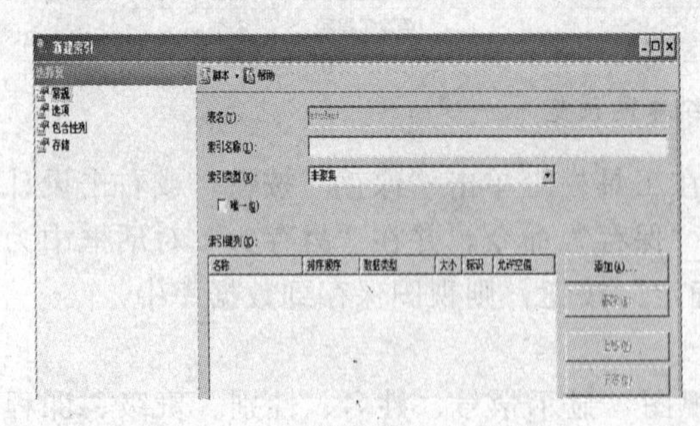

图 6.18　“新建索引”对话框

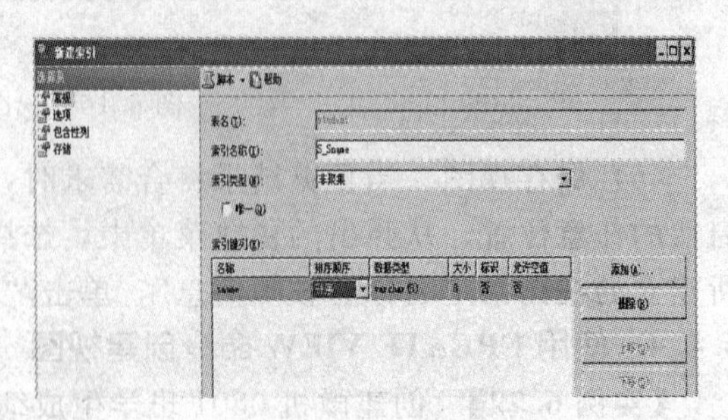

图 6.19　编辑索引

d. 单击“确定”按钮，完成索引的建立。

在对象资源管理器下，另一种建立和管理索引的方法是通过“管理索引和键”对话框。

【实例 6.74】 通过对象资源管理器下的“管理索引和键”对话框，管理学生表 Student 上的索引，查看索引的定义语句。

具体操作步骤如下：

a. 在对象资源管理器中，依次展开各节点到数据库 SM，单击“表”节点。

b. 在详细列表中右击 Student，在弹出的菜单中，选择“设计”命令，进入表的设计操作窗口，单击工具栏上的“管理索引和键”命令按钮。

c. 此时打开“索引/键”对话框，如图 6.20 所示，在对话框中给出了表 Student 已经存在的索引信息。在这里可以新建、编辑已有索引和删除索引。

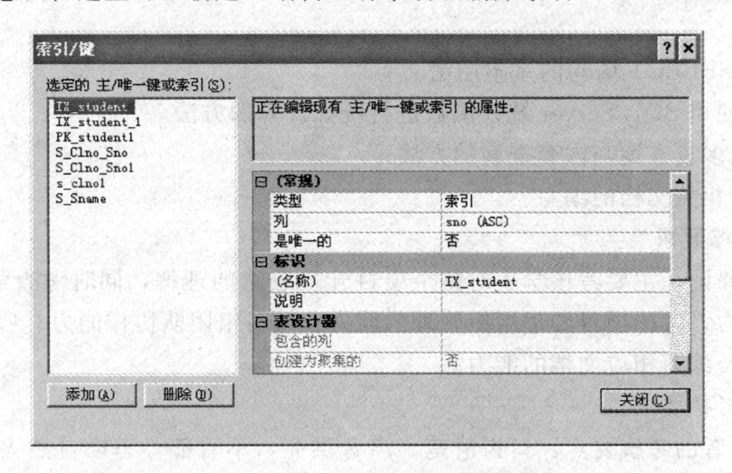

图 6.20 “索引/键”对话框

6.4.6 使用 CREATE INDEX 创建索引

【实例 6.75】 在 SM 数据库中选课表 SC 的学号 SNO 列上创建名为 ID_INDEX 的非聚集索引。

```
CREATE NONCLUSTERED INDEX ID_INDEX ON SC(SNO)
```

【实例 6.76】 在 SM 数据库中选课表 SC 的课程号 Cno 和成绩 Score 列上创建名为 SC_SCORE_INDEX 的复合索引。

```
CREATE INDEX SC_SCORE_INDEX ON SC(CNO,Score)
```

实训 6 数 据 查 询

1. 工作任务

课外：各项目组根据实训 1 各自选定的题目，在项目经理的组织下，分工协作地开展活动，在完成系统逻辑模型设计、物理模型的基础上，进行系统常用数据查询的设计，给

出系统的数据查询设计结果，编写系统设计的文档说明。

课内：要求以项目组为单位，提交设计好的系统数据查询设计结果，并附以相应的文字说明的电子文档，制作 PPT 课件并派代表上台演讲答疑。

2. 实训目标

（1）理解系统逻辑结构设计、物理模型设计的方法与步骤。

（2）掌握使用对象资源管理器设计数据库与数据表的方法。

（3）掌握在查询分析器中使用 SQL 语句进行数据库和数据表设计的方法。

（4）掌握在对象资源管理器中对数据库与数据表维护的方法。

（5）掌握在查询分析器中使用 SQL 语句对数据库与数据表维护的方法。

（6）掌握使用对象资源管理器向数据表中添加数据、修改和删除数据的方法。

（7）掌握在查询分析器中使用 SQL 语句向数据表中添加数据、修改和删除数据的方法。

（8）掌握 SELECT 语句的基本用法。

（9）掌握使用 SQL Server 统计函数进行统计计算的方法。

（10）掌握多表查询与嵌套查询的方法。

（11）掌握相关文档的编写。

3. 实训考核要求

（1）总的原则。主要考核学生对整个项目开发思路的理解，同时考查学生语言表达、与人沟通的能力；考核项目经理组织管理的能力、项目组团队协作能力；项目组进行系统数据查询设计及编写相应文档的能力。

（2）具体考核要求。

1）对演讲者的考核要点：口齿清楚、声音洪亮，不看稿，态度自然大方、讲解有条理、临场应变能力强，在规定时间内完成项目数据查询设计的整体讲述（时间 10min）。

2）对项目组的考核要点：项目经理管理组织到位，成员分工明确，有较好的团队协作精神，文档齐全，规格规范，排版美观，结构清晰，围绕主题，上交准时。

习 题 6

1. 设计题

（1）设职工_社团数据库有 3 个基本表：

职工（职工号，姓名，年龄，性别）；

社会团体（编号，名称，负责人，活动地点）；

参加（职工号，编号，参加日期）。

试用 SQL 语句完成下列操作：

1）查询年龄在 25～45 岁之间的职工的姓名。

2）查询所有社会团体的信息。

3）查询参加日期在 1989～1999 年的信息。

4）统计每个社会团体的参加人数。

5）查询舞蹈队的负责人。
6）统计参加社会团体在 3 个以上的职工的职工号和参加团体个数。
7）求参加人数在 200 人以上的社会团体的编号和参加人数。
8）查找参加唱歌队或舞蹈队的职工号和姓名。
9）查找没有参加任何社会团体的职工情况。
10）查找参加了全部社会团体的职工情况。
11）查找参加了职工号为 1001 的职工所参加的全部社会团体的职工号。
12）求参加人数最多的社会团体的名称和参加人数。
13）求参加人数超过 100 人的社会团体的名称和负责人。
14）查询至少参加了两个社会团体的职工的职工号、姓名。
15）查询参加了篮球队的职工的人数。
（2）设工程_零件数据库中有 4 个基本表：
供应商（供应商代码，姓名，所在城市，联系电话）；
工程（工程代码，工程名，负责人，预算）；
零件（零件代码，零件名，规格，产地，颜色）；
供应零件（供应商代码，工程代码，零件代码，数量）。
试用 SQL 语句完成下列操作：
1）查询天津市供应商的姓名和电话。
2）查询使用供应商代码为 S3 所供零件的工程代码。
3）查询广州产的所有零件的信息。
4）查询供应零件数量在 500～1000 的供应商代码。
5）查询上海厂商供应的所有零件代码。
6）查询使用上海产的零件的工程名称。
7）查询没有使用天津产零件的工程号码。
（3）基于项目 4 中图书馆数据库的 3 个表：
图书（图书号，书名，作者，出版社，单价）；
读者（读者号，姓名，性别，办公电话，部门）；
借阅（读者号，图书号，借出日期，归还日期）。
用 SQL 语言完成以下各项查询：
1）单表查询。
a. 查询全体图书的图书号、书名、作者、出版社、单价。
b. 查询全体图书的信息，其中单价打 7 折，并且将该列设置别名为'打折价'。
c. 显示所有借阅者的读者号，并去掉重复行。
d. 查询所有单价在 20～30 之间的图书信息。
e. 查询所有单价不在 20～30 之间的图书信息。
f. 查询机械工业出版社、科学出版社、人民邮电出版社的图书信息。
g. 查询既不是机械工业出版社，也不是科学出版社出版的图书信息。
h. 查找姓名的第二个字符是'建'并且只有两三个字符的读者的读者号、姓名。

i. 查找姓名以'王'开头的所有读者的读者号、姓名。

j. 查找姓名以'王'、'张'或'李'开头的所有读者的读者号、姓名。

k. 查找姓名不是以'王'、'张'或'李'开头的所有读者的读者号、姓名。

l. 查询无归还日期的借阅信息。

m. 查询有归还日期的借阅信息。

n. 查询单价在 20 元以上，30 元以下的机械工业出版社出版的图书名、单价。

o. 查询机械工业出版社或科学出版社出版的图书名、出版社、单价。

p. 求读者的总人数。

q. 求借阅了图书的读者的总人数。

r. 求机械工业出版社图书的平均价格、最高价、最低价。

s. 查询借阅图书本数超过 2 本的读者号、总本数。并按借阅本数值从大到小排序。

2）针对以上 3 个表，用 SQL 语言完成以下各项多表连接查询、子查询、组合查询。

a. 查询读者的基本信息以及他/她借阅的情况。

b. 查询读者的读者号、姓名、借阅的图书名、借出日期、归还日期。

c. 查询借阅了机械工业出版社出版，并且书名中包含'数据库'3 个字的图书的读者，显示读者号、姓名、书名、出版社，借出日期、归还日期。

d. 查询至少借阅过 1 本机械工业出版社出版的书的读者的读者号、姓名、书名，借阅本数，并按借阅本数多少降序排列。

e. 查询与'王平'的办公电话相同的读者的姓名。

f. 查询办公电话为'88320701'的所有读者的借阅情况，要求包括借阅了书籍的读者和没有借阅的读者，显示他们的读者号、姓名、书名、借阅日期。

g. 查询所有单价小于平均单价的图书号、书名、出版社。

h. 查询'科学出版社'的图书中单价比'机械工业出版社'最高单价还高的的图书书名、单价。

i. 查询'科学出版社'的图书中单价比'机械工业出版社'最低单价高的的图书书名、单价。

j. 查询已被借阅过并已归还的图书信息。

k. 查询从未被借阅过的图书信息。

l. 查询正在借阅的图书信息。

m. 查询借阅了机械工业出版社出版的书名中含有'数据库'3 个字的图书，或者借阅了科学出版社出版的书名中含有'数据库'3 个字的图书的读者姓名、书名。

n. 查询借阅了机械工业出版社出版的书名中含有'数据库'3 个字的图书并且也借阅了科学出版社出版的书名中含有'数据库'3 个字的图书的读者姓名、书名。

o. 查询借阅了机械工业出版社出版的书名中含有'数据库'3 个字的图书但没有借阅了科学出版社出版的书名中含有'数据库'3 个字的图书的读者姓名、书名。

2. 问答题

（1）试说明 SQL Server 中聚集索引和非聚集索引的区别。

（2）引入索引的主要目的是什么？

(3) 删除索引时所对应的数据表会删除吗?

(4) 试述视图的作用。

(5) 试述 SQL 中基本表和视图的区别和联系是什么。

3. 选择题

(1) 下列函数中,不是聚合函数的是(　　)。

A. SUM　　B. AVG　　C. GREATEST　　D. COUNT

(2) 在一个查询中,将限制返回的行数的是(　　)。

A. ORDER BY　　B. WHERE

C. SELECT　　D. FROM

(3) (　　) 运算符可以替代 WHERE 子句中的 OR 运算符。

A. IN　　B. >=　　C. LIKE　　D. <=

(4) 在 Transact-SQL 中,查询时将 student 表的 bh 列标题命名为"编号"的正确操作是(　　)。

A. SELECT 编号 AS bh
FROM student

B. SELECT 编号 bh
FROM student

C. SELECT bh=编号
FROM student

D. SELECT bh AS 编号
FROM student

项目7 数据库保护

随着数据库应用领域的日益广泛以及网络数据库技术的普遍应用，数据库中数据的安全问题也越来越受到重视。数据库往往集中存储着一个部门、企业甚至一个国家的大量的信息，是整个计算机信息系统的核心，如何有效地保证其不被窃取、不遭破坏，保持数据正确有效，是目前人们普遍关心和积极研究的课题。本项目从数据保护的角度研究在软件技术中可能实现的数据库可靠性保障。这种可靠性保障主要由DBMS和操作系统共同来完成，也称作数据控制，包括4个方面的内容：安全性、完整性、并发控制和数据库的恢复。

本项目实施的知识目标：

(1) 了解数据保护的功能及特点。

(2) 掌握SQL Server数据库系统的安全性机制。

(3) 理解数据库完整性的基本概念与功能。

(4) 熟练掌握约束、默认值、规则和用户自定义数据类型的创建与维护方法。

(5) 掌握SQL Server的数据备份和恢复机制。

技能目标：

(1) 具有SQL Server数据库保护的能力。

(2) 具有约束、默认值、规则和用户自定义数据类型的创建与维护的能力。

(3) 能根据具体问题进行系统数据库保护性能分析与设计。

(4) 培养学生自学的能力。

7.1 项目描述

任何一个实际使用的数据库系统，安全性无疑是非常重要的。因为任何实际运行的数据库系统中，都存储了大量的数据。这些数据可能包括许多个人信息、业务信息、财务数据等。数据库管理员为了保证学籍管理系统数据库的安全性，需要根据需求分析阶段得到的结果，为不同的用户设计不同的使用权限。

7.2 项目分析

数据库系统中的数据库由数据库管理系统统一管理和控制，因此数据库管理系统必须提供数据库安全性、完整性、并发控制和数据恢复等多方面的数据保护功能。根据SQL Server数据库管理系统中如何解决数据库的安全保护问题，把任务分解为：

(1) 学籍管理系统数据库的安全性控制。

(2) 学籍管理系统数据库的完整性控制。

（3）学籍管理系统数据库的备份与恢复。

7.3 知 识 准 备

7.3.1 数据库的安全性

数据库的一大特点是数据可以共享，但数据共享必然带来数据库的安全性问题。数据库系统中的数据共享不能是无条件的共享，数据库中数据的共享是在DBMS统一的严格的控制之下的共享，即只允许有合法使用权限的用户访问允许他存取的数据。

数据库系统的安全保护措施是否有效是数据库系统主要的性能指标之一。

数据库的安全性是指保护数据库，防止因用户非法使用数据库造成数据泄露、更改或破坏。非法使用数据库称为数据库的滥用。数据库的滥用分为无意滥用和恶意滥用两种。前者主要是指由已授权用户的不当操作所引起的系统故障、数据库异常等现象；后者主要指未经授权地读取数据（即偷窃信息）和未经授权地修改数据（即破坏数据）。

数据库系统的安全性依赖于其所在的计算机和网络环境以及自身的安全性，可划分为下述两种安全层次：

（1）计算机及网络系统的安全。

（2）数据库系统安全。

7.3.1.1 计算机及网络系统的安全性

随着网路技术和网络数据库技术的不断发展，数据库系统建立在网络环境下，为网络用户提供信息服务，网络环境的安全性是数据库安全保护的一个主要环节。网络环境中的安全性问题主要体现在破坏者通过网络入侵数据库系统以破坏数据库的可靠性，因其时间、地点的随意性和手段的隐蔽及复杂性，使其成为目前计算机系统及数据库系统安全保护的难题。

目前用于确保网络环境的安全性技术手段多种多样，包括身份认证技术、访问控制技术、防火墙以及入侵检测技术等。

（1）认证（Authentication）。认证的基本思想是通过验证被验证者的一个或多个参数是否真实和有效，以达到认证的目的。认证的主要目的是为访问控制和审计等其他安全措施提供鉴别依据。安全可靠性的认证系统常建立在密码学的基础上。用户身份认证可以识别合法用户和非法用户，从而阻止非法用户访问系统。用户身份认证是保护网络安全的一道重要防线，它的失败可能导致整个系统的失败。

（2）访问控制。访问控制是安全保障机制的核心内容，是实现数据保密性和完整性机制的主要手段。访问控制是为了限制访问主体（或称为发起者，是一个主动的实体，如用户、进程、服务等），对访问客体（需要保护的资源）的访问权限，从而使计算机系统在合法范围内使用；访问控制决定用户及代表一定用户利益的程序能做什么及做到什么程度。访问控制通常用于系统管理员控制用户对服务器、目录、文件等网络资源的访问。

（3）防火墙技术。防火墙技术是目前应用广泛的一种网络环境下已经非常成熟的计算机安全防范技术，已成为用户网络和互联网相连的标准安全隔离机制。作为计算机系统的第一道防线，其主要作用是保护用户网络，在内部与外部网络之间形成一道防护屏障，拦截来自外部的非法访问并阻止内部信息的外泄，防止黑客利用TCP/IP本身的内在安全弱点攻击网络设备和用户计算机。

(4) 入侵检测（Intrusion Detection System，IDS）。入侵检测是近几年来发展起来的一种防范技术，综合采用了统计技术、规则方法、网络通信技术、人工智能、密码学、推理等技术和方法，其作用是监控网络和计算机系统是否通过对运行系统的状态和活动的检测，分析出非授权的网络访问和恶意的网络行为，迅速发现入侵行为和企图，入侵检测工具能够及时有效地检测非授权的网络行为。

与网络环境的安全性密切相关的是计算机系统自身的安全性，即计算机操作系统的安全性。操作系统的安全控制主要涉及到用户登录操作系统的身份验证、用户权限、操作系统安全策略、审核和安全管理5个方面。

(1) 身份验证。用户使用ID标识号、登录口令来证明自己是否为计算机系统的合法用户，从而决定其是否可被允许登录到计算机。

除此之外，还可以使用过程识别、上机密码卡、指纹、声音、照片等可识别用户身份的信息来证明身份。

(2) 用户权限。用户在登录计算机后，必须还要拥有特定的用户权利和权限才能在计算机上执行任务。

(3) 操作系统安全策略。用于进行本地计算机系统的安全设置，在Windows NT操作系统中，包括密码策略、账户锁定策略、审核策略、IP安全策略、用户权利指派、加密数据的恢复代理及其他安全选项。

(4) 审核。使用审核可以跟踪访问计算机的用户账户活动和一些登录尝试、系统关闭或重启系统等与安全有关的事件，将这些活动和事件记录在安全日志中，以便于系统管理员分析系统的访问情况以及事后的追查使用。

(5) 安全管理。仅仅依靠技术手段是不能完全解决计算机系统的安全问题的。建立完善的政策法规和管理制度，在政策法规和管理制度的指导下合理地利用现有各种技术手段是保证网络环境下计算机系统安全的重要途径。

7.3.1.2 数据库系统的安全性

数据库系统自身的安全性控制主要由数据库管理系统（DBMS）进行访问控制来实现。目前普遍采用的关系数据库系统，如SQL Server和Oracle等一般通过外模式或视图机制以及授权机制来进行安全性控制。

1. 外模式或视图机制

外模式或视图都是数据库的子集，前面已经讲到它们可以提高数据的独立性，除此之外，因为对于某个用户来说，他只能接触到自己的外模式或视图，这样可以将其能看到的数据与其他数据隔离开，所以它们是一种重要的安全性措施。

为不同的用户定义不同的视图，可以限制各个用户的访问范围。如学生用户只能看到自己的成绩信息，不能看到别人的成绩信息，可建立一个带WHERE子句的视图将其他人的成绩信息屏蔽掉。

2. 授权机制

授权是给予用户一定的权限，这种访问权限是针对整个数据库和某些数据库对象的某

些操作的特权。数据库管理员（DBA）可以对每个用户从两个方面进行权利的授予，未经授权的用户若要访问数据库，则该用户被认为是非法用户，若数据库的合法用户要访问可访问数据之外的数据或执行其可操作之外的操作，则该操作被认为是非法操作。如SQL Server，数据库管理员为一个登录到SQL Server的用户授予数据库用户权限，则其成为该数据库的合法用户，同时数据库管理员还将数据库中某个表的查询权限和该表中某列的修改权限授予该用户，则该用户可以查询这个表，还可以修改这个表中各个列的值，但除此之外的其他操作，对该用户而言是非法操作。

除了上述两种主要的安全机制外，还可以采用数据加密和数据库系统内部的安全审核机制实现数据库系统的安全性控制。

数据加密是利用加密技术将数据文件中的数据进行加密形成密文，在进行合法查询时，将其解密还原成原文的过程，因其加密过程会带来较大的时间和空间的开销，故除非是一些极其敏感或机密的数据，否则不必实施这项机制。

目前大多数数据库系统都提供审核功能，用以跟踪和记录数据库系统中已发生的活动(如成功和失败的记录)。如SQL Server通过“SQL事件探查器”，使系统管理员可以监视数据库系统中的事件，可以捕获有关各个事件的数据并将其保存到文件或表中供以后分析复查。

7.3.1.3 SQL Server数据库系统的安全机制

SQL Server的安全机制是比较健全的，它为数据库和应用程序设置了4层安全防线，用户要想获得SQL Server数据库及其对象，必须通过这4层安全防线，如图7.1所示。SQL Server为SQL服务器提供两种安全认证模式，系统管理员可选择合适的安全认证模式。

1. SQL Server的安全体系结构

(1) Windows NT操作系统的安全防线。Windows NT网络管理员负责建立用户组，设置账号并注册，同时决定不同的用户对不同系统资源的访问级别。用户只有拥有了一个有效的Windows NT登录账号才能对网路系统资源进行访问。

(2) SQL Server的运行安全防线。SQL Server通过另一种账号设置来创建附加安全层。SQL Server具有标准登录和集成登录两种用户登录方式，用户只有登录成功才能与SQL Server建立一次连接。

(3) SQL Server数据库的安全防线。SQL Server的特定数据库都有自己的用户和角色（用户组），该数据库只能由它的用户或角色访问，其他用户无权访问其数据。数据库系统可以通过创建和管理特定数据库的用户和角色来保证数据库不被非法用户访问。

(4) SQL Server数据库对象的安全防线。SQL Server可对权限进行管理，Transact-SQL的数据控制功能保证合法用户即使进入了数据库也不能有超越权限的数据存取操作，即合法用户必须在自己的权限范围内进行数据操作。

2. SQL Server的安全性身份验证模式

安全认证是指数据库系统对用户访问数据库系统时所输入的账号和口令进行确认的过程。安全认证的内容包括确认用户的账号是否有效、能否访问系统、能访问系统中哪些数据等。安全认证模式是指系统确认用户的方式。SQL Server有两种安全认证模式，即

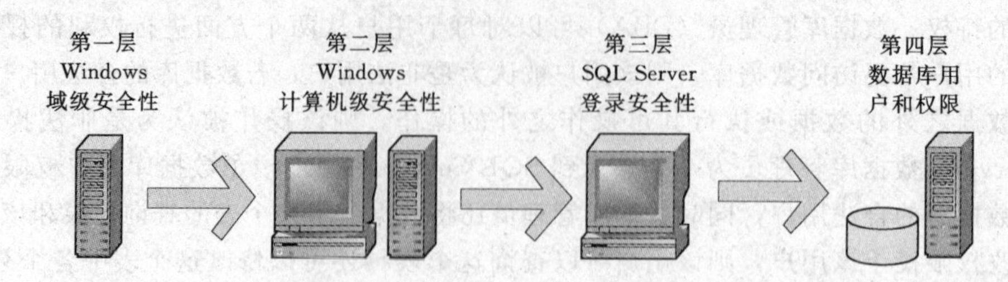

图 7.1　SQL Server 数据库系统的安全机制

Winsows 安全认证模式（又称集成安全模式）以及 Windows 和 SQL Server 的混合安全认证模式。

（1）Windows 安全认证模式。Windows 安全认证模式是指 SQL 服务器通过使用 Windows 网络用户的安全性来控制用户对 SQL 服务器的登录访问。它允许一个网络用户登录到一个 SQL 服务器上时不必再提供一个单独的登录账号及口令，从而实现 SQL 服务器与 Windows 登录的安全集成。

（2）混合安全认证模式。混合安全认证模式允许使用 Windows 安全认证模式或 SQL Server 安全认证模式。在混合安全模式下，如果用户网络协议支持可信任连接，则可使用 Windows 安全模式；如果用户网络协议不支持可信任连接，则在 Windows 安全认证模式下会登录失败，SQL Server 安全认证模式将有效。SQL Server 安全认证模式要求用户必须输入有效的 SQL Server 登录账号及口令。

3. 设置 SQL Server 的安全性身份验证模式

使用 SQL Server 的对象资源管理器可以选择需要的安全认证模式，具体操作步骤如下：

（1）在对象资源管理器中展开 SQL 服务器组，右击需要设置的 SQL 服务器，在弹出的快捷菜单中选择“属性”命令，如图 7.2 所示。

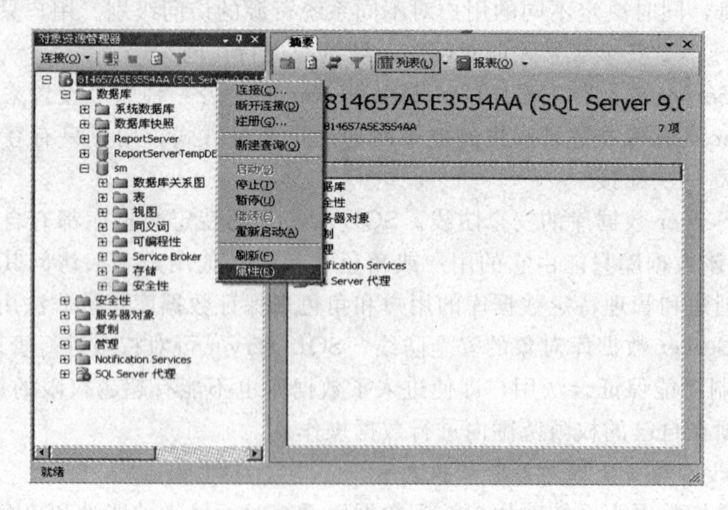

图 7.2　SQL 服务器“属性”项的选择

（2）在弹出的 SQL 服务器属性对话框中，选择“安全性”选项卡，如图 7.3 所示。

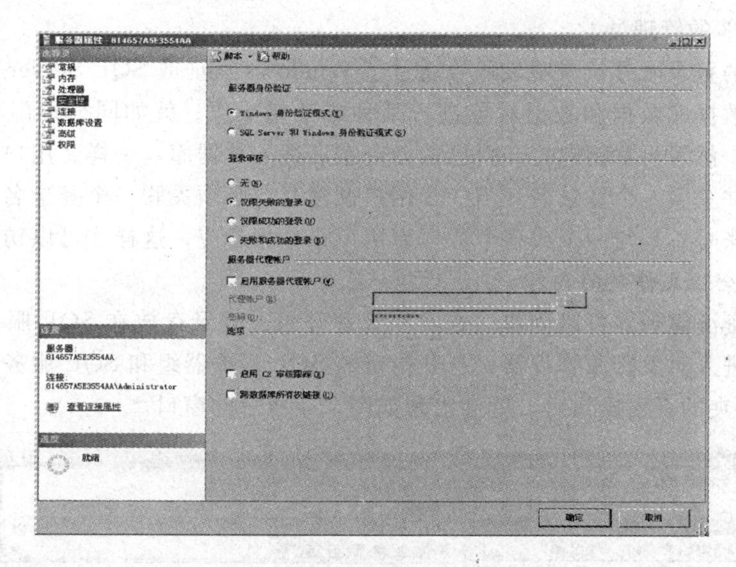

图 7.3 SQL Server 属性的安全性设置页面

(3) 在“安全性”选项卡中选择需要设置的安全性认证模式，单击“确定”按钮，完成安全认证模式的设置。

7.3.1.4 服务器的安全性管理

SQL Server 的安全防线中突出两种管理：一是用户或角色管理，即控制合法用户使用数据库；二是对权限的管理，即控制具有数据操作权限的用户进行合法的数据存取操作。用户是具有合法身份的数据库使用者，角色是具有一定权限的用户组合。SQL Server 用户或角色分为两级：一种为服务器级用户或角色；另一种是数据库级用户或角色。

服务器的安全性是通过设置系统登录账户的权限进行管理的。用户在连接到 SQL Server 2008 时与登录账户相关联。在 SQL Server 2008 中有两类登录账户：一类是登录服务器的登录账号（login name）；另外一类是使用数据库的用户账号（user name）。

登录账号是指能登录到 SQL Server 2008 的账号，它属于服务器的层面，本身并不能让用户访问服务器中的数据库，而登录者要求使用服务器中的数据库时，必须要有用户账号才能存取数据库。

1. 登录的管理

登录（也称 Login 用户，即 SQL 服务器用户）通过账号和口令访问 SQL Server 的数据库。SQL Server 有一些默认的登录，BUILTIN \ Administrators、域名 \ Administrator 和 sa 是默认的登录账号，它们的含义如下：

(1) BUILTIN \ Administrators：凡是 Windows NT Server/2000 中的 Administrators 组的账号都允许作为 SQL Server 2008 登录账号使用。

(2) 域名 \ Administrator：允许 Windows NT Server 的 Administrator 账号作为 SQL Server 登录账号使用。

(3) sa：SQL Server 2008 系统管理员登录账号，该账号拥有最高的管理权限，可以执行服务器范围内的所有操作。通常 SQL Server 2008 管理员也是 Windows NT 或 Win-

dows 2000/2003 的管理员。

一个合法的登录账号只表明该账号通过了 Windows 认证或 SQL Server 认证，但不能表明其可以对数据库数据和数据对象进行某种或某些操作。就如同公司门口先刷卡进入（登录服务器），然后再拿钥匙打开自己的办公室（进入数据库）一样。用户名要在特定的数据库内创建并关联一个登录名（当一个用户创建时，必须关联一个登录名）。

一个登录账号总是与一个或多个数据库用户账号相对应，这样才可以访问数据库。

2. 查看安全性文件夹的内容

使用对象资源管理器可以创建、查看和管理登录。登录存放在 SQL 服务器的安全性文件夹中。当进入对象资源管理器，打开指定的 SQL 服务器组和 SQL 服务器，并选择了“安全性”文件夹的系列操作后，就会出现如图 7.4 所示的窗口。

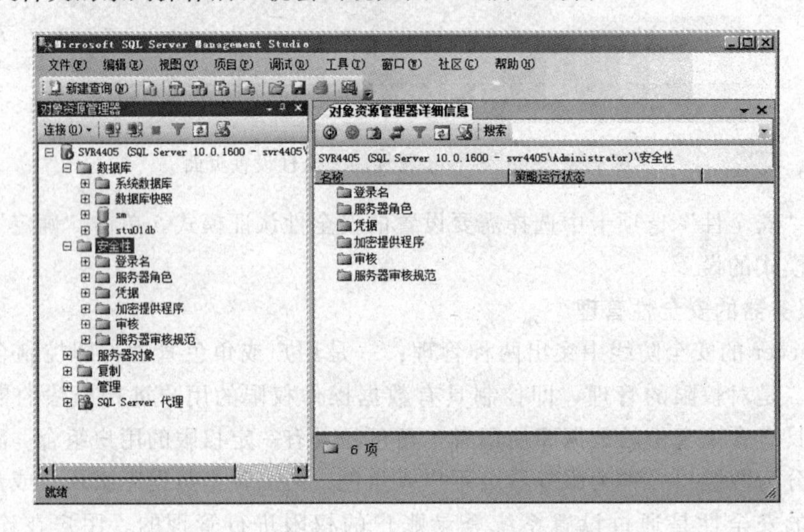

图 7.4 SQL Server 的“安全性”文件夹

通过该窗口可以看出“安全性”文件夹包含 6 个文件夹：“登录名”文件夹、“服务器角色”文件夹、“凭据”文件夹、“加密提供程序”文件夹、“审核”文件夹和“服务器审核规范”文件夹。其中，“登录名”文件夹用于存储和管理登录用户；“服务器角色”文件夹用于存储和管理角色。

3. 创建登录

(1) 使用对象资源管理器创建一个登录用户。创建登录用户的具体操作如下：

1) 用单击右键“登录名”文件夹，在弹出的快捷菜单中选择“新建登录”命令，打开“登录名-新建”对话框，如图 7.5 所示。

2) 选择“常规”选项页，输入用户的一般特征。

“常规”选项页界面如图 7.5 所示。在“常规”选项页中输入用户名，选择用户的安全认证模式及默认数据库和模式语言。如果使用 SQL Server 身份认证，可以直接在名称栏中输入新的登录名，并在下面的栏目中输入登录密码。

3) 选择“服务器角色”选项页，设置用户所属服务器角色。

“服务器角色”选项页如图 7.6 所示。在“服务器角色”列表中列出了系统的固定服

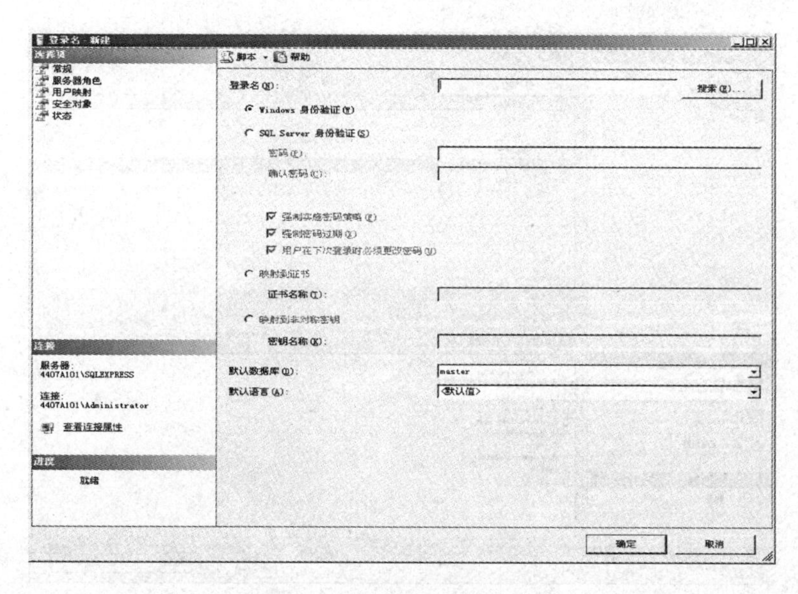

图 7.5　登录属性对话框

务器角色，在这些固定服务器角色的左端有相应的复选框。选择某个复选框，该登录用户成为相应的服务器角色成员。在下面描述栏目中，列出了当前选中的服务器角色的权限。

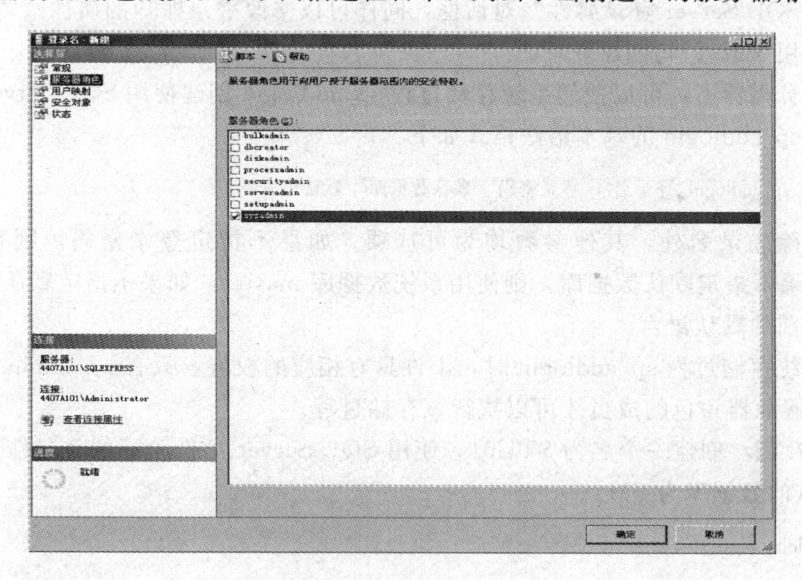

图 7.6　设置服务器角色

4）选择“用户映射”选项页，确定用户能访问的数据库和用户所属的数据库角色。

“用户映射”选项页如图 7.7 所示。在“用户映射”选项页中有两个列表框：上面的列表框中列出了该 SQL 服务器的全部数据库，单击某个数据库左端的复选框，表示该登录用户访问相应的数据库，它的右面为该登录用户在数据库中使用的用户名，可以对其进行修改；下面为当前选中的数据库的数据库角色清单，单击某个数据库角色左端的复选框，表示使该登录用户成为它的一个成员。

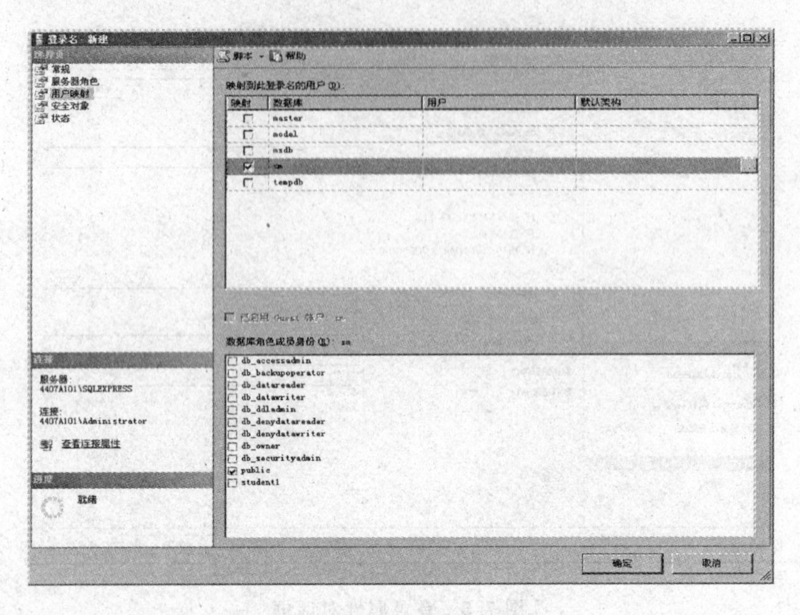

图 7.7 设置数据库角色

5）单击“确定”按钮，即完成了创建登录用户的操作。

通过“SQL Server 登录属性”对话框，同样可以修改登录账户的属性。

(2) 使用 SQL 语句创建登录。

在查询分析器下，可以使用系统存储过程 sp_addlogin 创建使用 SQL Server 身份验证登录账户。sp_addlogin 的基本语法格式如下：

```
EXECUTE sp_addlogin '登录名','登录密码','默认数据库','默认语言'
```

其中，除登录名外，其他参数均为可选项。如果不指定登录密码，则登录密码为 NULL；如果不指定默认数据库，则使用系统数据库 master；如果不指定默认语言，则使用服务器当前的默认语言。

执行系统存储过程 sp_addlogin 时，不许具有相应的权限，只有 sysadmin 和 security-admin 固定服务器角色的成员才可以执行该存储过程。

【实例 7.1】 创建一个名为 STU01，使用 SQL Server 身份验证的登录账户，密码为 stu01，默认的数据库为 SM。

```
Exec sp_addlogin'stu01','stu01','SM'
```

4. 删除登录

这里使用 SQL 语句删除登录账户。

系统存储过程 sp_droplogin 用于删除一个 SQL Server 身份验证的登录账户，语法格式如下：

```
Exec sp_droplogin'登录名'
```

其中，登录名只能是 SQL Server 身份验证的登录账户。

而系统存储过程 sp_ revokelogin 用于删除一个 Windows 身份验证的登录账户，语法

格式如下：

```
Exec sp_revokelogin'登录名'
```

其中，登录名只能是 Windows 身份验证的登录账户。

【实例 7.2】 在查询分析器中，使用 SQL 语句，删除登录账户 stu01。

```
Exec sp_droplogin 'stu01'
```

7.3.1.5 数据库的安全性管理

1. 数据库用户的管理

数据库中的用户账号和登录账号是两个不同的概念。一个合法的登录账号只表明该账号通过了 Windows 认证或 SQL Server 认证，不能表明其可以对数据库数据和对象进行某种(些)操作；一个登录账号总是与一个或多个数据库用户账号(必须分别存在于相异的数据库中)相对应，即一个合法的登录账号必须要映射为一个数据库用户账号，才可以访问数据库。

登录用户只有成为数据库用户(Database User)后才能访问数据库。每个数据库的用户信息都存放在系统表 sysusers 中，通过查看 sysusers 表可以看到该数据库所有用户的情况。SQL Server 的任何一个数据库中都有两个默认用户：dbo(数据库拥有者用户)和 guest(客户用户)。通过系统存储过程或对象资源管理器可以创建新的数据库用户。

(1)dbo 用户。dbo 用户即数据库拥有者或数据库创建者，dbo 在其所拥有的数据库中拥有所有的操作权限。dbo 的身份可被重新分配给另一个用户，系统管理员 sa 可以作为他所管理系统的任何数据库的 dbo 用户。

(2)guest 用户。如果 guest 用户在数据库中存在，则允许任意一个登录用户作为 guest 用户访问数据库，其中包括那些不是数据库用户的 SQL 服务器用户。除系统数据库 master 和临时数据库 tempdb 的 guest 用户不能被删除外，其他数据库都可以将自己的 guest 用户删除，以防止非数据库用户的登录对数据库进行访问。

(3)使用对象资源管理器创建新的数据库用户。

【实例 7.3】 在学籍管理数据库 SM 中创建一个 SM_User1 数据库用户。具体操作步骤如下：

a. 在对象资源管理器中选中要创建数据库用户的数据库 SM，右击“用户”图标，在弹出的快捷菜单中，单击“新建用户”命令，如图 7.8 所示。

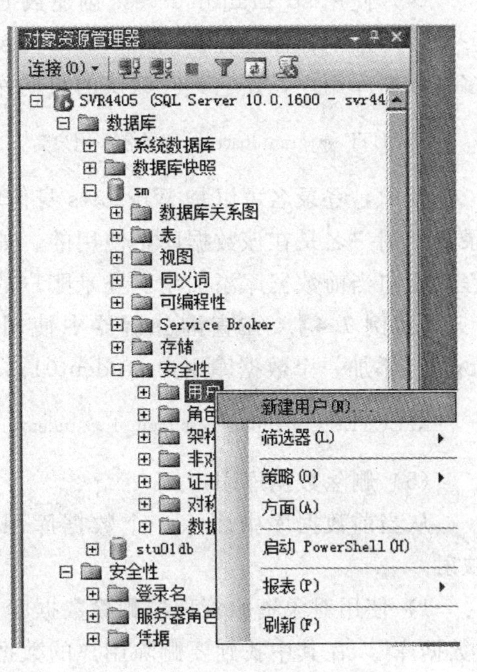

图 7.8 选择“新建用户”命令

b. 在如图 7.9 所示的“数据库用户—新

建”对话框中，选择“常规”选项页，在“登录名”栏中输入一个登录用户名（本例为login_1），在“用户名”栏中输入数据库用户名，本例为SM_User。最后在下面的“数据库角色”栏中选择该数据库用户参加的角色。

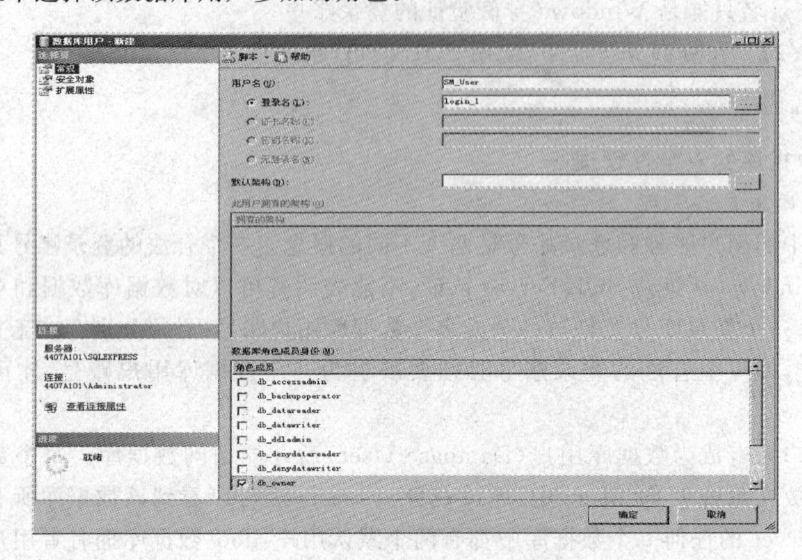

图7.9 数据库用户属性的设置

c. 单击“确定”按钮，完成数据库用户的创建。

同样在对象资源管理器下，也可以修改指定用户的角色，这里不再详述。

（4）使用sp_grantdbaccess创建数据库用户。

使用系统存储过程sp_grantdbaccess可以为一个登录账户在当前数据库中映射一个或多个数据库用户，使它具有默认的数据库角色public。语法格式为：

```
EXECUTE sp_grantdbaccess'登录名','用户名'
```

其中，登录名可以是Windows身份验证的登录名，也可以SQL Server身份验证的登录名。用户名是在该数据库中使用的，如果没有指定，则直接使用登录名。使用该存储过程只能向当前数据库添加用户登录账户的用户名，而不能添加sa的用户名。

【实例7.4】 在查询分析器中使用SQL语句为SQL Server身份验证的登录用户login_1添加一个数据库用户student01。

```
EXECUTE sp_ grantdbaccess'login_1','student01'
```

（5）删除数据库用户。

从当前数据库中删除一个数据库用户，就删除了一个登录账户在当前数据库中的映射。

1）使用对象资源管理器删除数据库用户。在对象资源管理器中，依次展开文件夹到“数据库”，在其中找到要删除用户的数据库。

在目标数据库下，单击“用户”节点，然后在详细列表框中，右击要删除的用户，在弹出的快捷菜单中选择“删除”命令或直接按Delete键。

在弹出的对话框中，单击“是”按钮，完成用户的删除操作。

2）使用 sp_revokedbaccess 删除数据库用户。

【实例 7.5】 在查询分析器中使用 SQL 语句删除数据库用户 student01。

```
EXECUTE sp_ revokedbaccess 'student01'
```

2. 服务器角色的管理

SQL Server 2008 的角色（Role）与 Windows 中的用户组概念相似，在 SQL Server 2008 可以理解为一些权限的集合，同时也是数据库用户的集合。比如经理角色，他拥有管理整个部门的权限。经理同时也是若干员工的组合。可以给若干销售人员指定经理角色，使他们成为经理。

登录账户可以被指定给角色，因此，角色又是若干账户的集合。

在 SQL Server 2008 中，具有两种类型的角色：服务器角色和数据库角色。服务器角色决定登录到 SQL Server 2008 服务器的用户对服务器中数据库的操作权限。数据库角色决定数据库用户对数据库中对象具有的操作权限。因此，系统管理员给适当的用户分配相应的角色就是 SQL Server 2008 服务器和数据库安全的关键之一。

服务器角色建立在 SQL 服务器上，服务器角色是系统预定义的，也称为 Fixed Server Roles，即固定的服务器角色。SQL Server 在安装后给定了几个固定服务器角色，具有固定的权限。用户不能创建新的服务器角色，而只能选择合适的固定的服务器角色。固定服务器角色的信息存储在系统库 master 的 syslogins 表中。固定服务器角色所具有的权限见表 7.1。

表 7.1　　固定服务器角色

固定服务器角色名	描　　述
sysadmin	全称为 System Administrators，可以在 SQL Server 中执行任何活动
serveradmin	全称为 Server Administrators，可设置服务器范围的配置选项，关闭服务器
setupadmin	全称为 Setup Administrators，可管理连接服务器和启动过程
bulkadmin	全称为 Bulk Insert Administrators，可以执行大容量的插入
securityadmin	全称为 Security Administrators，可管理服务器登录、读取错误日志和更改密码
diskadmin	全称为 Disk Administrators，可以管理磁盘文件
dbcreator	全称为 Database Creators，可以创建、修改和删除数据库
processadmin	全称为 Process Administrators
public	所有用户都具有的一个角色

登录用户可以通过两种方法加入到服务器角色中：一种是在创建登录时，通过服务器页面中的服务器角色选项，确定登录用户应属于的角色，这种方法在前面已经介绍过；另一种方法是对已有登录用户，通过添加或移出服务器角色的方法。

使登录用户加入服务器角色的具体操作为：

（1）进入对象资源管理器，到指定的 SQL 服务器，展开“安全性”节点，单击“服务器角色”，就会在右面的细节窗口中显示 9 个预定义的服务器角色，如图 7.10 所示。

（2）选中其中一个服务器角色，例如 dbcreator，单击鼠标右键，在弹出的快捷菜单中选择“属性”命令，打开“服务器角色属性”对话框，如图 7.11 所示。

（3）在“服务器角色属性”对话框中选择“常规”选项页，单击“添加”按钮，在出现的选择登录用户对话框中，选择登录用户后，单击“确定”按钮，之后，新选的登录用户会出现在常规对话框中。如果要从服务器角色中删除登录，则先选中登录用户，再单击“删除”按钮即可。

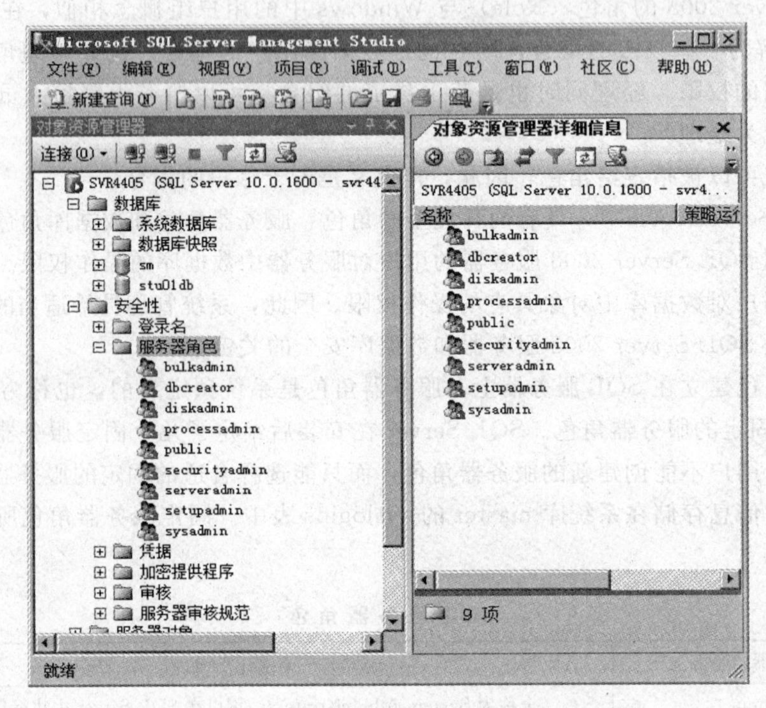

图 7.10 SQL Server 服务器角色

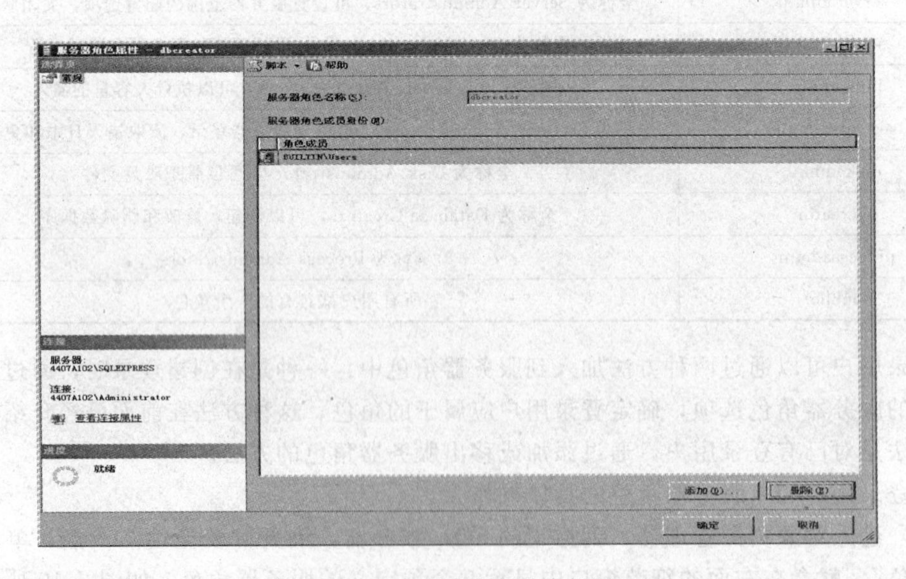

图 7.11 服务器角色属性常规页面

3. 数据库角色管理

数据库角色（DataBase roles）在 SQL Server 中联系着两个集合，一个是权限的集合，另一个是数据库用户的集合。与现实生活相类似，数据库管理员可以为数据库用户指定角色。由于角色代表了一组权限，具有相同角色的用户，就具有了该角色的权限。另一方面，一个角色也代表了一组具有同样权限的用户，所以，SQL Server 中为用户指定角色，就是将该用户添加到相应的角色组中。通过角色简化了直接向数据库用户分配权限的繁琐操作，对于用户数目多、安全策略复杂的数据库系统，能够简化安全管理的工作。

数据库角色分为固定数据库角色和用户定义角色，固定数据库角色预定义了数据库的安全管理权限和对数据对象的访问权限，用户定义角色由管理员创建并且定义对数据对象的访问权限。

（1）固定的数据库角色。每个数据库都有一系列固定数据库角色。用户不能增加、修改和删除固定数据库角色。数据库中角色的作用域只在其对应的数据库内。图 7.12 显示了数据库中的固定数据库角色，表 7.2 列出了 SQL Server 2008 中的固定数据库角色。

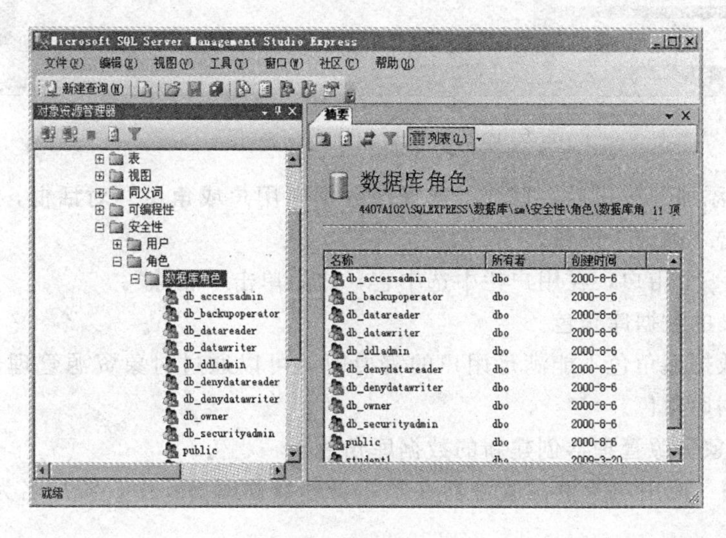

图 7.12　数据库角色

表 7.2　　SQL Server 2008 中固定的数据库角色

固定数据库角色	描　述
db_denydatawriter	不能更改数据库内任何用户表中的任何数据
db_datawriter	可以更改数据库内任何用户表中的所有数据
db_denydatareader	不能选择数据库内任何用户表中的任何数据
db_datareader	可以选择数据库内任何用户表中的所有数据
db_ddladmin	可以发出所有 DDL 语句，仍不能发出 GRANT、REVOKE 或 DENY 语句
db_backupoperator	可以发出 DBCC CHECKPOINT 和 BACKUP 语句
db_securityadmin	可以管理全部权限、对象所有权、角色和角色成员资格
db_accessadmin	可以添加或删除用户 ID
db_owner	在数据库中有全部权限
public	最基本的数据库角色，每个用户都属于该角色

(2) 在数据库角色中增加或移去用户。

1) 展开一个 SQL 服务器、数据库文件夹，单击“角色”节点。

2) 在角色详细列表中，右击要加入的角色，在弹出菜单中选择“属性”，打开“数据库角色属性”对话框，如图 7.13 所示。

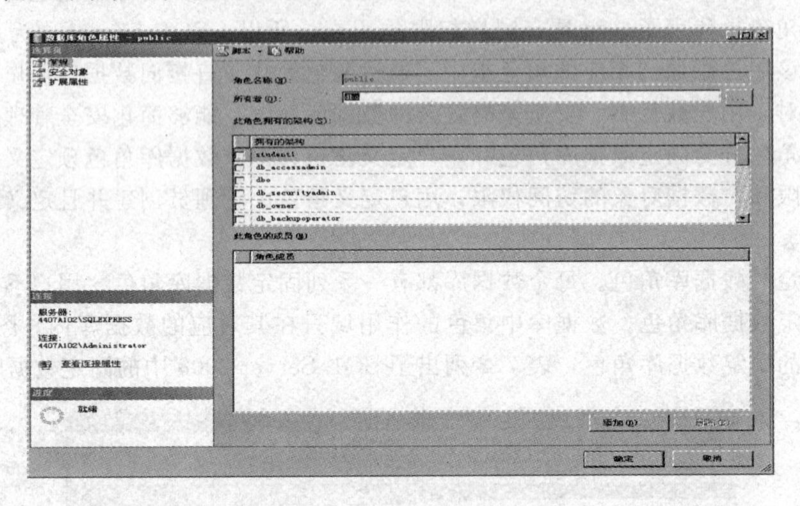

图 7.13 数据库角色属性

3) 单击“添加”按钮后，打开“选择该数据库用户或角色”对话框，选择要加入角色的用户，单击“确定”按钮。

4) 要移走一个用户，在用户栏中选中它，之后单击“删除”。

(3) 自定义的数据库角色。

当固定的数据库角色不能满足用户的需要时，可以通过对象资源管理器或执行 SQL 语句来添加数据库角色。

1) 使用对象资源管理器创建新的数据库角色。

【实例 7.6】 使用对象资源管理器在学籍管理数据库 SM 中，添加名为 student_2 的数据库角色。

a. 在 SQL Server Management Studio 窗口中，依次展开“SQL 服务器→数据库→SM→安全性→角色→数据库角色”节点，并选择“数据库角色”节点。

b. 右击“数据库角色”，在弹出的快捷菜单中选择“新建数据库角色”命令，打开“数据库角色—新建”对话框，如图 7.14 所示。

c. 在“名称”栏中输入新角色名 student_2；在“所有者”文本框中输入所有者（或单击“…”按钮查找有效所有者）；接着选择角色拥有的构架，添加角色成员。

d. 单击“确定”按钮完成添加数据库角色的操作。

2) 使用对象资源管理器删除数据库角色。

【实例 7.7】 使用对象资源管理器在数据库 SM 中，删除名为 student_2 的数据库角色。

a. 在 SQL Server Management Studio 窗口中，依次展开“SQL 服务器→数据库→SM→安全性→角色→数据库角色”节点，并选择“数据库角色”节点。

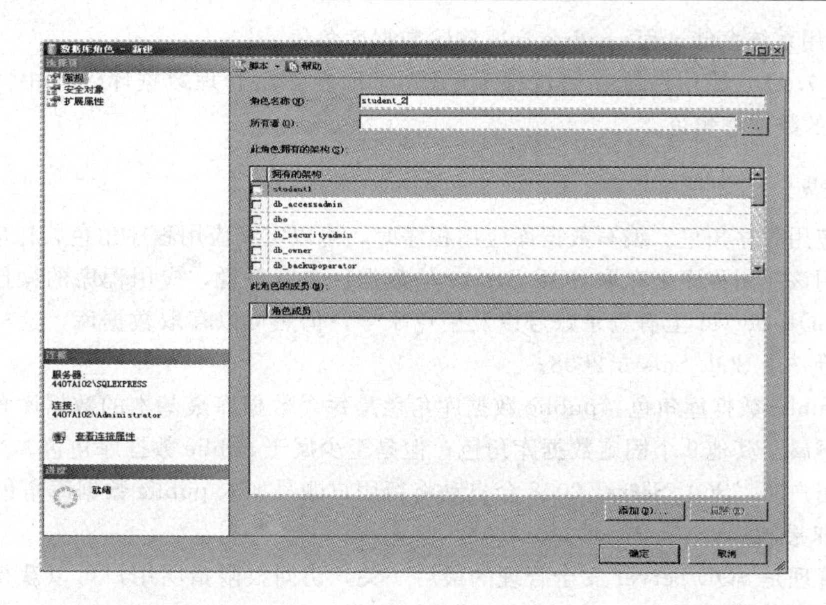

图 7.14 创建数据库角色

b. 单击“数据库角色”节点。

c. 在数据库角色详细列表中，右击要删除的数据库角色 student_2，在弹出的菜单中选择“删除”命令，如图 7.15 所示。

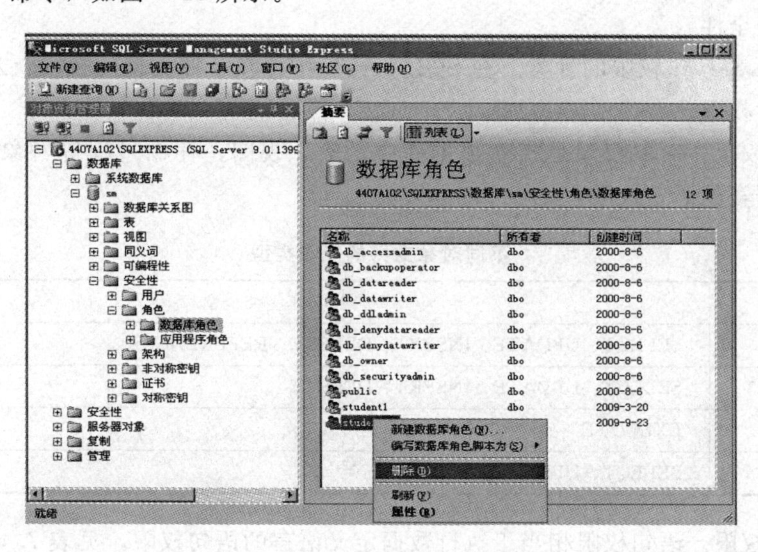

图 7.15 数据库角色的删除

d. 在弹出的“删除对象”对话框中，单击“确定”按钮，确认删除。

3) 使用系统存储过程 sp_addrole 创建数据库角色。

【实例 7.8】 使用系统存储过程 sp_addrole 在学籍管理数据库 SM 中，创建名为 student_3 的数据库角色。

```
Exec sp_addrole 'student_3'
```

4）使用系统存储过程 sp_droprole 删除数据库角色。

【实例 7.9】 使用系统存储过程 sp_droprole 在学籍管理数据库 SM 中，删除名为 student_3 的数据库角色。

```
Exec sp_droprole 'student_3'
```

（4）应用程序角色。编写数据库应用程序时，可以定义应用程序角色，让应用程序的操作者能用该应用程序来存取 SQL Server 的数据。也就是说，应用程序的操作者本身并不需要在 SQL Server 上有登录账号以及用户账号，仍然可以存取数据库，这样可以避免操作者自行登录 SOL Server 2008。

（5）public 数据库角色。public 数据库角色是每个数据库最基本的数据库角色，每个用户可以不属于其他 9 个固定数据库角色，但是至少属于 public 数据库角色。当在数据库中添加新用户时，SQL Server 2008 会自动将新用户账号加入 public 数据库角色中。

4. 权限管理

权限管理是 SQL Server 安全管理的最后一关，访问权限指明用户可以获得哪些数据库对象的使用权，以及用户可以对这些对象执行什么操作。SQL Server 的 4 类用户对应不同的权限系统层次：系统管理员（sa）对应 SQL 服务器层次级权限；数据库拥有者（dbo）对应数据库层次级权限；数据库对象拥有者（dboo）对应数据库对象层次级权限；数据库对象的一般用户对应数据库对象用户层次级权限。SQL Server 通过使用权限来确保数据库的安全性。

（1）SQL Server 权限的种类。在 SQL Server 中存在 3 种类型的权限：对象权限、语句权限和隐含权限。

1）对象权限。对象权限是指对数据库中的表、视图、存储过程等对象的操作权限，相当于操作语言的语句权限，见表 7.3。

表 7.3 **不同对象支持的操作类型**

数据库对象	操 作 类 型
表	SELECT、UPDATE、INSERT、DELETE、REFERENCES
视图	SELECT、UPDATE、INSERT、DELETE
存储过程	EXECUTE
列	SELECT、UPDATE

2）语句权限。语句权限相当于执行数据定义语言的语句权限，见表 7.4。

表 7.4 **语 句 权 限**

语 句	操 作	语 句	操 作
CREATE DATABASE	创建数据库	CREATE DEFAULT	创建默认
CREATE TABLE	创建表	CREATE PROCEDURE	创建存储过程
CREATE VIEW	创建视图	BACKUP DATABASE	备份数据库
CREATE RULE	创建规则	BACKUP LOG	备份事务日志

3）隐含权限。隐含权限是指由 SQL Server 预定义的服务器角色、数据库所有者（dbo）和数据库对象所有者所拥有的权限，隐含权限相当于内置权限，并不需要明确地授予这些权限。例如，服务器角色 sysadmin 的成员具有在 SQL Server 中进行操作的全部权限。数据库所有者（dbo）可以对本数据库进行任何操作。表的创建者默认拥有对表的所有权限等。

（2）权限管理。权限的管理中，由于隐含权限是由系统定义的，这种权限是不需要设定，也不能够设定的。所以，权限的设置实际上是对对象权限和语句权限的设置。

权限管理的内容包括以下 3 个方面：授予权限、拒绝访问和取消权限。3 种权限出现冲突时，拒绝访问权限起作用。

授予权限：允许某个用户或角色，对一个对象执行某种操作或语句。使用 SQL 语句 GRANT 来实现。

拒绝访问：拒绝某个用户或角色对一个对象进行某种操作。用 SQL 语句 DENY 实现。

取消权限：即不允许某个用户或角色，对一个对象执行某个操作或语句。用 SQL 语句的 REVOKE 实现。不允许和拒绝是不同的，不允许执行某个操作，可以通过间接授权来获得相应的权限，而拒绝执行某种操作，间接授权无法起作用，只有通过直接授权才能改变。

1）使用对象资源管理器管理权限。

a. 管理用户权限。在对象资源管理器下，依次展开文件夹到“安全性”，单击“用户”节点，然后在详细列表中右击设置权限的用户，在弹出的快捷菜单中选取“属性”，打开“数据库用户”对话框，如图 7.16 所示。

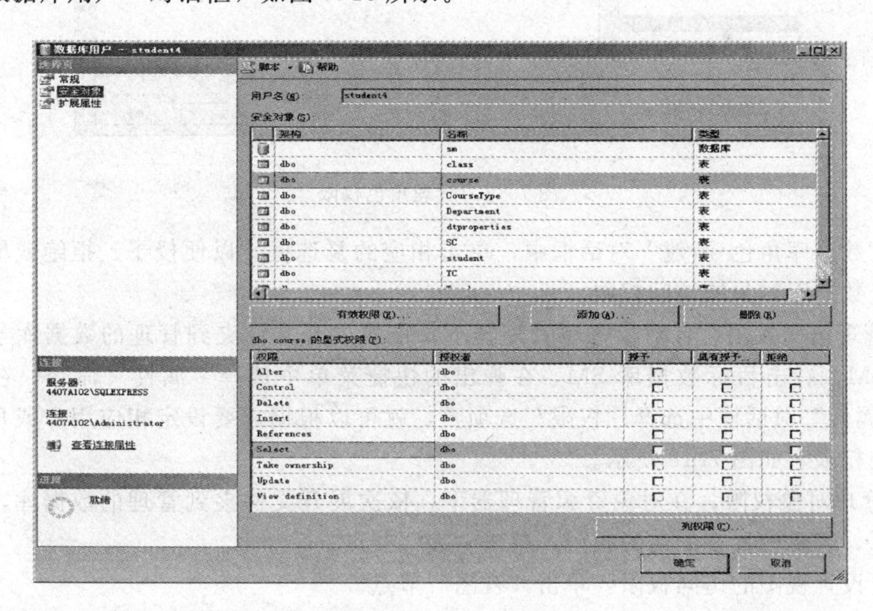

图 7.16 管理用户权限

在“数据库用户属性”对话框中，单击“安全对象”选项页，在右边安全对象的显式权限中，若要授予用户对某个数据库对象的访问权限，可以在对象列表中单击“授予”相应的复选框，使其出现对号标记☑。

若要拒绝用户对某个数据库对象的访问权限，可以在对象列表中单击“拒绝”相应的复选框，使其出现对号标记☑。

若要取消用户对某个数据库对象的访问权限，可以在对象列表中单击相应的复选框，使其出现空标记□。

b. 管理角色权限。在对象资源管理器下，依次展开文件夹到“安全性”，单击“角色”→“数据库角色”节点，然后在详细列表中右击设置权限的角色，选取“属性”命令，打开“数据库角色-新建”对话框，如图 7.17 所示。

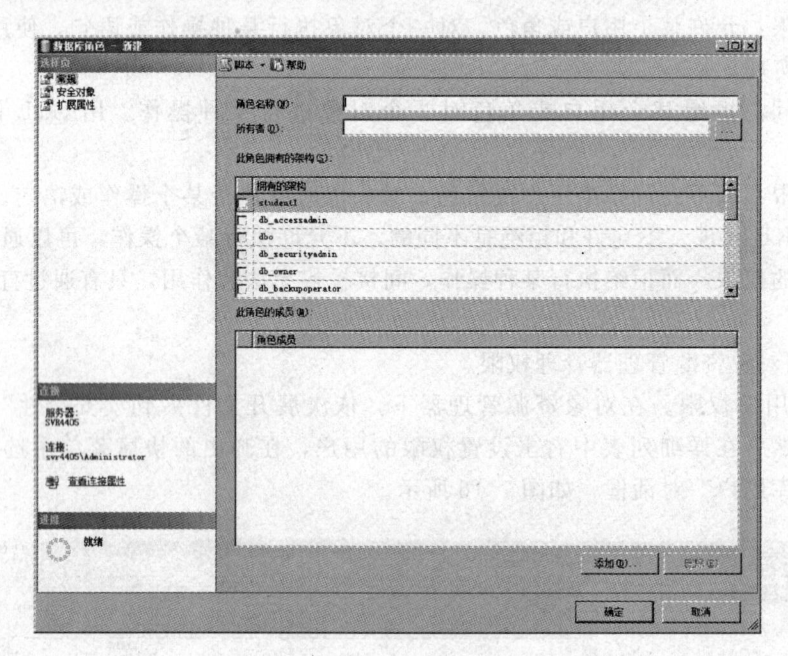

图 7.17 管理角色权限

在“数据库角色-新建”对话框中，单击相应的复选框，以便授予、拒绝或取消该角色对某个数据库对象的访问权限。

c. 管理语句权限。在对象资源管理器下，依次展开文件夹到管理的数据库学籍管理数据库 SM，右击目标数据库 SM，在弹出的快捷菜单中选择“属性”命令，在弹出的“数据库属性”对话框中选择“权限”选项页，就可以根据需要设定相应用户或角色所具有的语句权限，如图 7.18 所示。

d. 管理对象权限。在对象资源管理器下，依次展开文件夹到管理的数据库，在目标数据库下，若要设置表的访问权限，单击“表”节点。

若要设置视图的访问权限，单击“视图”节点。

若要设置存储过程的访问权限，单击“存储过程”节点。

若要设置用户定义函数的访问权限，单击“用户定义函数”节点。

然后，在详细列表窗口中，右击要设置权限的数据库对象（如表 Class），在弹出的快

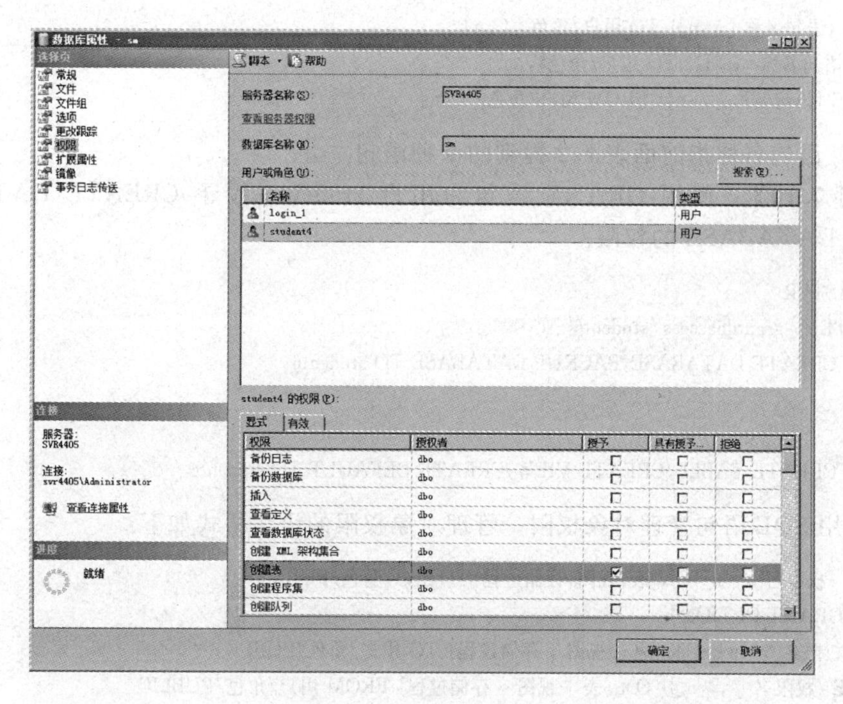

图 7.18　管理语句权限

捷菜单中选择“属性”，打开“表属性”对话框。在“表属性”对话框中，选择“权限”选项页，然后进行数据库对象访问权限的设置，如图 7.19 所示。

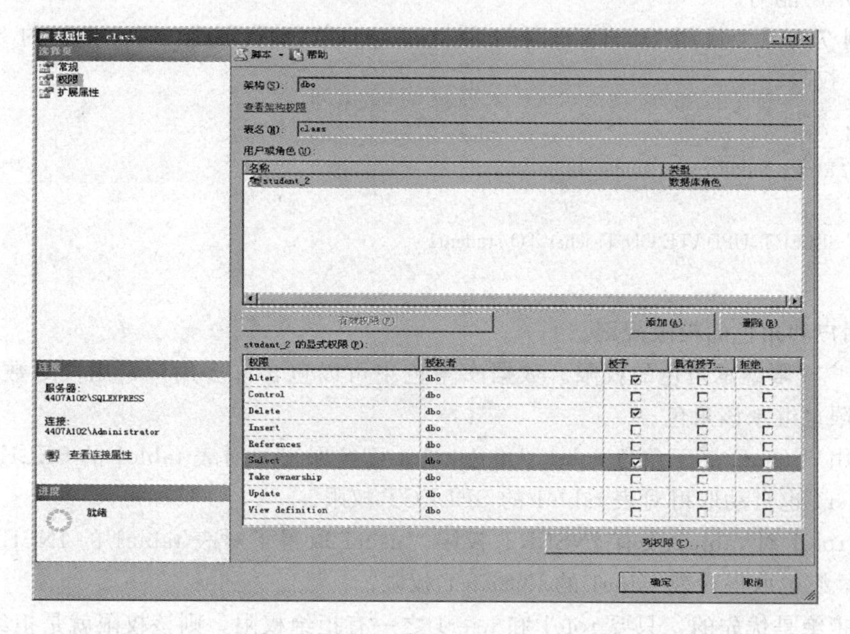

图 7.19　管理对象权限

2）使用 SQL 语句管理权限。

a. 使用 SQL 语句管理语句权限。管理语句权限的语法格式如下：

```
GRANT {语句名称 [,…n]} TO 用户/角色 [,…n]
DENY {语句名称 [,…n]} TO 用户/角色[,…n]
REVOKE {语句名称 [,…n]} FROM 用户/角色[ ,…n]
```

其中，语句名称指前面表7.2提到的9种语句。

【实例7.10】 使用GRANT语句为用户student6授予CREATE DATABASE、BACKUP DATABASE的权限。

```
USE MASTER
EXECUTE sp_grantdbaccess 'student6'
GRANT CREATE DATABASE,BACKUP DATABASE TO student6
GO
USE SM
GRANT CREATE TABLE,CREATE VIEW,CREATE DEFAULT TO student4
```

b. 使用SQL语句管理对象权限。管理对象权限的语法格式如下：

```
GRANT {权限名[,…n]}ON{表|视图|存储过程}TO用户/角色/PUBLIC
[WITH GRANT OPTION]
DENY {权限名[,…n]} ON {表 | 视图 | 存储过程} TO 用户/角色/PUBLIC
REVOKE {权限名 [ ,… n ]} ON {表 | 视图 | 存储过程} FROM 用户/角色/PUBLIC
```

其中，权限名指用户或角色在对象上可执行的操作，即前面表7.1提到的权限。PUBLIC代表所有用户的简写。WITH GRANT OPTION具有将指定的对象权限授予其他安全用户的能力。

【实例7.11】 使用GRANT语句为student1角色授予对表Teacher的SELECT、UPDATE权限。

```
USE SM
EXECUTE sp_grantdbaccess 'student1'
GO
GRANT SELECT,UPDATE ON Teacher TO student1
GO
```

3）用户和角色的权限规则。

a. 用户权限继承角色的权限。数据库角色中可以包含许多用户，用户对数据库对象的存取权限也继承该角色。

假如用户user1属于角色role1，角色role1已经取得了对表table1的SELECT权限，则用户user1也自动取得对表table1的SELECT权限。

如果role1对table1没有INSERT权限，user1取得了对表table1的INSERT权限，则user1最终也取得对表table1的INSERT权限。

但是拒绝是优先的，只要role1和user1之一有拒绝权限，则该权限就是拒绝的。

b. 用户分属不同角色。如果一个用户分属于不同的数据库角色，如用户userl既属于角色role1，又属于角色role2，则用户user1的权限基本上是以role1和role2的并集为准。但是只要有一个拒绝，则用户user1的权限就是拒绝的。

【实验9 SQL Server安全性管理】

1. 实验目的

（1）理解SQL Server的身份验证模式。

（2）学会创建和管理登录账户和用户账户。

（3）掌握创建和管理服务器角色和数据库角色。

（4）掌握授予、拒绝或撤销权限的方法。

（5）理解登录账户、数据库用户和数据库权限的作用。

2. 实验准备

（1）在服务器上创建学籍管理数据库SM；

（2）在用户数据库SM中创建学生表（student）、课程表（course）、教师表（teacher）、班级表（class）、系表（department）、授课表（TC）、课程类型表（coursetype）、选课表（SC）和职称表（title）；

（3）向上述各数据表中添加实验数据。

3. 实验内容

（1）创建登录账户。

1）使用对象资源管理器创建通过SQL Server身份验证模式的登录，其中登录名为student_login1，密码为login，默认数据库为SM，其他保持默认值。

2）使用对象资源管理器创建通过Windows身份验证模式的登录。

提示：首先在Windows下创建用户名为student_login2，密码为login2的用户，然后在对象资源管理器中将Windows用户添加到SQL Server登录中。

3）使用系统存储过程sp_addlogin创建登录，其登录名为student_login3，密码为login3，默认数据库为SM。在查询分析器中输入和执行语句，并在对象资源管理器中显示结果。

4）使用对象资源管理器删除登录账户student_login1、student_login2。

5）使用系统存储过程sp_droplogin从SQL Server中删除登录账户student_login3。在查询分析器中输入和执行语句，并在对象资源管理器中显示结果。

（2）创建和管理数据库用户和角色。

1）创建登录名为student_user1，密码为user1，默认数据库为SM，并能连接到SM数据库的用户。

2）使用对象资源管理器先创建数据库角色（标准角色），新角色名为student_role1；然后将角色成员student_user1添加到标准角色中，最后在对象资源管理器中删除数据库角色student_role1。

3）使用系统存储过程sp_addrole添加名为student_role2的标准角色到SM数据库。然后，使用系统存储过程sp_droprole删除SM数据库中名为student_role2的角色。

4）创建一个名为student_role3的应用程序角色，此角色能够访问SM数据库，并具有读取、修改数据表的权限。

（3）管理权限。

1）把查询表Student的权限授予用户student_user1。

2）把对表 Student 的全部操作权限授予用户 student_user2。

3）把查询表 Student、Course 和 SC 的权限授予所有用户。

4）把查询表 Student 和修改学生学号的权限授予用户 student_user1。

5）把对表 Student 的 INSERT 权限授予用户 student_user2，并允许将此权限再授予其他的用户。

6）DBA 把在数据库 SM 中创建表的权限授予用户 student_user1。

7）把用户 student_user4 修改 student 表学号的权限撤销。

8）撤销所有用户对 student 表的查询权限。

（4）课堂实例的验证。要求把课堂上讲述的 11 个实例上机验证。

7.3.2 数据库的完整性

数据完整性（Data Integrity）是指数据的准确性（Accuracy）和可靠性（Reliability）。为了防止数据库中数据发生错误而造成无效操作，数据库管理系统必须建立相应的机制对进入数据库的数据或更新的数据进行校验，以保证数据库中的数据都符合语义规定。

在前面逻辑模型设计中对关系数据的完整性进行了详细的说明，在关系数据库的实现上提供了具体的保证数据完整性的方法。本项目主要介绍数据库的数据完整性。

通过本任务的实施，应该理解数据完整性的基本概念，掌握如何使用约束来保证数据的完整性；掌握使用约束、默认值和自定义数据类型保证数据完整性的方法，对实现数据完整性的各种方法进行分析。

7.3.2.1 数据完整性的基本概念

为了维护数据库中的数据和现实世界的一致性，SQL Server 提供了确保数据库的完整性的技术。数据完整性是指存储在数据库中的数据的一致性和准确性。

数据库的完整性表明数据库的存在状态是否合理，是通过数据库内容的完整性约束来实现的。数据库系统检查数据的状态和状态的转换，判定它们是否合理，是否应予接受。对于每个数据库操作要判定其是否符合完整性约束，全部判定无矛盾时才可以执行，数据完整性包括实体完整性、域完整性、参照完整性、用户定义的完整性。

1. 数据的完整性

数据的完整性是指数据的正确性和相容性。数据的正确性是指防止数据库中存在不符合语义的数据，而造成无效操作或错误信息。数据的相容性是保护数据库防止恶意的破坏和非法的存取。数据完整性能够确保数据库中数据的质量。

（1）实体完整性（Entity Integrity）。实体完整性也称为行完整性，要求表中的每一行必须是唯一的，它可以通过主键约束、唯一键约束、索引或标识属性来实现。

现实世界中的实体是可区分的，即它们具有某种唯一性标识。相应地，关系数据库中以主键作为唯一性标识，主键不能取空值，如果主键取空值意味着数据库中的这个实体是不可区分的，与现实世界的应用环境相矛盾，因此这个实体一定不是完整的实体。主键约束是强制实体完整性的主要方法。

（2）域完整性（Domain Integrity）。域完整性也称为列完整性，是保证数据库中的数据取值的合理性。是指定一个数据集对某个列是否有效和确定是否允许为空值。通常使用

有效性检查强制域完整性。

保证域有效性的方法有：通过数据类型的定义限制数据类型，通过 CHECK 约束、规则、默认值和非空属性的定义来确定数据的取值范围。

(3) 参照完整性 (Referential Integrity)。参照完整性也称为引用完整性，参照完整性定义了一个关系数据库中，不同的表中列之间的关系（主键与外键）。用于确保主键（在被引用表中）和外键（在引用表中）之间的关系得到维护。如果在外键所在的表引用了被应用表中的一行记录，则在被引用的表中这行记录不能被删除，也不能修改主键的值。

(4) 用户定义的完整性 (User - defined Integrity)。用户可以根据自己的业务规则定义不属于任何完整性分类的完整性。由于每个用户的数据库都有自己独特的业务规则，所以系统必须有一种方式来实现定制的业务规则，即定制的数据完整性约束。

用户定义的完整性可以通过自定义数据类型、规则、默认值、允许空属性、存储过程和触发器来实现。本项目主要介绍规则、约束和默认。

2. 约束的类型

约束 (Constraint) 定义关于列中允许值的规则，是强制完整性的标准机制。使用约束优先于使用触发器、规则和默认。查询优化器也使用约束定义生成高性能的查询执行计划。约束用来确保列的有效性，从而实现数据的完整性。

SQL Server 中有 5 种约束类型，分别是 CHECK 约束、DEFAULT 约束、PRIMARY KEY 约束、FOREIGN KEY 约束、UNIQUE 约束。

(1) PRIMARY KEY 约束。主键 (PRIMARY KEY) 是表中一列或多列的组合，其值能唯一地标识表中的每一行，通过它可以强制表的实体完整性。

主键是在创建或修改表时定义主键约束创建的。一个表只能有一个主键，并且主键列不能为空值，由于主键约束确保了记录的唯一性，所以经常定义为表示列。

(2) CHECK 约束。CHECK 约束用于限制输入到一列或多列的值的范围，从逻辑表达式判断数据的有效性，也就是一个列的输入内容必须满足 CHECK 约束的条件，否则数据无法正常输入，从而强制数据的域完整性。

(3) DEFAULT 约束。若将表中某列定义了 DEFAULT 约束后，用户在插入新的数据时，如果没有为该列指定数据，那么系统将默认值赋给该列，当然该默认值也可以是空值 (NULL)。

(4) FOREIGN KEY 约束。外键 (FOREIGN KEY) 用于建立和加强两个表（被参照表与参照表）的一列或多列数据之间的链接，当数据添加、修改或删除时，通过外键约束保证它们之间数据的一致性。

定义表之间的参照完整性是先定义被参照表的主键，再对参照表定义外键约束。

(5) UNIQUE 约束。UNIQUE 约束用于确保表中某个列或某些列（非主键列）没有相同的值。与 PRIMARY KEY 约束类似，UNIQUE 约束也强制唯一性，但 UNIQUE 约束用于非主键的一列或多列组合，且一个表可以定义多个 UNIQUE 约束，另外 UNIQUE 约束可以用于定义允许空值的列，而 PRIMARY KEY 约束只能用于不能为空值的列。

7.3.2.2 约束的创建、查看与删除

上节中已经介绍了 SQL Server 中 5 种类型的约束，本节将介绍各种约束的创建、查看和删除等操作。这些操作均可以在对象资源管理器中进行，也可以使用 Transact - SQL 命令完成。

1. CHECK 约束的创建、查看与删除

CHECK 约束通过限制可输入或修改的一列或多列的值来强制实现域完整性，它作用于插入（INSERT）和修改（UPDATE）语句。

在默认情况下，检查（CHECK）约束同时作用于新数据和表中已有的老数据，可以通过关键字 WITH NOCHECK 禁止 CHECK 约束检查表中已有的数据。当然，用户对禁止检查应该确信是合理的。

（1）使用对象资源管理器。

【实例 7.12】 在数据库 SM 的学生表 Student 中定义学生性别（Ssex）的取值只能是“男”和“女”。

操作步骤如下：

a. 在对象资源管理器中，依次展开各节点到数据库 SM，选择数据表学生表 Student，右击，在弹出的快捷菜单中，选择“设计”命令，打开“表设计器”对话框。

b. 在“表设计器”对话框中，右击 Ssex 列，在弹出的快捷菜单中选择“CHECK 约束”命令，打开“CHECK 约束”对话框，单击“添加”按钮，在“选定的 CHECK 约束”列表框中显示由系统分配的新约束名。系统分配的名称以“CK_”开始，后跟表名，若要为约束提供一个不同的名称，需要在“约束名”列表框中输入名称。在“表达式”文本框中输入 CHECK 约束表达式“ssex='男' or ssex='女'”，如图 7.20 所示。

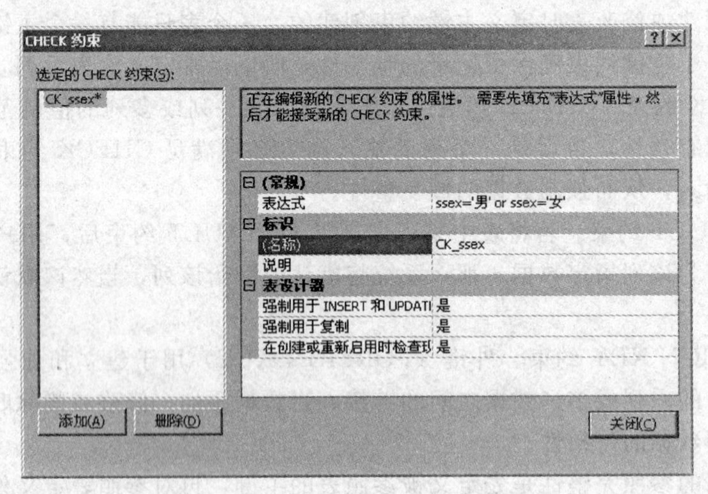

图 7.20 “CHECK 约束”对话框

c. 单击“关闭”按钮，在“设计表”窗口单击工具栏上的“保存”按钮，即完成了创建并保存 CHECK 约束的操作。以后用户输入数据时，若输入性别不是“男”或“女”，系统将报告输入无效。

若想要删除创建的 CHECK 约束，在图 7.20 所示的“CHECK 约束”对话框中，单

击“删除”按钮，即可删除 CHECK 约束。

（2）使用查询分析器。可以使用 Transact－SQL 语句创建 CHECK 约束，其语句格式如下：

```
[CONSTRAINT 约束名]CHECK(约束条件)
```

【实例 7.13】 使用 SQL 语句在数据库 SM 的学生表 Student 中定义学生性别（Ssex）的取值只能是“男”和“女”。

```
ALTER TABLE Student
ADD
CONSTRAINT CK_Ssex CHECK（ssex='男' or ssex='女'）
```

使用 Transact－SQL 语句删除 CHECK 约束，其语句格式如下：

```
DROP CONSTRAINT CHECK 约束名
```

【实例 7.14】 使用 SQL 语句删除 CK_Ssex 约束。

```
ALTER TABLE Student
DROP CONSTRAINT CK_Ssex
```

与其他约束不同的是，CHECK 约束可以通过 NOCHECK 和 CHECK 关键字设置为无效或重新有效，语法格式如下：

```
ALTER TABLE 表名
    NOCHECK CONSTRAINT 约束名 | CHECK CONSTRAINT 约束名
```

2. DEFAULT 约束的创建、查看与删除

默认值约束的作用是当向表中添加数据时，如果某列没有指定具体的数值而是指定了关键字 DEFAULT，则该列值将自动添加为默认值。

和检查约束一样，默认值约束也是强制实现域完整性的一种手段。DEFAULT 约束不能添加到时间戳 TIMESTAMP 数据类型的列或标识列上；也不能添加到已经具有默认值设置的列上，不论该默认值是通过约束还是绑定实现的。

（1）使用对象资源管理器。

【实例 7.15】 在学生表 Student 的性别 Ssex 列添加一个 DEFAULT 约束，默认值为“男”。

具体操作如下：

a. 在对象资源管理器中，依次展开各节点到数据库 SM，选择数据表学生表 Student 右击，在弹出的快捷菜单中，选择“设计”命令，打开“表设计器”对话框。

b. 在“表设计器”对话框中，选中要建立默认值的列 Ssex，在下面列属性的默认值栏中添加要定义的默认值，如图 7.21 所示。

c. 单击工具栏上的“保存”按钮，完成默认值的设置。

如果要删除默认值约束，清除对应的默认值然后保存即可。

（2）使用查询分析器。

使用 Transact－SQL 语句创建 DEFAULT 约束，其语句格式如下：

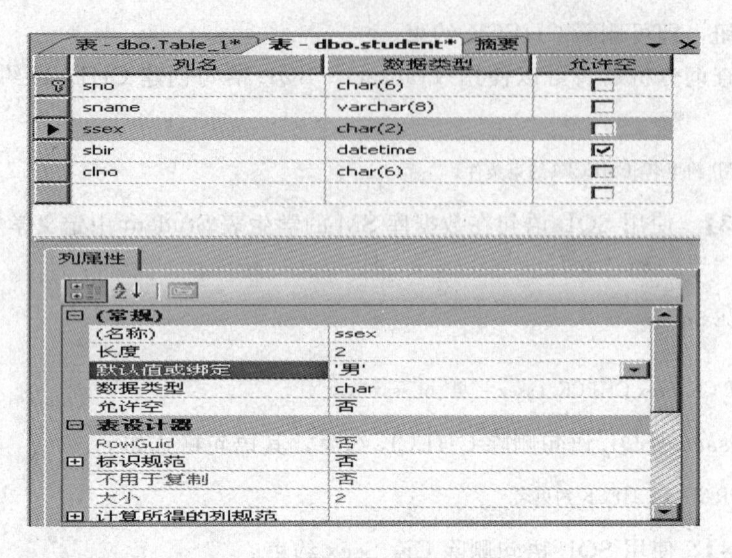

图 7.21 建立或删除默认值约束

```
[CONSTRAINT <约束名>]DEFAULT<默认值>FOR<列名>
```

使用 Transact-SQL 语句删除 DEFAULT 约束，其语句格式如下：

```
DROP CONSTRAINT DEFAULT<约束名>
```

【实例 7.16】 在教师表 Teacher 的性别 Tsex 列添加一个 DEFAULT 约束，默认值为“男”。

```
ALTER TABLE Teacher
ADD
CONSTRAINT CK_Tsex DEFAULT '男' FOR Tsex
```

删除这个 DEFAULT 约束的语句如下：

```
ALTER TABLE Teacher
DROP CONSTRAINT CK_Tsex
```

3. 主键（PRIMARY KEY）约束

主键是唯一标识表中所有行的一列或多列的组合，通过它可以强制表的实体完整性。一个表只能有一个 PRIMARY KEY 约束，而且主键约束中的列不能接受空值，并且是唯一的。

向表中添加主键约束时，SQL Server 将检查现有记录的列值，以确保现有数据符合主键的规则，所以在添加主键之前要保证主键列没有空值和重复值。

（1）使用对象资源管理器。

【实例 7.17】 在班级表 Class 的班级编号 CLno 列添加一个 PRIMARY KEY 约束。

具体操作如下：

a. 在对象资源管理器中，依次展开各节点到数据库 SM，选择数据表的班级表 Class 右击，在弹出的快捷菜单中，选择“设计”命令，打开“表设计器”对话框。

b. 在“表设计器”对话框中，右击要建立主键的列 CLno，在弹出的快捷菜单中选择“设置主键”命令，如图 7.22 所示。也可以使用工具栏上的“设置主键”按钮 。

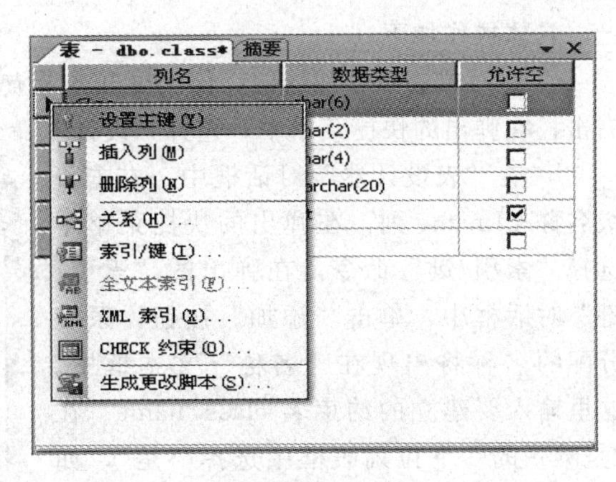

图 7.22 设置主键约束

如果要删除主键约束，再次单击工具栏上的“设置主键”按钮 ，即可取消刚才设置的主键。

注意：如果主键是多列的组合时，可以按住 Ctrl 键的同时单击要选中的列。

c. 单击工具栏上的“保存”按钮，完成主键的设置。

（2）使用查询分析器。使用 Transact - SQL 语句创建 PRIMARY KEY 约束，其语句格式如下：

```
[CONSTRAINT <约束名>]PRIMARY KEY (主键列)
```

使用 Transact - SQL 语句删除 PRIMARY KEY 约束，其语句格式如下：

```
DROP CONSTRAINT <约束名>
```

【实例 7.18】 在选课表 SC 上建立 PRIMARY KEY 约束，写出相应的 SQL 语句。

```
ALTER TABLE SC
ADD
CONSTRAINT PK_SC PRIMARY KEY(Sno,Cno)
GO
```

删除刚才建立的主键约束：

```
ALTER TABLE SC
DROP CONSTRAINT PK_SC
```

4. 唯一键（UNIQUE）约束

可以使用 UNIQUE 约束确保在非主键列中不输入重复值。UNIQUE 约束与主键约束相似，都是具有强制唯一性，即数据不能重复。但 UNIQUE 约束与主键约束又有区别，主要表现为下列两点：

（1）一个表可以有多个 UNIQUE 约束，但只能定义一个主键约束。

（2）允许空值的列上定义 UNIQUE 约束，但是不能定义主键约束。

和添加主键一样，向表中添加唯一键约束时，SQL Server 也将检查现有记录的列值，以确保现有数据符合唯一键的规则，所以在添加唯一键之前要保证唯一键列没有重复值，但可以有空值。

（1）使用对象资源管理器。

【实例 7.19】 在班级表 Class 的班级名称 CLname 列添加一个 UNIQUE 约束。

具体操作如下：

a. 在对象资源管理器中，依次展开各节点到数据库 SM，选择数据表的班级表 Class，右击，在弹出的快捷菜单中，选择“设计”命令，打开“表设计器”对话框。

b. 在“表设计器”对话框中，右击班级名称 CLname 列，在弹出的快捷菜单中选择“索引/键”命令，在弹出的“索引/键”对话框中，单击“添加”按钮，系统分配的名称将出现在“名称”文本框中。这里输入要建立的约束名 class_name。在“是唯一的”下拉列表框中选择“是”，如图 7.23 所示，创建了一个 UNIQUE 约束。

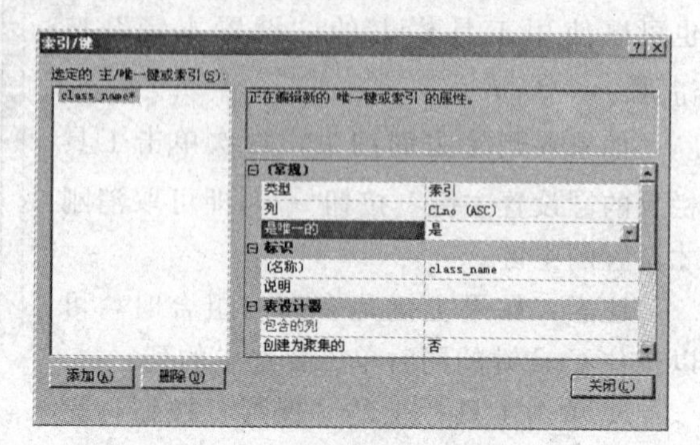

表 7.23 创建 UNIQUE 约束

c. 如果要删除 UNIQUE 约束，可以在如图 7.23 所示的对话框中，在“选定的主/唯一键或索引”下拉列表框中选中要删除的约束，然后单击“删除”按钮，将选定的 UNIQUE 约束删除。

（2）使用查询分析器。使用 Transact - SQL 语句创建 UNIQUE 约束，其语句格式如下：

```
[CONSTRAINT <约束名>]UNIQUE (列名)
```

使用 Transact - SQL 语句删除 UNIQUE 约束，其语句格式如下：

```
DROP CONSTRAINT <约束名>
```

【实例 7.20】 在教学系表 Department 的院系名称 Dname 列上创建 UNIQUE 约束。

```
ALTER TABLE Department
ADD
CONSTRAINT DX_Dname UNIQUE(Dname)
GO
```

删除刚才建立的 UNIQUE 约束：

```
ALTER TABLE Department
DROP CONSTRAINT DX_Dname
```

5. 外键（FOREIGN KEY）约束

外键（FOREIGN KEY）约束是为了强制实现表之间的参照完整性，外键 FOREIGN KEY 可以和主表的主键或唯一键对应，外键约束不允许为空值，但是，如果组合外键的某列含有空值，则将跳过该外键约束的检验。

（1）使用对象资源管理器。

【实例 7.21】 创建教师表 Teacher、授课表 TC 与课程表 Course 之间的外键约束关系。

a. 在对象资源管理器中，依次展开各节点到数据库 SM，选择数据表的授课表 TC，

右击，在弹出的快捷菜单中，选择“设计”命令，打开“表设计器”对话框。

b. 在“表设计器”对话框中，选择要创建外键的字段 Tno，单击工具栏上的“关系”按钮，打开“外键关系”对话框；或右击 Tno 字段，在弹出的快捷菜单中选择“关系”命令，打开“外键关系”对话框，如图 7.24 所示。

c. 单击“添加”按钮，然后单击“表和列规范”后面的省略号按钮，打开“表和列”对话框，如图 7.25 所示。在“主键表”下拉列表中选择教师表 Teacher，在“外键表”下拉列表框中选择 TC 表，分别在“主键表”和“外键表”下面选择 Tno 列，如图 7.25 所示。单击“确定”按钮。

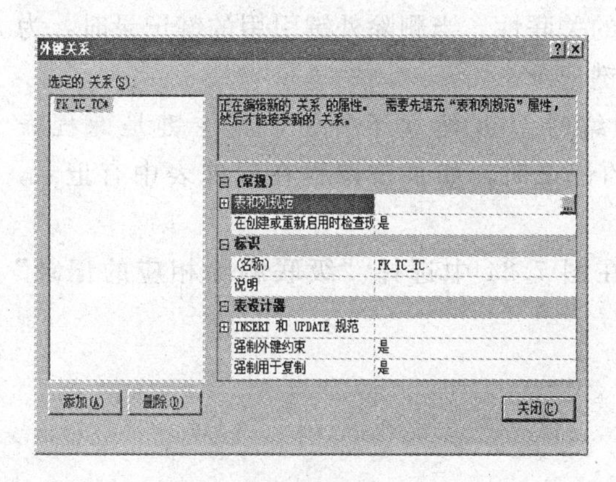

图 7.24 “外键关系”对话框

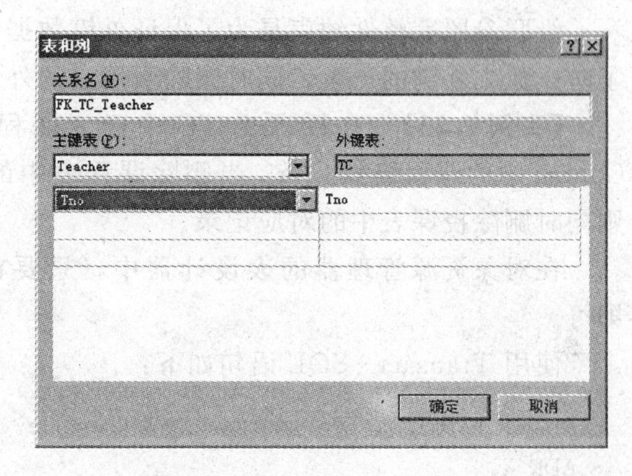

图 7.25 “表和列”对话框

d. 以同样的方法建立教师表 Teacher 和课程表 Course 的外键关系，单击“关闭”按钮，完成外键关系的创建。

e. 如果要删除外键约束，可以在如图 7.23 所示的对话框中，在“选定的关系”下拉列表框中选中要删除的约束，然后单击“删除”按钮，将选定的外键约束删除。

(2) 使用查询分析器。使用 Transact-SQL 语句创建 FOREIGN KEY 约束，其语句格式如下：

[CONSTRAINT ＜约束名＞]FOREIGN KEY (列名)REFERENCES 主表名(主键列名)

使用 Transact-SQL 语句删除 FOREIGN KEY 约束，其语句格式如下：

DROP CONSTRAINT ＜约束名＞

【实例 7.22】 使用 Transact-SQL 语句创建［实例 7.21］所述的外键约束。

```
ALTER TABLE TC
ADD
CONSTRAINT TC_Course FOREIGN KEY(Cno)REFERENCES Course(Cno)
GO
ALTER TABLE TC
ADD
CONSTRAINT TC_Teacher FOREIGN KEY(Tno)REFERENCES Teacher(Tno)
GO
```

删除刚才建立的外键约束：

```
ALTER TABLE TC
DROP CONSTRAINT TC_Course
GO
ALTER TABLE TC
DROP CONSTRAINT TC_Teacher
GO
```

6. 级联参照完整性约束

级联参照完整性约束是为了保证外键数据的关联性。当删除外键引用的键记录时，为了防止孤立外键的产生，同时删除引用它的外键记录。

【实例 7.23】 在授课表 TC 中已为课程编号 Cno 建立了外键，其主键是课程表 Course 中的课程编号 Cno，当删除课程表中的记录时，如果该课程在授课表中有记录，则同时删除授课表中的对应记录。

在对象资源管理器的表设计器中，只要在图 7.24 中选择“级联删除相应的记录”即可。

使用 Transact - SQL 语句如下：

```
ALTER TABLE TC
ADD
CONSTRAINT fk_tc_course FOREIGN KEY(Cno)REFERENCES Course(Cno)
ON DELETE CASCADE
```

类似地可以实现级联更新的功能，其语法是将 ON DELETE CASCADE 改为 ON UPDATE CASCADE。

7.3.2.3 默认值 (Default)

默认值约束可以自动添加默认值数据。这里讲述默认值自动添加的另外一种方法，即先创建默认值对象，然后将它绑定到相应的列上，这样，才能被用户所用。

默认值是一种数据库对象，定义一次后，可以应用于表中的一列或多列，还可以应用于自定义数据类型。使用时需要事先绑定。

1. 创建默认值

创建默认值可以通过对象资源管理器或 SQL 语句来实现。使用 SQL 语句创建默认值对象的语法如下：

```
CREATE DEFAULT 默认值名称
  AS 常量表达式
```

其中：常量表达式是只包含常量值的表达式，可以是常量、内置函数或数学表达式，但不能包含任何表的字段名或其他数据对象。字符和日期型常量用单引号（'）引起来；货币、整数和浮点数不要使用单引号。二进制数据必须以 0X 开头，货币数据必须以美元符号（$）开头。默认值必须与要绑定的列的数据类型兼容。

【实例 7.24】 在 SM 数据库中创建一个性别的默认值对象，其值为“男”。

```
CREATE DEFAULT df_sex AS '男'
```

【实例 7.25】 在 SM 数据库中创建一个取得当前日期的默认值对象。（名称 df _ date，值 getdate())

```
CREATE DEFAULT df_data AS getdate()
```

2. 绑定和解绑默认值

一个建好的默认值，只有绑定到表的列上或用户自定义的数据类型上后才起作用，如果不再需要该默认值，则要将该默认值从相应的列或自定义数据类型上解绑。绑定和解绑操作既可以通过系统存储过程来实现，也可以使用对象资源管理器来完成。

```
Execute sp_bindefault'默认值名称','字段名'|'用户自定义数据类型'
Execute sp_unbindefault'字段名'|'用户自定义数据类型'
```

【实例 7.26】 将［实例 7.24］中创建的性别默认值 df _ sex，并绑定到学生表和教师表的性别列上。

如果性别列有默认值必须先删除。

```
Execute sp_bindefault ' df_sex ', ' Student. Ssex '
Execute sp_bindefault ' df_sex ', ' Teacher. Tsex '
```

【实例 7.27】 在数据库 SM 中创建默认值 SC _ Grade，并将其绑定到选课表 SC 的成绩 Score 列上。

```
CREATE DEFAULT SC_Grade AS 60
Execute sp_bindefault ' SC_Grade ', ' SC. Score '
```

绑定默认值需要注意的是，不能将默认值绑定到标识 IDENTITY 属性的字段或已经有默认值约束的字段上，也不能绑定在系统数据类型上；默认值对象的绑定存在着覆盖关系，即原来的默认值对象虽然没有解绑，仍然可以继续绑定新的默认值，且新的默认值将覆盖原有的默认值对象。

3. 删除默认值

可以用 DROP DEFAULT 语句或在对象资源管理器下删除默认值对象。格式如下：

```
DROP DEFAULT 默认值名称
```

注意：在删除一个默认值之前，应首先将它从所绑定的列或自定义数据类型上解绑，否则系统会报错。

【实例 7.28】 将［实例 7.27］和［实例 7.24］中创建的默认值 SC _ Grade 和 df _ sex 删除。

由于两个默认值已经绑定到指定表的列上，所以要先对其解绑，然后再删除。

```
Execute sp_unbindefault ' SC. Score '
Execute sp_unbindefault ' Student. Ssex '
Execute sp_unbindefault ' Teacher. Tsex '
DROP DEFAULT SC_Grade, df_sex
```

使用对象资源管理器可以同样完成上述的功能，具体操作如下：在对象资源管理器中，依次展开各节点到“数据库SM→可编程性→默认值”，单击“默认值”节点，选择要删除的默认值，单击鼠标右键，在弹出的快捷菜单中，选择“删除”，如图7.26所示。

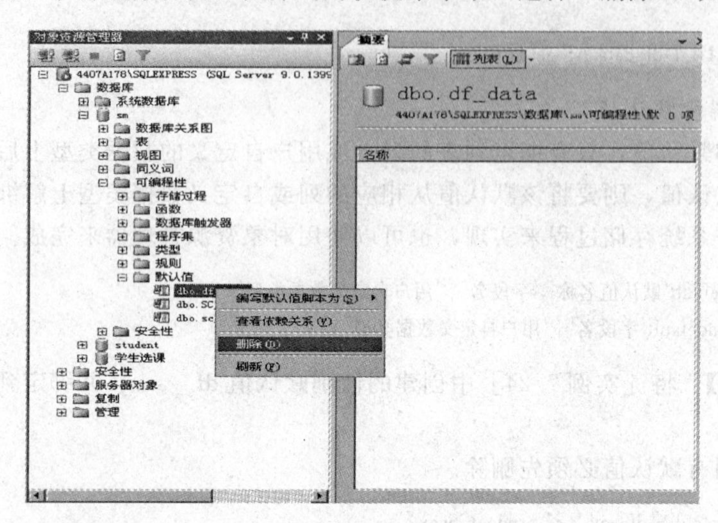

图7.26 删除“默认值”

7.3.2.4 规则(Rule)

规则是数据库对象之一，用于执行一些和CHECK约束相同的功能。CHECK约束是限制列值的首选方法。

CHECK约束能够检查修改和添加列值的有效性，规则也可以同样实现该功能。规则也是实现域完整性的一种手段。

规则和CHECK约束功能类似，只不过规则可用于多个表中的列，以及用户自定义的数据类型，而CHECK约束只能用于它所限制的列。一列上只能使用一个规则，但可以使用多个CHECK约束。规则一旦定义为对象，就可以被多个表的多列所引用。

使用规则时必须注意以下条件：

（1）规则不能绑定到系统数据类型。

（2）规则只可以在当前的数据库中创建。

（3）规则必须与列的数据类型兼容。

（4）规则不能绑定到image、text和timestamp列。

（5）如果使用字符和日期常量，要用单引号（’）括起来，使用二进制常量前要加0X。

1. 创建规则（RULE）

规则这种数据库对象的作用就是当向数据表中添加数据时，指定该列接受数据值的范围。

创建规则可以通过对象资源管理器或SQL语句来实现，使用SQL语句创建规则对象的语法如下。

```
CREATE RULE 规则名称
 AS 条件表达式
```

一个新的规则可以直接绑定到列或用户定义的数据类型上，而不必事先解除原来的规则，新规则将覆盖原有的规则，列或用户定义的数据类型只能绑定一个规则。当一个列上同时绑定有默认值和规则时，默认值应当满足规则的要求。

【实例 7.29】 在 SM 数据库中创建一个成绩的规则，其值为 0-100。

```
CREATE RULE R_Grade
  AS @Score>=0 AND @Score<=100
```

【实例 7.30】 在 SM 数据库上创建一个 8 位电话号码的规则对象。

```
CREATE RULE R_Tel
  AS @tel like'[0-9][0-9][0-9][0-9][0-9][0-9][0-9][0-9]'
```

2. 绑定和解绑规则

规则建好后只有绑定到表的列上或用户自定义的数据类型上后才起作用。绑定完成后，当向相应的列添加或修改数据时，必须符合规则的要求，否则操作将不能完成。如果不再需要该规则，则要将该规则从相应的列或自定义数据类型上解绑。在绑定操作中，新规则的绑定将覆盖旧的规则绑定，即原来的规则不再起作用。

绑定和解绑操作既可以通过系统存储过程来实现，也可以使用对象资源管理器来完成。绑定和解绑的语法格式如下：

```
[EXECUTE] sp_bindrule '规则名称','表名.字段名'|'用户自定义数据类型'
[EXECUTE] sp_unbindrule'表名.字段名'|'用户自定义数据类型'
```

【实例 7.31】 将[实例 7.29]中创建的规则 R_Grade，绑定到 SC 表的 Score 列上。

```
EXECUTE sp_bindrule 'R_Grade','SC.Score'
```

3. 删除规则

可以用 DROP RULE 语句或在对象资源管理器下删除默认值对象。

注意：在删除一个默认值之前，应首先将它从所绑定的列或自定义数据类型上解绑，否则系统会报错。

【实例 7.32】 将[实例 7.29]和[实例 7.30]中创建的规则 R_Grade 和 rule_tel 删除。

由于规则 R_Grad 已经绑定到 SC 表的 Score 列上，所以要删除它必须先对其解绑，然后再删除。

```
EXECUTE sp_unbindrule 'SC.Score'
DROP RULE R_Grade
```

使用对象资源管理器可以同样完成上述的功能，这里不再详述。

7.3.2.5 自定义数据类型(User-defined data types)

定义数据类型时，要指定该类型的名称、使用的系统类型及是否为空等。默认值和规则可以绑定在自定义数据类型上。

对于电话字段，由于经常使用，所以经常将电话规则绑定到某些列上，如果这样的列很多，那么将电话定义为一个自定义的数据类型更合适。可以将规则绑定到数据类型上，使用时，用户只需要指定数据类型，而没必要再绑定规则了。

1. 创建自定义数据类型

(1)在查询分析器中创建。使用系统存储过程 sp_addtype 创建自定义数据类型的语法格式如下：

```
[EXECUTE]sp_addtype 自定义类型名称，系统数据类型名称[，'NULL'|'NOT NULL']
```

其中：系统数据类型名称是用户定义数据类型所使用的由 SQL Server 提供的数据类型，可以包括数据的长度、精度等。如果系统数据类型名称后面跟着带括号的参数，则需要对该类型名称加单引号，例如'CHAR(20)'。

【实例 7.33】 定义一个数据类型 mytelnum，使用的系统数据类型为'VARCHAR(8)'，且不允许为空，同时将电话号码规则 rule _ tel 绑定在该类型上。

```
Execute sp_addtype mytelnum,'varchar(8)','not null'
CREATE RULE rule_tel As @y like'[0-9][0-9][0-9][0-9][0-9][0-9][0-9][0-9]'
```

Execute sp _ bindrule rule _ tel，mytelnum（绑定规则到自定义数据类型）

在院系部表 Department 中，添加电话列 Tele，并定义列的数据类型为 mytelnum 类型。

```
ALTER TABLE Department
ADD Tele mytelnum
GO
```

(2) 在对象资源管理器中创建。这里以一个实例说明使用对象资源管理器创建自定义数据类型的过程。

【实例 7.34】 在 SM 数据库中创建自定义数据类型 useremail，用来定义表中的电子邮件字段。

具体操作如下：

a. 在对象资源管理器中选中要创建自定义数据类型的数据库 SM，依次展开到“可编程性”→“类型”，右击“用户定义数据类型”，在弹出的快捷菜单中，单击“新建用户定义数据类型”命令，如图 7.27 所示。

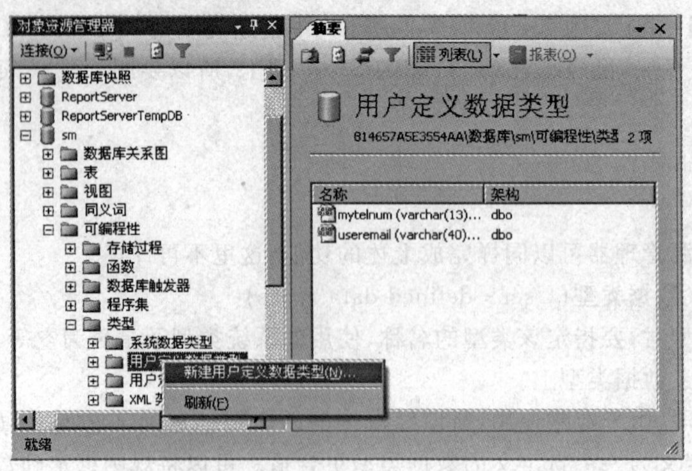

图 7.27 选择“新建用户定义数据类型”命令

b. 在“用户定义的数据类型”对话框的“名称”文本框中输入用户定义数据类型的名称 useremail，在“数据类型”下拉列表框中选择用户定义数据类型所使用的系统数据类型 Varchar，在“长度”文本框中输入用户定义数据类型的长度 40，在“规则”下拉列表框中选择使用的规则 rule _ email，如图 7.28 所示。

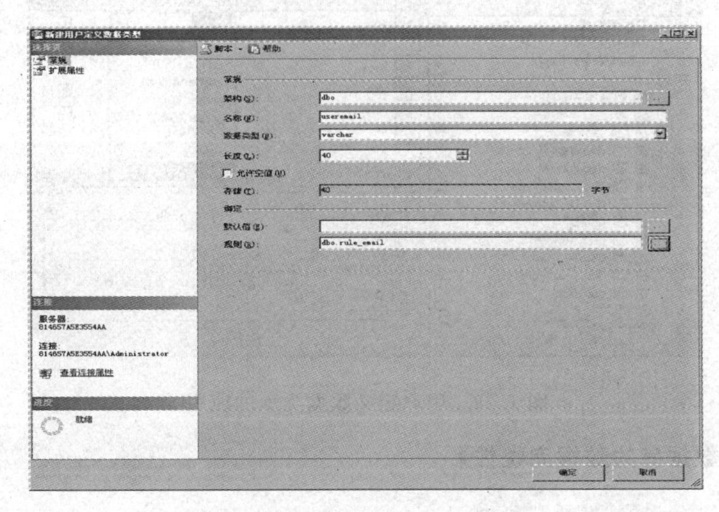

图 7.28　创建用户定义数据类型

c. 单击“确定”按钮，则完成用户定义数据类型的创建。

2. 删除用户自定义数据类型

删除用户定义的数据类型既可以在查询分析器中使用系统存储过程来实现，也可以在对象资源管理器中实现。

注意：如果一个自定义数据类型已经在某个表中使用，则该数据类型不能被删除。

系统存储过程 sp _ droptype 用来删除用户定义的数据类型，其语法格式如下：

```
[EXECUTE] sp_droptype 自定义数据类型[,…n]
```

【实例 7.35】 删除 SM 数据库中的自定义数据类型 useremail。

```
EXECUTE sp_droptype useremail
```

使用对象资源管理器删除用户自定义数据类型，只需右击要删除的自定义数据类型，在弹出的快捷菜单中单击“删除”命令，然后在弹出的“删除对象”对话框中单击“确定”按钮。

3. 用户自定义数据类型的使用

正如前面实例中看到的，在创建了自定义数据类型后，就可以在建立或修改表的操作中使用它。在对象资源管理器中创建或修改定义时，在“数据类型”选项弹出的选择项的最后看到可以用户定义数据类型，如图 7.29 所示。

系统存储过程 sp_rename 可以更改表、视图、字段、存储过程、触发器、默认值、规则等数据对象的名称，同样，它也可以为自定义的数据类型改名。例如：

```
EXECUTE sp_rename ' useremail ','new_ useremail ','USERDATATYPE'
```

在对象资源管理器中对自定义数据类型的改名操作更容易，这里不再赘述。

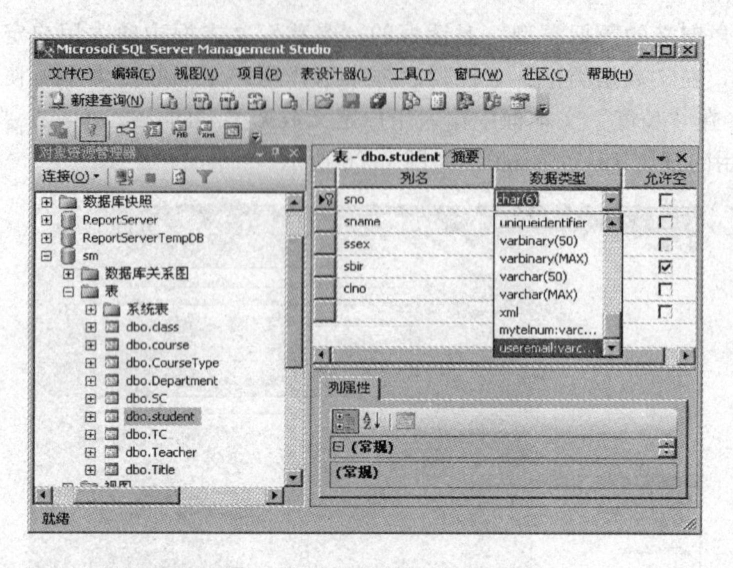

图 7.29　用户定义数据类型的使用

【实验 10　数据库的数据完整性】

1. 实验目的

（1）理解数据完整性的概念和作用。

（2）理解表的约束与业务逻辑的关系。

（3）能熟练将业务规则转化为表的约束。

（4）掌握使用对象资源管理器和查询分析器创建约束、默认值、规则和用户定义数据类型的方法。

（5）重点理解参照完整性的作用。

（6）学会使用约束。

2. 实验准备

（1）在服务器上创建学籍管理数据库 SM。

（2）在用户数据库 SM 中创建学生表（Student）、课程表（Course）、教师表（Teacher）、班级表（Class）、系表（Department）、授课表（TC）、课程类型表（Coursetype）、选课表（SC）和职称表（Title）。

（3）向上述各数据表中添加实验数据。

3. 实验内容

（1）在选课表 SC 中为学号 Sno 字段建立一个带有级联删除的外键约束，其主键为学生表 Student 中的学号 Sno 字段，这样当删除学生的记录时，如果该学生在选课表中有记录，则同时删除选课表 SC 中相应的记录。

（2）在 SM 数据库中创建一个网址的规则对象 rule _ www，其值包括“www.”和“.com”字符串。

（3）定义一个数据类型 mywww，使用的系统数据类型为 VARCHAR（30），且不允许为空，同时将网址规则 rule _ www 绑定在该数据类型上。

（4）在教师表 teacher 中，添加一列网址 wwwaddr，设置此列的数据类型为用户定义

数据类型 mywww。

(5) 课堂实例的验证。

7.3.3 数据库恢复技术

任何保护措施都不是绝对的。通过前3个任务内容的讲述，我们已经可以做到数据安全保密、正确、完整及一致，但是仍然难免因各种原因使数据库出现故障或遭受破坏，因此数据库管理系统仍需要一套完整的数据恢复机制来保证在数据库遭受破坏时，将数据库恢复到离故障发生点最近的一个正确状态，从而尽可能少地损失数据。

数据库采用的恢复技术是否行之有效，不仅对系统的可靠程度起着决定性作用，而且对系统的运行效率也有很大的影响，它是衡量系统优劣的重要指标。

7.3.3.1 故障的种类

数据库系统中发生的故障是多种多样的，大致可以归结为以下几类。

1. 事务内部的故障

事务内部的故障有的是可以通过事务程序本身发现的，但是更多的则是非预期的，它们不能由事务处理程序处理。例如运算溢出、并发事务发生死锁而被选中撤消该事务、违反了某些完整性限制等。

2. 系统故障

系统故障是指造成系统停止运转的任何事件，从而使得系统必须重新启动。例如突然停电、CPU 故障、操作系统故障、误操作等。

3. 介质故障

介质故障指外存故障，例如磁盘损坏、磁头碰撞、瞬时磁场干扰等。这类故障发生的可能性较小，但破坏性很强，它使数据库受到破坏，并影响正在存取数据的事务。

4. 计算机病毒

计算机病毒是一种人为的故障或破坏。轻则使部分数据不正确，重则使整个数据库遭到破坏。

5. 用户操作错误

由于用户有意或无意的操作也可能删除数据库中有用的数据或加入错误的数据，这同样会造成一些潜在的故障。

7.3.3.2 数据库备份与还原的概念

1. 备份与还原的基本概念

数据库备份是系统管理员定期或不定期地将数据库中的部分或全部内容复制到其他存储介质上的过程。备份是指制作数据库结构、对象和数据的副本，以便在数据库遭到破坏时能够修复数据库。还原是指将数据库备份加载到服务器中的过程。

SQL Server 提供了一套功能强大的数据备份和还原工具，数据备份和还原用于保护数据库中的关键数据。在系统发生故障时，可以利用数据的备份来还原数据库中的数据。

备份数据库，不但要备份用户数据库，也要备份系统数据库。因为系统数据库中存储了 SQL Server 的服务器配置信息、用户登录信息、用户数据库信息、作业信息等。

通常在下列情况下备份系统数据库：

(1) 修改 master 数据库之后。master 数据库中包含 SQL Server 中全部数据库的相关信息。在创建用户数据库、创建和修改用户登录账户或执行任何修改 master 数据库的语句后，都应当备份 master 数据库。

（2）修改 msdb 数据库之后。msdb 数据库中包含 SQL Server 代理程序调度的作业、警报和操作员的信息。在修改 msdb 数据库之后应备份它。

（3）修改 model 数据库之后。model 数据库是系统中所有数据库的模板，如果用户通过修改 model 数据库来调整所有新用户数据库的默认设置，就必须备份 model 数据库。

通常在下列情况下备份用户数据库：

（1）创建数据库之后。在创建或装载数据库之后，都应当备份数据库。

（2）创建索引之后。创建索引的时候，需要分析以及重新排列数据，这个过程耗费时间和系统资源。在这个过程之后应备份数据库，备份文件中包含索引的结构，一旦数据库出现故障，在恢复数据库后不必重建索引。

（3）清理事务日志之后。使用 BACKUP LOG WITH TRUNCATE _ ONLY 或 BACKUP LOG WITH NO _ LOG 语句清理事务日志之后，应当备份数据库，此时，事务日志将不再包含数据库的活动记录，所以，不能通过日志恢复数据。

（4）执行大容量数据操作之后。当执行完大容量数据装载语句或修改语句后，SQL Server 不会将这些大容量的数据处理活动记录到日志中，所以应当进行数据库的备份。例如执行完 SELECT INTO、WRITETEXT、UPDATETEXT 语句后。

由于 SQL Server 支持在线备份，所以通常情况下可以一边进行备份，一边进行其他操作。但是，在备份过程中不允许执行以下操作：

（1）创建或删除数据库文件。

（2）创建索引。

（3）执行非日志操作。

（4）自动或手工缩小数据库或数据库文件大小。

如果以上各种操作正在进行当中，且准备进行备份，则备份处理将被终止；如果在备份过程中，打算执行以上任何操作，则操作将会失败而备份继续进行。

还原是将遭受破坏、丢失的数据或出现错误的数据库还原到原来的正常状态。这一状态是由备份决定的，但是为了维护数据库的一致性，在备份中未完成的事务并不进行还原。

备份和还原的工作主要是由数据库管理员来完成的。实际上，数据库管理员日常比较重要和频繁的工作就是对数据库进行备份和还原。

如果在备份或还原过程中发生中断，则可以重新从中断点开始执行备份或还原。这在备份或还原一个大型数据库时极有价值。

2. 数据备份的类型

SQL Server 提供了 4 种数据库备份方式。用户可以根据自己的备份策略选择不同的备份方式。

（1）完全数据库备份（database backup）。将备份数据库的所有数据文件、日志文件和在备份过程中发生的任何活动记录在事务日志中，一起写入备份设备）。完全备份是数据库恢复的基线，日志备份、差异备份的恢复完全依赖于在其前面进行的完

全备份。

由于是对数据库的完全备份，所以这种备份类型不仅速度较慢，而且将占用大量磁盘空间。

因此，在进行数据库备份时，常将其安排在晚间进行，因为此时整个数据库系统几乎不进行其他事务操作，从而可以提高数据库备份的速度。

在对数据库进行完全备份时，所有未完成的事务或者发生在备份过程中的事务都不会被备份。如果使用数据库备份类型，则从开始备份到开始还原这段时间内发生的任何针对数据库的修改将无法还原。

(2) 差异数据库备份（differential database backup）。差异备份只备份自最近一次完全备份以来被修改的那些数据，因此，差异备份实际上是一种增量数据库备份。当数据修改频繁的时候，用户应当执行差异备份；差异备份的优点在于备份设备的容量小，减少数据损失并且恢复的时间快。数据库恢复时，先恢复最后一次的完全数据库备份，然后再恢复最后一次的差异备份。

(3) 事务日志数据库备份（transaction log backup）。它只备份最后一次日志备份后所有的事务日志记录。备份所用的时间和空间更少。利用日志备份恢复时，可以恢复到某个指定的事务（如误操作执行前的那一点）。这是差异备份和完全备份所不能做到的。但是利用日志备份进行恢复时，需要重新执行日志记录中的修改命令来恢复数据库中的数据，所以通常恢复的时间较长。通常可以采用这样的备份计划：每周进行一次完全备份，每天进行一次差异备份，每小时进行一次日志备份，这样最多只会丢失1小时的数据。恢复时，先恢复最后一次的完全备份，再恢复最后一次的差异备份，再顺序恢复最后一次差异备份后所有的事务日志备份。参见表7.5的数据库备份与恢复顺序。

表 7.5　　数据库备份与恢复顺序表

备份方式	时刻1	时刻2	时刻3	时刻4	时刻5的恢复顺序
完全	完全1	完全2	完全3	完全4	完全4
差异	完全1	差异1	差异2	差异3	完全1→差异3
日志	完全1	差异1	日志1	日志2	完全1→差异1→日志1→日志2
文件/文件组	文件1 日志1	文件2 日志2	文件1 日志3	文件2 日志4	恢复文件1：时刻3的文件1备份→日志3→日志4 恢复文件2：时刻4的文件2备份→日志4

(4) 文件或文件组备份（file and file group backup）。它备份数据库文件或文件组，它不像完整的数据库备份那样同时也进行事务日志备份。该备份方式必须与事务日志备份配合执行才有意义。在执行文件或文件组备份时，SQL Server会备份某些指定的数据文件或文件组。为了使恢复文件与数据库中的其余部分保持一致，在执行文件或文件组备份后，必须执行事务日志备份。

3. 还原模式

在SQL Server 2008中有3种数据库还原模式，分别是简单还原（simple recovery）、完全还原（full recovery）和批日志还原（bulk - logged recovery）。

(1) 简单还原。简单还原就是指在进行数据库还原时仅使用了完整数据库备份或差异备份，而不涉及事务日志备份。简单还原模式可使数据库还原到上一次备份的状态。但由于不使用事务日志备份来进行还原，所以无法将数据库还原到失败点状态。当选择简单还原模式时，常使用的备份策略是：首先进行数据库备份，然后进行差异备份。

(2) 完全还原。完全数据库还原模式是指通过使用数据库备份和事务日志备份，将数据库还原到发生失败的时刻，因此几乎不造成任何数据丢失。这成为应对因存储介质损坏而丢失数据的最佳方法。为了保证数据库的这种还原能力，所有的批数据操作，比如SELECT INTO、创建索引都被写入日志文件。选择完全还原模式时常使用的备份策略是：首先进行完整数据库备份，然后进行差异数据库备份，最后进行事务日志备份。如果准备让数据库还原到失败点，则必须对数据库失败前正处于运行状态的事务进行备份。

(3) 批日志还原。批日志还原在性能上要优于简单还原和完全还原模式。它能尽最大努力减少批操作所需要的存储空间。这些批操作主要是SELECT INTO、批装载操作（如批插入操作）、创建索引、针对大文本或图像的操作（如WRITETEXT及UPDATETEXT）。选择批日志还原模式所采用的备份策略与完全还原所采用的备份策略基本相同。

7.3.3.3 备份与还原操作

1. 数据库的备份

备份数据库的方法很多，可以在对象资源管理器下完成，也可以使用SQL语句来实现。由于该过程和通常的数据库操作相比频率较低，所以，使用对象资源管理器下的图形界面来操作更方便些。并且对象资源管理器的操作环境具有更强的集成性，一个操作步骤能够实现多条SQL语句的功能。

(1) 创建备份设备。在进行备份以前首先必须创建备份设备。备份设备是用来存储数据库、事务日志、文件或文件组备份的存储介质，备份设备可以是硬盘、磁带或管道。

SQL Server 2008只支持将数据库备份到本地磁带机，而不是备份到网络上的远程磁带机。当使用磁盘时，SQL Server允许将本地主机硬盘和远程主机上的硬盘作为备份设备，备份设备在硬盘中是以文件的方式存储的。

使用对象资源管理器创建备份设备的具体操作如下：

1) 在SQL Server Management Studio窗口的“对象资源管理器”窗格中，依次展开“要管理的服务器→服务器对象→备份设备”节点，右击“备份设备”节点，在弹出的快捷菜单中选择“新建备份设备”命令，如图7.30所示。

2) 在打开的如图7.31所示的“备份设备”对话框中，填写备份设备名称和设备类型，由于没有安装磁带机，所以磁带机不可选，只能选择文件，单击“文件”文本框后的“…”按钮，在打开的对话框中设置文件名。

3) 单击“确定”按钮，完成创建备份设备。

注意：如果在Windows的NTFS文件系统中创建备份设备文件，该文件所在目录需要SQL Server 2008系统用户具有读和写的权限，否则会提示权限不够的错误。创建备份设备主要针对使用诸如磁带机一类的备份设备，如果备份设备是本地磁盘上的文件，则不需要建立备份设备。

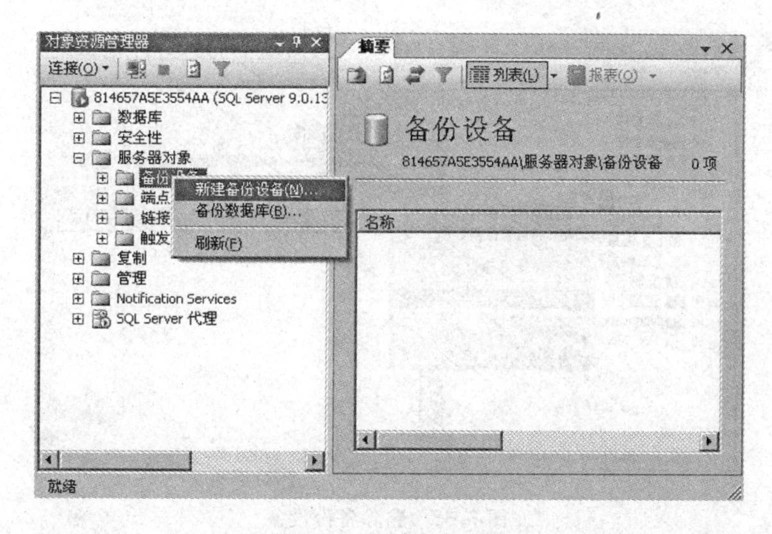

图 7.30 创建备份设备

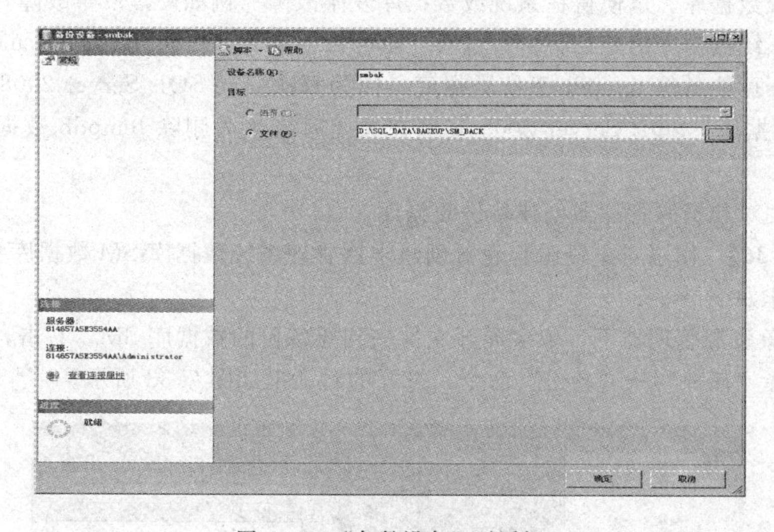

图 7.31 “备份设备”对话框

SQL Server 使用物理设备名或逻辑设备名表示备份设备。物理备份设备是操作系统用来标识备份设备的名称，实际上也就是在操作系统中的存放位置和文件名，例如 D：\SQL _ DATA \ BACKUP \ BACK1. bak。逻辑备份设备名称是用来标识物理备份设备的别名或公用名称，这个名称被存储在 SQL Server 的 master 数据库的 sysdevices 系统表中。使用逻辑备份名称的好处是引用它比引用物理设备名称简单，例如，逻辑设备名称可以是 BACK1。

使用对象资源管理器删除备份设备的操作步骤如下：在 SQL Server Management Studio 窗口的“对象资源管理器”窗格中，依次展开“要管理的服务器→服务器对象→备份设备”节点，右击要删除的备份设备，在弹出的快捷菜单中选择“删除”命令，即可删除备份设备，如图 7.32 所示。

（2）系统数据库备份操作。在备份用户数据库的同时，如果需要还原整个系统，则还

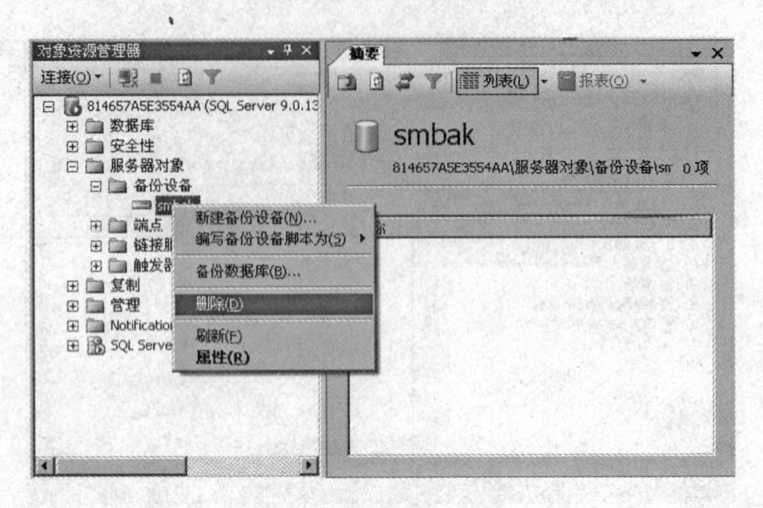

图 7.32 删除备份设备

需要备份系统数据库。这使得在系统或数据库发生故障（例如硬盘发生故障）时可以重建系统。下列系统数据库的定期备份很重要：master 数据库、msdb 数据库、model 数据库。

注意：不可能备份 tempdb 系统数据库，因为每次启动 SQL Server 2008 实例时都重建 tempdb 数据库。SQL Server 2008 实例在关闭时将永久删除 tempdb 数据库中的所有数据。

(3) 使用对象资源管理器创建备份数据库。

【实例 7.36】 使用对象资源管理器创建学籍管理系统数据库 SM 数据库备份。

具体操作如下：

a. 在对象资源管理器下，依次展开文件夹到要备份的数据库 SM，右击，在弹出的快捷菜单中选择“任务”→“备份”命令，打开的对话框如图 7.33 所示。

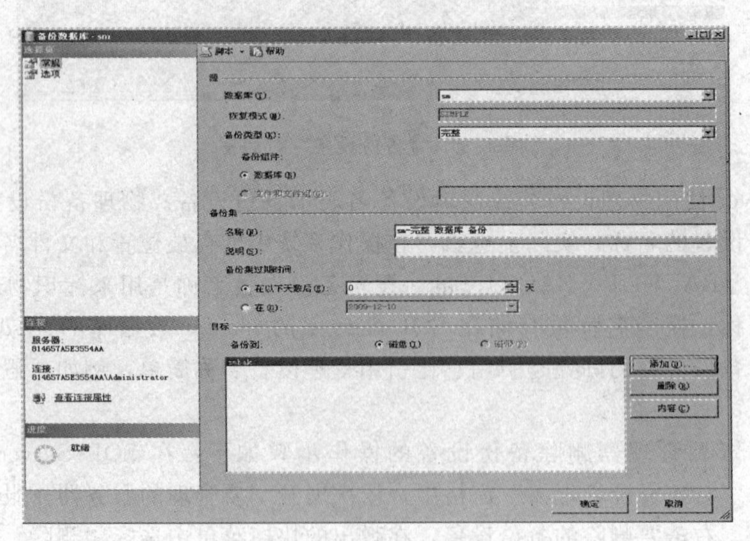

图 7.33 “备份数据库”对话框

b. 在“备份数据库”对话框中，选择要备份的数据库、备份模式、备份设备，输入备份名称，单击“确定”按钮即可继续进行数据库备份。

(4) 使用 SQL 语句备份数据库。

使用 SQL 语句备份数据库，有两种方式：一种方式是先将一个物理设备建成一个备份设备，然后将数据库备份到该备份设备上；另一种方式是直接将数据库备份到物理设备上。

1) 创建备份设备。语句格式如下：

```
[EXECUTE] sp_addumpdevice '设备类型','逻辑名','物理名'
```

其中：

a. 设备类型：备份设备的类型，如果是以硬盘作为备份设备，则为 disk。

b. 逻辑名：备份设备的逻辑名称。

c. 物理名：备份设备的物理名称，必须包括完整的路径。

2) 备份数据库。语句格式如下：

```
BACKUP DATABASE 数据库名 TO 备份设备(逻辑名)
        [WITH [NAME = '备份的名称'][,INIT|NOINIT]]
```

其中：

a. 备份设备：是由 sp _ addumpdevice 创建的备份设备的逻辑名称，不要加引号。

b. 备份的名称：是指生成的备份包的名称，例如图 7.31 中的 SM 备份。

c. INIT：表示本次备份数据库将重写备份设备，即覆盖掉本设备上以前进行的所有备份。

d. NOINIT：表示本次备份的数据库将追加到备份设备上，即不覆盖掉本设备上以前进行的所有备份。

3) 直接将数据库备份到物理设备上。语法格式如下：

```
BACKUP DATABASE 数据库名 TO 备份设备(物理名)
  [WITH [NAME = '备份的名称'][,INIT|NOINIT]]
```

前面给出的备份数据库的语法是完全备份的格式，对于差异备份则在 WITH 子句中增加限定词 DIFFERENTIAL。

4) 对于日志备份采用如下的语法格式：

```
BACKUP LOG 数据库名
  TO 备份设备(逻辑名|物理名)
  [WITH [NAME = '备份的名称'][,INIT|NOINIT]]
```

5)对于文件和文件组备份则采用如下的语法格式：

```
BACKUP DATABASE 数据库名
  FILE = '数据库文件的逻辑名'|FILEGROUP = '数据库文件组的逻辑名'
  TO 备份设备(逻辑名|物理名)
  [WITH [NAME='备份的名称'][,INIT|NOINIT]]
```

【实例 7.37】 使用 sp _ addumpdevice 创建数据库备份设备 SMBACK，使用 BACKUP DATABASE 在该设备上创建 SM 数据库的完全备份，备份名为 SM _ BACK。

```
EXEC sp_addumpdevice'disk','SMBACK','D:\SQL_DATA\BACKUP\SM.BAK'
BACKUP DATABASE SM TO SMBACK WITH INIT, NAME='SM _ BACK'
```

【实例 7.38】 使用 BACKUP DATABASE 直接将数据库 SM 的差异数据和日志备份到物理文件 D:\SQL _ DATA \ BACKUP \ DIFFER.BAK 上，备份名为 differbak。

```
BACKUP DATABASE SM
TO DISK=' D:\SQL_DATA\BACKUP\DIFFER.BAK'
WITH DIFFERENTIAL, INIT, NAME='differbak'
BACKUP LOG SM
TO DISK='D:\SQL_DATA\BACKUP\DIFFER.BAK'
WITH NOINIT, NAME='differbak'
```

2. 数据库的还原

数据库的还原就是将原来备份的数据库还原到当前的数据库中，通常是在当前的数据库出现故障或操作失误时进行。当还原数据库时，SQL Server 会自动将备份文件中的数据库备份全部还原到当前的数据库中，并回滚任何未完成的事务，以保证数据库中数据的一致性。

(1) 还原前的准备工作。在执行还原操作前，应当验证备份文件的有效性，确认备份中是否含有数据库所需要的数据，关闭该数据库上的所有用户，备份事务日志。

还原数据库之前，应当断开用户与该数据库的一切连接。所有用户都不准访问该数据库，执行还原操作的用户也必须将连接的数据库更改到 master 数据库或其他数据库，否则不能启动还原任务。

(2) 使用对象资源管理器还原数据库。

具体操作如下：

1) 用鼠标右击要进行数据恢复的数据库 SM，在弹出菜单中选择“任务”→“还原”→“数据库”命令，打开“还原数据库”对话框，如图 7.34 所示。

2) 在“还原数据库”对话框中，设置目标数据库、源数据库及需要的备份集后，单击“确定”按钮即可还原数据库。

注意：以上介绍的仅是手工备份和还原数据库，如果要让 SQL Server 2008 系统自动定时备份数据库，则需要使用 SQL Server 2008 系统提供的维护计划功能才能实现，不过只有 SQL Server 2008 企业版才提供维护计划的功能，其他版本是没有的。

(3) 使用 SQL 语句还原数据库。和在对象资源管理器中还原数据库一样，使用 SQL 语句也可以完成对整个数据库的还原、部分数据库的还原和日志文件的还原。

1) 还原数据库。

还原完全备份数据库和差异备份数据库的语法格式如下：

```
RESTORE DATABASE 数据库名 FROM 备份设备
[WITH [FILE=n][,NORECOVERY | RECOVERY][, REPLACE]]
```

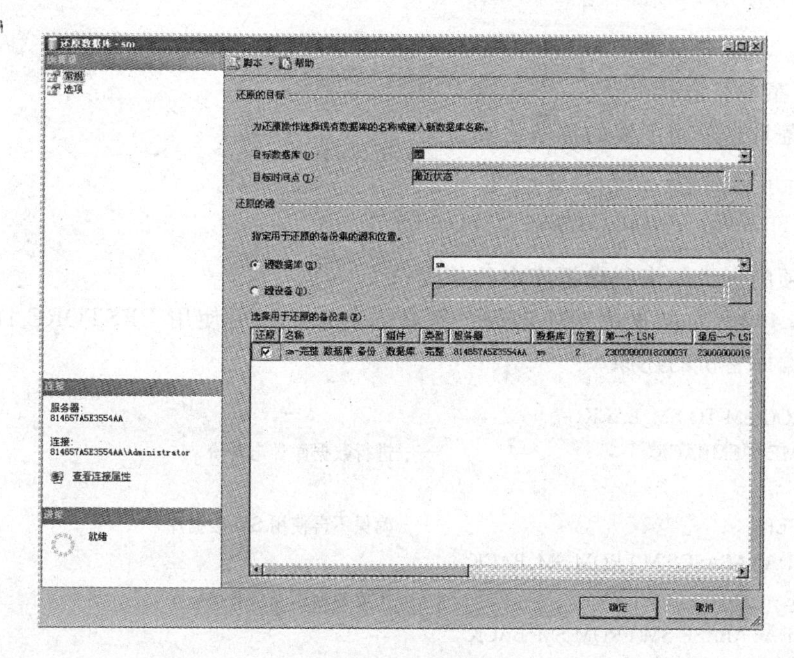

图 7.34　还原数据库

其中：

备份设备。和备份数据库时一样，可以是物理设备或逻辑设备。

FILE＝n。指出从设备的第几个备份中恢复。

RECOVERY。表示在数据库恢复完成后 SQL Server 回滚被恢复的数据库中所有未完成的事务，以保持数据库的一致性。恢复完成后，用户就可以访问数据库了。所以 RECOVERY 选项用于最后一个备份的还原。如果使用 NORECOVERY 选项，那么，SQL Server 不回滚被恢复的数据库中所有未完成的事务，恢复后用户不能访问数据库。所以，进行数据库还原时，前面的还原应使用 NORECOVERY 选项，最后一个还原使用 RECOVERY 选项。

REPLACE。表示要创建一个新的数据库，并将备份还原到这个新的数据库，如果服务器上存在一个同名的数据库，则用来的数据库被删除。

【实例 7.39】 对数据库 SM 进行一次差异备份，然后使用 RESTORE DATABASE 语句进行数据库备份的还原。

```
BACKUP DATABASE SM TO SM_BACK
WITH DIFFERENTIAL,NAME='SMBACK'          ——进行数据库差异备份
GO
USE master                               ——确保不再使用 SM 数据库
GO
RESTORE DATABASE SM FROM SM_BACK
WITH FILE=1,NORECOVERY                   ——还原数据库完全备份
RESTORE DATABASE SM FROM SM_BACK
WITH FILE=2,RECOVERY                     ——还原数据库差异备份
```

```
GO
```

2）恢复事务日志。

恢复事务日志采用下面的语法格式：

```
RESTORE LOG 数据库名 FROM 备份设备
[WITH [FILE=n] [, NORECOVERY | RECOVERY]]
```

其中各项的意义与恢复数据库中的相同。

【实例 7.40】 对数据库 SM 进行一次日志备份，然后使用 RESTORE DATABASE 语句进行数据库备份的还原。

```
BACKUP LOG SM TO SM_BACK
WITH NAME='SMBACK'                        ——进行数据库日志备份
GO
USE MASTER                                ——确保不再使用 SM 数据库
RESTORE DATABASE SM FROM SM_BACK
WITH FILE=1,NORECOVERY                    ——还原数据库完全备份
RESTORE DATABASE SM FROM SM_BACK
WITH FILE=21,NORECOVERY                   ——还原数据库差异备份
RESTORE LOG SM FROM SM_BACK
WITH FILE=3,RECOVERY                      ——还原数据库日志备份
GO
```

3）恢复部分数据库。

通过从整个数据库的备份中还原指定文件的方法，SQL Server 提供了恢复部分数据库的功能。所用的语法格式如下：

```
RESTORE DATABASE 数据库名 FILE=文件名|FILEGROUP=文件组名 FROM 备份设备
[WITH PARTIAL [,FILE=n][,NORECOVERY] [,REPLACE]]
```

（4）恢复文件或文件组。和文件或文件组备份相对应的，有对指定文件或文件组的还原，其语法格式如下。

```
RESTORE DATABASE 数据库名 FILE=文件名|FILEGROUP=文件组名 FROM 备份设备
[WITH [FILE=n] [, NORECOVERY] [, REPLACE]]
```

3. 直接拷贝文件的备份恢复

SQL Server 允许分离数据库的数据和事务日志文件，然后将其重新附加到另一台服务器。这对快速复制数据库是一个很方便的办法。分离数据库将是从 SQL Server 删除数据库，但是保持在组成该数据库的数据和事务日志文件中的数据库完好无损。然后这些数据和事务日志可以用来将数据库转移到任何 SQL Server 服务器实例上。

在 SQL Server 中，与一个数据库相对应的数据文件（.MDF 或 .NDF）或日志文件（.LDF）都是 Windows 系统中普通的磁盘文件，用通常的拷贝就可以进行复制，这样的复制通常是用于数据库的转移。对数据库进行分离，能够使数据库从服务器上脱离出来，如果不想它脱离，只要无人使用，通常采用关闭 SQL Server 服务器的方法，同样可以拷

贝数据库文件，从而达到数据库备份转移的目的。

将数据库文件拷贝到另一个 SQL Server 服务器的计算机上，并让该服务器来管理它，这个过程叫做附加数据库。附加数据库时，必须指定主数据文件的名称和物理位置。主文件包含查找由数据库组成的其他文件所需的信息。如果一个或多个文件已改变了位置，还必须指出其他任何已改变位置的文件。否则，SQL Server 将试图基于存储在主文件中的不准确的文件位置附加文件。

使用系统存储过程 sp _ attach _ db 可以进行数据库的附加，语法格式为：

```
[EXECUTE] sp_attach_db'数据库名','文件名'[,…16]
```

其中文件名为包含路径在内的数据库文件名，可以是主文件（.MDF）、辅助文件（.NDF）和事务日志文件（.LDF），最多可以指定 16 个文件。

在对象资源管理器中分离/附加数据库的具体操作已经在项目中详细介绍，这里不再重述。

4. 数据传输

所谓数据传输（或称数据转移），就是将不同数据源的数据作相互交换，以便数据库系统能有效地利用其他数据源的数据。SQL Server 提供了专门的数据转换服务功能来实现不同数据的转移，称为 Data Transformation Server，简称 DTS。该工具完全在图形界面下工作，实现 SQL Server 数据库系统与其他数据库系统或数据格式之间进行数据转换。

（1）SQL Server 与 Excel 的数据格式转换。

1）导出数据。

【实例 7.41】 将 SM 数据库中的学生学籍管理系统的主要数据导出到 Excel 表。

a. 在对象资源管理器下依次展开文件夹到要导出的数据库 SM。右击，在弹出的快捷菜单中，依次选择“任务”→“导出数据”命令，打开如图 7.35 所示的对话框。

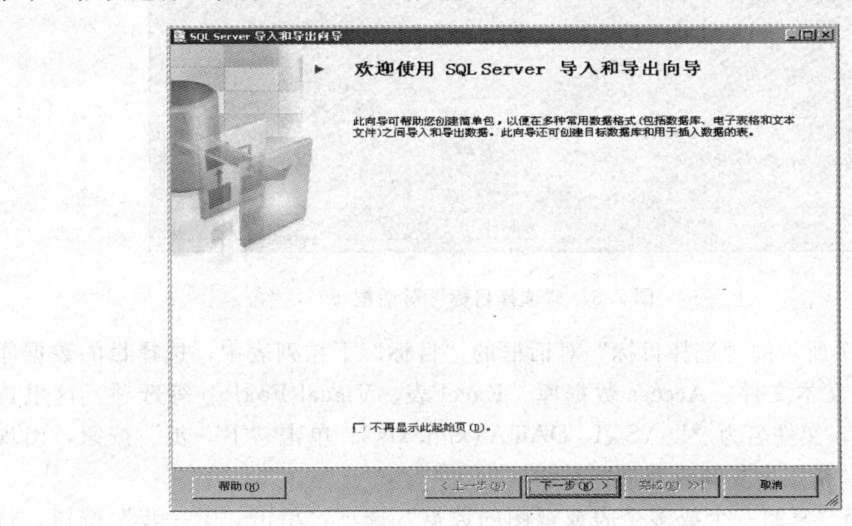

图 7.35 DTS 导入/导出向导

b. 单击“下一步”按钮，进入如图 7.36 所示的“选择数据源”对话框。在“服务器”框中输入或选择 SQL Server 服务器名，并选择服务器的登录方式，如果选择 SQL Server 方式则需要输入登录名和密码。在“数据库”下拉列表中选择要导出的数据库 SM。单击“下一步”按钮，进入如图 7.37 所示的“选择目标”对话框。

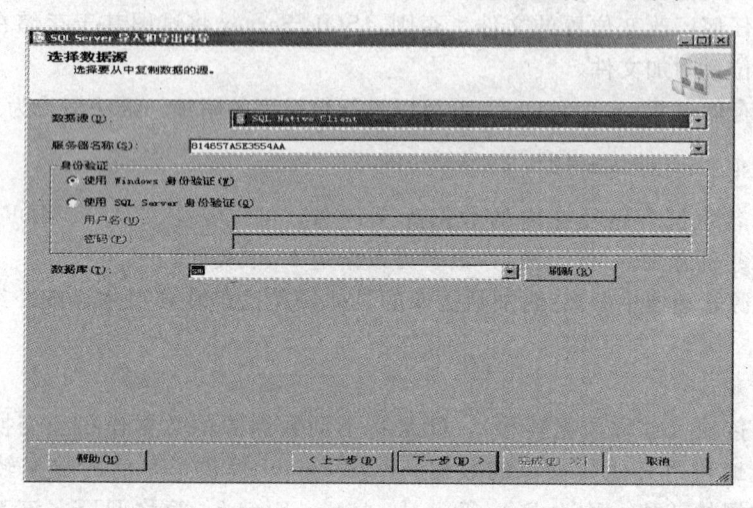

图 7.36 “选择数据源”对话框

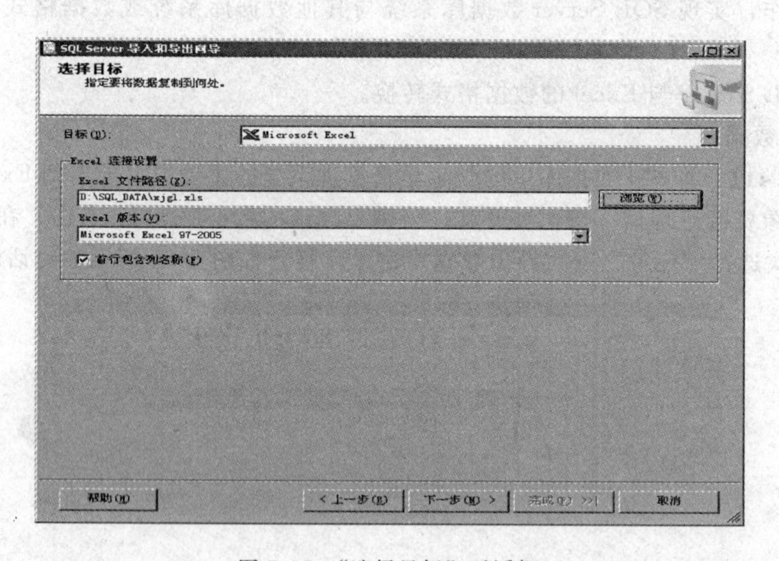

图 7.37 “选择目标”对话框

c. 在图 7.37 所示的“选择目标”对话框的“目标”下拉列表中，选择目的数据库系统，它们可以是文本文件、Access 数据库、Excel 表、Visual FoxPro 等选项，这里选择 Microsoft Excel，文件名为“D:\SQL_DATA\xjgl.xls”。单击“下一步”按钮，出现如图 7.38 所示的“指定表复制或查询”对话框。

d. 在此选择“复制一个或多个表或视图的数据”选项，单击“下一步”按钮，打开“选择源表和源视图”对话框，如图 7.39 所示。

e. 在如图 7.39 所示的对话框中，选择要导出的表和视图。当在“源”列中选定一个

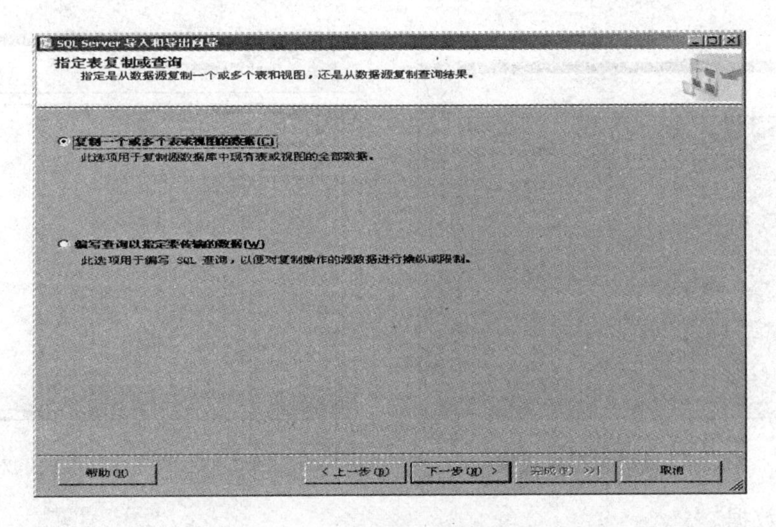

图 7.38 “指定表复制或查询”对话框

表或视图后，在“目标”列中就会显示出与源表名相同的目的表的名称，默认时两者相同，当然也可以修改。选择好后单击“下一步”按钮。

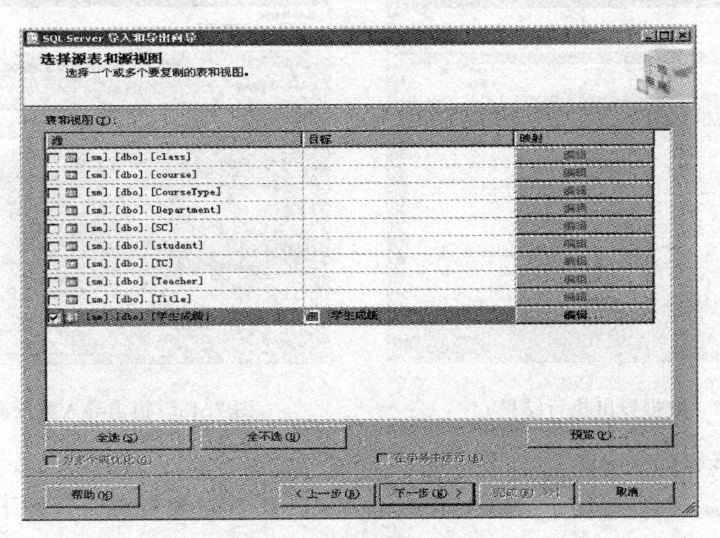

图 7.39 “选择源表和源视图”对话框

f. 在“保存并执行包”对话框中（图 7.40），选中“立即执行”复选框，单击“下一步”按钮，打开“完成该导向”对话框，如图 7.41 所示。

g. 单击“完成”按钮，执行数据导出任务，成功导出指定的表和视图后，显示“执行成功”界面，如图 7.42 所示。

类似地可以将 Excel 表等数据源导入到 SQL Server 数据库中。这种形式的数据转换常用于系统使用初期，往往用户将有的数据保存在 Excel 或 Access 中，要将这些数据添加到数据库中，则可通过数据导入工具，将数据导入到 SQL Server 数据库中，而不需手工重新输入数据。

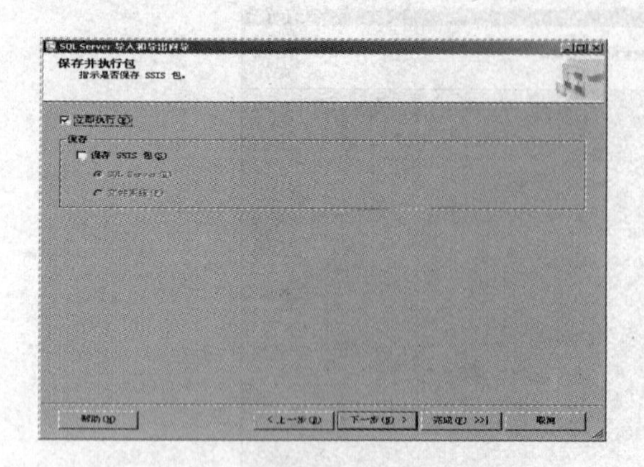

图 7.40 “保存并执行包”对话框

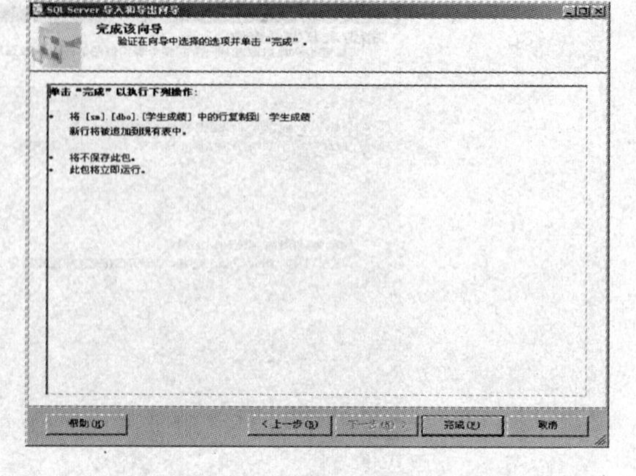

图 7.41 “完成该导向”对话框

2）导入数据。

【实例 7.42】 将［实例 7.41］中建立的 XJGL. XLS 文件中的表，导入到一个新建的数据库 SMDB 中。

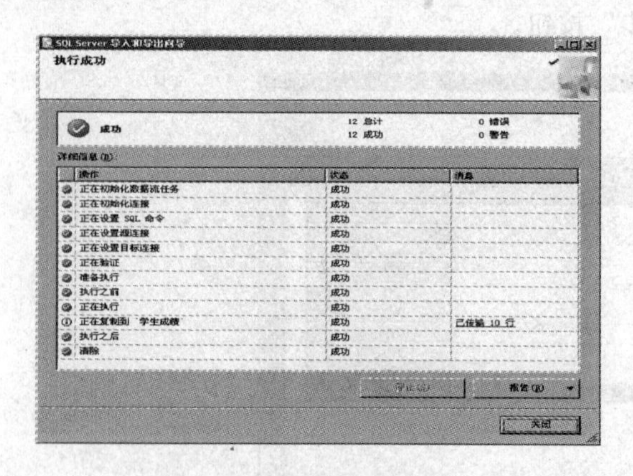

图 7.42 数据导出执行结果

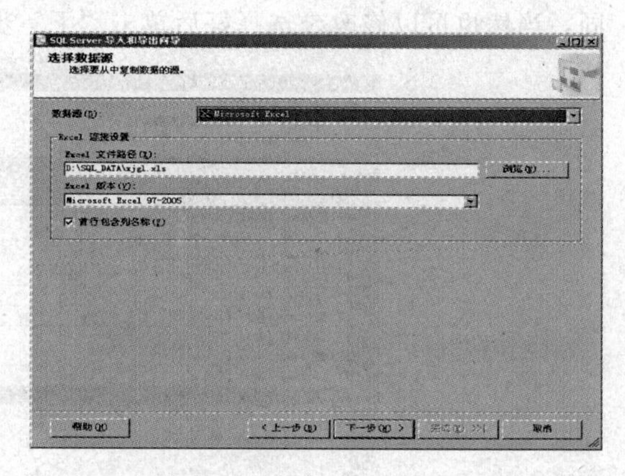

图 7.43 指定导入数据源 Excel 表

具体操作步骤如下：

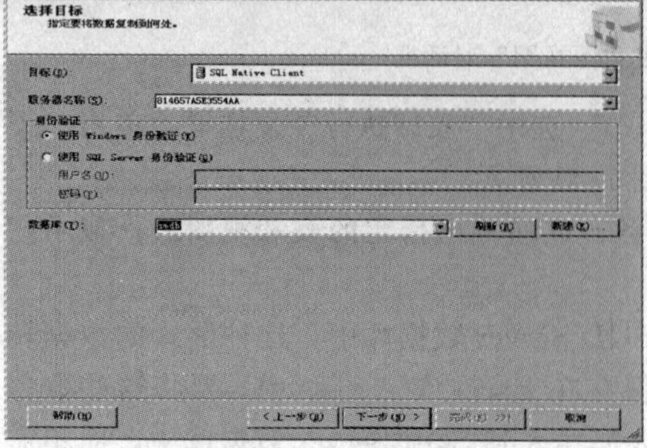

图 7.44 指定目标为新建的数据库 smdb

a. 在对象资源管理器下依次展开文件夹到要导出的数据库 SM。右击，在弹出的快捷菜单中，依次选择“任务”→“导入”命令，打开如图 7.43 所示的对话框。在“数据源”列表框中选择 Microsoft Excel，文件名为“D:\SQL_DATA\xjgl. xls”。

b. 单击“下一步”按钮，进入“选择目标”对话框，如图 7.44 所示。在“数据库”栏选择新建，建立一个新的数据库 smdb，然后将 Excel 中的所有表导入到该数据库中。

(2) SQL Server 与 Access 的数据格式转换。由于操作与 Excel 基本相似，这里不再详述。

7.3.3.4 备份与还原计划

通常选择哪种类型的备份是依赖所要求的还原能力（如将数据库还原到失败点）、备份文件的大小（如完成数据库备份、只进行事务日志的备份或是差异数据库备份）以及留给备份的时间等来决定的。常用的备份方案有：仅进行数据库备份，或在进行数据库备份的同时进行事务日志备份，或使用完整数据库备份和差异数据库备份。

选用何种备份方案将对备份和还原产生直接影响，而且决定了数据库在遭到破坏前后的一致性水平。所以在做决策时，必须考虑到以下几个问题：

(1) 如果只进行数据库备份，那么将无法还原最近一次数据库备份以来数据库中所发生的所有事务。这种方案的优点是简单，而且在进行数据库还原时操作也很方便。

(2) 如果在进行数据库备份时也进行事务日志备份，那么可以将数据库还原到失败点。那些在失败前未提交的事务将无法还原，但如果在数据库失败后立即对当前处于活动状态的事务进行备份，则未提交的事务也可以还原。

从以上问题可以看出，对数据库一致性的要求程度成为选择备份方案的主要原因。但在某些情况下，对数据库备份提出了更为严格的要求，例如，在处理重要业务的应用环境中，常要求数据库服务器连续工作，至多只留有一小段时间来执行系统维护任务。在这种情况下，一旦出现系统失败，则要求数据库在最短时间内立即还原到正常状态，以避免丢失过多的重要数据，由此可见备份或还原所需时间往往也成为选择何种备份方案的重要影响因素。

SQL Server 2008 提供了以下几种方法来减少备份或还原操作的执行时间：

(1) 使用多个备份设备来同时进行备份。同理，可以从多个备份设备同时进行数据库还原操作。

(2) 综合使用完整数据库备份、差异备份或事务日志备份来减少每次需要备份的数据量。

(3) 使用文件或文件组备份以及事务日志备份，这样可以只备份或还原那些包含相关数据的文件，而不是整个数据库。

另外，需要注意的是在备份时还要决定使用哪种备份设备，如磁盘或磁带，并且决定如何在备份设备上创建备份，比如将备份添加到备份设备上或将其覆盖。

总之，在实际应用中备份策略和还原策略的选择不是相互孤立的，而是有着紧密联系的，不能仅仅因为数据库备份为数据库还原提供了原材料，在采用何种数据库还原模式的决策中，只考虑该怎样进行数据库备份。另外，在选择使用哪种备份类型时，应该考虑到当使用该备份进行数据库还原时，它能把遭到损坏的数据库返回到怎样的状态，是数据库失败的时刻，还是最近一次备份的时刻。备份类型的选择和还原模式的确定，都应该以尽最大可能、以最快速度减少或消灭数据丢失为目标。

【实验 11 数据的备份与还原】

1. 实验目的

(1) 了解备份设备的作用。

（2）掌握数据库还原与备份的操作方法。

（3）熟练掌握数据的导入和导出的方法。

（4）了解差异备份和完全备份。

（5）熟练掌握附加数据库的方法。

（6）理解备份时刻与还原顺序的关系。

2. 实验准备

（1）在服务器上创建学籍管理数据库SM。

（2）在用户数据库SM中创建学生表（Student）、课程表（Course）、教师表（Teacher）、班级表（Class）、系表（Department）、授课表（TC）、课程类型表（Course-type）、选课表（SC）和职称表（Title）。

（3）向上述各数据表中添加实验数据。

3. 实验内容

（1）创建备份设备，名称为student_bp。

（2）完全备份SM数据库。

自行练习：分别使用对象资源管理器、备份向导、查询分析器为数据库SM做一次完全数据库备份。

（3）数据库SM建立完全备份后，在数据库中新建两个新表（student_type、class-room_info），然后利用对象资源管理器进行差异备份；接着向数据库表（student_type、classroom_info）中输入数据，再利用对象资源管理器先后进行两次日志备份。

（4）查看有关备份的信息。在查询分析其中执行下列命令：

```
RESTORE headeronly FROM student_bp
```

还可以查看student_bp中原数据库和事务日志文件的信息，如下所示：

```
RESTORE filelistonly FROM student_bp
```

（5）在前面的实验中，已经为数据库SM建立过一次完全备份、两次差异备份和两次事务日志备份，现在要求删除SM数据库，然后再进行还原。

自行练习：分别使用对象资源管理器、查询分析器还原数据库SM的完全数据库备份。

（6）在对象资源管理器或查询分析器中，还原数据库第一次和第二次的差异备份，以及第一次和第二次的日志备份。

（7）使用对象资源管理器分离和附加数据库。

（8）课堂实例验证。

7.4 项目实施

7.4.1 学籍管理系统数据库上的安全性控制

按照SQL Server的安全控制等级，首先为“学籍管理数据库SM”建立一个管理员级登录账户和若干个一般账户，见表7.6，并把它们分别映射为数据库用户，最后为数据

库用户授予相应的权限。

表 7.6　学籍管理数据库 SM 的安全性控制

studentAM	创建	Exec sp_addlogin 'studentAM','abc', 'SM'
	映射为数据库用户	EXEC sp_ grantdbaccess'studentAM','stuDBAdmin'
	创建角色	数据库所有角色
	授予权限	Sp_addrolemember'db_owner','stuDBAdmin'
	权限说明	因其为数据库所有者角色，故所有对数据库的操作都可执行
student01	创建	Exec sp_addlogin'student01','abc', 'SM'
	映射为数据库用户	EXEC sp_ grantdbaccess'student01','student01DB'
	创建视图	Create view student01 As SELECT * FROM Student WHERE Clno in (SELECT Clno FROM Class WHERE Cname='微机 0801')
	创建角色 为角色授权	Sp_addrole'student01role' GRANT SELECT, UPDATE (tele), UPDATE (Email), UPDATE (Address) ON Student TO student01role
	授予权限	Sp_addrolemember'student01role','student01DB'
	权限说明	可查询班级名称为“微机 0801”的学生信息，并仅可修改这些学生的联系电话、电子邮件和家庭地址的信息
student02	创建	Exec sp_addlogin 'student02','abc', 'SM'
	映射为数据库用户	EXEC sp_ grantdbaccess'student02','student02DB'
	创建视图	Create view student02 As SELECT * FROM Student WHERE Clno in (SELECT Clno FROM Class WHERE Cname='微机 0802')
	创建角色 为角色授权	Sp_addrole'student02role' GRANT SELECT, UPDATE (tele), UPDATE (Email), UPDATE (Address) ON Student TO student02role
	授予权限	Sp_addrolemember'student02role','student02DB'
	权限说明	可查询班级名称为“微机 0802”的学生信息，并仅可修改这些学生的联系电话、电子邮件和家庭地址的信息

注　上表中只列出了部分代表性的权限与角色，其余权限与角色的建立和授予留作课下练习，请读者自行完成。

7.4.2　学籍管理系统数据库上的完整性控制

通过主键约束、外键约束、唯一约束、CHECK 约束以及规则、默认值等机制来实现数据库的完整性控制。表 7.7 以学生表 Student 为例，列出了一部分具有代表性的约束。其余相关约束请读者自行完成。

表 7.7 学籍管理系统数据库上的完整性控制

<table>
<tr><td rowspan="4">Student 表上的
完整性控制</td><td>电子邮件 Email 的
唯一性</td><td>使用 UNIQUE 约束
ALTER TABLE student
ADD CONSTRAINT email_UNQ
UNIQUE（Email）</td></tr>
<tr><td>学号 Sno 为 6 位数字</td><td>使用 CHECK 约束
ALTER TABLE student
ADD CONSTRAINT SNO_CHK
CHECK（Sno LIKE'[0-9][0-9][0-9][0-9][0-9][0-9]'）</td></tr>
<tr><td>性别 Ssex 的
默认值为男</td><td>使用默认值
CREATE DEFAULT Ssex_def AS'男'
EXEC sp_bindefault'Ssex_def','student. Ssex'</td></tr>
<tr><td>出生日期为
1980/01/01 至今</td><td>使用规则
CREATE RULE Sbir_rule AS
@birth＞＝'1980/01/01'AND @birth＜＝getdate（）
EXEC sp_bindrule'Sbir_rule','student. sbir'</td></tr>
</table>

7.4.3 数据备份与还原

通过前面的学习，我们已经掌握了 SQL Server 2008 中的备份与还原的概念和操作。

数据库必须适时地进行备份，以防意外事件的发生而造成数据的损失，我们希望永远不进行恢复数据库的操作，但是数据库的备份操作是必须定期进行的。

数据库备份需要根据实际情况，制定不同的备份策略。一方面可以保证数据的安全性，另一方面又要避免不必要的浪费。

总体上来说，数据库备份策略需要考虑 3 个方面的内容：一是备份的内容；二是备份的时间及频率；三是备份数据的存储介质。这在前面已经讲过。

现在就以“学籍管理信息系统”数据库 SM 的备份与还原为案例，来加深对 SQL Server 2008 中备份与还原的理解。在前面介绍备份与还原时，只介绍了手工方式，不能进行自动备份，接下来以实际案例的方式介绍使用 SQL Server 2008 企业版提供的维护计划功能来实现数据库的定时自动备份。

7.4.3.1 备份操作

在“学籍管理系统”中，数据库更新频率缓慢，数据量不大，因此适合数据库备份策略，并且每周备份一次，设定在周日晚 00：00 进行备份。备份操作使用 SQL Server 2008 企业版提供的维护计划向导来完成。

操作步骤如下：

（1）在“对象资源管理器”窗格中，依次展开数据库服务器→“管理”节点，右击“维护计划”节点，在弹出的快捷菜单中选择“维护计划向导”命令，如图 7.45 所示，打开“维护计划向导”对话框，如图 7.46 所示。

（2）单击“下一步”按钮，输入维护计划的名称及相关信息，如图 7.47 所示。

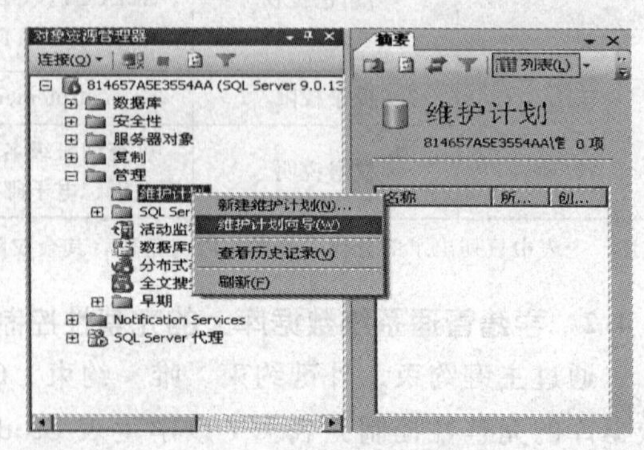

图 7.45 新建维修计划

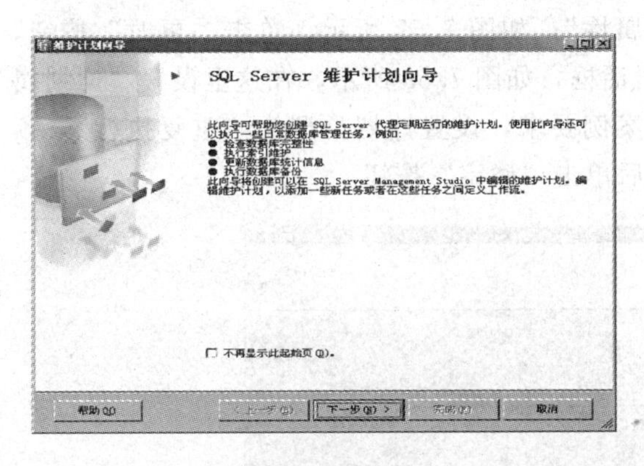
图 7.46 “维修计划向导”对话框

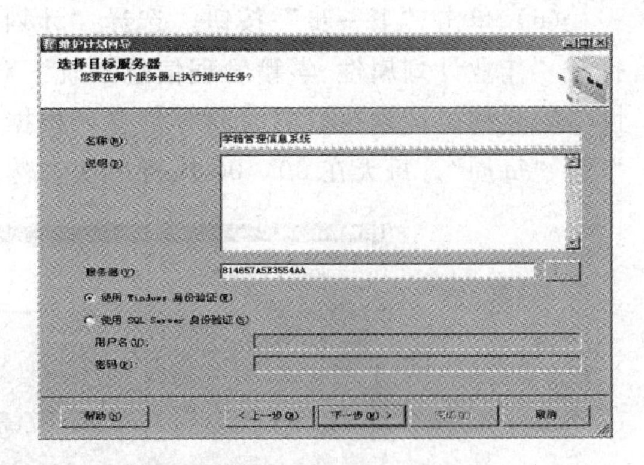
图 7.47 选择目标服务器

(3) 单击“下一步”按钮，选择“维护任务”，可以多选，SQL Server 2008 可以同时进行多种类型的备份任务，这里仅选中“备份数据库（完整)”复选框，如图 7.48 所示。

(4) 单击“下一步”按钮，选择“维护任务顺序”，如图 7.49 所示。

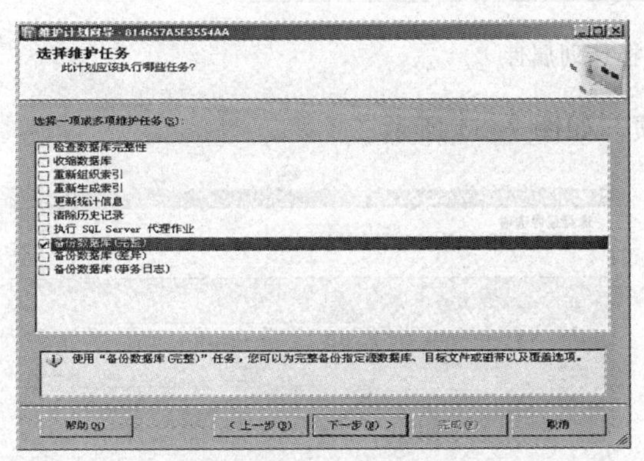
图 7.48 选择维护任务

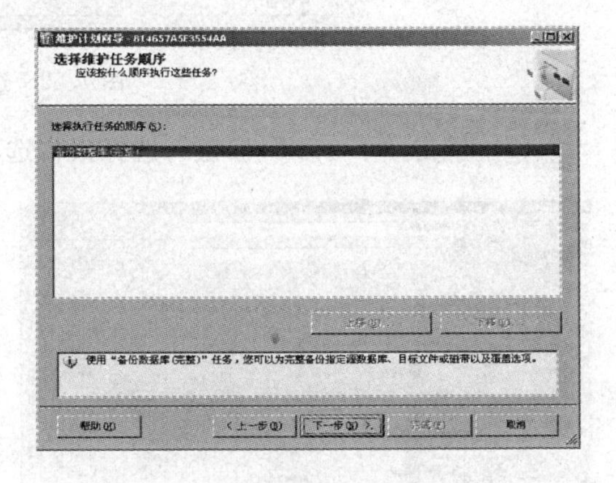
图 7.49 选择维护任务顺序

(5) 单击“下一步”按钮，选择要备份的数据库、备份文件存放的位置等信息，如图 7.50 和图 7.51 所示。

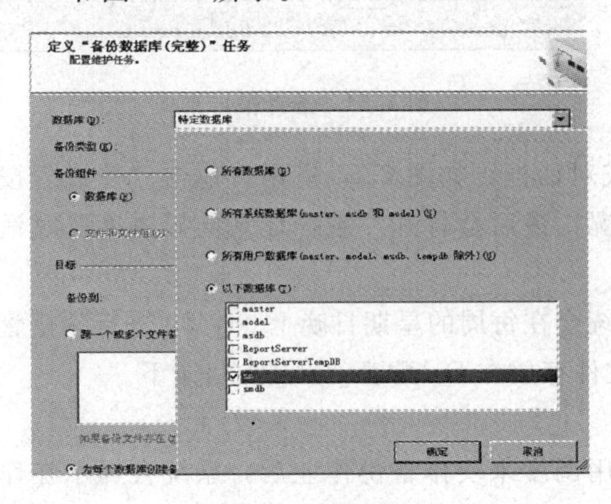
图 7.50 选择数据库

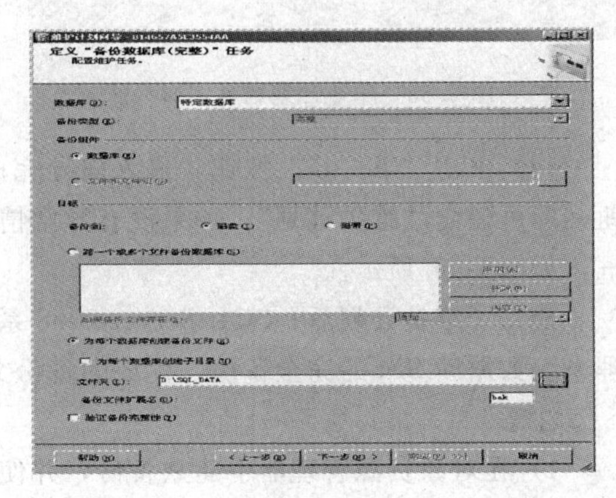
图 7.51 定义备份数据库（完整）任务

(6) 单击“下一步”按钮，选择“计划属性”，如图7.52所示，单击“更改”按钮，打开“作业计划属性-学籍管理信息系统”对话框，如图7.53所示，在这里设置“计划属性”的名称、计划执行的时间等信息，根据案例要求，设置计划类型为“重复执行”，频率为“每周”，每天在00：00执行一次，然后单击“确定”按钮。

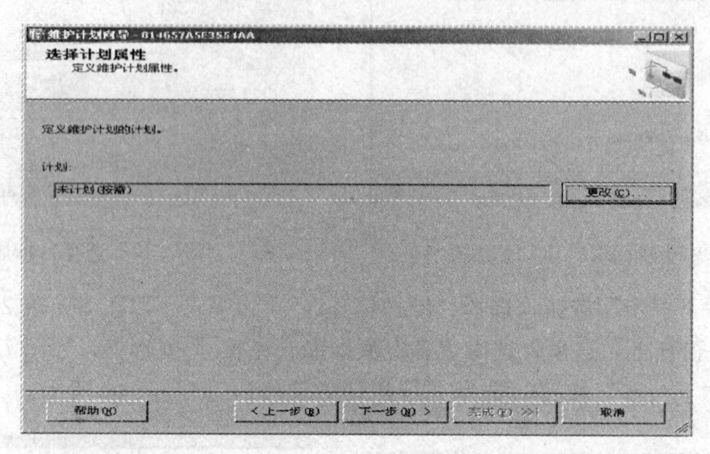

图7.52 选择计划属性

(7) 单击“下一步”按钮，选择报告选项，如图7.54所示。

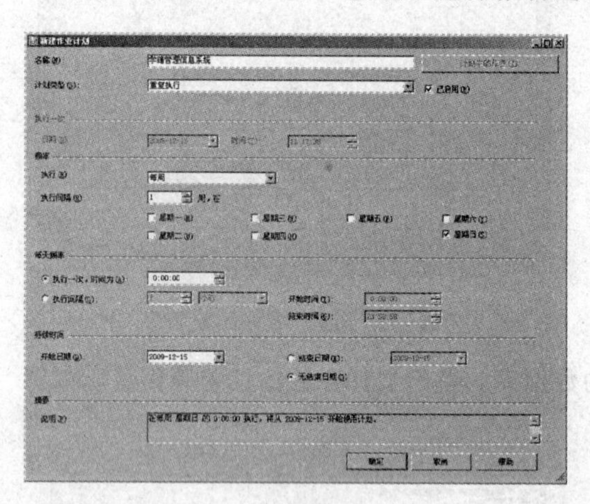

图7.53 作业计划属性窗口

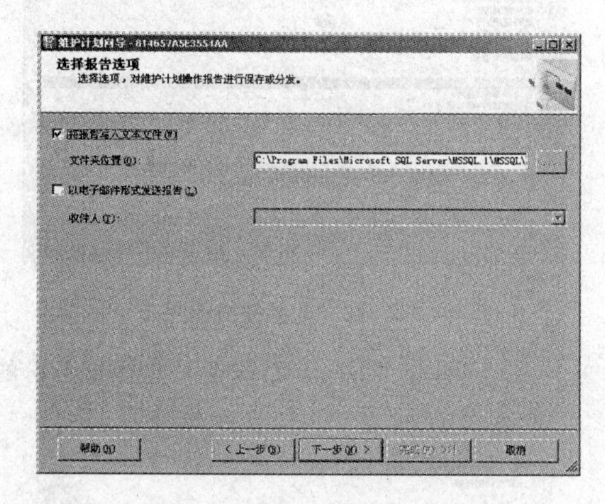

图7.54 选择报告选项

(8) 单击“下一步”按钮，进入向导完成对话框，如图7.55所示，单击“完成”按钮，即可建立“维护计划”；如果没有异常情况，最后会打开“维护计划向导进度”对话框，如图7.56所示。

建立了维护计划后，SQL Server 2008系统会在每周的星期日晚上00：00进行学籍管理系统数据库SM的完全备份，生成的备份文件存放在D:\SQL_DATA目录下。

注意：

1) 在对象资源管理器中建立备份，并使用调度来安排备份作业后，系统会提示在作业运行时，要保证SQL Server代理正在运行（图7.57）。SQL Server代理可以使用SQL

Server 服务管理器来启动和停止（图 7.58）。

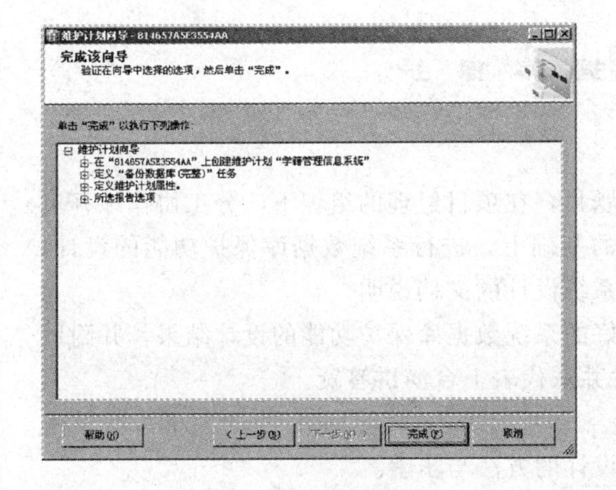

图 7.55 完成该向导

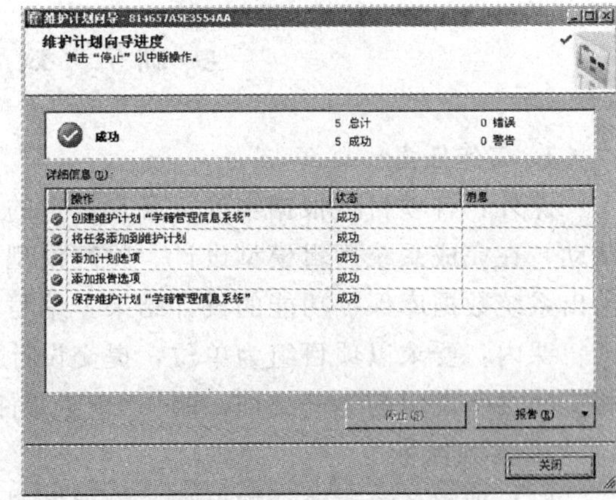

图 7.56 维修计划向导进度

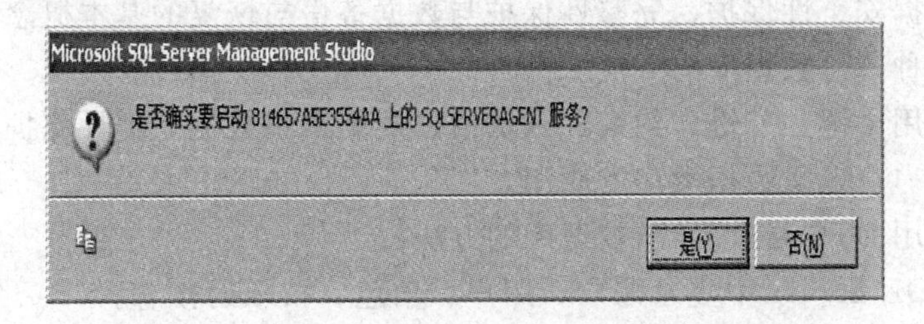

图 7.57 提示作业执行时，SQL Server 代理必须运行

2）建立备份后，要查看所建立的调度作业，课通过单击服务器的“管理”节点中的“维修计划”节点，在右窗格中可以看到建立的一个备份作业（如图 7.59 所示）。

图 7.58 SQL Server 服务器的 SQL Server 代理管理

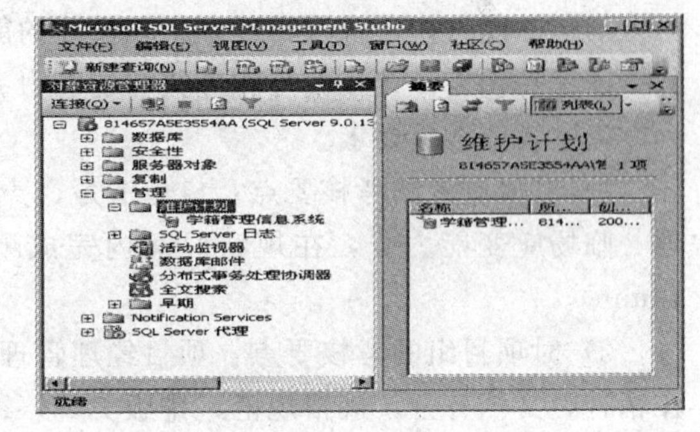

图 7.59 新建立的一个备份作业

每周差异备份一次的设置与数据库备份相似。

每天事务日志备份一份的设置与数据库备份相似。

7.4.3.2 还原操作

在“学籍管理信息系统”中，数据库 SM 还原数据库的方法和步骤可参考 7.3.4

部分。

实训7 数据库保护

1. 工作任务

课外：各项目组根据实训1各自选定的题目，在项目经理的组织下，分工协作地开展活动，在完成系统逻辑模型设计、物理模型的基础上，进行系统数据库保护功能的设计，给出系统数据库保护功能的设计结果，编写系统设计的文档说明。

课内：要求以项目组为单位，提交设计好的系统数据库保护功能的设计结果，并附以相应的文字说明的电子文档，制作PPT课件并派代表上台演讲答疑。

2. 实训目标

（1）理解系统逻辑结构设计、物理模型设计的方法与步骤。

（2）理解视图与索引的功能与作用。

（3）理解数据安全性保护、完整性保护与数据备份与恢复的基本概念与功能。

（4）掌握各种备份数据库的方法。

（5）掌握使用主键、外键、约束、默认值、规则实施数据完整性保护的方法。

（6）掌握用户自定义数据类型的应用。

（7）掌握使用DTS导入/导出数据库的方法。

（8）理解SQL Server中登录账户、用户、角色、权限的概念。

（9）掌握SQL Server中创建账户、数据库用户的方法，会使用角色来分配权限。

（10）掌握设计相关文档的编写。

3. 实训考核要求

（1）总的原则。主要考核学生对整个项目开发思路的理解，同时考查学生语言表达、与人沟通的能力；考核项目经理组织管理的能力、项目组团队协作能力；项目组进行系统数据库保护功能设计及编写相应文档的能力。

（2）具体考核要求。

1）对演讲者的考核要点：口齿清楚、声音洪亮，不看稿，态度自然大方、讲解有条理、临场应变能力强，在规定时间内完成项目数据库保护功能设计的整体讲述（时间10min）。

2）对项目组的考核要点：项目经理管理组织到位，成员分工明确，有较好的团队协作精神，文档齐全，规格规范，排版美观，结构清晰，围绕主题，上交准时。

习题 7

1. 选择题

（1）当采用Windows验证方式登录时，只要用户通过Windows用户账户验证，就可以（　　）到SQL Server数据库服务器。

A. 连接　　B. 集成　　C. 控制　　D. 转换

(2) T-SQL语句的GRANT和REMOVE语句主要用来维护数据库的（ ）。

A. 完整性　　B. 可靠性　　C. 安全性　　D. 一致性

(3) 在数据库的安全性控制中，授权的数据对象的（ ），授权子系统就越灵活。

A. 范围越小　　B. 约束越细致　　C. 范围越大　　D. 约束范围越大

(4) 可以对固定服务器角色和固定数据库角色进行的操作是（ ）。

A. 添加　　B. 查看　　C. 删除　　D. 修改

(5) 下列用户对视图数据库对象执行操作的权限中，不具备的权限是（ ）。

A. SELECT　　B. INSERT　　C. EXECUTE　　D. UPDATE

(6)“保护数据库，防止未经授权的或不合法的使用造成的数据泄露、更改破坏。”这是指数据的（ ）。

A. 安全性　　B. 完整性　　C. 并发控制　　D. 恢复

(7) 数据库管理系统通常提供授权功能来控制不同用户访问数据的权限，这主要是为了实现数据库的（ ）。

A. 可靠性　　B. 一致性　　C. 完整性　　D. 安全性

(8) 在数据库的安全性控制中，用户只能存取他有权存取的数据。在授权的定义中，数据对象的（ ），授权子系统就越灵活。

A. 范围越小　　B. 范围越大　　C. 约束越细致　　D. 范围越适中

(9) 在数据库系统中，授权编译系统和合法性检查机制一起组成了（ ）子系统。

A. 安全性　　B. 完整性　　C. 并发控制　　D. 恢复

(10) 在数据系统中，对存取权限的定义称为（ ）。

A. 命令　　B. 授权　　C. 定义　　D. 审计

(11) SQL Server 2008提供了4层安全防线，其中“SQL Server通过登录账号设置来创建附加安全层。用户只有登录成功，才能与SQL Server建立一次连接。”属于（ ）。

A. 操作系统的安全防线　　B. SQL Server的运行安全防线

C. SQL Server数据库的安全防线　　D. SQL Server数据库对象的安全防线

(12) SQL Server中，为便于管理用户及权限，可以将一组具有相同权限的用户组织在一起，这一组具有相同权限的用户就称为（ ）。

A. 账户　　B. 角色　　C. 登录　　D. SQL Server用户

2. 多选题

(1) 数据安全性控制通常采取的措施有（ ）。

A. 鉴定用户身份　　B. 设置口令

C. 控制用户存取权限　　D. 数据加密

(2) SQL Server数据库系统中一般采用（ ）以及密码存储等技术进行安全控制。

A. 用户标识和鉴别　　B. 存取控制　　C. 视图　　D. 触发器

(3) SQL Server使用权限来加强系统的安全性，语句权限适用的语句有（ ）。

A. EXECUTE　　B. CREATE TABLE

C. UPDATE　　D. SELECT

(4) 有关登录账户、用户、角色三者的叙述中正确的是（　　）。

A. 登录账户是服务器级的，用户是数据库级的

B. 用户一定是登录账户，登录账户不一定是数据库用户

C. 角色是具有一定权限的用户组

D. 角色成员继承角色所拥有的访问权限

(5) SQL Server 的安全性管理包括（　　）。

A. 数据库系统登录管理　　B. 数据库用户管理

C. 数据库系统角色管理　　D. 数据库访问权限的管理

(6) SQL Server 使用权限来加强系统的安全性，通常将权限分为（　　）。

A. 对象权限　　B. 用户权限　　C. 语句权限　　D. 隐含权限

(7) 数据的完整性是指数据的（　　）。

A. 一致性　　B. 正确性　　C. 相容性　　D. 有效性

(8) 在 SQL Server 中属于表级完整性约束的是（　　）。

A. 实体完整性约束　　B. 域完整性约束

C. 参照完整性约束　　D. 以上三者均是

(9) 在 SQL Server 中实现数据完整性的主要方法有（　　）。

A. 约束　　B. 默认　　C. 规则　　D. 触发器

(10) 在 SQL Server 的数据完整性控制中属于声明数据完整性的是（　　）。

A. 约束　　B. 默认　　C. 规则　　D. 触发器

(11) 在 SQL Server 的数据完整性控制中属于过程数据完整性的是（　　）。

A. 存储过程　　B. 默认　　C. 规则　　D. 触发器

(12) 在 SQL Server 中，以下（　　）约束属于域完整性约束。

A. DEFAULT　　B. CHECK　　C. NULL　　D. FOREIGN KEY

(13) 有关默认对象与默认约束的叙述中正确的是（　　）。

A. 默认约束是嵌入到表的结构中，默认对象是独立于表的

B. 删除表时默认约束与默认对象同时被删除

C. 默认约束能实现的功能默认对象也能实现

D. 一个默认对象可以绑定到多个列上

(14) 有关规则的叙述中正确的是（　　）。

A. 规则与默认对象一样，可以绑定到列上，也可以绑定到用户定义的数据类型上

B. 在一列上只能使用一个规则

C. 删除规则时，需先解除规则的绑定

D. 同一列上若已有 CHECK 约束，再绑定规则时，CHECK 约束优先

(15) 属性值约束主要有（　　）。

A. 非空值约束　　B. 基于元组的检查子句

C. 域约束子句　　D. 默认

3. 问答题

(1) 简述 SQL Server 的安全体系结构。

（2）SQL Server 的身份验证模式有几种？各是什么？

（3）在 SQL Server 中有几种添加用户登录账户的方法？

（4）要给一个用户 UserB 授予表 STU01 的 INSERT、DELETE 权限，应如何操作？

（5）SQL Server 提供哪些类型的约束？

（6）什么是角色？服务器角色和数据库角色有什么不同？用户可以创建哪种角色？

（7）SQL Server 的权限有哪几种？各自的作用对象是什么？

（8）简述规则和 CHECK 约束的区别。如果在列上已经绑定了规则，当再次向它们绑定规则时，会发生什么情况？

（9）简述 SQL Server 实现数据完整性的方法。

（10）SQL Server 提供了哪些类型的锁？有几种不同的封锁粒度？

（11）什么是主键约束？什么是外键约束？什么是唯一约束？它们之间有什么区别？

（12）试述默认和规则的概念和作用。

（13）为学生表 Student 中班级编号 Clno 列建立外键约束，其主键为班级表 Class 中的班级编号 Clno。

（14）什么是备份设备？

（15）事务日志文件的作用是什么？请使用 SQL 语句写出事务日志备份的命令形式。

（16）SQL Server 数据库备份有几种方法？试比较各种不同数据备份方法的异同点。

（17）还原数据库的意思是什么？当还原数据库的时候，用户可以使用这些正在还原的数据库吗？

4. 填空题

（1）数据完整性包括（ ）、（ ）、（ ）和（ ）。

（2）表的约束包括（ ）、（ ）、（ ）、（ ）和（ ）。

（3）实施外键约束时，要求被参照表必须定义了（ ）约束或（ ）约束。

（4）数据库的安全性管理建立在（ ）和（ ）两者机制上。

（5）SQL Server 2008 的两种认证模式是（ ）和（ ）。

（6）用户授予和收回数据库操作权限的语句关键字分别是（ ）和（ ）。

（7）（ ）完整性，它要求表中所有的元组都应该有一个唯一标识，即主关键字。可以使用（ ）约束实现实体完整性，也可以将（ ）约束和（ ）约束一起使用来实现实体完整性。

5. 编写语句代码

（1）为班级表 Class 中教师编号 Tno 和院系编号 Dno 列建立外键约束，其主键为教师表 Teacher 中的教师编号 Tno 和院系表 Department 中的院系编号 Dno。

（2）为教师表 Teacher 中的院系编号 Dno 和职称编号 TTcode 列建立外键约束，其主键为院系表 Department 中的院系编号 Dno 和职称表 Title 中的职称编号 TTcode。

（3）为课程表 Course 中的课程类型编号 CTno 列建立外键约束，其主键为课程类型表 CourseType 中的课程类型编号 CTno。

项目8 编程优化数据库

在 SQL Server 数据库应用中，经常会出现一些比较复杂的业务数据处理，如通过一些数据表进行复杂查询和汇总。仅仅使用前面讲述 SQL 语言的基础知识往往是不够的，还得编写一些 SQL 程序来完成这些复杂的工作。SQL 程序是面向过程的语言与 SQL 的结合，可以进行复杂的数据处理。此外，为了减少数据库服务器与数据库应用程序之间传输的数据量，也需要设计开发一些 SQL 程序。

SQL 语言是一种功能单一化的查询语言，而 Transact-SQL 语言则是一种编程语言，与 SQL 查询语言相比，它多了许多编程的成分，比如常量和变量，系统函数和用户自定义函数，流程控制语句，While、For、Case 语句等。

T-SQL 语言的基本成分是语句，由一个或多个语句可以构成一个批处理，由一个或多个批处理可以构成一个查询脚本（以 sql 作为文件扩展名）并保存到磁盘文件中，供以后需要时使用。

本项目实施的知识目标：

(1) 了解批处理与脚本的功能及特点。

(2) 掌握 SQL Server 程序设计的编程规范与流程控制语句。

(3) 理解用户定义函数、存储过程和触发器的基本概念与功能。

(4) 熟练掌握用户自定义函数的创建与维护方法。

(5) 熟练掌握存储过程的创建、调用与维护的具体操作。

(6) 熟练掌握触发器的创建与维护的基本语法及操作。

技能目标：

(1) 具有 SQL Server 程序设计的能力。

(2) 具有用户自定义函数、存储过程、触发器的创建与维护的能力。

(3) 能根据具体问题进行系统数据库代码分析与设计。

(4) 培养学生自学的能力。

8.1 项 目 描 述

数据库管理员根据系统分析阶段的用户需求分析，编程实现复杂的数据库操作。

8.2 项 目 分 析

SQL 程序是面向过程的语言与 SQL 的结合，可以进行复杂的数据处理。此外，为了减少数据库服务器与数据库应用程序之间传输的数据量，也需要设计开发一些 SQL 程序。根据 Transact-SQL 语言的编程规则把任务分解为：

（1）批处理与脚本。

（2）用户自定义函数。

（3）游标。

（4）存储过程与触发器。

8.3 知 识 准 备

8.3.1 批处理与脚本

8.3.1.1 批处理

批处理就是一个或多个 Transact - SQL 语句的集合，用户或应用程序一次将它发送给 SQL Server，由 SQL Server 编译成一个执行单元，此单元称为执行计划，执行计划中的语句每次执行一条。批处理的种类较多，如存储过程、触发器、函数内的所有语句都可构成批处理。

建立批处理如同编写 SQL 语句，区别在于它是多条语句同时执行的，用 GO 语句作为一个批处理的结束。

1. 使用批处理的优点

在数据库应用的客户端适当使用批处理具有如下优点：

（1）减少数据库服务器与客户端之间的数据传输次数，消除过多的网络流量。

（2）减少数据库服务器与客户端之间的数据传输量。

（3）缩短完成逻辑任务或事务所需的时间。

（4）较短的事务不会占用数据库资源，能尽快释放锁，有效避免出现死锁现象。

（5）增加逻辑任务处理的模块化，提高代码的可复用度，减少维护修改工作量。

2. 编写批处理的规则

一些 SQL 语句不能放在同一个批处理中执行，它们需要遵循下述规则：

（1）多数 CREATE 命令要在单个批处理中执行，但 CREATE DATABASE、CREATE TABLE、CREATE INDEX 除外。

（2）调用存储过程时，如果它不是批处理中第一个语句，则在它前面必须加上 EXECUTE。

（3）不能把规则和默认值绑定到用户定义的数据类型上后，在同一个批处理中使用它们。

（4）不能在给表字段定义了一个 CHECK 约束后，在同一个批处理中使用该约束。

（5）不能在修改表的字段名后，在同一个批处理中引用该新字段名。

（6）一个批处理中，只能引用全局变量或自己定义的局部变量。

3. 批处理的执行

【实例 8.1】 统计学生的总人数和男女学生人数。批处理作业如下：

```
USE SM
SELECT COUNT(*)学生总人数
FROM Student
```

```
SELECT 性别=Ssex,COUNT(Ssex)
FROM student
GROUP BY Ssex
GO
```

上面这个批处理中，有3个可执行语句。执行第一个语句是打开SM数据库；第二个是查询统计；第三个语句也是查询统计。其执行过程如下：

a. 用户在查询分析器中，编辑批处理命令脚本，并请求系统执行批处理。

b. 当系统收到用户的请求后，由编译器扫描批处理程序，并作语法检查。如果扫描到GO语句，每个SQL语句都无语法错误，就将扫描完成的各语句按顺序编译成一个可执行单元，准备执行。并向用户返回“命令已成功完成”的信息，表示语法分析完成，未发现语法错误（但操作并未执行）。如果SQL语句有语法错误，则返回相应的语法错误，不产生可执行单元。

c. 凡是无语法错误的批处理，可以执行。用户在发出执行请求后，系统将按执行计划逐条语句执行。如果执行过程中发现隐含的错误（比如，其操作破坏约束条件等），有错误的语句将不能执行，但不影响批处理作业中其他语句的执行。

8.3.1.2 脚本

数据库应用过程中，经常需要把编写好的SQL语句（例如创建数据库对象、调试通过的SQL语句集合）保存起来，以便下一次执行同样（或类似）操作时，调用这些语句集合。这样可以省去重新编写调试SQL语句的麻烦，提高工作效率。这些用于执行某项操作的T-SQL语句集合称为脚本。T-SQL脚本存储为文件，带有sql扩展名。

使用脚本文件对重复操作或几台计算机之间交换SQL语句是非常有用的。

脚本是一系列按顺序提交的批处理作业，也就是SQL语句的组合。脚本通常以文本的形式存储。与Java程序设计的脚本类似，可以脱机编辑、修改。一个SQL程序脚本，可以包含一个或多个批处理。不同的批处理之间用GO语句分隔。

脚本是批处理的存在方式，将一个或多个批处理组织到一起就是一个脚本。例如在查询分析器中执行的各个实例都可以称为一个脚本。

生成脚本有两种方法：

1. 在查询分析器中保存脚本

在查询分析器中，创建新查询，编辑SQL语句，调试通过后，使用文件保存功能，将SQL语句保存在一个脚本文件中。

2. 在对象资源管理器中创建数据库对象脚本

在对象资源管理器中，将鼠标指针指向需要创建脚本的数据库或数据库对象上，单击鼠标右键，使用弹出的快捷菜单中的“任务”→“生成脚本”命令，选择需要创建的数据库对象，设置脚本格式和选项，就可以生成数据库对象的创建脚本。

脚本可以随时被调入查询分析器执行。操作方法是使用菜单中的“文件”→“打开”功能，选择需要执行的脚本，在查询分析器中修改执行即可。

脚本文件可以调入查询分析器查看内容或再次被执行，也可以通过记事本等浏览器查看内容。

8.3.2 SQL 程序设计基础

为了减少应用程序与数据库之间的数据传递，有必要开发 SQL 程序实现复杂的业务逻辑。同其他语言程序一样，SQL 程序是符合一定格式的结构体，在结构体内使用变量，通过运算符、函数、过程等完成一定的功能，通过不同的流程控制方式实现较为复杂的功能，而 SQL 程序内部的语句本质上就是批处理。此外，SQL 程序也可以通过参数传递与其他 SQL 程序或应用程序进行数据交互。

编写 SQL 程序之前，首先要明确程序需要实现的功能，在此基础上确定使用的数据库对象，定义中间变量和游标，设计合理的程序控制结构（顺序执行、条件执行、循环执行）。然后使用 SQL 支持的语法，编写调试程序。

需要指出的是，不同的 DBMS 都在标准的 SQL 语法的基础上做了部分补充，因此开发 SQL 程序时，要根据实际使用的具体 DBMS 支持的 SQL 语法完成程序编写与调试。下面以 SQL Server 2008 支持的 Transact - SQL 语句为例完成相关程序的编写。

8.3.2.1 SQL 程序基本成分

1. 常量和变量

常量和变量是程序设计中不可缺少的元素。变量又分为局部变量和全局变量，局部变量是一个能够保存特定数据类型实例的对象，是程序中各种类型数据的临时存储单元，用于在批处理内的 SQL 语句之间传递数据。局部变量的作用域只在声明它的批处理内，一旦批处理结束，局部变量自动消失。全局变量是系统给定的特殊变量。

(1) 常量。Transact - SQL 的常量主要有以下几种。

1) 字符串常量。字符串常量包含在单引号之内，由字母数字（如 a～z，A～Z，0～9）及特殊符号（!，@，#）组成。例如:'SQL Server 2008'。如果字符串常量中包含有一个单引号，可以用两个单引号表示这个字符串常量内的单引号，如'Tom's birthday'，即可以表示为'Tom's birthday'

2) 数值常量。

Bit 常量：用 0 或 1 表示，如果是一个大于 1 的数，它将被转化为 1。

Integer 常量：整数常量，不包含小数点。如 1968。

Decimal 常量：可以包含小数点的数值常量。例如：123.456。

Float 常量和 Real 常量：使用科学计数法表示。如 101.5E6、54.8E-11 等。

Money 常量：货币类型，以 $ 做前缀，可以包含小数点。

指定正数和负数：正数前加"＋"或不加，负数前加"－"。例如－123.45，$-32.5 等。

3) 日期常量。使用特定格的字符日期表示，并用单引号括起来。如:'2007/11/27 18: 49: 07'。

(2) 局部变量。局部变量是用户在程序中定义的变量，一次只能保存一个值，它仅在定义的批处理范围内有效。局部变量可以临时存储数值。局部变量名总是以@符号开始，最长为 128 个字符。

1) 局部变量的声明。使用 DECLARE 语句声明局部变量，定义局部变量的名字、数据类型，有些还需要确定变量的长度。局部变量声明格式为：

```
DECLARE @变量名 数据类型[,…n]
```

其中变量名应符合 SQL 标识符的命名规则，并且首字母为@字符；变量类型为系统提供的或用户定义的数据类型。

2）给局部变量赋值。局部变量的初值为 NULL，可以使用 SELECT 或 SET 语句对局部变量进行赋值。SET 语句一次只能给一个局部变量赋值，而 SELECT 语句可以同时给一个或多个变量赋值。其语法格式为：

```
SET @变量名=表达式
```

或者

```
SELECT @变量名=表达式 FROM 表名 WHERE 条件表达式
```

【实例 8.2】 定义两个局部变量，用它们来显示当前的日期。

本例中给出了两种显示方式：PRINT 显示在“消息”框，而 SELECT 显示在“网格”框。

```
DECLARE @todayDate char(10),@dispStr varchar(20)
set @todayDate=getdate()
set @dispStr='今天的日期为：'
PRINT @dispstr+@todaydate
SELECT @dispstr+@todaydate
```

【实例 8.3】 通过 SELECT 语句来给多个变量赋值。

```
DECLARE @姓名 varchar(50),@学号 varchar(10),@班级 varchar(50)
DECLARE @所在系 varchar(80),@msgstr varchar(50)
--变量赋值
SELECT @姓名=Sname,@学号=Sno,@班级=CLname, @所在系=Dname
FROM student,class,department
WHERE student. Clno=class. Clno and class. dno=department. dno
set @msgstr='学号：'+@学号+' 姓名：'+@姓名+' 班级：'+@班级+' 所在系：'+ @所在系
--显示信息
SELECT @msgstr
Go
```

当返回的行数大于 1 时，仅最后一行的数据赋给变量。如果要一行一行地进行处理，则需要用到游标或循环的概念。

【实例 8.4】 局部变量引用出错的演示。

局部变量的作用域，只能在声明它的批处理内部。一旦批处理消失，局部变量也将自动消失。

```
DECLARE @dispstr varchar(20)
Set @dispstr='这是一个局部变量引用出错的演示'
Go
--批处理在这里结束,局部变量被清除
```

```
Print @dispstr
Go
```

3）局部变量的作用域。

局部变量只能在声明它的批处理、存储过程或触发器中使用。而且引用它的语句必须在声明语句之后。也就是说“先声明，后引用”的原则。即变量的作用域局限于定义它的批处理、存储过程或触发器中，离开定义单元无效。

（3）全局变量。全局变量是 SQL Server 系统提供并赋值的变量。用户不能定义全局变量，也不能用 SET 语句来修改全局变量。通常是将全局变量的值赋给局部变量，以便保存和处理。事实上，在 SQL Server 中，全局变量是一组特定的函数，它们的名称以@@开头，而且不需要任何参数，在调用时无需在函数名后面加上一对圆括号，这些函数也称为无参数函数。

大部分的全局变量记录了 SQL Server 服务器的当前状态信息，通过引用这些全局变量，查询服务器的相关信息和操作的状态等。

【实例 8.5】 利用全局变量查看 SQL Server 的版本、当前使用的语言、服务器及服务器名称。

```
print '所用 SQL sever 的版本信息'
print @@version
print ''
print '服务器名称为：'+@@servername
print '所用的语言为：'+@@language
print '所用的服务为：'+@@servicename
go
```

2. 运算符

SQL Server 提供赋值运算符、算术运算符、逻辑运算符、位运算符、比较运算符、字符串连接运算符等。

赋值运算符“=”用于将表达式的值赋给某个变量。

算术运算符在两个表达式上执行数学运算，包括加法（+）、减法（-）、乘法（*）、除法（/）、取模（%）等运算，加减运算也可用于 datetime 和 smalldatetime 日期类型。

位运算符可以在两个表达式之间执行位操作，包括按位与（&）、按位或（|）、按位异或（∧）。表达式的数据类型可以是整型或与整型兼容的数据类型。

比较运算符用于测试两个表达式之间值的关系，包括=、>、<、>=、<=、<>、!<、!>，比较运算的结果是布尔类型。

逻辑运算符用于对某个条件进行测试。

字符串连接运算符（+）可以进行字符串连接，例如，'ABC'+'DEF'的运算结果为'ABCDEF'。

当一个复杂表达式包含若干运算符时，运算符按照优先级顺序执行，先执行优先级高的运算符，后执行优先级低的运算符。

具体见表 4.5。

3. 函数

函数对于任何程序设计语言都是非常关键的组成部分。SQL Server在标准SQL的基础上，提供了丰富的函数。SQL Server提供的函数分为以下几类：集合函数、配置函数、游标函数、日期函数、数学函数、元数据函数、行集函数、安全函数、字符串函数、系统函数、文本与图像函数。一些函数提供了取得信息的快捷方法。函数有值返回，值的类型取决于所使用的函数。一般来说，允许使用变量、字段或表达式的地方都可以使用函数。

有些函数以前介绍过，例如集合函数SUM()、AVG()、COUNT()。

(1) 数学函数。SQL Server的数学函数主要用来对数值表达式进行数学运算并返回运算结果。数学函数可以对SQL Server提供的数值数据（decimal、integer、float、real、money、smallint和tinyint）进行处理。常用的数学函数见表8.1。

表8.1 常用的数学函数

函　数	说　明
ASIN(n)	反正弦函数，n为以弧度表示的角度值
ACOS(n)	反余弦函数，n为以弧度表示的角度值
ATAN(n)	反正切函数，n为以弧度表示的角度值
SIN(n)	正弦函数，n为以弧度表示的角度值
COS(n)	余弦函数，n为以弧度表示的角度值
TAN(n)	正切函数，n为以弧度表示的角度值
DEGREES(n)	将弧度单位的角度转换为度数单位的角度
RADIANS(n)	将度数单位的角度转换为弧度单位的角度
PI	π的常量值3.14159265358979
RAND	返回0～1之间的随机数
SIGN(n)	求n的符号，正（+1）、零（0）或负（−1）
ABS(n)	求n的绝对值
EXP(n)	求n的指数值
MOD(m，n)	求m除以n的余数
CEILING(n)	返回大于等于n的最小整数
FLOOR(n)	返回小于等于n的最大整数
ROUND(n，m)	对n做四舍五入处理，保留m位
SQRT(n)	求n的平方根
LOG10(n)	求以10为底的对数
LOG(n)	求自然对数
POWER(n，m)	求n的m次方
GOUARE(n)	求n的平方

(2) 字符串函数。字符串函数可以对二进制数据、字符串和表达式执行不同的运算，大多数字符串函数只能用于char和varchar数据类型。常用的字符串函数如表8.2所示。

表 8.2　　常用的字符串函数

种类	函　数	参　数	说　明
基本字符串函数	UPPER	char_expr	将小写字符串转换为大写字符串
	LOWER	char_expr	将大写字符串转换为小写字符串
	SPACE	integer_expr	产生指定个数的空格组成的字符串
	REPLICATE	char_expr, Integer_expr	按指定的次数重复字符串
	STUFF	char_expr1, start, length, char_expr2	在 char_expr1 字符串中从 start 开始长度为 length 的字符串用 char_expr2 代替
	REVERSE	char_expr	反转字符串表达式 char_expr
	LTRIM	char_expr	删除字符串前面的空格
	RTRIM	char_expr	删除字符串后面的空格
字符串查找函数	CHARINDEX	char_expr1, char_expr2 [, start]	在 char_expr2 中搜索 char_expr1 的起始位置
	PATINDEX	'%pattern%', char_expr	在字符串中搜索 pattern 出现的位置
长度和分析函数	SUBSTRING	char_expr, start, length	从 start 开始，搜索 length 长度的子串
	LEFT	char_expr, integer_expr	从左边开始搜索指定长度的子串
	RIGHT	char_expr, integer_expr	从右边开始搜索指定长度的子串
转换函数	ASCII	char_expr	字符串最左端字符的 ASCII 代码值
	CHAR	integer_expr	将 ASCII 码转换为字符
	STR	float_expr [, length [, decimal]]	将数值转换为字符型数据

Space（整型表达式）：返回 N 个空格组成的字符串，N 为整型表达式。

Ltrim（字符表达式）：去掉字符表达式的前导空格。

Charindex（字符表达式 1，字符表达式 2，[开始位置]）：返回字符表达式 1 在字符表达式 2 的开始位置，可以从所给出的“开始位置”进行查找，如果没指定开始位置，或者指定为负数和零，则默认从字符表达式 2 的开始位置进行查找。

Replicate（字符表达式，整型表达式）：将字符表达式重复多次，整数表达式给出重复的次数。

【实例 8.6】 给出“计算机”在“深圳现代计算机股份有限公司”中的位置。

```
SELECT charindex('计算机','深圳现代计算机公司')开始位置
DECLARE @StrTarget varchar(30)
set @StrTarget='深圳现代计算机公司'
SELECT CHARINDEX('计算机', @StrTarget)开始1位置, CHARINDEX ('计算机','深圳现代计算机公司')开始2位置
go
```

【实例 8.7】 REPLICATE 和 SPACE 函数的练习。

```
SELECT REPLICATE('*',10),SPACE(10)
    REPLICATE('大家好!',2),space(10), REPLICATE('*',10)
PRINT REPLICATE('*',10)+SPACE(10)+
```

```
    REPLICATE('大家好!',2)+SPACE(10)+REPLICATE('*',10)
GO
```

（3）日期和时间函数。日期和时间函数用于对日期和时间进行各种不同的处理和运算，并返回一个字符串、数字值或日期和时间值。日期和时间函数见表8.3。

表8.3　日期和时间函数

函　数	说　明
DATEADD(datepart，number，date)	以datepart指定的方式，给出date与number之和（datepart为日期型数据）
DATEDIFF(datepart，date1，date2)	以datepart指定的方式，给出date1与date2之差
DATENAME(datepart，date)	给出date中datepart指定部分所对应的字符串
DATEPART(datepart，date)	给出date中datepart指定部分所对应的整数值
GETDATE()	给出系统当前的日期时间
DAY(date)	从date日期和时间类型数据中提取天数
MONTH(date)	从date日期和时间类型数据中提取月份数
YEAR(date)	从date日期和时间类型数据中提取年份数

【实例8.8】 给出服务器当前的系统日期和时间，给出系统当前的月份和月份名字。

```
SELECT getdate() --当前日期和时间
datepart(year,getdate())--年
datename(year,getdate())--年名
datepart(month,getdate())--月份
datename(month,getdate())--月份名
datepart(day,getdate())--日
print '当前日期'+datename(year,getdate())+'年'+datename(month,getdate())+'月'+
datename(day,getdate())+'日'
GO
```

【实例8.9】 Mary的生日为1980/8/13，请使用日期函数计算Mary的年龄和天数。

```
SELECT 年龄=datediff(year,'1980/8/13',getdate()),天=datediff(day,'1980/8/13',getdate())
    GO
```

（4）转换函数。常用的类型转换函数见表8.4。

表8.4　转换函数

函数	参　数	说　明
CAST	expression AS data_type	将表达式expression转换为指定的数据类型data_type
CONVERT	data_type [（length）]，expression [，style]	data_type为expression转换后的数据类型；length表示转换后的数据长度；style将日期时间类型的数据转换为字符类型的数据时，该参数用于指定转换后的样式

8.3.2.2　SQL编程规范

为了提供代码的清晰度，方便程序的编写与调试，减少程序以后的维护工作，编写

SQL 程序时，应注意以下几点：

（1）对变量和数据库对象等标识符采用有意义的命名。为了增加代码的可读性，标识符需要采用有意义的命名，最好做到见名知意。

（2）编写代码时养成合理的大小写习惯。在编写代码时养成大小写的习惯，有助于用户区分关键字与用户命名的标识符。一般来说，SQL 关键字采用大写形式，用户命名的标识符和对象采用首字母大写的形式。

（3）对存储过程、游标等数据库对象命名时，采用适当的前缀和后缀。在定义数据库对象时，采用适当的前缀或后缀可以有效区分数据库对象的类型。

（4）代码采用缩进方式。采用缩进的方式，可以提高代码的可读性和清晰度。如：

```
BEGIN
……
    IF @grade>60 THEN
        BEGIN
          ……
        END
    ELSE
      ……
END
```

（5）在程序中增加适当的注释。程序中的注释可以增加程序可读性。注释是 SQL 程序中不可缺少的部分，通常用于记录程序名称、作者姓名、主要代码更改日期，描述主复杂计算或解释编程方法，暂时禁用某个正在进行诊断的部分。使用注释对代码进行说明，可使程序代码更易于维护。

SQL 中支持的注释在前面项目 4 中已经详细介绍。

8.3.2.3 流程控制语句

SQL Server 支持结构化编程方法，对顺序结构、选择分支结构和循环结构，都有相应的语句来实现。

在开发设计 SQL 程序时，常常需要使用流程控制语句来实现较复杂的功能，下面分别介绍 SQL Server 提供的流程控制语句，见表 8.5。

表 8.5　SQL Server 提供的流程控制语句

关 键 字	描　述
BEGIN…END	定义语句块
BREAK	退出最内层的 WHILE 循环
CONTINUE	重新开始 WHILE 循环
GOTO label	从 label 所定义的 label 之后的语句处继续进行处理
IF…ELSE	定义条件以及当一个条件为 FALSE 时的操作
RETURN	无条件退出
WAITFOR	为语句的执行设置延迟
WHILE	当特定条件为 TRUE 时重复语句

1. BEGIN…END结构

BEGIN…END关键字之间封装了一系列的SQL语句，形成一个语句块，代表一组一起执行的SQL语句。BEGIN…END的语法结构如下：

```
BEGIN
    SQL 语句 1
    SQL 语句 2
    ……
    SQL 语句 n
  END
```

BEGIN…END结构是将若干并行的语句结合在一起，也可称作复合语句或程序块。它的功能完全等同于其他高级语言中的BEGIN…END结构。一个块也类似于一个批处理作业，但它不同于批处理。一个块只能包含在一个批处理作业中，不能跨越批处理作业。而一个批处理中，可以包含多个块。

当程序执行到一个块结构时，是从它的第一个SQL语句开始执行的。如果块中的语句是循序结构，它就会按照语句的顺序逐个执行；如果有分支条件、循环、GOTO等语句，即按各语句的控制流程执行。

【实例8.10】 使用BEGIN…END结构显示“系部代号”为“01”的班级代号和班级名称。

```
USE SM
GO
BEGIN
    print '满足条件的班级：'
    SELECT 班级代码=clno,班级名称=clname
    FROM class
    WHERE dno='01'
END
GO
```

2. IF…ELSE语句

IF…ELSE语句用来实现选择结构，其语法格式如下。

```
IF 逻辑表达式
    语句 1
[ELSE
    语句 2]
```

当语句1或语句2是多条语句时，需使用BEGIN END结构，将这些语句组成一个复合语句，即语句块。

IF…ELSE语句允许嵌套，可以在其他IF之后或在ELSE下面，嵌套另一个IF语句，嵌套层数没有限制。

【实例8.11】 如果学号为“200701”的学生所选修的课程号为“10001”的成绩低于60分，则显示“不及格”；否则，显示“及格”。

```
USE sm
DECLARE @text1 char(6),@text2 char(6)
SET @text1='不及格'
SET @text2='及格'
IF (SELECT score
    FROM SC
    WHERE SNO='200701' AND CNO='10001')<60
    SELECT @text1
ELSE
    SELECT @text2
GO
```

【实例 8.12】 如果有选修 3 门课程以上的学生，就列出学生的姓名及选修课程门数；否则输出没有符合条件的信息。

```
BEGIN
    DECLARE @num INT
    SET @num=3
    IF EXISTS(SELECT COUNT(Cno)FROM SC
    GROUP BY Sno HAVING COUNT(Cno)>=@num)
    BEGIN
        SELECT '选课'+CAST(@num AS CHAR(2))+'门以上的学生名单'
        SELECT 姓名=Sname,COUNT(Cno)选课门数
        FROM SC,Student
        WHERE Student.Sno=SC.Sno GROUP BY Sname
        HAVING COUNT(Cno)>=@num
        ORDER BY COUNT(Cno)DESC
    END
  ELSE
    PRINT '没有选课'+CAST(@num AS CHAR(2))+'门以上的学生'
END
GO
```

【实例 8.13】 从成绩表中读出学生张源的成绩，将百分制转换为等级制（优、良、中、及格、不及格）。

```
DECLARE @score NUMERIC(4,1),@step VARCHAR(6)
BEGIN
  SELECT @score=score FROM student,SC
  WHERE student.sno=SC.sno AND Sname='张源'
  IF @score>=90 and @score<=100 SET @step='优'
  ELSE
    IF @score>=80 SET @step='良'
    ELSE
      IF @score>=70 SET @step='中'
      ELSE
```

```
        IF @score>=60 SET @step='及格'
        ELSE SET @step='不及格'
    PRINT @step
END
```

3. 多分支 CASE 表达式

CASE 表达式用于简化 SQL 表达式，它可以用在任何允许使用表达式的地方。注意：CASE 表达式不是语句，它不能单独执行，而只能作为语句的一部分来使用。

(1) 简单表达式。简单 CASE 表达式将一个测试表达式与一组简单表达式进行比较，如果某个简单表达式与测试表达式的值相等，则返回相应结果表达式的值。其语法格式如下：

```
CASE 测试表达式
WHEN 测试值 1 THEN 结果表达式 1
WHEN 测试值 2 THEN 结果表达式 2
...
[ELSE 结果表达式 n ]
END
```

【实例 8.14】 从学生表 Student 中，输出学生的学号、姓名及性别，当性别为“男”时则输出“Man”，当性别为“女”时则输出“Woman”。

```
SELECT 学号=Sno,姓名=Sname,性别=CASE Ssex
            WHEN '男' THEN 'Man'
            WHEN '女' THEN 'Woman'
              END
FROM Student
```

(2) 搜索表达式。与简单表达式不同的是，搜索表达式中，CASE 关键字后面不跟任何表达式，在各 WHEN 关键字后面跟的都是逻辑表达式，其语法格式如下：

```
CASE
    WHEN 逻辑表达式 1 THEN 结果表达式 1
    WHEN 逻辑表达式 2 THEN 结果表达式 2
...
[ELSE 结果表达式 n]
END
```

【实例 8.15】 给出课程号为“10002”的学生成绩单，凡成绩为空者输出“未考”，小于 60 分输出“不及格”，60 分到 70 分之间输出“及格”，70 分到 80 分之间输出“中”，80 分到 90 分之间输出“良好”，大于或等于 90 分输出“优秀”。

```
BEGIN
    DECLARE @C_name CHAR(20),@Cno CHAR(5)
    SET @Cno='10002'
    IF EXISTS (SELECT COUNT( * )FROM SC WHERE Cno=@Cno)
      BEGIN
```

```
        SET @C_name=(SELECT Cname FROM SC,Course
            WHERE SC.Cno=Course.Cno AND SC.Cno=@Cno)
            SELECT '选修课程:'+ @C_name + '的学生成绩单'
            SELECT 学号=Student.Sno,姓名=Sname,成绩=CASE
                WHEN score is null THEN '未考'
                WHEN score<60 THEN '不及格'
                WHEN score>=60 AND score<70 THEN '及格'
                WHEN score>=70 AND score<80 THEN '中'
                WHEN score>=80 AND score<90 THEN '良好'
                WHEN score>=90 THEN '优秀'
            END
        FROM Student,SC
        WHERE Student.Sno=SC.Sno AND Cno=@Cno
      END
    ELSE
        PRINT '没有选修'+ @C_name + '课程的学生'
END
GO
```

4. WHILE 语句

WHILE 语句用来实现循环结构，其语法格式如下：

```
WHILE 逻辑表达式
    语句块 1
    [BREAK]
    [CONTINUE]
    语句块 2
```

当逻辑表达式为真时，执行循环体，直到逻辑表达式为假。

BREAK 语句退出 WHILE 循环，CONTINUE 语句跳过 CONTINUE 语句行之后的语句块中的所有其他语句，开始下一次循环。

WHILE 语句可以嵌套。

【实例 8.16】 使用 WHILE 语句求 1～100 之和。

```
DECLARE @i INT, @sum INT
SELECT @i = 1, @sum=0
WHILE @i <=100
  BEGIN
    SELECT @sum = @sum + @i
    SELECT @i = @i + 1
  END
SELECT @sum
```

【实例 8.17】 使用 WHILE 语句求 2～10 的平方。

```
DECLARE @counter int
set @counter=2
```

```
WHILE @counter<=10
    BEGIN
        SELECT POWER(@counter,2)
        SET @counter=@counter+1
    END
GO
```

5. RETURN 语句

RETURN 语句实现无条件退出执行的批处理命令、存储过程或触发器。

6. GOTO 语句

GOTO 语句是无条件转移语句，语法格式为：

```
GOTO 标号
```

语句标号必须符合标识符规则。一个语句前面可以加一个标号，标号后面必须有冒号。执行 GOTO 语句使得程序强制性改变执行顺序。

【实验 12 流程控制语句】

1. 实验目的

（1）了解 SQL Server 程序设计的方法。

（2）熟悉流程控制语句的使用格式。

（3）熟练掌握流程控制语句的使用方法。

2. 实验知识的准备

充分理解批处理、流程控制等基本概念，掌握 IF 语句、WHLIE 语句、RETURN 语句和 CASE 语句。

（1）在服务器上创建学籍管理数据库 SM。

（2）在用户数据库 SM 中创建学生表（Student）、课程表（Course）、教师表（Teacher）、班级表（Class）、系表（Department）、授课表（TC）、课程类型表（Course-type）、选课表（SC）和职称表（Title）。

（3）向上述各数据表中添加实验数据。

3. 实验内容

（1）使用 IF 语句。

1）在学生表中，查找名为“宋涛”的同学，如果存在，显示该同学的信息；否则显示“查无此人”。

```
IF EXISTS (SELECT Sno FROM student WHERE Sname='宋涛')
    SELECT * FROM student WHERE Sname='宋涛'
ELSE
    PRINT '查无此人'
GO
```

2）查看有无选修 10002 号课程的记录，如果有，则显示“有”，并查询选修 10002 号课程的人数。

```
IF EXISTS (SELECT * FROM SC WHERE Cno='10002')
```

```
    BEGIN
        PRINT '有'
        SELECT Cno,COUNT(Cno)FROM SC WHERE Cno='10002' GROUP BY Cno
    END
GO
```

提示：IF 和 ELSE 只对后面的一条语句有效，如果后面要执行的语句多于一条，那么这些语句需要用 BEGIN…END 括起来，组成一个语句块。

（2）使用 WHILE 语句。

1）假设变量 X 的初始值为 0，每次加 1，直至 X 的值变为 5。

```
DECLARE @X INT
SET @X=0
WHILE @X<5
    BEGIN
        SET @X=@X+1
        PRINT 'x='+CONVERT(CHAR(1),@X)
    END
GO
```

2）执行下列语句与上题的执行结果作比较。

```
DECLARE @X INT
SET @X=0
WHILE @X<5
    BEGIN
        SET @X=@X+1
        PRINT 'x='+CONVERT(CHAR(1),@X)
        BREAK
    END
GO
```

3）执行下列语句与上题的执行结果作比较。

```
DECLARE @X INT
SET @X=0
WHILE @X<5
    BEGIN
        SET @X=@X+1
        PRINT 'x='+CONVERT(CHAR(1),@X)
        IF(@X=2)CONTINUE
        PRINT 'X IS NOT 2'
    END
GO
```

（3）使用 WAITFOR 语句。

1）指示 SQL Server 等到当天下午 15：00：00，才执行查询操作。

```
USE SM
GO
WAITFOR TIME '15:00:00'
SELECT * FROM Student
GO
```

2）指示 SQL Server 等待 15s 后，查询学生表 Student。

```
USE SM
GO
WAITFOR DELAY '00:00:15'
SELECT * FROM Student
GO
```

（4）课堂实例验证。

8.3.3 用户自定义函数

SQL Server 不仅提供了系统内置函数，还允许用户创建自己的函数。在实际编程过程中，除了可以直接使用系统提供的内置函数以外，SQL Server 还允许用户使用自定义的函数。用户定义的函数由一个或多个 T－SQL 语句组成，一般是为了方便重用而建立的。

在 SQL Server 中使用用户自定义函数有以下优点：

（1）允许模块化程序设计。

（2）执行速度更快。

（3）减少网络流量。

8.3.3.1 基本概念

尽管系统提供了许多内置函数，编程时可以按需要调用。由于应用环境的千差万别，往往还需要用户自定义函数，提高应用程序的开发效率，保证程序的高质量。

用户自定义函数可以有输入参数并返回值，但没有输出参数。当函数的参数有默认值时，调用该函数时必须明确指定 DEFAULT 关键字才能获取默认值。

可使用 CREATE FUNCTION 语句创建，使用 ALTER FUNCTION 语句修改，使用 DROP FUNCTION 语句删除用户自定义函数。

SQL Server 2008 中用户自定义函数可分为标量函数和表值函数两大类，其中，表值函数可再分为内嵌（联）表值函数和多语句表值函数。

标量，也就是常量，如整型、字符串型。标量函数返回在 RETURNS 子句中定义的单个函数值，而内嵌表值函数和多语句表函数返回的是一个表。两者的不同是内嵌表值函数没有函数主体，是通过 Select 语句的结果集作为返回的表。而多语句表值函数则是通过 BEGIN…END 块中定义的函数主体，有 SQL 语句生成一个临时表返回。

8.3.3.2 创建用户自定义函数

1．建立标量函数

创建标量函数的语法格式如下：

```
CREATE FUNCTION [所有者名称.]函数名称
```

```
[({@参数名称 [AS] 参数数据类型=[默认值]}[…n])]
RETURNS 标量数据类型
[AS]
BEGIN
  函数体
  RETURN 标量表达式
END
```

其中：

函数的所有者：一般可以省略，谁创建谁拥有。

函数名称：符合标识符命名规则。

参数表：函数名之后圆括号内的内容称作参数表。表中可以有一个或多个参数，各参数之间用逗号分隔。每个参数必须用字符@开头，给出一个参数名，之后应有数据类型，还可以根据需要设置一个默认值。

标量数据类型：一个标量函数，只能有一个返回值，标量数据类型指定返回值的数据类型。

函数体：通常由一个或多个 SQL 语句组成，实现函数的功能。

标量表达式：是一个与标量数据类型相一致的表达式。函数返回的就是此类型的一个标量值。

【实例 8.18】 自定义一个函数，其功能是将一个百分制的成绩按范围转换成“优秀”、“良好”、“及格”、“不及格”。

```
CREATE FUNCTION SC_Grade              --给出函数名
(@Grade INT)                          --参数表中定义了一个参数
RETURNS CHAR(8)                       --返回值是字符类型
AS
BEGIN                                 --函数体的开始
    DECLARE @info CHAR(8)             --定义一个字符变量,用于存放返回结果
    IF @Grade>=90 SET @info='优秀'
    ELSE IF @Grade>=80 SET @info='良好'
    ELSE IF @Grade>=60 SET @info='及格'
    ELSE SET @info='不及格'
    RETURN @info
END
GO
```

【实例 8.19】 自定义一个函数，其功能是将学生考试成绩转换成学分的功能。如果考试通过获得该课程的学分，否则获得学分为 0。入口参数：成绩和课程学分；返回应得学分。

```
CREATE FUNCTION CreditConvert( @score NUMERIC(3,1),@CCredits NUMERIC (3,1))
  --@score:考试成绩
  --@CCredits:课程规定学分
  RETURNS NUMERIC (5,2) --应得学分
```

```
  AS
  BEGIN
    RETURN
    CASE SIGN(@score－60)
      WHEN 1 THEN @CCredits
      WHEN 0 THEN @CCredits
      WHEN －1 THEN 0
      END
  END
```

【实例 8.20】 自定义一个函数，其功能是进行年龄的计算。

```
CREATE FUNCTION GetAge(@StuBrith DATETIME,@Today DATETIME)
RETURNS INT
AS
BEGIN
  DECLARE @StuAge INT
  SET @StuAge=(YEAR(@Today)- YEAR(@StuBrith))
  RETURN @StuAge
END
GO
```

2. 建立内嵌表函数

因为标量函数规定一次调用只能返回一个单值，它一般用于表达式中，其功能较局限。如果想通过一次函数调用，返回多个值，标量函数无法实现。因此 T-SQL 提供了功能强大的内嵌表值函数。

创建内嵌表值函数的语法格式如下：

```
CREATE FUNCTION [所有者名称.]函数名称
  [({@参数名称 [AS] 参数数据类型=[默认值]}[…n])]
  RETURNS TABLE
  [AS]
  RETURN [(SELECT 语句)]
```

其中：

函数的拥有者、函数名、参数表的规则和功能同标量函数说明。

RETURNS TABLE：表示函数返回的不是一个值，而是一个数据表。

SELECT 语句：给出内嵌表值函数返回的值。

【实例 8.21】 定义一个内嵌值函数，通过课程名、系名称，可以查询某系中选修了该课程的全部学生名单和成绩。

```
USE SM
GO
CREATE FUNCTION D_CourseG(@cname varchar(40),@dept char(16))
RETURNS TABLE
AS
```

```
RETURN(SELECT 姓名=Sname,课程名=Cname,Score 成绩
    FROM SC,Student,Course,class,department
    WHERE SC.SNO=Student.Sno AND
        SC.Cno=Course.Cno AND Course.Cname=@cname AND
        Student.CLno=Class.CLno AND Class.Dno=Department.Dno
        AND Department.Dname=@dept)
GO
```

3. *建立多语句表值函数*

创建多语句表值函数的语法格式如下：

```
CREATE FUNCTION [所有者名称.]函数名称
  [({@参数名称 [AS] 参数数据类型=[默认值]}[…n])]
  RETURNS @表名变量 TABLE 表的定义
  [AS]
     BEGIN
        函数体
        RETURN
     END
```

【实例8.22】 在学籍管理数据库SM中，创建一个多语句表值函数，它可以查询指定班级每个学生的选课数，该函数接收输入的班级编号，返回学生的选课数。

```
USE SM
GO
CREATE FUNCTION class_ct(@classno char(6))
  RETURNS @STU_CLASS TABLE(学号 CHAR(8)PRIMARY KEY,
                     姓名 CHAR(10),
                     选课数 INT)
  AS
  BEGIN
    DECLARE @OrderCls TABLE(学号 CHAR(8),
                      选课数 INT)
    INSERT @OrderCls
      SELECT 学号=Sno,选课数=COUNT(Cno)
      FROM SC GROUP BY Sno
    INSERT @STU_CLASS
      SELECT 学号=Student.Sno,姓名=Sname,B.选课数
      FROM Student,@OrderCls B
      WHERE Student.Sno=B.学号 AND CLno=@classno
  RETURN
  END
GO
```

8.3.3.3 函数的调用

函数定义好后，可以供其他的T-SQL语句调用。在调用时，实际参数的数据类型

必须与形式参数的数据类型一致；否则，系统不能执行，返回错误信息。

【实例 8.23】 标量函数的调用，使用［实例 8.18］定义的函数，查询课程编号是10001的学生的成绩。

```
USE SM
GO
SELECT 姓名=Sname,课程名称=Cname,成绩=dbo.SC_Grade(Score)
FROM SC,Course,Student
WHERE SC.Sno=Student.Sno AND SC.Cno=Course.Cno AND SC.Cno='10001'
GO
```

【实例 8.24】 标量函数的调用，使用［实例 8.19］定义的函数，查询班级编号为200701的学生的学分。

```
USE SM
GO
SELECT 姓名=Sname,课程名称=Cname,学分=dbo.CreditConvert(Score,Ccredits)
FROM SC,Course,Student
WHERE SC.Sno=Student.Sno AND SC.Cno=Course.Cno AND Student.CLno='200701'
GO
```

【实例 8.25】 内嵌表值函数的调用，使用［实例 8.21］定义的函数，查询系名称为信息工程系，课程名称为数据库技术的学生成绩单。

```
USE SM
GO
SELECT * FROM dbo.D_CourseG('数据库技术','信息工程')
GO
```

【实例 8.26】 多语句表值函数的调用，使用［实例 8.22］定义的函数，查询班级编号为200701的每个学生的选课数。

```
USE SM
GO
SELECT 班级编号='200701',* FROM dbo.class_ct('200701')
GO
```

8.3.3.4 修改和删除用户自定义函数

使用ALTER FUNCTION语句可以修改用户自定义函数，但是不能更改函数的类型，即标量值函数不能更改为表值函数，反之亦然。同样的，也不能将内嵌表值函数更改为多语句表值函数，反之亦然。

使用DROP FUNCTION语句删除一个或多个用户定义函数。

在对象资源管理器中也可以建立和修改用户自定义函数，如图8.1所示，与在查询分析器中的工作方式基本类似。

下面给出创建“用户自定义函数”的操作步骤。

(1) 在对象资源管理器中依次展开节点到数据库SM→“可编程性”→“函数”

节点。

(2) 如果新建用户定义函数，则右击，在弹出的快捷菜单中选择“新建”命令，在打开的级联菜单中选择需要创建的函数类型后，再添加相应代码即可，如图 8.1 所示。在这里可以编辑函数。

(3) 如果是修改已有函数的定义，则右击要修改的函数，在弹出的快捷菜单中，选择“修改”命令，则调出“用户定义函数”窗口，如图 8.1 所示，在这里可以修改函数的定义。

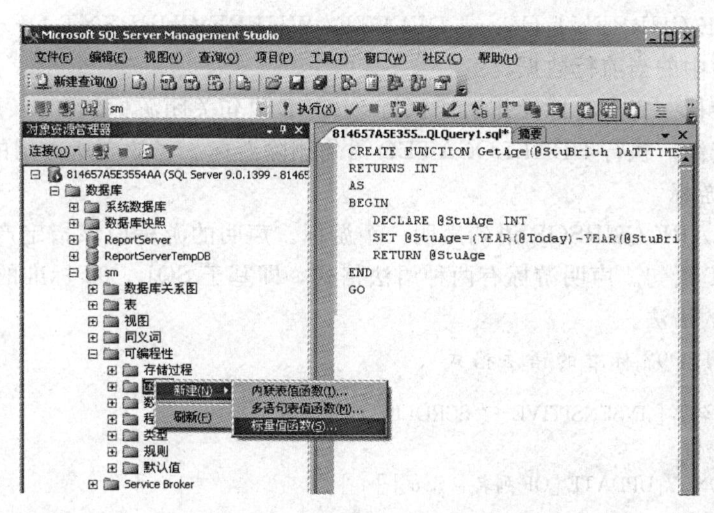

图 8.1 创建用户自定义函数窗口

(4) 如果是删除已有函数的定义，则右击要删除的函数，在弹出的快捷菜单中，选择“删除”命令，则弹出“删除对象”对话框，单击“确定”按钮即可。

8.3.4 游标及其使用

数据库的游标是类似于 C 语言指针一样的语言结构。通常情况下，数据库执行的大多数 SQL 命令都是同时处理集合内部的所有数据。但是，有时候用户也需要对这些数据集合中的每一行进行操作。在没有游标的情况下，这种工作不得不放到数据库前端，用高级语言来实现。这将导致不必要的数据传输，从而延长执行的时间。通过使用游标，可以在服务器端有效地解决这个问题。游标提供了一种在服务器内部处理结果集的方法，它可以识别一个数据集合内部指定的工作行，从而可以有选择地按行采取操作。

游标的功能比较复杂，要灵活使用游标需要花费较长的时间练习和积累经验。本书只介绍使用游标最基本和最常用的方法。如果想进一步学习，可以参考数据库的相关书籍。

游标主要用在存储过程、触发器和 Transcat-SQL 脚本中，使用游标，可以对由 SELECT 语句返回的结果集进行逐行处理。

SELECT 语句返回所有满足条件的完整记录集，在数据库应用程序中常常需要处理结果集的一行或多行。游标（CURSOR）是结果集的逻辑扩展，可以看作是指向结果集的一个指针，通过使用游标，应用程序可以逐行访问并处理结果集。

游标支持以下功能：

(1) 在结果集中定位特定行。

(2) 从结果集的当前位置检索行。

(3) 支持对结果集中当前位置的行进行数据修改。

一般情况下，游标的使用应遵循如下的步骤：

(1) 声明游标。使用 DECLARE 语句定义游标的类型和属性。

(2) 打开游标。使用 OPEN 语句打开和填充游标。

(3) 使用游标。使用 FETCH 语句读取游标中的单行数据。如果需要，使用 UPDATE… WHERE CURRENT OF… 或 DELETE… WHERE CURRENT OF… 语句定位修改或删除游标基表中的当前行数据。

(4) 关闭游标。完成游标操作后，执行 CLOSE 语句关闭游标。

(5) 释放资源。执行 DEALLOCATED 语句删除游标、释放它所占用的所有资源。

8.3.4.1 声明游标

使用 DECLARE CURSOR 语句声明一个游标。声明的游标应该指定产生该游标的结果集的 SELECT 语句。声明游标有两种语法格式，即基于 SQL－92 标准的语法和 Transact－SQL 扩展的语法。

1. 基于 SQL－92 标准的语法格式

```
DECLARE 游标名称 [ INSENSITIVE ] [ SCROLL ] CURSOR
FOR SELECT 语句
[FOR {READ ONLY|UPDATE [OF 列名 [ ,…n ] ] } ]
```

其中：

游标名称为声明的游标所取的名字，声明游标必须遵守 Transact－SQL 对标识符的命名规则。

使用 INSENSITIVE 定义的游标，把提取出来的数据放入一个在 tempdb 数据库创建的临时表里。任何通过这个游标进行的操作，都在这个临时表里进行。所以所有对基本表的改动都不会在用游标进行的操作中体现出来。如果忽略了 INSENSITIVE 关键字，那么用户对基本表所做的任何操作，都将在游标中得到体现。

使用 SCROLL 关键字定义的游标，具有包括如下所示的所有取数功能：

FIRST　取第一行数据。

LAST　取最后一行数据。

PRIOR　取前一行数据。

NEXT　取后一行数据。

RELATIVE　按相对位置取数据。

ABSOLUTE　按绝对位置取数据。

如果没有在声明时使用 SCROLL 关键字，那么所声明的游标只具有默认的 NEXT 功能。

READ ONLY 声明只读光标，不允许通过只读光标进行数据的更新。

UPDATE［OF 列名 1，列名 2，列名 3 …］定义在这个游标里可以更新的列。如果定义了［OF 列名 1，列名 2，列名 3 …］，那么只有列在表中的列可以被更新；如果没有

定义［OF 列名1，列名2，列名3 …］，那么游标里的所有列都可以被更新。

2. Transact－SQL 扩展的语法格式

```
DECLARE 游标名称 CURSOR
[ LOCAL | GLOBAL ]
[ FORWARD_ONLY | SCROLL ]
[ STATIC | KEYSET | DYNAMIC | FAST_FORWARD ]
[ READ_ONLY | SCROLL_LOCKS | OPTIMISTIC ]
[ TYPE_WARNING ]
FOR SELECT 语句
[ FOR UPDATE [ OF 列名 [ ,…n ] ] ]
```

其中：

LOCAL：指定该游标的作用域对在其中创建它的批处理、存储过程或触发器是局部的。该游标名称仅在这个作用域内有效。在批处理、存储过程、触发器或存储过程 OUTPUT 参数中，该游标可由局部游标变量引用。OUTPUT 参数用于将局部游标传递回调用批处理、存储过程或触发器，它们可以在存储过程终止后给游标变量指派参数使其引用游标。除非 OUTPUT 参数将游标传递回来，否则游标将在批处理、存储过程或触发器终止时隐性释放。如果 OUTPUT 参数将游标传递回来，游标在最后引用它的变量释放或离开作用域时释放。

GLOBAL：指定该游标的作用域对连接是全局的。在由连接执行的任何存储过程或批处理中，都可以引用该游标名称。该游标仅在脱节时隐性释放。

FORWARD_ONLY：指定游标只能从第一行滚动到最后一行。FETCH NEXT 是唯一受支持的提取选项。如果在指定 FORWARD_ONLY 时不指定 STATIC、KEYSET 和 DYNIMIC 关键字，则游标作为 DYNAMIC 游标进行操作。如果 FORWARD_ONLY 和 SCROLL 均未指定，除非指定 STATIC、KEYSET 或 DYNAMIC 关键字，否则默认为 FORWARD_ONLY。STATIC、KEYSET 和 DYNAMIC 游标默认为 SCROLL。与 ODBC 和 ADO 这类数据库 API 不同，STATIC、KEYSET 和 DYNAMIC T－SQL 游标支持 FORWARD_ONLY。FAST_FORWARD 和 FORWARD_ONLY 是互斥的；如果指定一个，则不能指定另一个。

STATIC：定义一个游标，以创建由该游标使用的数据的临时副本。对游标的所有请求都从 tempdb 中的该临时表中得到应答；因此，在对该游标进行提取操作时返回的数据中不反映对基表所做的修改，并且该游标不允许修改。

KEYSET：指定当游标打开时，游标中行的成员资格和顺序已经固定。对行进行唯一标识的键集内置在 tempdb 内一个称为 keyset 的表中。对基表中的非键值所做的更改（由游标所有者更改或其他用户提交）在用户滚动游标时是可视的。其他用户进行的插入是不可视的（不能通过 T－SQL 服务器游标进行插入）。如果某行已删除，则对该行的提取操作将返回@@FETCH_STATUS 值为－2。从游标外更新键值类似于删除旧行后接着插入新行的操作。含有新值的行不可视，对含有旧值的行的提取操作将返回@@ FETCH_STATUS 值为－2。如果通过指定 WHERE CURRENT OF 子句用游标完成更新，则新值可视。

DYNAMIC：定义一个游标，以反映在滚动游标时对结果集内的行所做的所有数据更改。行的数据值、顺序和成员在每次提取时都会更改。动态游标不支持ABSOLUTE提取选项。

FAST_FORWARD：指定启用了性能优化的FORWARD_ONLY、READ_ONLY游标。如果指定FAST_FORWARD，则不能指定SCROLL或FOR_UPDATE。FAST_FORWARD和FORWARD_ONLY是互斥的；如果指定一个，则不能指定另一个。

SCROLL_LOCKS：指定确保通过游标完成的定位更新或定位删除可以成功。当将行读入游标以确保它们可用于以后的修改时，SQL Server会锁定这些行。如果还指定了FAST_FORWARD，则不能指定SCROLL_LOCKS。

OPTIMISTIC：指定如果行自从被读入游标以来已得到更新，则通过游标进行的定位更新或定位删除不成功。当将行读入游标时SQL Server不锁定行；相反，SQL Server使用timestamp列值的比较，或者如果表没有timestamp列则使用校验值，以确定将行读入游标后是否已修改该行。如果已修改该行，尝试进行的定位更新或定位删除将失败。如果还指定了FAST_FORWARD，则不能指定OPTIMISTIC。

TYPE_WARNING：指定如果游标从所请求的类型隐性转换为另一种类型，则给客户端发警告信息。

8.3.4.2 使用游标

当游标声明后就可以使用。使用的方法是先打开游标，然后通过游标获取数据。

1. 打开游标

使用OPEN语句填充该游标。该语句将执行DECLARE CURSOR语句中的SELECT语句。

语法格式如下：

```
OPEN [GLOBAL] 游标名
```

其中，GLOBAL参数表示要打开的是全局游标。要判断打开游标是否成功，可以通过判定全局变量@@ERROR是否为0来确定；等于0表示成功，否则表示失败。当游标打开成功后，可以通过全局变量@@CURSOR_ROWS来获取这个游标中的记录行数。

−m：表示标中的数据已部分填入游标。m是数据子集中当前的行数。

−1：游标为动态，符合游标的行数不断变化。

0：没有被打开的游标，或最后打开的游标已被关闭或被释放。

n：表中的数据已完全填入游标，返回值n是游标中的总行数。

打开游标，将执行相应的SELECT语句，把满足查询条件的所有记录从表中取到缓冲区中。此时游标被激活，指针指向结果集中的第一条记录。

2. 从游标中获取数据

使用FETCH语句，将缓冲区中的当前记录取出送至主变量供宿主语言进一步处理。同时，把游标指针向前推进一条记录。

使用FETCH语句，从结果集中检索单独的行。语法格式如下：

```
FETCH [NEXT | PRIOR | FIRST | LAST | ABSOLUTE{n|@nvar}|RELATIVE {n|@nvar}]
FROM [GLOBAL]游标名称
[INTO @变量名 [ ,…n ] ]
```

用@@FETCH_STATUS返回被FETCH语句执行的最后游标的状态。返回类型为integer。返回值含义如下：

（1）0：FETCH语句成功。

（2）－1：FETCH语句失败或此行不在结果集中。

（3）－2：被提取的行不存在。

在任何提取操作出现前，@@FETCH_STATUS的值没有定义。

推进游标的目的是为了取出缓冲区中的下一条记录。因此FETCH语句通常用在一个循环结构语句中，逐条取出结果集中的所有记录进行处理。如果记录已被取完，则SQLCA. SQLCODE返回值为100。

3. 关闭游标

用CLOSE语句关闭游标，释放结果集占用的缓冲区及其他资源。但是，被关闭的游标可以用OPEN语句重新初始化，与新的查询结果相联系。

语法格式为：

```
CLOSE 游标名称
```

4. 释放游标

使用DEALLOCATE语句从当前的会话中移除游标的引用。该过程完全释放分配给游标的所有资源。游标释放之后不可以用OPEN语句重新打开，必须使用DECLARE语句重建游标。

语法格式为：

```
DEALLOCATE 游标名称
```

8.3.4.3 游标使用实例

【实例8.27】 在学籍管理数据库SM中，使用游标student_sex，查询所有女生的信息。

```
USE SM
DECLARE student_sex CURSOR
FOR
SELECT * FROM student WHERE ssex='女'
OPEN student_sex
FETCH NEXT FROM student_sex
WHILE @@FETCH_STATUS=0
  BEGIN
      FETCH NEXT FROM student_sex
  END
CLOSE student_sex
DEALLOCATE student_sex
```

【实例 8.28】 统计"数据库技术"课程考试成绩的各分数段的分布情况。

```
DECLARE course_grade CURSOR FOR
SELECT score FROM SC
WHERE CNO=(SELECT CNO FROM Course
            WHERE cname='数据库技术')
DECLARE @G_100 SMALLINT,@G_90 SMALLINT,@G_80 SMALLINT
DECLARE @G_70 SMALLINT,@G_60 SMALLINT,@G_others SMALLINT
declare @G_grade SMALLINT
SET @G_100=0
SET @G_90=0
SET @G_80=0
SET @G_70=0
SET @G_60=0
SET @G_others =0
SET @G_grade =0
OPEN course_grade
LOOP:
fetch next from course_grade into @g_grade
IF (@g_grade=100)SET @g_100=@g_100+1
    ELSE IF (@g_grade>=90)SET @g_90=@g_90+1
      ELSE IF (@g_grade>=80)SET @g_80=@g_80+1
        ELSE IF (@g_grade>=70)SET @g_70=@g_70+1
          ELSE IF (@g_grade>=60)SET @g_60=@g_60+1
            ELSE SET @g_others =@g_others+1
IF (@@FETCH_STATUS=0)GOTO LOOP
PRINT STR(@G_100)+','+STR(@G_90)+','+STR(@G_80)+','
PRINT STR(@G_70)+','+STR(@G_60)+','+STR(@G_others)
CLOSE course_grade
DEALLOCATE course_grade
```

【实例 8.29】 定义一个游标，将所有教师的姓名、职称显示出来。

```
DECLARE @t_name VARCHAR(8),@t_profession VARCHAR(16)
DECLARE teacher_cursor SCROLL CURSOR FOR
SELECT Tname,TTinfo FROM Teacher,Title
WHERE Teacher.TTcode=Title.TTcode FOR READ ONLY
OPEN teacher_cursor
FETCH FROM teacher_cursor INTO @T_name,@T_profession
WHILE @@FETCH_STATUS=0
    BEGIN
      PRINT '教师姓名:'+@T_name+'        '+'职称:'+@T_profession
      FETCH FROM teacher_cursor INTO @T_name,@T_profession
    END
CLOSE teacher_cursor
DEALLOCATE teacher_cursor
```

【实例 8.30】 定义一个游标，将教师表中记录号为 5 的教师的职称由“副教授”改为“正教授”。

```
DECLARE teacher_update SCROLL CURSOR FOR
SELECT Tname,TTinfo FROM Teacher,Title
WHERE Teacher. TTcode=Title. TTcode FOR UPDATE OF Teacher. TTcode
OPEN teacher_update
FETCH ABSOLUTE 5 FROM teacher_update
UPDATE teacher
SET TTcode='04'
WHERE CURRENT OF teacher_update
FETCH ABSOLUTE 5 FROM teacher_update
CLOSE teacher_update
DEALLOCATE teacher_update
```

【实例 8.31】 定义一个游标 Teacher_delete，删除教师表中最后一行的数据。

```
USE SM
GO
SELECT * FROM Teacher
GO
DECLARE Teacher_delete CURSOR SCROLL
    FOR
    SELECT * FROM Teacher
OPEN Teacher_delete
FETCH LAST FROM Teacher_delete
DELETE FROM Teacher
    WHERE CURRENT OF Teacher_delete
CLOSE Teacher_delete
DEALLOCATE Teacher_delete
GO
```

【实验 13 游标】

1. 实验目的

（1）了解游标的使用过程。

（2）掌握如何声明游标。

（3）掌握打开和关闭游标的方法。

（4）掌握使用游标逐行操纵 SELECT 语句结果集数据的技能。

2. 实验准备

（1）在服务器上创建学籍管理数据库 SM。

（2）在用户数据库 SM 中创建学生表（Student）、课程表（Course）、教师表（Teacher）、班级表（Class）、系表（Department）、授课表（TC）、课程类型表（Course-type）、选课表（SC）和职称表（Title）。

（3）向上述各数据表中添加实验数据。

3. 实验内容

（1）定义一个游标 student_cursor，逐行读取学生表 student 中的数据。

```
USE SM
GO
SELECT * FROM student
GO
DECLARE student_cursor CURSOR   --声明游标
  FOR SELECT * FROM student
OPEN student_cursor   --打开游标
FETCH NEXT FROM student_cursor      --读取该游标中的第一行数据
WHILE @@FETCU_STATUS=0
    BEGIN
        FETCH NEXT FROM student_cursor
    END
CLOSE student_cursor
DEALLOCATE student_cursor
```

（2）定义一个游标 student1_cursor，删除学生表 student 中第一行的数据。

```
USE SM
GO
SELECT * FROM student   --显示修改前表 student 中的所有数据
GO
DECLARE student1_cursor CURSOR   --声明游标
  FOR SELECT * FROM student
OPEN student1_cursor   --打开游标
FETCH NEXT FROM student1_cursor   --读取该游标中的第一行数据
DELETE FROM student
WHERE CURRENT OF student1_cursor
CLOSE student1_cursor
DEALLOCATE student1_cursor
GO
SELECT * FROM student   --显示修改后表 student 中的所有数据
```

（3）定义一个游标 student1_cursor，更新学生表 student 中的数据。

```
USE SM
GO
SELECT * FROM student   --显示修改前表 student 中的所有数据
GO
DECLARE student1_cursor CURSOR   --声明游标
  FOR SELECT * FROM student
OPEN student1_cursor   --打开游标
FETCH NEXT FROM student1_cursor   --读取该游标中的第一行数据
UPDATE student SET SNO='200833'
WHERE CURRENT OF student1_cursor
```

```
CLOSE student1_cursor
DEALLOCATE student1_cursor
GO
SELECT * FROM student  --显示修改后表 student 中的所有数据
```

(4) 课堂实例与作业验证。

8.3.5 存储过程

我们知道，数据库操作既可以通过图形界面完成，也可以通过 T-SQL 语句完成。实际应用中数据库管理员喜欢通过 T-SQL 语句来完成数据库的操作。那么能否将一些 T-SQL语句打包成一个数据库对象并存储在 SQL Server 服务器上，等到需要时，就调用或触发这些 T-SQL 语句呢？其实系统存储过程就是这样做的，它不必每次重复编写 T-SQL 语句，只要编写一次，想什么时候执行就什么时候去调用，大大加快了数据库的操作速度。

通过本任务的实施，使读者掌握：

(1) 存储过程的概念、功能和类型；

(2) 创建、修改和删除存储过程的 T-SQL 语句；

(3) 在存储过程中定义和使用输入、输出参数。

获取的技能：

(1) 使用对象资源管理器和 T-SQL 语句创建、修改和删除存储过程的能力；

(2) 调用存储过程的能力；

(3) 实施存储过程应用管理的能力；

(4) 在实际开发时能灵活运用存储过程以提高开发效率。

8.3.5.1 存储过程的概念

SQL Server 应用操作中，存储过程和触发器扮演相当重要的角色，不仅能提高应用效率，确保一致性，更能提高系统执行速度。同时，使用触发器来完成业务规则，达到简化程序设计的目的。

1. 存储过程的定义与特点

(1) 存储过程的定义。存储过程是一种数据库对象，是为了实现某个特定任务，将一组预编译的 SQL 语句以一个存储单元的形式存储在服务器上，供用户调用。存储过程在第一次执行时进行编译，然后将编译好的代码保存在高速缓存中便于以后调用，这样可以提高代码的执行效率。

存储过程就是预先编译和优化并存储于数据库中的过程。

存储过程是由一系列对数据库进行复杂操作的 SQL 语句、流程控制语句或函数组成的批处理作业。它像规则、视图那样作为一个独立的数据库对象进行存储管理。存储过程通常是在 SQL Server 服务器上预先定义并编译成可执行计划。在调用它时，可以接收参数、返回状态值和参数值，并允许嵌套调用。

(2) 存储过程的特点。

1) 存储过程的能力大大增强了 SQL 语言的功能和灵活性。存储过程可以用流控制语句编写，有很强的灵活性，可以完成复杂的判断和较复杂的运算。

2）可保证数据的安全性和完整性。通过存储过程可以使没有权限的用户在控制之下间接地存取数据库，从而保证数据的安全。通过存储过程可以使相关的动作在一起发生，从而可以维护数据库的完整性。

3）更快的执行速度。在运行存储过程前，数据库已对其进行了语法和句法分析，并给出了优化执行方案。这种已经编译好的过程可极大地改善SQL语句的性能。由于执行SQL语句的大部分工作已经完成，所以存储过程能以极快的速度执行。

4）可以降低网络的通信量。

5）使体现企业规则的运算程序放入数据库服务器中，以便集中控制。

当企业规则发生变化时在服务器中改变存储过程即可，无须修改任何应用程序。企业规则的特点是要经常变化，如果把体现企业规则的运算程序放入应用程序中，则当企业规则发生变化时，就需要修改应用程序，工作量非常之大（修改、发行和安装应用程序）。如果把体现企业规则的运算放入存储过程中，则当企业规则发生变化时，只要修改存储过程就可以了，应用程序无须任何变化。

2. 存储过程的类型

（1）系统存储过程。

系统存储过程（System Stored Procedures）主要存储在master数据库中，以sp_开头，用来进行系统的各项设定，获取信息，从而为系统管理员管理SQL Server提供支持。

系统存储过程我们以前接触过：

execute sp_help 表名：查看表的结构。

execute sp_helpindex 表名：查看表上的索引信息。

execute sp_helptext 视图名：查看视图的定义信息。

SQL Server提供了很多系统存储过程，用于系统管理、用户登录管理、权限设置、数据库对象管理、数据复制等操作。

（2）用户自定义的存储过程。

用户定义的存储过程可分为本地存储过程（Local Stored Procedures）、远程存储过程（Remote Stored Procedures）、临时存储过程（Temporary Stored Procedures）、扩展存储过程（Extended Stored Procedures）等。在这里只讨论本地存储过程。

由用户在当前工作的数据库中创建的存储过程，称作本地存储过程。事实上一般所说的存储过程指的就是本地存储过程。

8.3.5.2 创建存储过程

用户自定义存储过程有两种方法：可以使用T-SQL语言的CREATE PROCEDURE语句创建存储过程，也可以使用对象资源管理器向导创建存储过程。创建和使用存储过程都必须遵循如下的规则：

（1）不能将CREATE PROCEDURE语句与其他的SQL语句组合到单个批处理中。

（2）创建存储过程的权限默认为属于数据库所有者，该所有者可以把此权限授予其他用户。

（3）存储过程是数据库对象，其名称必须遵守标识符规则。名称标识符的长度最大为128位，且数据库中必须唯一。

(4) 只能在当前数据库中创建存储过程。

(5) 每个存储过程最多可以使用 1024 个参数。

(6) 存储过程最大支持 32 层嵌套。

1. 使用对象资源管理器创建存储过程

(1) 启动对象资源管理器，登录到要使用的服务器。

(2) 在对象资源管理器控制台根目录中展开要建立存储过程的数据库，依次展开“可编程性”→“存储过程”节点，右击“存储过程”节点，在弹出的快捷菜单中选择“新建存储过程”命令。打开创建存储过程的初始界面，如图 8.2 所示。

(3) 将初始代码清除，输入存储过程文本。输入完成后，单击“分析”按钮，检查语法是否正确。

(4) 若无语法错误，单击“执行”按钮，将在数据库中创建存储过程。

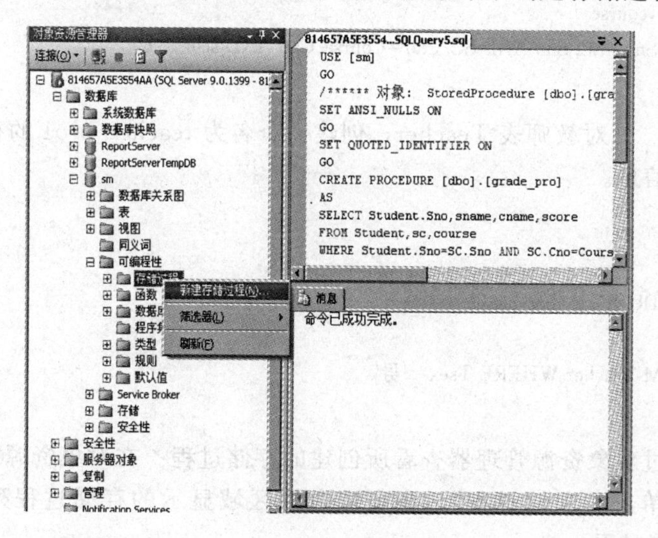

图 8.2 新建存储过程

2. 使用 SQL 语句创建存储过程

存储过程按返回的数据类型，可分为两类：一类类似于 SELECT 语句，用于查询数据，查询到的数据以结果集的形式给出；另一类存储过程是通过输出参数返回信息，或不返回信息，只执行一个动作。存储过程可以嵌套，即一个存储过程的内部可以调用另一个存储过程。

(1) 创建不带参数的存储过程。

创建不带参数存储过程的基本语法如下：

```
CREATE PROCEDURE <存储过程名>
[WITH ENCRYPTION]
[WITH RECOMPILE]
AS
SQL 语句
```

其中：

存储过程名：指明所要创建的存储过程的名称。

WITH ENCRYPTION：对存储过程加密。

WITH RECOMPILE：对存储过程重新编译。

SQL语句：在存储过程中需要执行的数据库操作。

【实例8.32】 在SM数据库中，创建一个名为grade_pro的存储过程，用于查询不及格学生的成绩信息（包括学号、姓名、课程名称、成绩）。

```
USE SM
GO
CREATE PROCEDURE grade_pro
AS
SELECT Student.Sno,sname,cname,score
FROM Student,sc,course
WHERE Student.Sno=SC.Sno AND SC.Cno=Course.Cno AND score<60
GO
```

【实例8.33】 针对教师表Teacher，创建一个名为teacher_pro1的存储过程，用于查询所有男教师的信息。

```
USE SM
GO
CREATE PROCEDURE teacher_pro1
AS
SELECT * FROM Teacher WHERE Tsex='男'
GO
```

用户可以通过对象资源管理器查看所创建的存储过程。在对象资源管理器中，展开数据库SM节点，单击“存储过程”，在窗口右侧区域显示的存储过程列表中，可以看到teacher_pro1存储过程。

不带参数的简单存储过程类似于将一组SQL语句起个名字，然后就可以在需要时反复调用。复杂一些的则要有输入和输出参数。

（2）创建带输入参数的存储过程。一个存储过程可以带一个或多个输入参数，输入参数是指由调用程序向存储过程传递的参数，它们在创建存储过程语句中被定义，在执行存储过程中给出相应的参数值。

创建带输入参数的存储过程的语法格式如下：

```
CREATE PROCEDURE 存储过程名
@参数名 数据类型[=默认值][,...n]
[WITH ENCRYPTION]
[WITH RECOMPILE]
AS
SQL语句
```

【实例8.34】 使用输入参数（课程名称），创建一个存储过程ssc_pro1，用于查询某门课程的选修情况，包括学号、姓名、课程名称和成绩。

```
USE SM
GO
CREATE PROCEDURE ssc_pro1
@scname varchar(30)
AS
SELECT Student. Sno,sname,cname,score
FROM Student,sc,course
WHERE Student. Sno=SC. Sno AND SC. Cno=Course. Cno AND Cname=@scname
GO
```

【实例 8.35】 使用默认值参数，如果希望不给参数时，能查询所有课程的选课情况，则可以使用默认值来实现。

```
USE SM
GO
CREATE PROCEDURE ssc_pro2
@scname varchar(30)=null
AS
  IF @scname IS NULL
     BEGIN
       SELECT Student. Sno,sname,cname,score
       FROM Student,sc,course
       WHERE Student. Sno=SC. Sno AND SC. Cno=Course. Cno
     END
  ELSE
     BEGIN
     SELECT Student. Sno,sname,cname,score
     FROM Student,sc,course
     WHERE Student. Sno=SC. Sno AND SC. Cno=Course. Cno AND Cname=@scname
  END
GO
```

（3）创建带输出参数的存储过程。如果需要从存储过程中返回一个或多个值，可以通过在创建存储过程的语句中定义输出参数来实现，为了使用输出参数，需要在 CREATE PROCEDURE 语句中指定 OUTPUT 关键字。

创建带输出参数的存储过程的语法格式如下：

```
CREATE PROCEDURE 存储过程名
@参数名 数据类型 [VARYING][=默认值] OUTPUT [,... n]
[WITH ENCRYPTION]
[WITH RECOMPILE]
AS
SQL 语句
```

【实例 8.36】 创建一个存储过程 ssc_pro3，获得选取某门课程的选课人数。

```
USE SM
```

```
GO
CREATE PROCEDURE ssc_pro3
@scname varchar(30),@ccount INT OUTPUT
AS
SELECT @ccount=COUNT(*)
FROM sc,course
WHERE SC.Cno=Course.Cno AND Cname=@scname
GO
```

8.3.5.3　执行存储过程

在存储过程建立好后，该存储过程作为数据库对象已经存在，其名称和文件分别存放在 sysobjects 和 syscomments 系统表中。可以使用 T-SQL 的 EXECUTE 语句来执行存储过程。如果该存储过程是批处理中第一条语句，则 EXEC 关键字可以省略。

执行存储过程的基本语法如下：

```
EXEC[UTE] 存储过程名
```

1. 执行不带参数的存储过程

【实例 8.37】 执行［实例 8.32］中创建的名为 grade_pro 的存储过程，用于查询不及格学生的成绩信息（包括学号、姓名、课程名称、成绩）。

```
Exec grade_pro
```

【实例 8.38】 执行［实例 8.33］创建的名为 teacher_pro1 的存储过程，用于查询所有男教师的信息。

```
Exec teacher_pro1
```

2. 执行带参数的存储过程

在执行存储过程的语句中，有两种方式来传递参数值，分别是使用参数名传递参数值和按参数位置传递参数值。

使用参数名传递参数值，是通过语句"@参数名=参数值"给参数传递值。当存储过程含有多个输入参数时，参数值可以按任意顺序指定，对于允许空值和具有默认值的输入参数可以不给出参数的传递值。

（1）使用参数名传递参数值。执行使用参数名传递参数值的存储过程的语法格式如下：

```
EXECUTE 存储过程名 [@参数名=参数值][,...n]
```

【实例 8.39】 执行［实例 8.34］创建的存储过程 ssc_pro1，使用输入参数（课程名称），用于查询某门课程的选修情况，包括学号、姓名、课程名称和成绩。

```
EXEC ssc_pro1 @scname ='数据库技术'
```

【实例 8.40】 执行［实例 8.36］创建的存储过程 ssc_pro3，获得选取某门课程的选课人数。

```
DECLARE @ccount INT
EXEC ssc_pro3 @scname ='数据库技术',@ccount=@ccount OUTPUT
```

```
SELECT '选修数据库技术课程的人数为:',@ccount
```

(2) 按位置传送参数值。在执行存储过程的语句中，不参照被传递的参数而直接给出参数的传递值。当存储过程含有多个输入参数时，传递值的顺序必须与存储过程中定义的输入参数的顺序相一致。

按位置传递参数值的存储过程的语法格式如下：

```
EXECUTE 存储过程名[参数值1,参数值2,…n]
```

【实例8.41】 执行[实例8.34]创建的存储过程ssc_pro1，使用输入参数（课程名称），用于查询某门课程的选修情况，包括学号、姓名、课程名称和成绩。

```
EXEC ssc_pro1 '数据库技术'
```

【实例8.42】 执行[实例8.36]创建的存储过程ssc_pro3，获得选取某门课程的选课人数。

```
DECLARE @ccount INT
EXEC ssc_pro3 '数据库技术', @ccount OUTPUT
SELECT '选修数据库技术课程的人数为:',@ccount
```

可以看到，按参数位置传递参数值比按参数名传递参数值简洁，比较适合参数值较少的情况；而按参数名传递参数使程序可读性增强。特别是参数数量较多时，建议使用按参数名称传递参数的方法，这样的程序可读性、可维护性都要好一些。

8.3.5.4 存储过程的管理与维护

1. 查看存储过程

存储过程建立好后，该存储过程作为数据库对象已经存在，其名称和文件分别存放在sysobjects和syscomments系统表中。可以通过对象资源管理器查看存储过程的源代码，也可以通过SQL Server提供的系统存储过程来查看用户创建的存储过程信息。

(1) 使用对象资源管理器查看存储过程。

【实例8.43】 在对象资源管理器中查看[实例8.30]创建存储过程ssc_pro1的源代码。

1）启动对象资源管理器，单击"开始"→"程序"→"Microsoft SQL Server"→"对象资源管理器"选项。

2）在服务器目录树中，单击"数据库"→"SM"→"可编程性"→"存储过程"选项，此时，在右边的任务对象窗口中显示该数据库的所有存储过程。

3）右击要查看代码的存储过程ssc_pro1，在快捷菜单中选择"修改"命令，此时打开存储过程的源代码界面，如图8.3所示。

在存储过程的源代码界面中，既可查看存储过程定义信息，又可以在文本框中对存储过程的定义进行修改。修改后，可以单击"执行"按钮，保存修改。

(2) 使用系统存储过程。在查询分析器下，可以通过系统存储过程sp_helptext查看存储过程的定义；通过sp_help查看存储过程的参数；通过sp_depends查看存储过程的相关性。

【实例8.44】 在查询分析器下，使用系统存储过程，查看[实例8.30]创建的存储

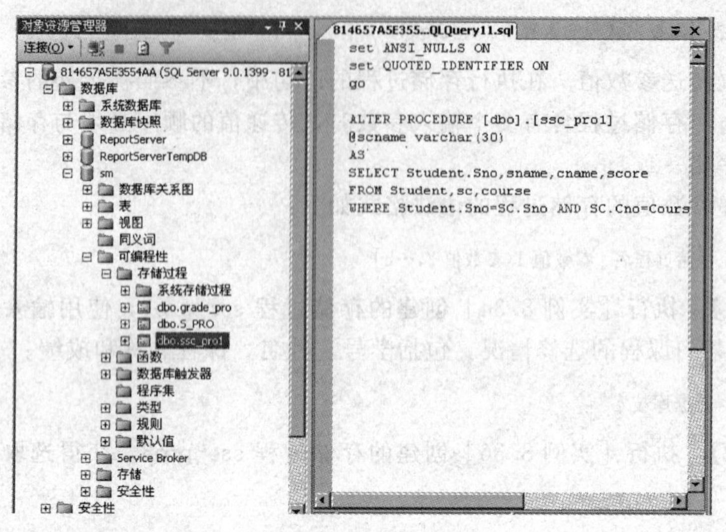

图 8.3　查看存储过程

过程、参数和相关性。

```
EXECUTE sp_helptext ssc_pro1
EXECUTE sp_help ssc_pro1
EXECUTE sp_depends ssc_pro1
```

2. 修改存储过程

修改存储过程通常是指编辑它的参数和 T-SQL 语句。下面分别说明如何使用对象资源管理器和 ALTER PROCEDURE 命令完成这项工作。

(1) 使用对象资源管理器。

1) 启动对象资源管理器，单击“开始”→“程序”→“Microsoft SQL Server”→“对象资源管理器”选项。

2) 在服务器目录树中，单击“数据库”→“SM”→“可编程性”→“存储过程”选项，此时，在右边的任务对象窗口中显示该数据库的所有存储过程。

3) 右键单击要查看代码的存储过程 ssc_pro1，在快捷菜单中选择“修改”命令，打开存储过程的源代码界面，如图 8.3 所示。

4) 在“文本”编辑框中编辑存储过程的参数和 T-SQL 语句。然而，不能改变存储过程的名称。编辑好后，单击“分析”按钮，进行语法检查，确保所编写的程序代码语法无误。

5) 单击“执行”按钮，完成存储过程的修改操作。

(2) 使用 ALTER PROSEDURE 命令。

存储过程的修改是由 ALTER 语句来完成的，基本语法如下：

```
ALTER PROCEDURE 存储过程名
[WITH ENCRYPTION]
[WITH RECOMPILE]
AS
```

SQL语句

3. 重命名存储过程

修改存储过程的名字，可以使用系统存储过程 sp_rename，其语法格式如下：

sp_rename 存储过程原名 存储过程新名

另外，通过对象资源管理器也可修改存储过程的名称，其操作过程与 Windows 下重命名文件名的操作类似。即先选定要重命名的存储过程，然后右击，在弹出的快捷菜单中选取“重命名”选项，输入新的存储过程的名称即可。

4. 删除存储过程

存储过程的删除是通过 DROP 语句来实现的，DROP 命令可将一个或多个存储过程或者多个存储过程组从当前数据库中删除。其语法格式如下：

```
DROP PROCEDURE 存储过程名 [,…n]
```

使用对象资源管理器同样也可以进行删除。其操作过程与 Windows 下删除文件的操作类似。即先选定要删除的存储过程，然后右击，在弹出的快捷菜单中选取“删除”选项，接着单击“除去对象”对话框中的“全部出去”按钮即可。

【实验 14　存储过程】

1. 实验目的

（1）了解几个常用的系统存储过程。

（2）掌握使用 T-SQL 语句创建、执行和重编译存储过程。

（3）了解如何使用对象资源管理器管理存储过程。

（4）掌握存储过程管理的方法。

2. 实验准备

（1）在服务器上创建学籍管理数据库 SM。

（2）在用户数据库 SM 中创建学生表（Student）、课程表（Course）、教师表（Teacher）、班级表（Class）、系表（Department）、授课表（TC）、课程类型表（Coursetype）、选课表（SC）和职称表（Title）。

（3）向上述各数据表中添加实验数据。

3. 实验内容

（1）创建存储过程。

创建一个存储过程，查看 10002 号课程的选修情况，包括选修课程的学生的学号、姓名和成绩。

```
USE SM
GO
CREATE PROCEDURE SSC_1
AS
    SELECT Student.Sno,Sname,Score
    FROM Student,SC
    WHERE Student.Sno=SC.SNO AND CNO='10002'
GO
```

（2）使用输入参数。

1）上面所创建的存储过程只能对10002号课程的选修情况进行查看，要想对所有课程进行随机查看，需要进行参数传递。

```
USE SM
GO
CREATE PROCEDURE SSC_2
  @Cnum CHAR(5)
AS
    SELECT Student.Sno,Sname,Score
    FROM Student,SC
    WHERE Student.Sno=SC.SNO AND SC.CNO=@Cnum
GO
```

2）按位置传递参数。

```
EXECUTE SSC_2 '10002'
```

3）通过参数名传递参数。

```
EXECUTE SSC_2
@Cnum ='10002'
```

（3）使用默认参数值。

1）执行存储过程SSC_2时，如果没有给出参数，系统会报错。如果希望不给参数时，能查询所有课程的选修情况，则可以使用默认值参数来实现。

```
USE SM
GO
CREATE PROCEDURE SSC_3
  @Cnum CHAR(5)=NULL
AS
    IF @Cnum IS NULL
      BEGIN
        SELECT Student.Sno,Sname,Score
        FROM Student,SC
        WHERE Student.Sno=SC.SNO
      END
    ELSE
      BEGIN
        SELECT Student.Sno,Sname,Score
        FROM Student,SC
        WHERE Student.Sno=SC.SNO AND SC.CNO=@Cnum
      END
GO
```

2）执行下面两条语句，比较执行的结果。

```
EXECUTE SSC_3
EXECUTE SSC_3 '10002'
```

(4) 使用输出参数。

1) 创建一个存储过程 ssc_4，获得选修某门课程的总人数。

```
USE SM
GO
CREATE PROCEDURE SSC_4
  @Cnum CHAR(5),@ccount INT OUTPUT
AS
  SELECT @ccount=COUNT(*)
  FROM SC
  WHERE Cno=@cnum
GO
```

2) 执行存储过程。

```
DECLARE @ccount INT
EXECUTE SSC_4 '10002', @ccount OUTPUT
SELECT 'the result is', @ccount
```

(5) 使用返回值。

1) 创建一个返回执行状态码的存储过程 SSC_5，它接受课程号为输入参数，如果执行成功，返回 0；如果没有给课程号，返回错误码 1；如果给出的课程号不存在，返回错误码 2；如果出现其他错误，返回错误码 3。

```
USE SM
GO
CREATE PROCEDURE SSC_5
  @Cnum CHAR(5)=NULL
AS
IF @Cnum IS NULL
BEGIN
  PRINT 'error: you must specify a course number.'
    Return(1)
  End
ELSE
  BEGIN
    IF (SELECT COUNT(*)FROM SC WHERE CNO=@CNUM)=0
      BEGIN
        PRINT 'error: you must specify a valid course number.'
        RETURN(2)
      END
  END
SELECT @CNUM AS CNO FROM SC WHERE CNO=@CNUM
IF @@ERROR<>0
```

```
  BEGIN
    RETURN(3)
  END
ELSE
  RETURN(0)
GO
```

2）执行存储过程。

```
DECLARE @result INT
EXEC @result=ssc_5
SELECT 'the result is', @result
```

或

```
DECLARE @result INT
EXEC @result=ssc_5 @CNUM='10002'
SELECT 'the result is', @result
```

（6）修改存储过程。使用对象资源管理器修改存储过程 ssc_5。

1）在对象资源管理器中，展开 SM 数据库，单击“存储过程”对象，在右边的窗口中用鼠标右击要修改的存储过程，在弹出的快捷菜单中选择“修改”命令。

2）在弹出的存储过程属性对话框中，可以在“文本”框中直接修改定义存储过程的语句，单击“分析”按钮检查语法的正误，修改完毕，单击“执行”按钮保存即可。

（7）查看存储过程。执行下列语句，查看存储过程 ssc_5 的信息。

```
EXECUTE sp_help ssc_5
```

（8）删除存储过程。执行下列语句，删除存储过程 ssc_5。

```
Drop PROCEDURE ssc_5
```

8.3.6 触发器

触发器是一种特殊类型的存储过程，它也是由 T-SQL 语句组成的，可以完成存储过程能完成的功能，但是它具有自己的显著特点：它与表紧密相连，可以看作表定义的一部分；它不可能通过名称被直接调用，更不允许参数，而是当用户对表中的数据进行修改时，自动执行；它可以用于 SQL Server 约束、默认值和规则的完整性检查、实施更为复杂的数据完整性约束。

8.3.6.1 触发器的概念

1. 触发器的基本概念

在 SQL Server 中，存储过程和触发器都是 SQL 语句和流程控制语句的集合。就本质而言，触发器是一种专用类型的存储过程，它被捆绑到数据表或视图上。换言之，触发器是一种在数据表或视图被修改时自动执行的内嵌存储过程，主要是通过事件触发而被执行。

使用触发器可以实施更为复杂的数据完整性约束，当触发器保护的数据发生改变时，触发器会自动被激活，从而防止对数据的不正确修改。触发器不允许带参数，也不能直接调用，只能自动被激发。

触发器一个很重要的作用是保证数据的完整性，而用 CHECK 约束也可实现，触发器可以实现更复杂的约束，还可以引用其他表的内容。如果使用约束和默认值、规则、外键约束可以完成的功能，就不必要使用触发器，因为前者更简单，易实现。

2. 触发器的类型

在 SQL Server 2008 中，按触发被激活的时机可以将触发器分为两种类型：AFTER 触发器和 INSTEAD OF 触发器。

(1) 后触发。使用 FOR 或 AFTER 关键字来指定，两者是相同的。在 INSERT、UPDATE、DELETE 执行完成后激活触发器。对变动数据进行检查，如果发现错误，将拒绝或回滚变动的数据。但在视图上不能采用后触发方式定义触发器，只能定义在表上。

(2) 替代触发。使用 INSTEAD OF 指定。INSTEAD OF 触发器并不执行触发它的操作 (INSERT、DELETE、UPDATE)，而仅仅执行触发器本身的语句，这些操作只起到一个触发的作用，本身并没有执行。既可以在表上定义，也可以在视图上定义。

SQL Server 为每个触发器都建立了两个专用临时表：INSERTED 和 DELETED 表。这两个表的结构与激发触发器的表相同。用户不能对它们进行修改，只能在触发器程序中查询表的内容。触发器执行完毕后，该两个表自动删除。

当执行 INSERT 语句时，INSERTED 表存放要向表中插入的所有行。

执行 DELETE 语句时，DELETED 表中存放要从表中删除的所有行。

执行 UPDATE 语句时，相当于先执行一个 INSERT 操作，再执行一个 DELETE 操作，所以旧的行被移动到 DELETED 表，而新的行被插入到 INSERTED 表。

3. 使用触发器的优点

由于在触发器中可以包含复杂的处理逻辑，因此应该将触发器用来保持低级的数据完整性，而不是返回大量的查询结果。使用触发器主要可以实现以下操作：

(1) 实现数据库中相关表级联更改。

不过，通过级联引用完整性约束可以更有效地执行这些更改。

(2) 强制比用 CHECK 约束更为复杂的约束。

与 CHECK 约束不同，触发器可以引用其他表中的列。例如，触发器可以使用另一个表中的 SELECT 比较插入或更新的数据，以及执行其他操作，如修改数据或显示用户定义错误信息。

(3) 评估数据修改前后的表状态，并根据其差异采取对策。

一个表中的多个同类触发器 (INSERT、UPDATE 或 DELETE) 允许采取多个不同的对策以响应同一个修改语句。

(4) 使用自定义的错误信息。

用户有时需要在数据完整性遭到破坏或其他情况下，发出预先定义好的错误信息或动态定义的错误信息。通过使用触发器，用户可以捕获破坏数据完整性的操作，并返回自定义的错误信息。

(5) 维护非规范化数据。

用户可以使用触发器来保证非规范数据库中低级数据的完整性。维护非规范化数据与表的级联是不同的。

8.3.6.2 创建与管理触发器

上面介绍了触发器的概念和种类等，下面将分别介绍在 SQL Server 中如何使用对象资源管理器和 T-SQL 语句来创建触发器。

在创建触发器时，需要指定触发器的名称、包含触发器的表、引发触发器的条件以及当触发器启动后要执行的语句等内容。和创建维护存储过程一样，可以通过 CREATE TRIGGER 语句或对象资源管理器来创建触发器。

在创建触发器前必须注意下述几个方面：

（1）CREATE TRIGGER 语句必须是批处理的第一个语句。

（2）表的所有者具有创建触发器的默认权限，表的所有者不能将该权限传给其他用户。

（3）触发器是数据库对象，所以其命名必须符合命名规则。

（4）尽管在触发器的 SQL 语句中可以参照其他数据库中的对象，但是触发器只能在当前数据库中创建。

（5）一个触发器只能对应一个表，这是触发器的机制所决定的。

（6）WRITETEXT 语句不能触发 INSERT 或 UPDATE 类型的触发器。

1. 使用对象资源管理器创建触发器

【实例 8.45】 使用对象资源管理器创建触发器，要求用户向 SM 数据库的教师表 Teacher 中插入一条记录时，触发器向客户端发出警告信息提示用户。

具体操作步骤如下：

（1）打开对象资源管理器，在服务器目录树中，单击“数据库→SM→表”选项，用鼠标单击任务对象窗口中的 Teacher 表，右击“触发器”节点，在弹出的快捷菜单中选择“新建触发器”命令，打开新建触发器初始界面，如图 8.4 所示。

（2）在“文本”文本框中输入创建触发器的 SQL 语句代码，如下所示。

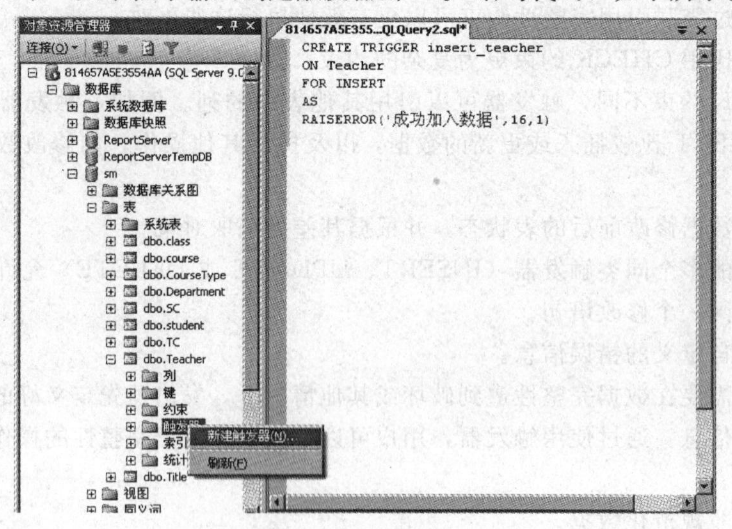

图 8.4 创建触发器

```
CREATE TRIGGER insert_teacher
ON Teacher
FOR INSERT
AS
RAISERROR('成功加入数据',16,1)
```

(3) 单击"分析"按钮，然后单击"执行"按钮，完成触发器的创建。

2. 使用T-SQL语句创建触发器

使用CREATE TRIGGER命令创建触发器的语法格式如下：

```
CREATE TRIGGER 触发器名
ON {表|视图}
[ WITH ENCRYPTION ]
{ FOR | AFTER | INSTEAD OF }
{ [ INSERT ] [ , ] [ UPDATE ] [ , ] [DELETE] }
AS
SQL 语句
```

参数说明：

WITH ENCRYPTION：加密CREATE TRIGGER语句文本的条目。

FOR | AFTER：FOR与AFTER同义，指定触发器只有在触发SQL语句中所有的操作都成功执行后才激发。所有的引用级联操作和约束检查也必须成功完成后，才能执行此触发器，即为后触发。

INSTEAD OF：用触发器中的操作替代触发语句的操作。在表或视图上，每个INSERT、UPDATE或DELETE语句只能定义一个INSTEAD OF触发器，替代触发。

[INSERT][,][UPDATE][,][DELETE]：指在表或视图上执行相应修改语句时激活触发器。至少需指定一项，指定多项时用逗号分隔，顺序任意。

(1) 创建INSERT触发器。

【实例8.46】 建立插入数据触发器，实现当插入新同学的记录时，触发器将自动显示"欢迎新同学的到来！"的提示信息。

```
Create trigger 触发器_欢迎新同学
On Student
After insert
As
Print '欢迎新同学的到来!!'
go
insert student
values('200811','汪嵩','男','1988-09-22','200802')
go
```

【实例8.47】 利用触发器来保证学生选课库中选课表的参照完整性，以维护其外键与参照表中的主键一致。

```
CREATE TRIGGER SC_insert ON SC
```

```
  FOR INSERT
  AS IF(SELECT COUNT(*)
        FROM Student,inserted,Course
        WHERE Student.Sno=inserted.Sno ANDCourse.Cno=inserted.Cno)=0
  ROLLBACK TRANSACTION
```

例题说明：本例中的触发器名为 SC_insert，它是选课表的 insert 触发器。当进行插入操作时，它要保证 inserted 表中的学号包含在学生表的学号中，同时要保证 inserted 表中的课程号包含在课程表中，如果条件不满足，则回滚事务（ROLLBACK TRANSACTION），数据恢复到 INSERT 操作前的情况。

（2）创建 DELETE 触发器

【实例 8.48】 建立删除数据触发器，实现当某个同学退学后，即删除学生表中一行数据时，系统将自动将该学生的相关成绩记录同时删除。

```
CREATE TRIGGER delete_sc ON student
FOR DELETE
AS
DECLARE @D_Sno char(6)
SELECT @D_Sno=Sno FROM deleted
 DELETE FROM SC
 WHERE SC.SNO=@D_SNO
```

（3）UPDATE 触发器。

【实例 8.49】 在学生信息表中建立一个 UPDATE 后触发，当用户修改学生的学号时，给出提示，并不能修改该列。

```
CREATE TRIGGER check_sno ON student
AFTER UPDATE
AS
IF UPDATE(SNO)
    BEGIN
      RAISERROR('学号不能进行修改!',7,2)
      ROLLBACK TRANSACTION
    END
GO
```

测试该触发器：

```
UPDATE student
SET sno='200808'
WHERE sno='200812'
```

3. 查看触发器的定义信息

在对象资源管理器中，可以通过创建触发器窗口查看触发器的定义信息和修改触发器。具体操作不再做详细的描述。

在查询分析器下，可以通过系统存储过程 sp_helptext 查看触发器的定义；通过 sp_

help 查看触发器的参数；通过 sp_depends 查看触发器的相关性。

【实例 8.50】 在查询分析器下，使用系统存储过程，查看［实例 8.45］创建的触发器的定义、参数和相关性。

```
EXEC sp_helptext insert_teacher
EXEC sp_help insert_teacher
EXEC sp_depends insert_teacher
```

运行后得到的触发器的定义、参数及相关信息如图 8.5 所示。

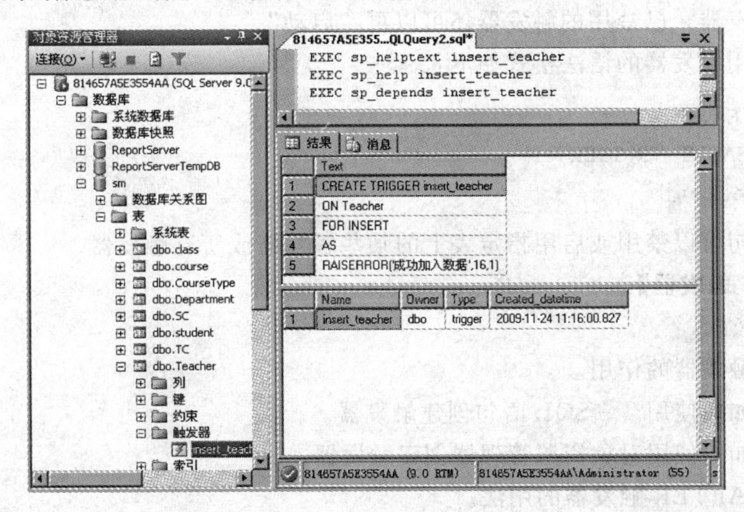

图 8.5 查看触发器的信息

8.3.6.3 修改和删除触发器

在对象资源管理器和查询分析器下，都可以修改和删除触发器。对象资源管理器下的操作，在这里不再赘述，仅讲述使用 SQL 语句的情况。

1. 修改和删除触发器

（1）修改触发器。

用户可以使用 ALTER TRIGGER 语句修改触发器，它可以在保留现有触发器名称的同时，修改触发器的触发动作和执行内容。

修改触发器的语法格式如下：

```
ALTER TRIGGER 触发器名
ON {表|视图}
[ WITH ENCRYPTION ]
{ FOR | AFTER | INSTEAD OF } { [ INSERT ] [ , ] [ UPDATE ] [ , ] [DELETE] }
AS
[{IF UPDATE(列名)[{AND|OR} UPDATE(列名)][...n ]}
SQL 语句
```

（2）删除触发器。

触发器的删除是通过 DROP 语句来实现的，在对象资源管理器中同样可以进行删除。例如，在查询分析器下，使用 DROP TRIGGER t_tcredits 命令，即可删除该触发器。

注意：

1）删除触发器时，其所基于的表和数据不受影响。

2）删除表时，所有与表关联的触发器也被删除。删除触发器时，sysobjects 和 syscomments 系统表中的触发器的信息也被删除。

3）默认情况下，DROP TRIGGER 权限为触发器表所有者，且不转让。

2. 禁用或启动触发器

在有些情况下，用户希望暂停触发器的使用，但并不删除它。在这种情况下，就可以先“禁用”触发器，已禁用的触发器还可以再“启动”。

禁止和启用触发器的语法格式如下：

```
ALTER TABLE 表名
{ENABLE|DISABLE} TRIGGER
{ALL|触发器名[,…n]}
```

使用该语句可以禁用或启用指定表上的某些触发器或所有触发器。

【实验 15　触发器】

1. 实验目的

（1）理解触发器的作用。

（2）掌握如何使用 T-SQL 语句创建触发器。

（3）了解如何使用对象资源管理器创建触发器。

（4）掌握 AFTER 触发器的用法。

（5）了解 INSTEAD OF 触发器的用法。

（6）掌握管理触发器的方法。

2. 实验准备

充分理解触发器的基本概念，掌握 T-SQL 语句创建触发器的语法格式及功能。

（1）在服务器上创建学籍管理数据库 SM；

（2）在用户数据库 SM 中创建学生表（student）、课程表（course）、教师表（teacher）、班级表（class）、系表（department）、授课表（TC）、课程类型表（coursetype）、选课表（SC）和职称表（title）；

（3）向上述各数据表中添加实验数据。

3. 实验内容

（1）创建触发器。

1）在表 Student 中建立删除触发器，实现表 Student 和表 SC 的级联删除。

```
USE SM
GO
CREATE TRIGGER Sdelete
  ON Student
  AFTER DELETE
AS
  DELETE FROM SC
```

```
WHERE SNO IN (SELECT SNO FROM DELETED)
```

2）建立插入数据触发器，实现当新插入学生记录时，将向成绩表中自动添加所有课程的成绩信息。

```
USE SM
GO
CREATE TRIGGER INSERTSC ON Student
FOR INSERT
AS
DECLARE @S_SNO CHAR(6)
SELECT @S_SNO=SNO FROM Inserted
INSERT INTO SC(SNO,CNO,Score)SELECT @S_SNO,CNO,NULL FROM Course
```

3）触发器的综合应用。

为了用实力进一步说明触发器的各种功能，现在在班级表 Class 中增加一列学生人数，表示该班级当前最新的学生人数，该字段的值随着学生信息表中的记录数发生改变，即：当学生表中新增学生记录，并且分配了具体的所属班级后，该班级的学生人数自动增加 1；当学生表中删除某记录并且删除的记录有所属班级时，该班级的学生人数自动减 1；当学生信息表中的所属班级值发生改变时，原来班级的学生人数自动减 1，新的班级的学生人数自动加 1。

以上处理要求分别使用 Insert、Delete、Update 触发器实现其处理功能。

新增班级学生人数字段，数据类型为整数。

```
ALTER TABLE Class
ADD Amount INT
```

a. Insert 触发器

```
USE SM
GO
DROP TRIGGER Addsnumber
GO
CREATE TRIGGER Addsnumber on Student
AFTER INSERT
AS
DECLARE @newclno char(6)
SELECT @newclno=CLno FROM inserted
UPDATE Class SET Amount =ISNULL(Amount,0)+1
WHERE clno= @newclno
GO
```

测试结果：

```
SELECT * FROM CLASS
WHERE CLNO='200701'          --插入之前的数据
GO
```

```
INSERT INTO Student VALUES('200708','王石利','男','1987-10-10','200701')
GO
SELECT * FROM CLASS
WHERE CLNO='200701'          --插入之后的数据
GO
```

b. Delete 触发器

```
CREATE TRIGGER Deletesnumber on Student
AFTER DELETE
AS
DECLARE @Oldclno char(6)
SELECT @oldclno=CLno FROM deleted
UPDATE Class SET Amount =ISNULL(Amount,0)-1
WHERE clno= @oldclno
GO
```

测试结果：

```
SELECT * FROM CLASS
WHERE CLNO='200701' --删除之前的数据
GO
DELETE FROM Student WHERE SNO='200708'
GO
SELECT * FROM CLASS
WHERE CLNO='200701' --删除之后的数据
GO
```

c. Update 触发器

```
CREATE TRIGGER Updatesnumber on Student
AFTER UPDATE
AS
DECLARE @Oldclno char(6), @newclno char(6)
IF UPDATE(CLNO)
BEGIN
  SELECT @oldclno=CLno FROM deleted
  SELECT @newclno=CLno FROM inserted
  UPDATE Class SET Amount =ISNULL(Amount,0)-1 WHERE clno= @oldclno
  UPDATE Class SET Amount =ISNULL(Amount,0)+1 WHERE clno= @newclno
END
GO
```

测试结果：

```
SELECT * FROM CLASS
SELECT * FROM Student WHERE CLNO='200701'
UPDATE Student SET CLNO='200702' WHERE SNO='200701'
```

```
SELECT * FROM CLASS
SELECT * FROM Student WHERE CLNO='200701'
GO
```

（2）修改触发器。

1）在对象资源管理器中，修改触发器信息与创建触发器相似，即在“对象资源管理器”窗格中，依次展开“数据库”→“表”节点，然后右击触发器，在弹出的快捷菜单中选择“修改”命令，打开创建触发器的界面。

2）在“文本”框中直接修改定义触发器的语句，单击“分析”按钮检查语法的正误，修改完毕，单击“执行”按钮即可。

提示：先删除原来触发器的定义，再重新创建与之同名的触发器，也可以达到触发器修改的目的。

（3）删除触发器。执行下列命令，删除触发器 Updatesnumber。

```
USE SM
DROP TRIGGER Updatesnumber
```

（4）课堂实例的验证。

8.4 项 目 实 施

8.4.1 创建批处理与脚本

使用 T-SQL 语句编写程序代码，实现具体的功能，见表 8.6。

表 8.6 学籍管理系统数据库的部分代码设计

功 能	定 义
查询选修 3 门以上课程的学生	[实例 8.12]
查询张源的成绩，并将百分制转换为等级制	[实例 8.13]
查询学生的学号、姓名、性别	[实例 8.14]
输出 10002 号课程的成绩单	[实例 8.15]

8.4.2 创建用户自定义函数

使用 T-SQL 语句编写用户自定义函数，完成一般的操作功能，见表 8.7。

表 8.7 学籍管理系统数据库的自定义函数设计

功 能	定 义
将成绩的百分制转换成等级制	[实例 8.18]
若考试通过，将考试成绩转换成学分	[实例 8.19]
年龄的计算	[实例 8.20]
某系选修某课程的成绩单	[实例 8.21]
统计某班学生的选课数	[实例 8.22]
学期转换	[实例 8.51]

注 上表中只列出了部分代表性的自定义函数，其余的自定义函数的建立留作课下练习，请读者自行完成。

【实例 8.51】 自定义一个函数，其功能是进行学期转换。如将 2006－2007/2 的学期表述的字符串方式转换成如 1、2、3 等表述的数字方式。如 2005 年入学的同学的 2006－2007/2 学期是其在校的第 4 学期。入口参数：学年和入学年份；返回：数字表示的学期。

```
CREATE function termConvert( @trem CHAR(11),@clno CHAR (6))
    --@trem 学年,格式如:2006-2007/2
    -- @clno 班级编号,格式如:200401,前 4 位代表入学年份
RETURNS INT -- 在校第几学期
AS
BEGIN
    RETURN (CONVERT(NUMERIC,SUBSTRING(@trem,1,4))-CONVERT(NUMERIC,'20'+
        SUBSTRING(@clno,3,2)))*2+CONVERT(NUMERIC,SUBSTRING(@trem,11,1))
END
```

8.4.3 游标的创建与使用

使用 T－SQL 语句编写游标，完成一般的操作功能，见表 8.8。

表 8.8 学籍管理系统数据库的游标设计

功能	定义
统计某课程考试各分数段的成绩分布	[实例 8.28]
显示教师的姓名、职称	[实例 8.29]
汇总 2007～2008 年第 2 学期（2007－2008/2）各班的班级平均成绩、每位学生的平均成绩和应得学分	[实例 8.52]

注 上表中只列出了部分代表性的游标，其余游标的建立留作课下练习，请读者自行完成。

【实例 8.52】 下面的 SQL 程序以班级为单位，汇总 2007～2008 年第 2 学期（2007－2008/2）各班的班级平均成绩、每位学生的平均成绩和应得学分。

由于需要按照班级统计，因此可以考虑创建一个班级游标，使用循环结构。逐个汇总班级的平均成绩和班内每个学生的平均成绩。

```
USE MS
  BEGIN
    DECLARE @Cno VARCHAR(5)                --变量:课程编号
    DECLARE @Clname VARCHAR (30)           --变量:班级名称
    DECLARE @clno VARCHAR (6)              --变量:班级编号
    DECLARE @avgscore NUMERIC(10,2)        --变量:平均成绩
    DECLARE @Cterm INT                     --变量:学期
    DECLARE @term VARCHAR(20)              --变量:学年
    SET @term='2007-2008/2'
    DECLARE class_cursor CURSOR
      FOR SELECT clname,clno,dbo.termConvert(@term ,clno)
      FROM class                           --声明班级游标
    /*其中 termConvert 函数是自定义函数,可以将如“2007-2008/2”的学期表述的字符串方式转换为如 1、
```

2、3等表述的数字方式。如2006年入学的同学的"2007-2008/2"学期是其在校的第4学期 */

```
        OPEN class_cursor                              --打开班级游标
        FETCH NEXT FROM class_cursor INTO @Clname,@clno, @Cterm --读取游标数据
        WHILE @@FETCH_STATUS = 0
        --检测游标数据是否读取完,如果还有数据,继续循环
        BEGIN
          SET @avgscore=(SELECT ISNULL(avg(score),0)
                          FROM sc a ,student b ,class c,course d
                            WHERE a. sno= b. sno AND b. clno= c. clno AND b. clno=@clno AND a. cno=
d. cno AND d. Cterm=@term)
      IF @avgscore>0
    /* 根据班级平均成绩是否为0判断,该班的成绩是否登记,如果为0,表明没有登记该班的在2005-2006/2
学期的成绩 */
          BEGIN
            PRINT @term +'学期'+@Clname+'各门课总平均成绩为'+str(@avgscore,5,1)
            --每个学生的平均成绩和获得的学分
            PRINT '    该班每个学生的平均成绩如下:'
            SELECT e. sname ,d. avgscore ,totalCredit
            FROM
          (SELECTa. sno,AVG(score)avgscore,SUM(dbo. CreditConvert(score,Ccredits))totalCredit
            FROM student a ,sc b,course c
            WHERE a. sno=b. sno AND b. cno=c. cno AND c. cterm=@term
            GROUP BY a. sno) d ,student e,class f
            WHERE e. sno=d. sno AND e. clno=f. clno AND f. clno=@clno
          END
          ELSE
            PRINT @term +'学期 '+@Clname+' 成绩没有登记'
            FETCH NEXT FROM class_cursor INTO @Clname,@clno, @Cterm
        END
        CLOSE class_cursor
        DEALLOCATE class_cursor
      END
```

8.4.4 存储过程与触发器的创建与使用

1. 存储过程的创建与使用

学籍管理系统数据库的存储过程见表8.9。

表8.9　　学籍管理系统数据库的存储过程设计

功　能	定　义	说　明
查询不及格学生的成绩信息	[实例8.32]	无输入参数
查询所有男教师的信息	[实例8.33]	无输入参数
查询某门课程的选修情况	[实例8.34]	输入参数:课程名称
查询所有课程的选修情况	[实例8.35]	使用默认值参数

续表

功能	定义	说明
获得某门课程的选课人数	[实例 8.36]	输入参数:课程名称,输出参数:选课人数
统计平均成绩	[实例 8.53]	输入参数为学期
体积不同分数段的人数及平均成绩	[实例 8.54]	输入参数为:课程编号、班级编号

注 上表中只列出了部分代表性的存储过程,其余的存储过程的建立留作课下练习,请读者自行完成。

【实例 8.53】 统计平均成绩。自动汇总某学期各班平均成绩、每名学生的平均成绩与获得的学分。输入参数为:学期,格式为××××-××××/×。如“2007 - 2008/2”表示2007 - 2008 学年第 2 学期。

由于需要按照班级汇总全班的平均成绩和每个学生的平均成绩,因此需要创建班级游标 class_cursor。使用循环结构,根据班级编号中的入学年份和输入参数学期,通过学期转换函数,使用 SC、Course、Class 和 Student 查询班级在本学期开设的所有课程的平均成绩。

```
CREATE PROCEDURE p_AverageScore @term varchar(11)——入口参数:学期
    ——学期的格式为:××××-××××/×
    ——前 9 位标别学年,最后一位表示本学年的第几学期。如 2005 - 2006/2 表示 2005 - 2006 学年的第 2 学期
    AS
    BEGIN
      DECLARE @Cno VARCHAR(5)                  ——变量:课程编号
      DECLARE @Clname VARCHAR (30)             ——变量:班级名称
      DECLARE @clno VARCHAR (6)                ——变量:班级编号
      DECLARE @avgscore NUMERIC(10,2)          ——变量:平均成绩
      DECLARE @Cterm INT                       ——变量:学期
      DECLARE class_cursor CURSOR
      FOR SELECT Clname,Clno,dbo. termConvert(@term ,clno)
          FROM class                           ——声明班级游标
    /*其中 termConvert 函数是自定义函数,可以将如“2006 - 2007/2”的学期表述的字符串方式转换为如 1、2、3
等表述的数字方式。如 2005 年入学的同学的“2006 - 2007/2”学期是其在校的第 4 学期 */
      OPEN class_cursor                        ——打开班级游标
      FETCH NEXT FROM class_cursor INTO @Clname,@clno, @Cterm      ——读取游标数据
      WHILE @@FETCH_STATUS = 0
      ——检测游标数据是否读取完,如果还有数据,继续循环
      BEGIN
        SET @avgscore=(SELECT ISNULL(avg(Score),0)
                       FROM SC a ,Student b ,Class c,Course d
                       WHERE a. Sno=b. Sno AND b. Clno=c. Clno AND b. Clno=@clno AND a. Cno=
d. Cno AND d. Cterm = @term)
        IF @avgscore>0
    /* 根据班级平均成绩是否为 0 判断该班的成绩是否登记,如果为 0,表明没有登记该班的在本学期的成绩 */
      BEGIN
        PRINT @term +'学期 '+@Clname+' 各门课总平均成绩为'+str(@avgscore,5,1)
```

```
        --每个学生的平均成绩和获得的学分
        PRINT '该班每个学生的平均成绩如下:'
        SELECT e.Sname ,d.avgscore ,totalCredit
        FROM (SELECT a.Sno,AVG(score)  avgscore,SUM(dbo.CreditConvert(score,Ccredits))totalCredit
              FROM Student a, SC  b, Course c
              WHERE a.Sno=b.Sno AND b.Cno=c.Cno AND c.Cterm=@term
              GROUP BY a.Sno) d ,Student e,Class f
        WHERE e.Sno=d.Sno AND e.Clno=f.Clno AND f.CLno=@clno
      END
      ELSE
        PRINT @term +'学期 '+@Clname+' 成绩没有登记'
      FETCH NEXT FROM class_cursor INTO @Clname,@clno, @Cterm
    END
    CLOSE class_cursor
    DEALLOCATE class_cursor
  END
```

【实例 8.54】 统计不同分数段的人数和平均成绩。输入参数为：课程编号、班级编号。

```
CREATE PROCEDURE p_SatSore
    @cno CHAR(5),                  --入口参数:班级编号
    @clno CHAR (6)                 --入口参数:课程编号
  AS
  BEGIN
    DECLARE @socre1 INT            --待统计分数段上限
    DECLARE @socre2 INT            --待统计分数段下限
    DECLARE @num INT               --待统计分数段人数
    DECLARE @CLNAME VARCHAR(30)        --班级名称
    DECLARE @CNAME VARCHAR(50)         --课程名称
    --查询课程名称和班级名称
    SET @CLNAME=(SELECT CLNAME FROM Class WHERE CLNO=@clno)
    SET @CNAME=(SELECT CNAME FROM Course WHERE CNO=@cno)
    PRINT @CLNAME+'<'+@CNAME+'>'+' 考试成绩 按照分数段统计情况'
    --设置被统计分数段的初值
    SET @socre1=100
    SET @socre2=90
    WHILE (@socre1>=60)
    BEGIN
      SET @num=(SELECT count(*)
                  FROM SC a, Class b,Student c
                  WHERE b.Clno=c.Clno AND a.Sno=c.Sno AND b.Clno=@clno AND a.Cno=@cno AND
score BETWEEN @socre2 AND @socre1)
  PRINT str(@socre2)+'  至'+str(@socre1)+'分  人数为'+str(@num)
    --调整统计分数段
```

```
    SET @socre1=@socre2
    IF @socre1>60
      SET @socre2=@socre2-10
    ELSE
      SET @socre2=0
  END
END
```

2. 触发器的创建与使用

学籍管理系统数据库的触发器见表 8.10。

表 8.10　学籍管理系统数据库的触发器设计

功　能	定　义
教师表中插入信息时，提醒	[实例 8.45]
学生表中插入信息时，提醒	[实例 8.46]
选课表中插入信息时，保证其参照完整性	[实例 8.47]
学生表中删除信息时，保证数据的一致性	[实例 8.48]
学生表中修改学号时，提醒	[实例 8.49]
学生学分的自动汇总	[实例 8.55]

注　上表中只列出了部分代表性的触发器。

为了方便查询，在学生表中增加总学分字段 Scredits。学籍管理中，经常要增加、修改成绩，对应地需要在 SC 表中增加或修改记录。一旦成绩发生变化，势必会影响获得的学分。修改学分可以通过如下两种方式进行：

(1) 修改成绩后，通过手工的方法修改学生表 Student 中的总学分字段 Scredits。

(2) 在 SC 表上增加触发器，一旦 SC 表中的内容发生变化，立即修改 Student 中的总学分字段 Scredits。

可以看出使用后一种方法可以简化操作，同时加强数据的完整性和一致性。

【实例 8.55】 在 SC 表上编写触发器，实现根据成绩自动汇总每个学生获得的总学分，并修改学生总学分的功能。

```
CREATE TRIGGER t_tcredits ON sc
FOR INSERT, UPDATE ,DELETE
    AS
      DECLARE @tcredits NUMERIC(4,0)   --总学分
      DECLARE @sno CHAR(5)             --学号
      DECLARE insert_cursor CURSOR for SELECT SNo FROM INSERTED
      DECLARE delete_cursor CURSOR for SELECT SNo FROM DELETED
    BEGIN
  --处理删除的记录
      OPEN delete_cursor
      FETCH NEXT FROM delete_cursor INTO @sno
      WHILE @@FETCH_STATUS = 0
```

```
    BEGIN
      SET @tcredits=(SELECT sum(CCredits )
                    FROM Course a,SC b
                    WHERE a.CNo=b.CNo AND b.score>60 AND b.SNo=@SNo)
      UPDATE Student SET SCredits =@tcredits WHERE SNo=@Sno
      FETCH NEXT FROM delete_cursor INTO @sno
    END
    CLOSE delete_cursor
    DEALLOCATE delete_cursor
  --处理修改和增加的记录
    IF UPDATE (Score)
    BEGIN
    OPEN insert_cursor
    FETCH NEXT FROM insert_cursor INTO @sno
    WHILE @@FETCH_STATUS = 0
    BEGIN
      SET @tcredits=(SELECT SUM(CCredits )
                    FROM Course a,SC b
                    WHERE a.CNo=b.CNo AND b.Score>60 AND b.SNo=@sno)
      PRINT str(@tcredits)+'delete'+'mmm'+@Sno
      UPDATE Student SET SCredits =@tcredits WHERE SNo=@Sno
      FETCH NEXT FROM insert_cursor INTO @sno
    END
    CLOSE insert_cursor
    DEALLOCATE insert_cursor
  END
END
```

实训8 编程优化数据库

1. 工作任务

课外：各项目组根据实训1各自选定的题目，在项目经理的组织下，分工协作地开展活动，在完成系统逻辑模型设计、物理模型设计、数据库保护功能设计的基础上，进行系统数据库的优化设计，给出系统优化设计的结果，编写系统设计的文档说明。

课内：要求以项目组为单位，提交设计好的系统优化设计的结果，并附以相应的文字说明的电子文档，制作PPT课件并派代表上台演讲答疑。

2. 实训目标

(1) 理解批处理、脚本、变量的概念。

(2) 掌握各种控制语句的作用及使用。

(3) 理解用户自定义函数、游标、存储过程与触发器的概念与功能。

(4) 掌握创建、修改、删除和应用用户自定义函数、游标、存储过程、触发器的方法。

(5) 理解用户自定义函数、存储过程、触发器的区别。

(6) 掌握设计相关文档的编写。

3. 实训考核要求

(1) 总的原则。主要考核学生对整个项目开发思路的理解，同时考查学生语言表达、与人沟通的能力；考核项目经理组织管理的能力、项目组团队协作能力；项目组进行系统数据库保护功能设计及编写相应文档的能力。

(2) 具体考核要求。

1) 对演讲者的考核要点：口齿清楚、声音洪亮，不看稿，态度自然大方、讲解有条理、临场应变能力强，在规定时间内完成项目编程优化功能设计的整体讲述（时间10min）。

2) 对项目组的考核要点：项目经理管理组织到位，成员分工明确，有较好的团队协作精神，文档齐全，规格规范，排版美观，结构清晰，围绕主题，上交准时。

习 题 8

1. 单项选择题

(1) 在 SQL Server 服务器上，存储过程是一组预先定义并（ ）的 T-SQL 语句。

A. 保存 B. 编译 C. 解释 D. 编写

(2) 在 SQL Server 中，触发器不具有（ ）类型。

A. INSERT 触发器 B. UPDATE 触发器

C. DELETE 触发器 D. SELECT 触发器

(3) 使用 EXECUTE 语句来执行存储过程时，在（ ）情况下可以省略该关键字。

A. EXECUTE 语句如果是批处理中的第一条语句时

B. EXECUTE 语句在 DECLARE 语句之后

C. EXECUTE 在 GO 语句之后

D. 任何时候

(4) 在表或视图上执行（ ）语句不可激活触发器。

A. INSERT B. DELETE C. UPDATE D. SELECT

(5) SQL Server 为每一个触发器建立了两个临时表，它们是（ ）。

A. INSRETED 和 UPDATED B. INSERTED 和 DELETED

C. UPDATED 和 DELETED D. SELECTED 和 INSERTED

2. 多选题

(1) 下列有关批的叙述中正确的是（ ）。

A. 批是一起提交处理的一组语句

B. 通常用 GO 来表示一个批的结束

C. 不能在一个批中引用其他批定义的变量

D. 批可长可短，在批中可以执行任何 T-SQL 语句

(2) 下列有关脚本的叙述中正确的是（　　）。

A. 一个脚本可以包含一个或多个批

B. 一个脚本就是一个多批处理文件

C. 可以将脚本以文件的形式保存在存储器中

D. 在企业管理器中创建一个视图的操作将自动地记录在脚本文件中

(3) 下列有关变量赋值的叙述中正确的是（　　）。

A. 使用 SET 语句可以给全局变量和局部变量赋值

B. 一条 SET 语句只能给一个局部变量赋值

C. SELECT 语句可以给多个局部变量赋值

D. 使用 SELECT 语句给局部变量赋值时，若 SELECT 语句的返回结果有多个值时，该局部变量的值为 NULL

(4) 下列有关全局变量的叙述中正确的是（　　）。

A. 全局变量是以@@开头的变量

B. 用户不能定义全局变量，但可以使用全局变量的值

C. 用户不能定义与系统全局变量同名的局部变量

D. 全局变量是服务器级的变量，所以该服务器下的所有的数据库对象均可以使用

(5) 下列有关用户自定义函数的叙述中正确的是（　　）。

A. 自定义函数可以带多个输入参数，但只能返回一个值或一个表

B. 自定义函数的函数体若包含多条语句则必须使用 BEGIN…END 语句

C. 自定义函数中若要返回表，必须使用 RETURNS TABLE 子句

D. 一个自定义函数只有一条 RETURN 语句

(6) 下列有关存储过程的叙述中正确的是（　　）。

A. SQL Server 中定义的过程被称为存储过程

B. 存储过程可以带多个输入参数，也可以带多个输出参数

C. 可以用 EXECUTE（或 EXEC）来执行存储过程

D. 使用存储过程可以减少网络流量

(7) 下列有关触发器的叙述中正确的是（　　）。

A. 触发器是一种特殊的存储过程

B. 在一个表上可以定义多个触发器，但触发器不能在视图上定义

C. 触发器允许嵌套执行

D. 触发器在 CHECK 约束之前执行

(8) 下列有关临时表 DELETED 和 INSERTED 的叙述中正确的是（　　）。

A. DELETED 表和 INSERTED 表的结构与触发器表相同

B. 触发器表与 INSERTED 表的记录相同

C. 触发器表与 DELETED 表没有共同的记录

D. UPDATE 操作需要使用 DELETED 和 INSERTED 两个表

3. 填空题

(1) Transact－SQL 中的变量分为局部变量与全局变量，局部变量用（　　）开头，

全局变量用（ ）开头。

(2) Transact-SQL 提供了（ ）运算符，将两个字符数据连接起来。

(3) 定义在（ ）数据库中的自定义的数据类型，将出现在所有以后新建的数据库中。定义在（ ）数据库中的自定义数据类型，只会出现在定义它的数据库中。

(4) 在 WHILE 循环体内可以使用 BREAK 和 CONTINUE 语句，其中（ ）语句用于终止循环的执行，（ ）语句用于将循环返回到 WHILE 开始处，重新判断条件，以决定是否重新执行新的一次循环。

(5) 在 Transact-SQL 中，若循环体内包含多条语句时，必须用（ ）语句括起来。

(6) 在 Transact-SQL 中，可以使用嵌套的 IF…ELSE 语句来实现多分支选择，也可以使用（ ）语句来实现多分支选择。

(7) 在定义存储过程时，若有输入参数则应放在关键字 AS 的（ ）说明，若有局部变量则应放在关键字 AS 的（ ）定义。

(8) 在存储过程中，若在参数的后面加上（ ），则表明此参数为输出参数，执行该存储过程必须声明变量来接受返回值并且在变量后必须使用关键字。

(9) 在自定义函数中，语句 returns int 表示该函数的返回值是一个整型数据，（ ）表示该函数的返回值是一个表。

(10) 用户第一存储过程是指在用户数据库中创建的存储过程，其名称不能以（ ）为前缀。

(11) 触发器是一种特殊的（ ）存储过程，基于表而创建，主要用来保证数据的完整性。

(12) 每个存储过程可以包含（ ）条 T-SQL 语句，可以在过程体中的任何地方使用（ ）语句结束过程的执行，返回到调用语句后的位置。

(13) 在一个存储过程定义的 AS 关键字前可以定义该存储过程的（ ），AS 关键字之后为该过程的（ ）。

(14) 触发器是一种特殊的存储过程，它可以在对一个表进行（ ）、（ ）和（ ）操作中的任一种或几种操作时被自动调用执行。

(15) 如果希望修改数据库的名字，可以使用的系统存储过程是（ ）。

(16) 在定义存储过程时，若有输入参数则应放在关键字 AS 的（ ）说明，若有局部变量则应放在关键字 AS 的（ ）定义。

(17) 每个存储过程向调用方返回一个整数返回代码。如果存储过程没有显示设置返回代码的值，则返回代码为（ ）表示成功。

(18) 在 SQL Server 中，触发器的执行由 FOR 子句的（ ）指定在数据插入、更新或删除操作之后执行。

(19) 如果要隐藏存储过程中的代码，可以在存储过程中添加（ ）关键词。

(20) 说明游标语句的关键字为（ ），该语句必须带有（ ）子句。

(21) 打开和关闭游标的语句关键字分别是（ ）和（ ）。

(22) 判断使用 FETCH 语句读取数据是否成功的全局变量是（ ）。

(23) 使用游标对基本表进行修改和删除操作的语句中，WHERE 选项的格式为“WHERE(　　)OF(　　)”。

(24) 每次执行使用游标的取数、修改或（　　）操作的语句时，能够对表中的（　　）条记录进行操作。

(25) 使用游标取数和释放游标的语句关键字分别为（　　）和（　　）。

4. 问答题

(1) 什么是批处理？编写批处理时应注意哪些问题？

(2) 什么是游标？如何使用游标？

(3) 使用学籍管理数据库，编写 SQL 程序，统计每班在各学年中的考试情况，包括总平均成绩和每门课程的平均成绩。

(4) 什么是存储过程？请分别写出使用对象资源管理器和 T－SQL 语句创建存储过程的主要步骤。

(5) 如何将数据传递到一个存储过程？又如何将存储过程的结果值返回？

(6) 什么是触发器？SQL Server 有哪几种类型的触发器？

(7) 当同一个表同时具有约束和触发器，如何执行？

(8) 举例说明如何创建 INSERT、UPDATE、DELETE 触发器。

5. 编程题

(1) 使用学籍管理数据库，创建一个存储过程，使其调用后能返回年龄在 35 岁以上、职称为“副教授”的教师的基本信息。

(2) 使用学籍管理数据库，编写一个触发器，当向教师表删除一条记录时，将触发该触发器。在触发器中将判断教师是否已经授课。如果已安排教师授课，将引发一个错误，把“无法删除”的信息返回用户。

(3) 使用学籍管理数据库，编写一个触发器，当修改班级表（Class）的班级编号 Clno 列值时，该列在学生表 Student 中对应的值也做相应的修改。

6. 阅读程序填空

(1) 补充完整以下用于创建和执行存储过程 pro_sc 的代码，该存储过程可查询数据库 SM 选课表 SC 中的课程编号为“10001”的学号 Sno 和成绩 Score 的信息。

```
CREATE PROCEDUTE ( ① )
AS
SELECT 学号＝Sno,成绩＝Score
FROM SC
WHERE Cno= ( ② )
```

存储过程创建完成后，执行以下存储过程：

```
EXEC ( ③ )
```

(2) 创建带输入参数（课程编号）的存储过程 prosc_list，用于查询数据库 SM 中选课表 SC 中成绩排名前三位的信息。

```
CREATE PROC ( ① )
```

```
@Cno char(5)
AS
SELECT TOP 3 学号=sno,成绩=Score
FROM SC
WHERE Cno=( ② )
ORDER BY ( ③ ),Sno ASC
存储过程创建完成后,执行存储过程(输入参数:课程编号为"10002"):
DECLARE ( ④ )
EXEC prosc_list ( ⑤ )
```

(3) 补充完整以下创建触发器 tri_del_sc 的代码。该触发器用于在数据库 SM 中学生表 student 中的记录被删除时，将自动删除选课表 SC 中的所有相应的记录。

```
CREATE TRIGGER tri_del_sc
ON ( ① )
FOR DELETE
AS
BEGIN
        DELETE FROM ( ② )
        WHERE sno IN(SELECT Sno
                        FROM ( ③ ))
END
```

(4) 以下程序为使用游标 cor_sc 查找数据库 SM 中选课表 SC，统计并显示表中的记录总数，最后删除游标 cor_sc。

```
USE SM
GO
DECLARE @Sid char(6),@cid char(5),@grade numeric(3,1)
DECLARE @Count INT
DECLARE cor_sc ( ① )
FOR SELECT Sno,Cno,Score FROM SC
OPEN cor_sc
FETCH FROM cor_sc INTO @Sid,@Cid,@Grade
WHILE ( ② )
BEGIN
    SET @Count=@Count+1
    FETCH FROM cor_sc INTO @Sid,@Cid,@Grade
END
CLOSE cor_sc
( ③ )
PRINT @Count
```

(5) 以下程序为使用游标 cor_sc1 查找数据库 SM 中选课表 SC 中的每条记录，且判断出每条记录的分数等级是优秀、良好、及格与不及格，将等级显示在每条记录的尾部。

```
USE SM
```

```
GO
DECLARE @Sid char(6),@cid char(5),@grade numeric(3,1)
DECLARE @Count INT
DECLARE cor_scl CURSOR
FOR SELECT Sno,Cno,Score FROM SC
OPEN (  ①  )
FETCH FROM cor_sc INTO @Sid,@Cid,@Grade
WHILE @@FETCT_STATUS=0
BEGIN
    PRINT @sid + REPLICARE('',3)+ @cid + STR(@Grade)+ REPLICARE('',3)+ (  ②  )
    WHEN @Grade>=85 THEN '优秀'
    WHEN @Grade>=75 THEN '良好'
    WHEN @Grade>=60 THEN '及格'
    ELSE '不及格'
END
(  ③  )cor_scl INTO @Sid,@Cid,@Grade
END
```

项目9　数据库访问技术

目前信息系统大都采用数据库来存储数据并实现有关业务逻辑，而信息系统开发的首要任务是确定如何表示并访问与该系统相关联的业务数据和业务逻辑。本项目首先介绍数据库访问技术的基本概念，然后介绍使用 VB. NET、ASP. NET 和 Java 访问 SQL Server 数据库的方法。

本项目实施的知识目标：

（1）了解数据库访问技术的功能及特点。

（2）掌握目前流行的编程语言连接 SQL Server 的基本方法。

（3）编程实现对 SQL Server 数据的插入、修改、删除、查询等。

（4）编程实现对 SQL Server 存储过程的调用。

技能目标：

（1）能利用 ASP. NET，通过 SQL 语句实现对 SQL Server 数据管理的能力。

（2）具有在 Java 中执行带参数的 SQL 语句的能力。

（3）培养学生自学的能力。

9.1　数据库访问技术概述

9.1.1　数据库访问技术发展概况

在数据库软件的发展过程中，最初几个开发商为自己的数据库设计了各自不同的数据库管理系统，不同类型的数据库之间的数据交换非常困难。为解决这一问题，微软公司提出了开放式数据库连接（Open DataBase Connectivity，ODBC）技术，试图建立一种统一的应用程序访问数据库接口，使开发人员无需了解数据库内部结构就可以访问数据库。

随着计算机技术的迅猛发展，ODBC 在面对新的数据驱动程序的设计和构造方法时遇到了困难，OLE DB（Object Linking and Embedding Data Base，对象链接和嵌入数据库）技术应运而生了。从某种程度上来说，OLE DB 是 ODBC 发展的一个产物。它在设计上采用了多层模型，对数据的物理结构依赖更少。

当前已是可编程 Web 时代，随着网络技术，尤其是 Internet 技术的发展，大量的分布式系统得到广泛的应用。为适应新的开发需求，一种新的技术诞生了，即所谓的 ADO（ActiveX Data Object，活动数据对象）。ADO 对 OLE DB 做了进一步的封装，从整体上来看，ADO 模型以数据库为中心，具有更多的层次模型，更丰富的编程接口。它大致相当于 OLE DB 的自动化版本，虽然在效率上稍有逊色，但它追求的是简单和友好。

ADO. NET 是 ADO 的最新发展产物，更具有通用性。它的出现开辟了数据访问技术的新纪元。访问基于 Web 的数据库是目前最新的数据访问技术，和传统的数据库访问技术相比，这是一件非常困难的事情，因为网络一般是断开的，Web 页基本上是无状态的。

但是ADO.NET技术具有革命性的力量，它的革命性在于成功实现了在断开的概念下实现客户端对服务器上数据库的访问，而且开发人员的工作量并不大。

除了微软公司提供的ODBC、DAO、RDO、OLE DB、ADO.NET，其他公司也推出了一些数据库访问接口，如Borland公司的BDE(Borland DataBase Engine)技术，SUN公司的JDBC(Java DataBase Connectivity standard)。

9.1.2 数据库访问技术

9.1.2.1 ODBC (Open DataBase Connectivity，开放数据库互连)

ODBC是微软推出的一种工业标准，一种开放的独立于厂商的API应用程序接口，可以跨平台访问各种个人计算机、小型机以及主机系统。是微软公司开放服务结构(WOSA，Windows Open Services Architecture)中有关数据库的一个组成部分，它建立了一组规范，并提供了一组对数据库访问的标准API（应用程序编程接口）。这些API利用SQL来完成其大部分任务。ODBC本身也提供了对SQL语言的支持，用户可以直接将SQL语句送给ODBC。

一个基于ODBC的应用程序对数据库的操作不依赖任何DBMS，不直接与DBMS打交道，所有的数据库操作由对应的DBMS的ODBC驱动程序完成。也就是说，不论是FoxPro、Access、MYSQL还是Oracle数据库，均可用ODBC API进行访问。由此可见，ODBC的最大优点是能以统一的方式处理所有的数据库。ODBC已成为一种标准，目前所有的关系数据库都提供了ODBC驱动程序，这使得ODBC的应用非常广泛，基本上可用于所有的关系数据库。

标准的ODBC结构关系图如图9.1所示，这一接口提供了最大限度的互操作性：一个应用程序可以通过共同的一组代码访问不同的DBMS。开发人员可以通过添加数据库驱动程序，将应用程序与用户所选的DBMS联系起来。驱动程序管理器提供应用程序与数据库之间的中间链接。ODBC接口包含一系列功能，由每一个DBMS的驱动程序实现。当应用程序改变它的DBMS时，开发人员只需使用新的DBMS驱动程序替代旧的驱动程序，应用程序就可以照常运行而无需修改代码。

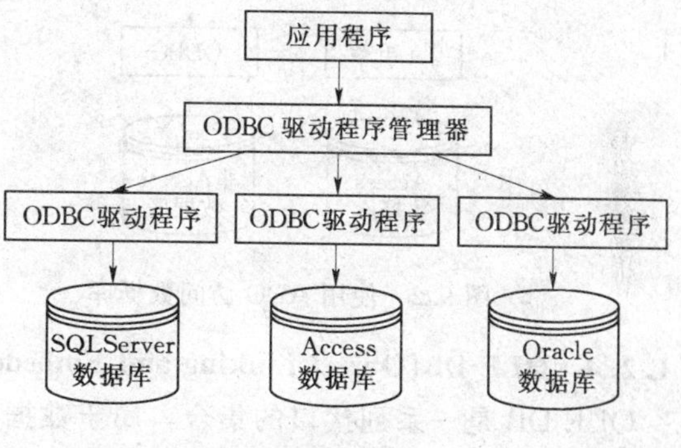

图9.1 标准ODBC结构

但ODBC的核心是SQL，ODBC函数的主要功能就是把SQL语句发送到目标数据库中，然后再处理这些SQL语句产生的结果。因此，ODBC只能用于基于SQL的关系型数据库，使得利用ODBC不能访问对象数据库及其他非关系数据库。

9.1.2.2 DAO(Database Access Object，数据访问对象)

使用Microsoft Jet数据库引擎来访问数据库。Microsoft Jet为Access和Visual Basic这样的产品提供了数据引擎。DAO可以通过ODBC驱动程序访问ODBC数据源。但DAO是基于Microsoft Jet引擎的，通过该引擎，DAO可以直接访问Access、FoxPro、dBASE、Paradox、Excel和Lotus WK等数据库。DAO最适用于单系统应用程序或小范围本地分布使用。

由于DAO是严格按照Access建模的，因此使用DAO是连接Access数据库最快、最有效的方法。DAO也可以连接非Access数据库，例如SQL Server和Oracle。但由于DAO是专门用来与Jet引擎对话的，DAO在使用ODBC时，Jet需要解释DAO和ODBC之间的调用，这种额外的解释步骤导致了连接除Access之外的数据库时速度较慢。使用DAO访问数据库的方法如图9.2所示。

9.1.2.3　RDO（Remote Data Objects，远程数据对象）

为了克服DAO在访问非Access数据库时在速度上的限制，微软创建了RDO（图9.3）。RDO远程数据对象是一个到ODBC的面向对象的数据访问接口，它同易于使用的DAO style组合在一起，提供了一个接口，形式上展示出所有ODBC的底层功能和灵活性。尽管RDO在很好地访问Jet或ISAM数据库方面受到限制，而且它只能通过现存的ODBC驱动程序来访问关系数据库。但是，RDO已被证明是许多SQL Server、Oracle以及其他大型关系数据库开发者经常选用的最佳接口。RDO提供了用来访问存储过程和复杂结果集的更多和更复杂的对象、属性，以及方法。

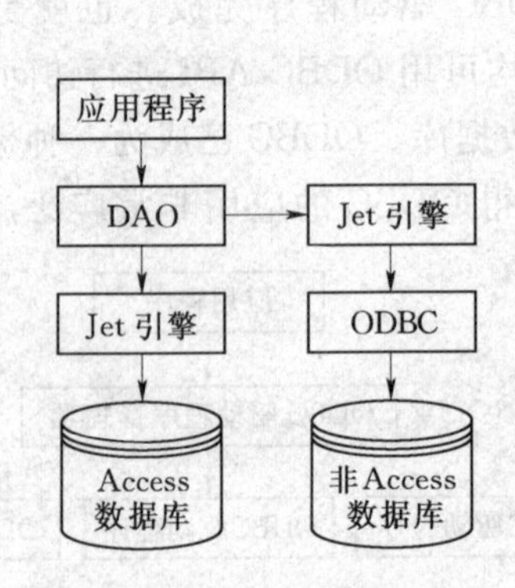

图9.2　使用ADO访问数据库

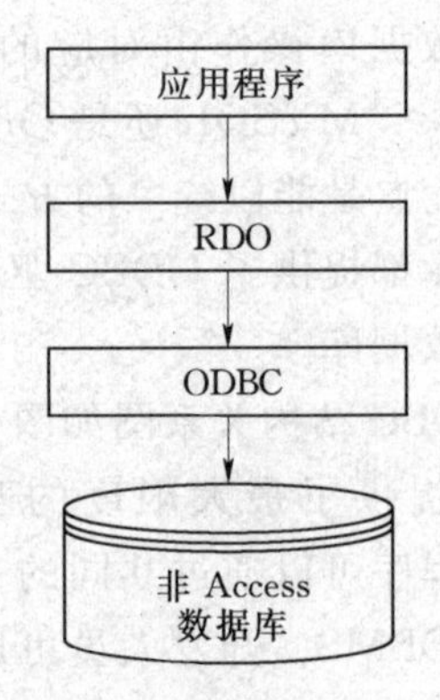

图9.3　使用RDO访问数据库

9.1.2.4　OLE DB（Object Linking and Embedding DataBase，对象链接与嵌入数据库）

OLE DB是一系列接口的集合，属于数据库访问技术中的底层接口。它是一种技术标准，目的是提供一种统一的数据访问接口，这里所说的“数据”，除了标准的关系型数据库中的数据之外，还包括邮件数据、Web上的文本或图形、目录服务（Directory Services），以及主机系统中的IMS和VSAM数据。OLE DB标准的核心内容就是要求以上这些各种各样的数据存储（Data Store）都提供一种相同的访问接口，使得数据的使用者（应用程序）可以使用同样的方法访问各种数据，而不用考虑数据的具体存储地点、格式或类型。

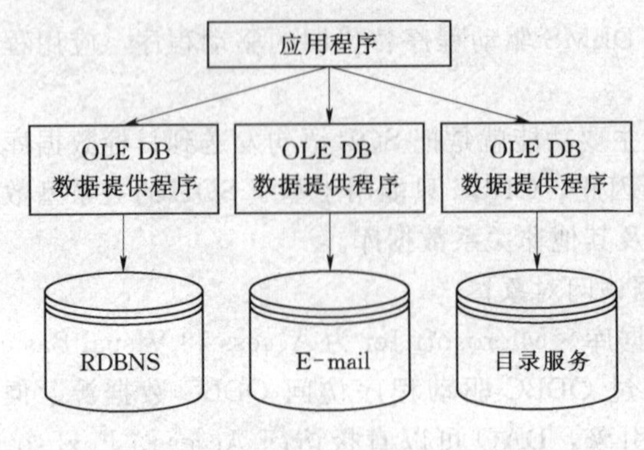

图9.4　OLE DB的组成结构

OLE DB由3个组件构成（图9.4）。

（1）数据使用者（例如应用程序）。

（2）数据提供程序（Data Provider）：提供数据存储的软件组件，小到普通的文本文件、大到主机上的复杂数据库，或者电子邮件存储，都是数据提供者的例子。有的文档把这些软件组件的开发商也称为数据提供者。

（3）数据服务提供者（Data Service Provider）。位于数据提供者之上、从过去的数据库管理系统中分离出来、独立运行的功能组件，例如查询处理器和游标引擎（Cursor Engine），这些组件使得数据提供者提供的数据以表状数据（Tabular Data）的形式向外表示（不管真实的物理数据是如何组织和存储的），并实现数据的查询和修改功能。

OLE DB是一个针对SQL数据源和非SQL数据源（例如，邮件和目录）进行操作的API。

9.1.2.5 ADO(ActiveX Data Objects，活动数据对象)

微软公司的ADO采用基于DAO和RDO的对象，并提供比DAO和RDO更简单的对象模型。ADO中的对象层次结构比DAO中的更平缓。ADO包含一些简化对数据存储区数据的访问任务的内置对象。应用程序使用ADO连接到数据库可以采取许多途径，如图9.5所示。VB程序员可以使用将ADO将应用程序连接到OLE DB提供程序（如果应用程序不支持OLE DB，应用程序也可以通过ODBC连接）。VC++程序员可以使用ADO或直接通过OLE DB连接。

9.1.2.6 ADO.NET

在.NET框架中，微软根据ADO对象模型重新设计了ADO.NET，使ADO.NET满足了ADO无法满足的3个重要需要：提供了断开的数据访问模型（这对Web环境至关重要），提供了与XML的紧密集成，还提供了与.NET框架的无缝集成。

应用程序通过ADO.NET连接数据库可采用的各种途径如图9.6所示。在选择途径时，首先要考虑该使用何种.NET数据提供程序的问题，然后确定需要执行的任务。

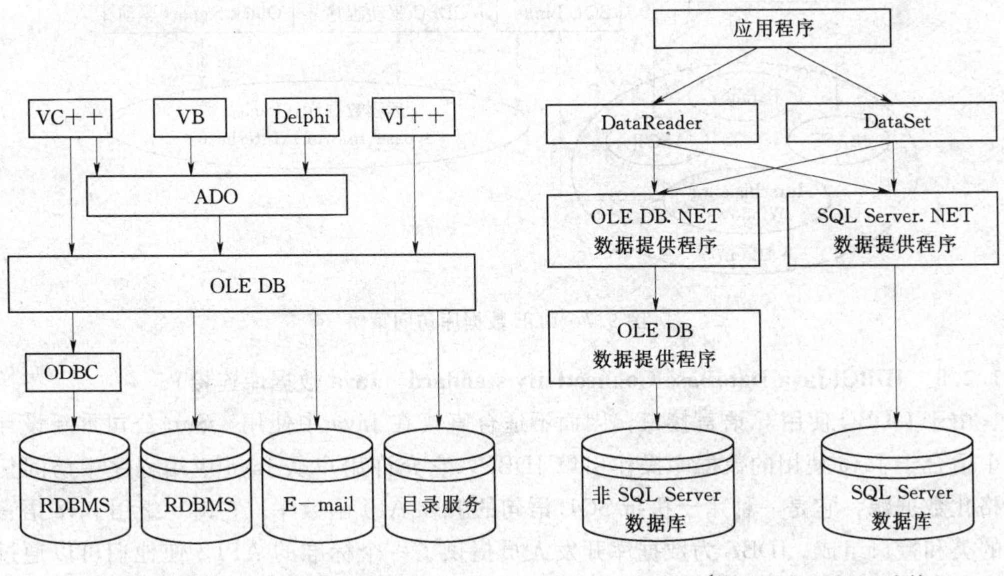

图9.5 应用程序使用ADO连接到数据库的途径

图9.6 使用ADO.NET连接

9.1.2.7 BDE(Borland Database Engine，宝兰数据引擎)

BDE为Delphi数据库应用程序访问各种数据库提供了一致的接口。

1. BDE的特点

(1) 不必修改程序，只需要在BDE中设置新的数据库的服务器名或路径即可通过BDE访问任何一种格式的数据库。

(2) BDE非常适合开发大型的客户机/服务器应用程序。

(3) 只要在系统中安装数据库的BDE驱动程序或ODBC驱动程序即可访问新数据库。

(4) BDE是32位的数据库引擎，支持多线程和有优先级别的多任务处理，多个应用程序可以同时运行并访问同一个数据库。

2. Delphi可访问的数据源

(1) 本地数据库：dBASE、Paradox、ASCII等。

(2) 远程数据库：SQL Server、Oracle等。

(3) ODBC数据源。

BDE数据访问策略如图9.7所示。

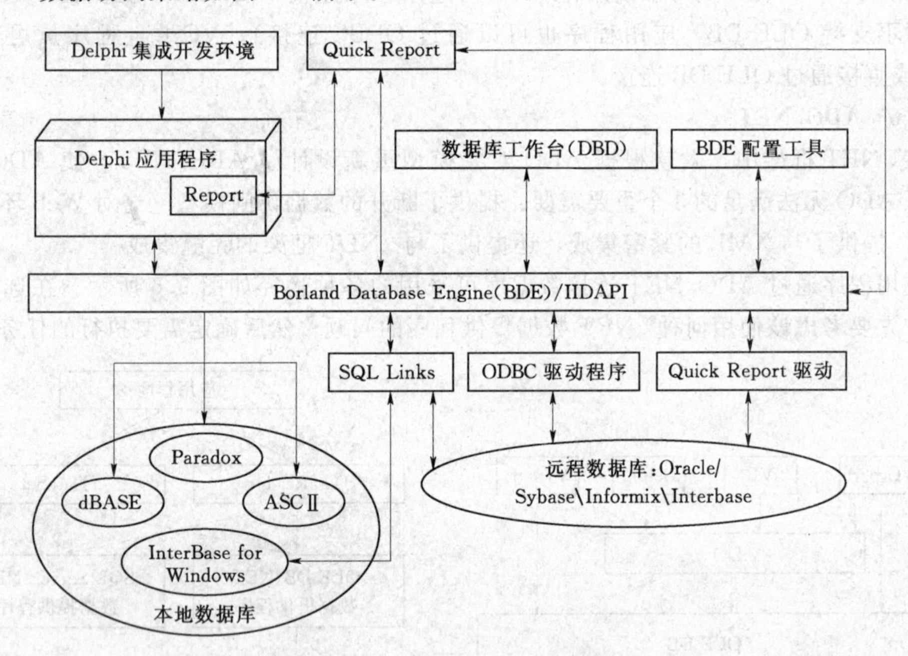

图9.7 BDE数据库访问策略

9.1.2.8 JDBC(Java DataBase Connectivity standard，Java数据库连接)

由于ODBC使用C语言接口，因而不适合直接在Java中使用，Sun公司重新设计了一个适合于Java使用的数据库操作引擎JDBC，它允许用户从Java应用程序中访问任何表格化数据源，它是一种用于执行SQL语句的Java API函数库。它由一组用Java语言编写的类和接口组成。JDBC为数据库开发人员提供了一个标准的API，使他们可以通过纯的Java API来编写各种数据库的应用程序。而且由于Java具有跨平台性，JDBC与Java

结合可以应用在任何平台上。JDBC 是 Java 程序员操作数据库的首选 API。

JDBC 体系结构如图 9.8 所示，可见，JDBC API 的作用是屏蔽不同的数据库驱动程序之间的差异，使得程序设计人员有一个标准的、纯 Java 的数据库程序设计接口，为在 Java 中访问任意类型的数据库提供技术支持。

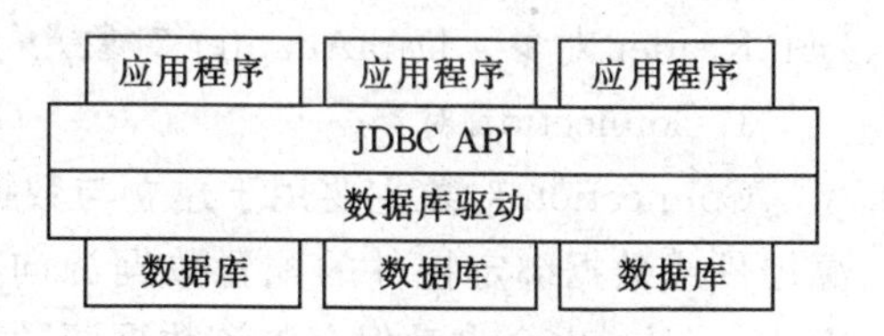

图 9.8 JDBC 的体系结构

9.2 使用 ASP.Net 访问数据库

9.2.1 ADO.Net 组件

ADO.Net 是 .Net 应用程序的数据访问模型，它能用于访问关系型数据库系统。ADO.Net 提供对 Microsoft SQL Server 等数据源以及通过 OLE DB 和 XML 公开的数据源的一致访问。用户的应用程序可以使用 ADO.Net 连接到这些数据源，并检索、操作和更新数据。

ADO.Net 有效地从数据操作中将数据访问分解为多个可以单独使用或一前一后使用的不连续组件。ADO.Net 包含用于连接到数据库、执行命令和检索结果的 .Net 数据提供程序。ADO.Net DataSet 对象也可以独立于 .NET 数据提供程序使用，以管理应用程序本地的数据或源自 XML 的数据。

ADO.Net 提供两个核心的组件。

1）.Net 数据提供程序：负责数据访问。

2）DataSet：负责数据的操作。

ADO.Net 组件的结构模型如图 9.9 所示。

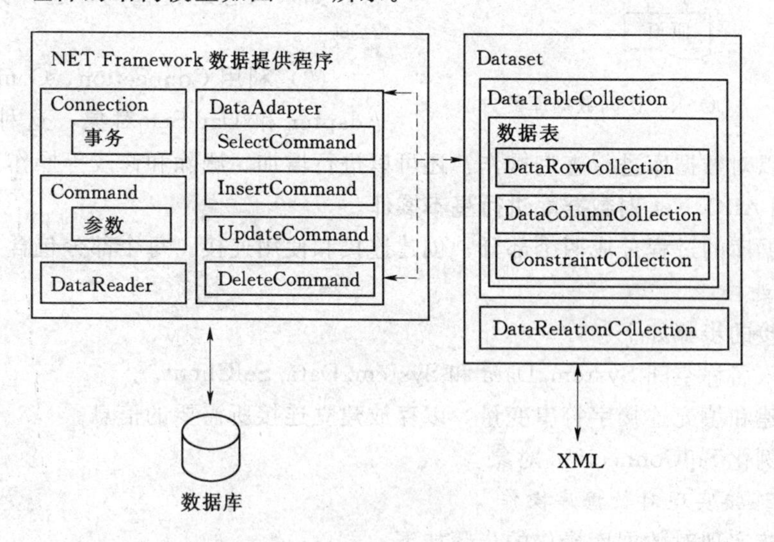

图 9.9 ADO.Net 组件的结构模型

其中，.Net 数据提供程序又包含 4 个核心对象：Connection 对象、Command 对象、

DataReader 对象、DataAdapter 对象。

1. Connection 对象

Connection 对象主要用于建立与数据源的连接。在 ASP. Net 的 Web 项目中，用数据源控件或数据绑定控件的配置数据源向导选择一个实际的数据源。完成之后，在项目的 Web. config 中会自动保存与该数据源的连接字符串。

2. Command 对象

Command 对象可完成对数据库的定义、修改以及数据查询，通俗点说就是用来对数据库发出一些命令，像查询、新增、修改、和删除数据等。

它是基于 Connection 对象的，它是通过连接到数据源的 Connection 对象来传递命令的，Connection 连接到哪个数据源，Command 对象就对哪个数据源传递命令。

3. DataReader 对象

主要用于按顺序读取数据源中的数据，不作其他操作，使用起来不但节省资源而且效率很高，也不需要数据回传，从而有效地降低了网络负载。

4. DataAdapter 对象

主要用于将数据源中的数据填充到 DataSet，或者更新数据源中的数据。

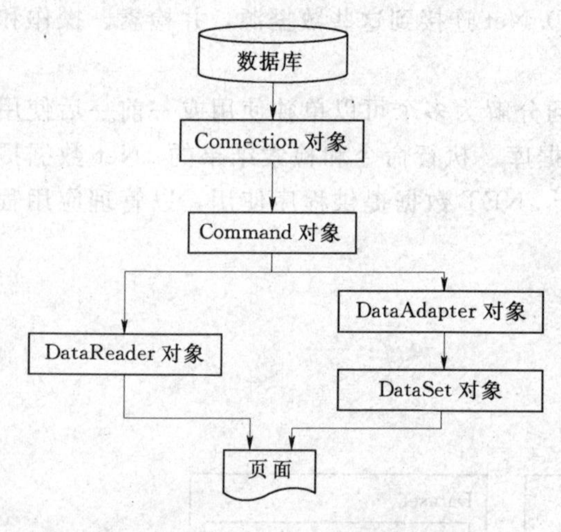

图 9.10 ADO. Net 访问数据库的方法

9.2.2 使用 ADO. Net 访问数据库的方法

ADO. Net 提供了两种访问数据库的方法，如图 9.10 所示。

（1）利用 Connection、Command 和 DataReader 对象访问数据库，这种方式只能从数据库读取数据，不能添加、修改和删除记录。如果只想进行查询，这种方式效率更高一些。

（2）利用 Connection、Command、DataAdapter 和 DataSet 对象，这种方式比较灵活，不仅可以对数据库进行查询操作，还可以进行增加、删除和修改等操作。

9.2.3 使用 ADO. Net 对数据库进行基本操作

连接数据库的过程分成两个部分；创建连接和使用连接。每个部分包含 3 个步骤。

1. 创建连接

创建连接的步骤如下：

（1）导入名称空间 System. Data 和 System. Data. SqlClient。

（2）创建和填充连接字符串变量，以存放建立连接所需要的信息。

（3）实例化 SqlConnection 对象。

2. 使用连接实现对数据库操作

使用连接实现对数据库操作的步骤如下：

（1）打开连接。

（2）使用连接，从数据源中读取数据或向数据源中写入数据。具体实现依据执行的

SQL 操作不同而有所区别。

(3) 关闭连接。

9.2.4 使用 ASP. Net 访问 SQL Server 数据库

数据源组件只负责管理与实际数据存储源的连接，并不呈现任何用户界面。在 ASP. Net 中，需要借助于数据源控件和数据绑定控件实现这一功能。

9.2.4.1 数据源控件 SqlDataSource

SqlDataSource 控件用来从 SQL Server、Oracle Server、ODBC 数据源、OLE DB 数据源，或者 Windows SQL CE 数据库中检索数据。其主要功能如下：

(1) 用于连接关系型数据库。

(2) 使用 SQL 命令来检索和修改数据并将结果提交给 SqlDataSource 控件。

(3) 可将 DataReader 或 DataSet 对象作为返回结果。

(4) 当返回 DataSet 时，还可以利用该控件实现排序、筛选和缓存功能。

9.2.4.2 数据绑定控件

数据绑定控件是将数据作为标记向发出请求的客户端设备或浏览器呈现的用户界面控件。数据绑定控件包括：

(1) 列表控件：以各种列表形式呈现数据。

(2) AdRotator 控件：可以将广告作为图像呈现在页上。

(3) 复合控件：包括 DetailsView、FormView 和 GridView。

(4) 分层控件：包括 TreeView、Menu。

下面以学生信息管理数据库为例，讲解一下使用 ASP. Net 访问该数据库的方法。

1. 添加数据库连接

打开 VS2005，在服务器资源管理面板中，用鼠标右击数据连接，在打开的菜单中选择“添加连接”命令，如图 9.11 所示，打开如图 9.12 所示的“添加连接”对话框。

图 9.11 选择“添加连接”命令

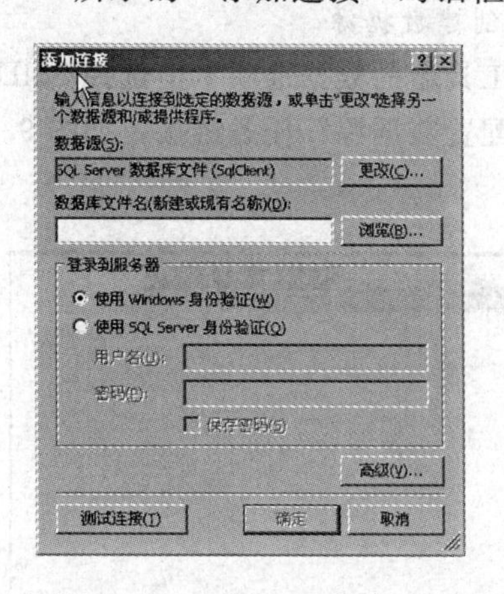

图 9.12 “添加连接”对话框

单击“更改”按钮，打开“更改数据源”对话框，从中选择“Microsoft SQL Server”，如图 9.13 所示。单击“确定”按钮后，返回到“添加连接”对话框。在对话框中设置服务器名为 (local)，登录方式为“使用 SQL Server 身份验证”，用户名为“sa”，密码

为“123”，连接到一个数据库为 SMSstudent，如图 9.14 所示。

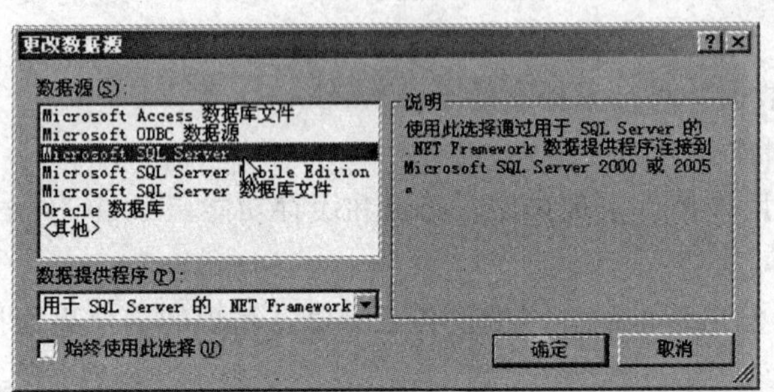

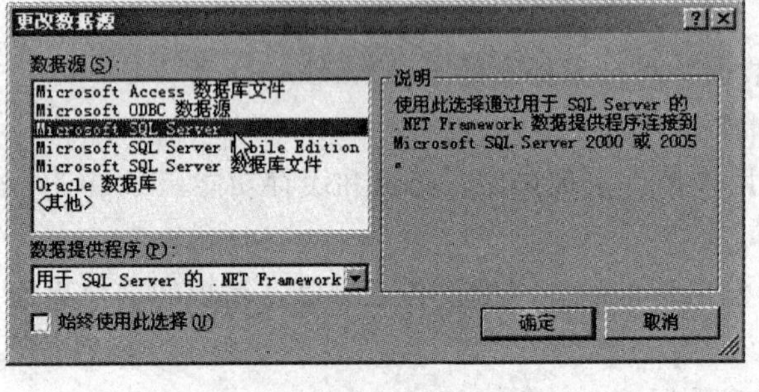

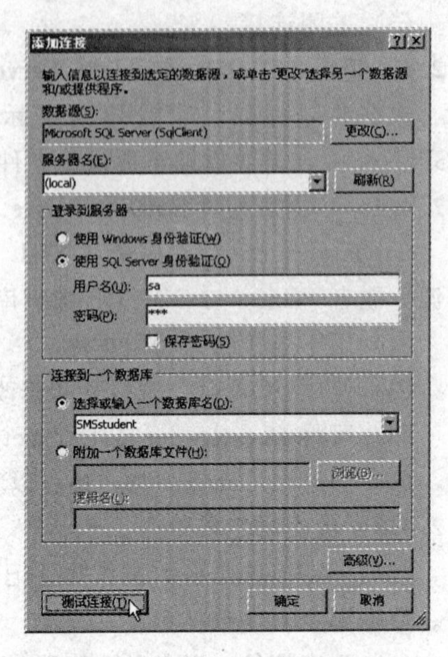

图 9.13 “更改数据源”对话框

图 9.14 “添加连接”对话框

单击“测试连接”按钮，如果数据库连接设置正确，将出现如图 9.15 所示的测试连接成功的信息框。单击“确定”按钮，返回到“添加连接”对话框，再单击“确定”按钮，数据库连接操作完毕。

图 9.15 测试连接成功

2. 建立测试页面

在 VS2005 中新建一个 Web 页面 test.aspx。

3. 创建数据源

从工具箱的数据选项卡中选择 SqlDataSource 控件，将其拖入到测试页面中。单击控件的“配置数据源”任务链接，如图 9.16 所示。打开“配置数据源”对话框，如图 9.17 所示。

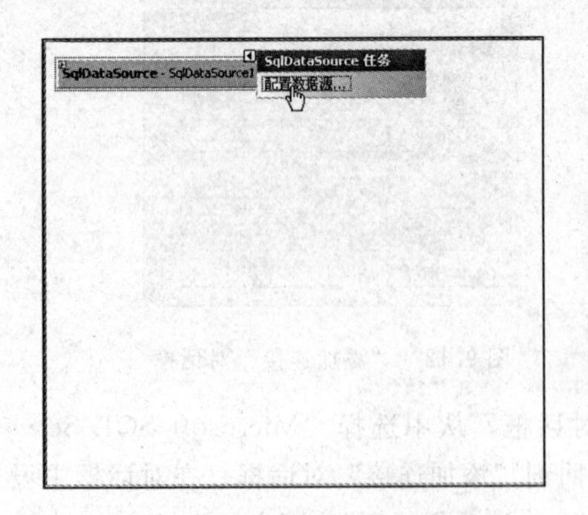

图 9.16 “配置数据源”任务

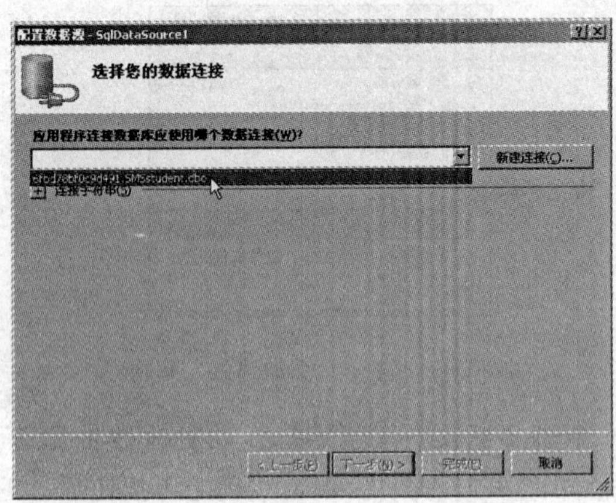

图 9.17 “配置数据源”对话框

从数据连接下拉列表中选择已经建立的数据库连接，然后单击“+”号按钮，自动生成数据库连接的连接字符串，如图 9.18 所示。单击“下一步”按钮，打开如图 9.19 所示的画面，选中将此连接另存为的复选框，将此连接保存到应用程序配置文件 web. config 中。

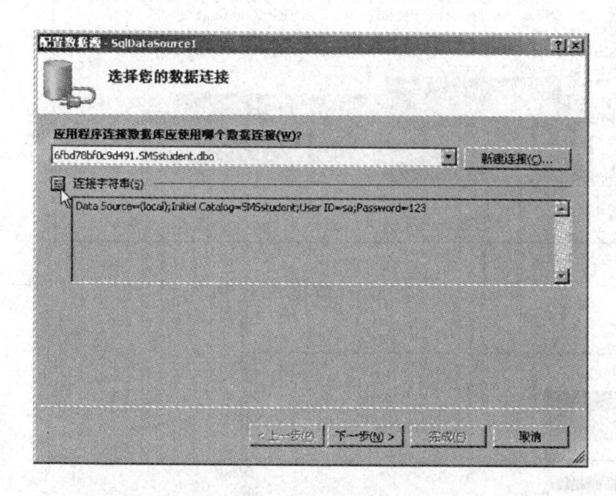

图 9.18 生成连接字符串

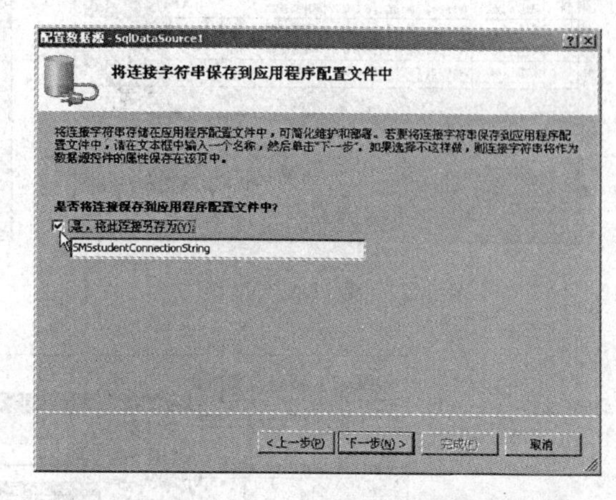

图 9.19 保存连接设置

单击“下一步”按钮，打开配置 Select 语句的操作界面，选择用于显示的表及字段，如图 9.20 所示。单击“下一步”按钮，打开测试查询的操作界面，如图 9.21 所示。

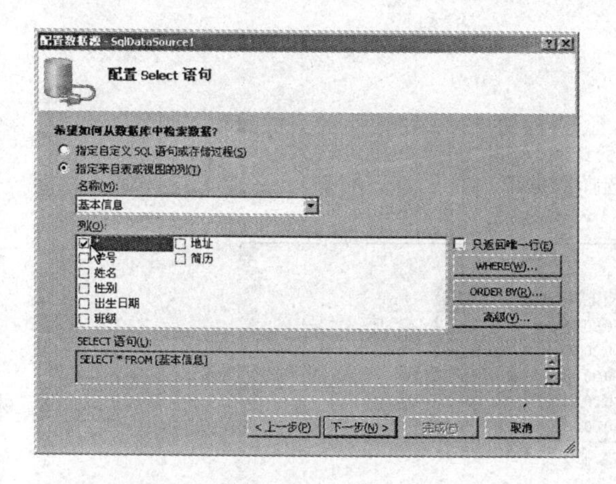

图 9.20 选择要显示的表及字段

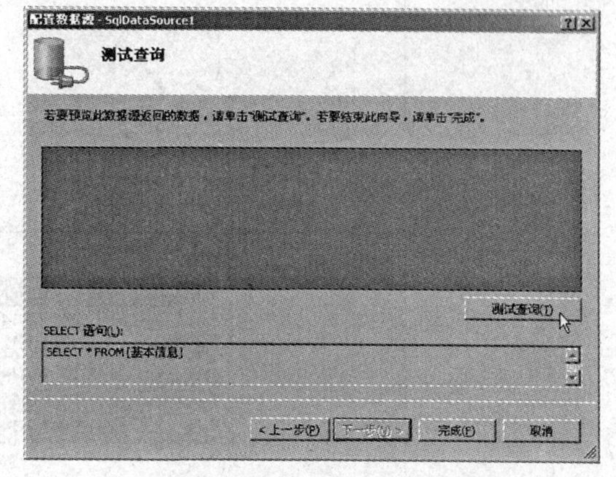

图 9.21 测试查询

单击“测试查询”按钮，显示的测试结果如图 9.22 所示。最后，单击“完成”按钮，数据源创建完毕。打开 web. config 配置文件，生成的数据库连接代码如图 9.23 所示。

4. 在页面中显示数据源中的数据

从工具箱的数据选项卡中选择 GridView 控件，将其拖入到测试页面中。单击控件的“选择数据源”下拉列表中的已经建立的数据源 SqlDataSource1，如图 9.24 所示。将数据源绑定到数据控件后设置数据控件居中对齐，自动套用格式为“沙滩和天空”，效果如图 9.25 所示。

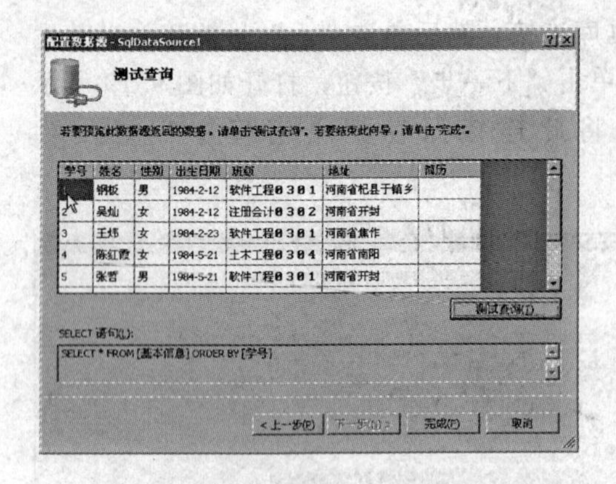

图 9.22 测试查询结果

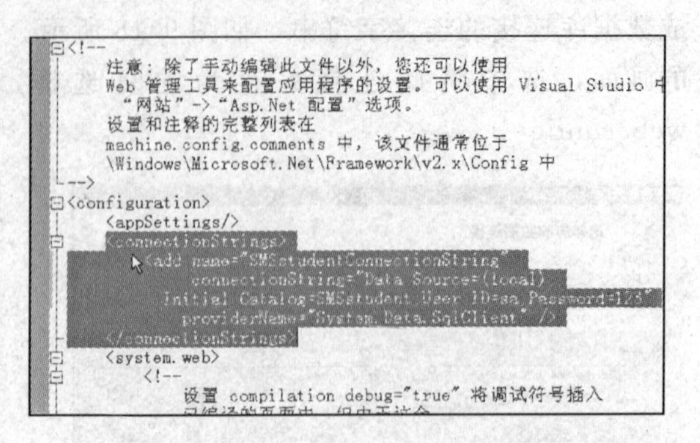

图 9.23 生成的数据库连接代码

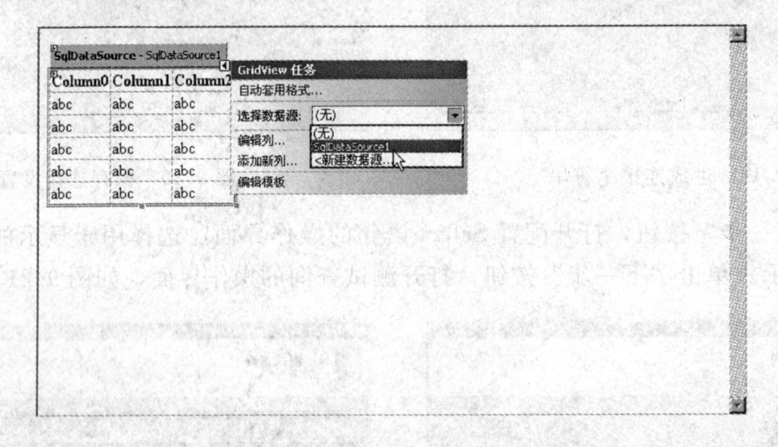

图 9.24 选择数据源

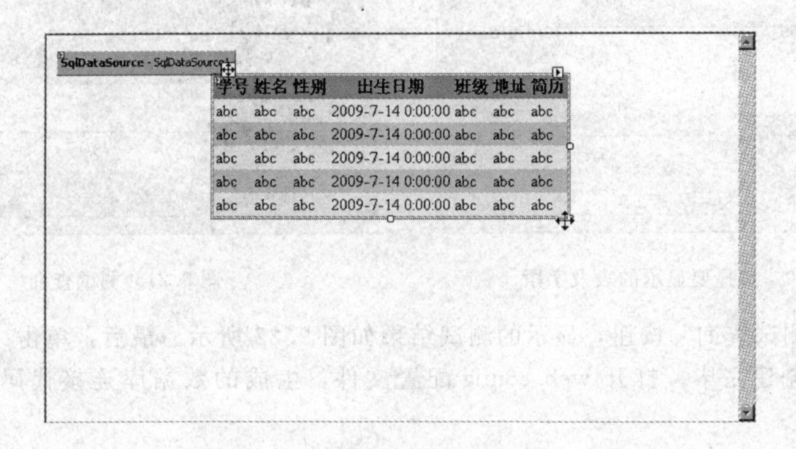

图 9.25 设置数据控件的属性

5. 预览页面

执行“调试”菜单中的“启动调试”命令，在浏览器中看到的页面效果如图 9.26 所示。

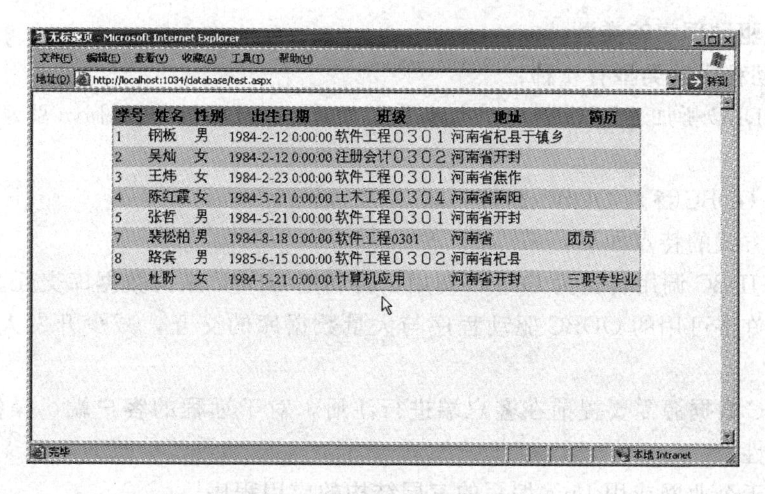

图 9.26 预览后的页面效果

9.3 使用 Java 访问数据库

9.3.1 JDBC 体系结构

JDBC 是一种用于执行 SQL 语句的 Java API。它由一组用 Java 编程语言编写的类和接口组成。这个 API 由 java. sql. * 和 javax. sql. * 两个包中的一些类和接口组成，它为数据库开发人员提供了一个标准的 API，使他们能够用纯 Java API 来编写数据库应用程序。

JDBC 体系结构如图 9.27 所示。

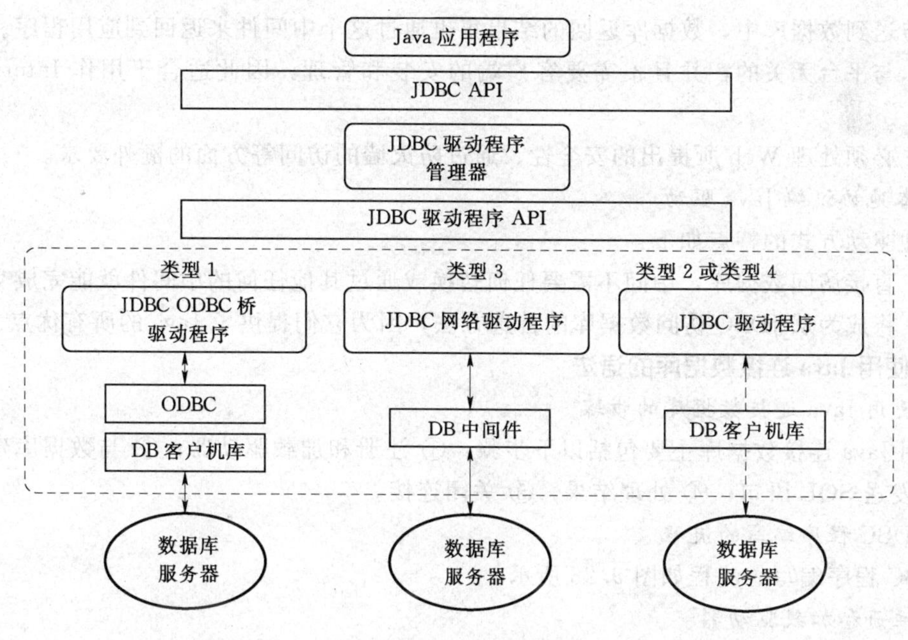

图 9.27 JDBC 体系结构

9.3.2 JDBC驱动程序的类型

JDBC驱动程序的类型有4种：

JDBC－ODBC桥加ODBC驱动、本地API驱动、JDBC网络纯Java驱动和本地协议纯Java驱动。

1. JDBC－ODBC桥加ODBC驱动

这种驱动方式的特点如下：

(1) 先把JDBC调用转化为ODBC调用，再利用ODBC来与数据库交互。

(2) 现存许多可用的ODBC驱动程序与大量数据库的交互，减少开发人员进行企业开发的麻烦。

(3) ODBC数据源需要提前在客户端进行注册，对于远程的客户端，操作极不方便，丢失平台无关性。

(4) 适用于企业网或用Java编写的三层结构的应用程序。

2. 本地API驱动

这种驱动方式的特点如下：

(1) 将标准的JDBC调用转变为对本地数据库原始驱动程序的调用，再通过数据库的原始驱动程序与数据库交互。

(2) 比JDBC－ODBC桥具有更优良的性能。

(3) 丢失JDBC平台无关性的好处，而且需要安装客户端的数据库原始驱动。

3. JDBC网络纯Java驱动

这种驱动方式的特点如下：

(1) JDBC网络驱动程序传送JDBC命令到一个中间件上，这个中间件再将JDBC调用请求传送到数据库中，数据库返回的结果集也通过这个中间件来返回到应用程序。

(2) 与平台无关的，并且不需要客户端的安装和管理，因此适合于用作Internet的应用。

(3) 必须处理Web所提出的安全性、通过防火墙的访问等方面的额外要求。

4. 本地协议纯Java驱动

这种驱动方式的特点如下：

(1) 直接访问数据库，中间不需要任何转换或通过其他任何的中间件就能完成交互。

(2) 将成为从JDBC访问数据库的首选方法，因为它们提供了Java的所有优点。

9.3.3 使用Java连接数据库的语法

1. 使用Java连接数据库的步骤

使用Java连接数据库主要包括以下步骤：① 注册和加载驱动器；② 与数据库建立连接；③ 发送SQL语句；④ 处理结果；⑤ 关闭连接。

2. JDBC程序编写的流程

JDBC程序编写的流程如图9.28所示。

3. 注册和加载驱动器

加载JDBC驱动是通过调用方法java. lang. Class. forName () 实现的，下面列出常用的几种数据库驱动程序加载语句的形式：

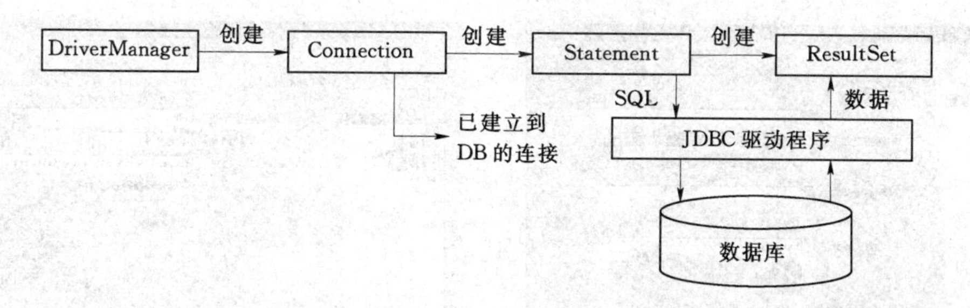

图 9.28 JDBC 程序编写的流程

(1) Class. forName("sun. jdbc. odbc. JdbcOdbcDriver"); //使用 JDBC - ODBC 桥驱动程序。

(2) Class. forName("oracle. jdbc. driver. OracleDriver"); //使用 Oracle 的 JDBC 驱动程序。

(3) Class. forName (" com. microsoft. jdbc. sqlserver. SQLServerDriver"); //使用 SQL Server 的 JDBC 驱动程序。

(4) Class. forName(" com. ibm. db2. jdbc. app. DB2Driver"); //使用 DB2 的 JDBC 驱动程序。

(5) Class. forName(" org. gjt. mm. mysql. Driver"); //使用 MySql 的 JDBC 驱动程序。

4. 建立数据库连接

使用 Java 连接数据库的语法:

```
DriverManager. getConnection(String url, String user, String password)
```

以 SQL Server 为例，连接数据库的代码如下:

```
Class. forName("com. microsoft. jdbc. sqlserver. SQLServerDriver")
String url="jdbc:microsoft:sqlserver://localhost:1433;DatabaseName=SMSstudent";
String user="sa";
String password="123";
Connection conn= DriverManager. getConnection(url,user,password);
```

下面以学生信息管理数据库为例，讲解一下使用 Java 访问该数据库的方法。

(1) 建立 JSP 站点。启动 Dreamweaver，建立 JSP 本地站点和测试站点，如图 9.29 和图 9.30 所示。

(2) 建立测试页面。在 Dreamweaver 的本地站点中新建一个 Web 页面 test. jsp。

(3) 创建数据源。打开 Windows 控制面板中的管理工具，双击“数据源 (ODBC)”图标，打开“ODBC 数据源管理”对话框，创建数据源 test 为系统 DSN，配置完毕的效果如图 9.31 和图 9.32 所示。

(4) 在页面中建立数据库连接。打开测试页面，建立 Sun JDBC - ODBC 驱动程序，打开如图 9.33 所示的对话框，设置相应的参数后单击“测试”按钮，测试成功的信息框如图 9.34 所示。

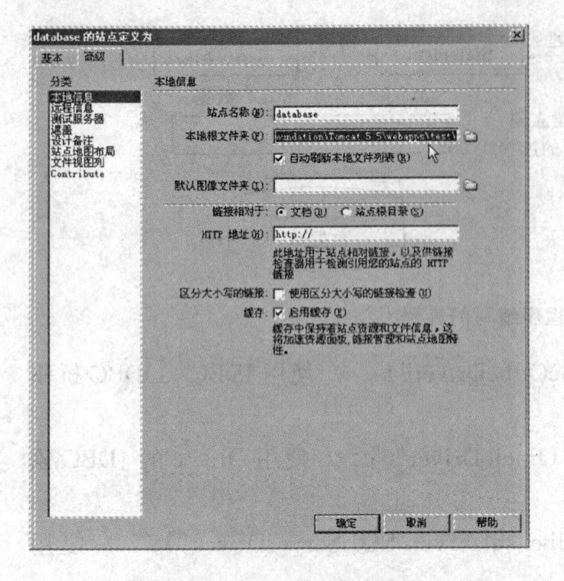

图 9.29 JSP 本地站点

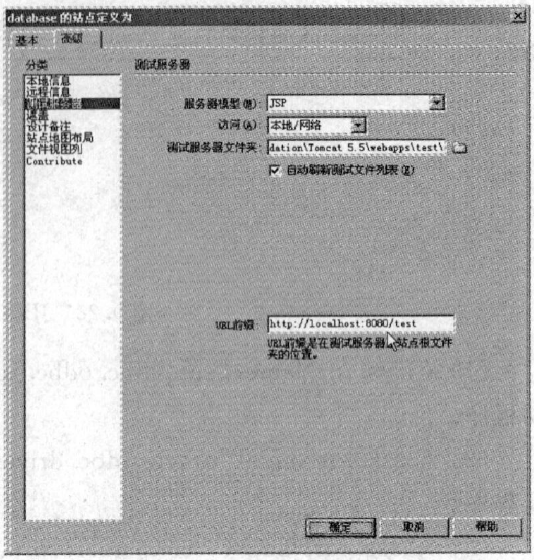

图 9.30 JSP 测试站点

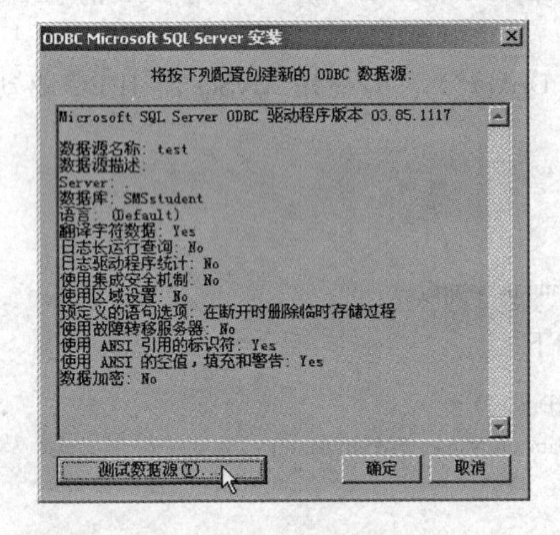

图 9.31 测试数据源

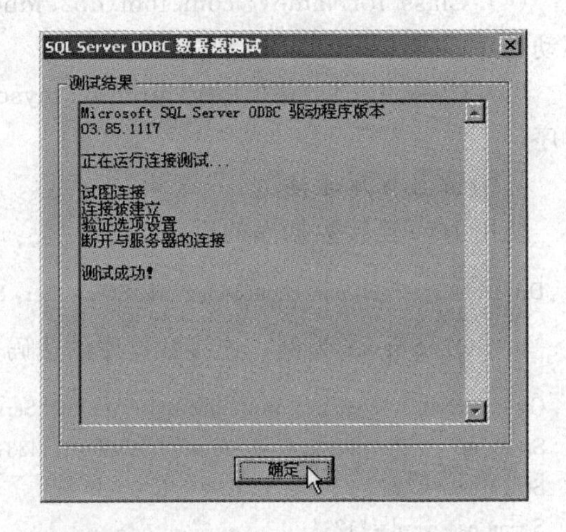

图 9.32 测试数据源成功

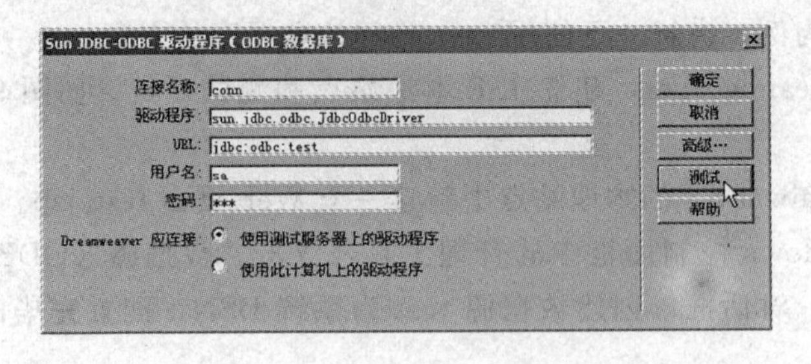

图 9.33 设置数据库驱动程序参数

图 9.34 测试成功的信息框

(5) 在页面中显示数据源中的数据。打开测试页面，设计显示表 student 数据的表格标题行、数据行及重复区，如图 9.35 所示。

学号	姓名	民族	性别	生日	班级	电话
{Recordset1.studentID}	{Recordset1.studentName}	{Recordset1.nation}	{Recordset1.sex}	{Recordset1.birthday}	{Recordset1.classID}	{Recordset1.teleph

图 9.35　设计表格显示数据源中的数据

（6）预览页面。执行“文件”菜单中的“保存全部”命令，将页面保存，按 F12 键预览网页，在浏览器中看到的页面效果如图 9.36 所示。

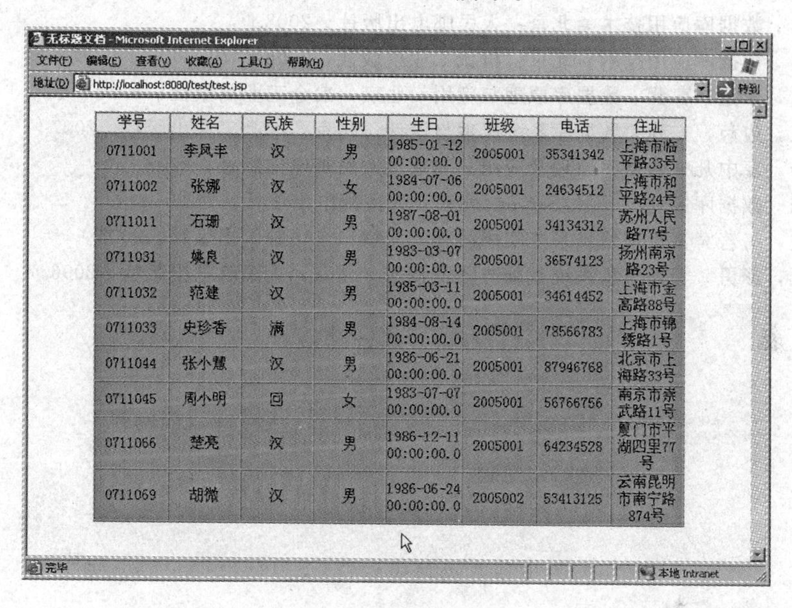

学号	姓名	民族	性别	生日	班级	电话	住址
0711001	李风丰	汉	男	1985-01-12 00:00:00.0	2005001	35341342	上海市临平路33号
0711002	张娜	汉	女	1984-07-06 00:00:00.0	2005001	24634512	上海市和平路24号
0711011	石珊	汉	男	1987-08-01 00:00:00.0	2005001	34134312	苏州人民路77号
0711031	姚良	汉	男	1983-03-07 00:00:00.0	2005001	36574123	扬州南京路23号
0711032	范建	汉	男	1985-03-11 00:00:00.0	2005001	34614452	上海市金高路88号
0711033	史珍香	满	男	1984-08-14 00:00:00.0	2005001	78566783	上海市锦绣路1号
0711044	张小慧	汉	男	1986-06-21 00:00:00.0	2005001	87946768	北京市上海路33号
0711045	周小明	回	女	1983-07-07 00:00:00.0	2005001	56766756	南京市京武路11号
0711066	楚亮	汉	男	1986-12-11 00:00:00.0	2005001	64234528	厦门市平湖四里77号
0711069	胡微	汉	男	1986-06-24 00:00:00.0	2005002	53413125	云南昆明市南宁路874号

图 9.36　预览后的页面效果

参 考 文 献

[1] 姚一永，吕峻闽．SQL Server 2008 数据库实用教程．北京：机械工业出版社，2010.
[2] 杨海霞．数据库原理与设计．北京：人民邮电出版社，2007.
[3] 杨海霞．数据库实验指导．北京：人民邮电出版社，2007.
[4] 徐守祥．数据库应用技术．北京：人民邮电出版社，2008.
[5] 张蒲生．数据库应用技术．北京：机械工业出版社，2008.
[6] 曹新谱，李强，曹蕾．数据库原理与应用．北京：冶金工业出版社，2007.
[7] 揭廷红，边芮，卞静．数据库系统原理与设计．北京：冶金工业出版社，2007.
[8] 何玉洁，麦中凡．数据库原理及应用．北京：人民邮电出版社，2008.
[9] 黄炳强．数据库原理与 SQL Server. 北京：人民邮电出版社，2006.
[10] 王恩波，王若宾．管理信息系统实用教程．北京：人民邮电出版社，2008.
[11] 陈承欢，彭勇．管理信息系统基础与开发技术．北京：人民邮电出版社，2006.